重点大学计算机基础课程教材

Photoshop CS 平面设计

（第二版）

李建芳　高　爽　编著

清华大学出版社
北京交通大学出版社
·北京·

内 容 简 介

Adobe 公司的 Photoshop CS4 是一款功能强大的图形图像处理软件，是当今平面设计领域最流行、最优秀的软件之一。本书共 9 章，按照循序渐进的方式，由浅入深地介绍了 Photoshop CS4 的基本操作，基本工具、图层、颜色调整、滤镜、蒙版、通道、路径和动作的基本操作及实际应用。

本书的最大特点就是把枯燥难懂的软件技术融入到精彩有趣的实例制作中，操作性较强，又有适当的理论指导。本书主要面向全国各高等院校相关专业的学生，也可作为电脑美术设计领域的培训教材及广大平面设计人员的参考书籍。

图书在版编目（CIP）数据

Photoshop CS 平面设计 / 李建芳，高爽编著. —2 版. —北京：清华大学出版社；北京交通大学出版社，2010.2（2013.1 重印）
（重点大学计算机基础课程教材）
ISBN 978-7-5121-0061-9

Ⅰ. ①P…　Ⅱ. ①李…　②高…　Ⅲ. ①图形软件，Photoshop CS-高等学校-教材　Ⅳ. ①TP391.41

中国版本图书馆 CIP 数据核字（2010）第 015175 号

责任编辑：谭文芳
出版发行：清 华 大 学 出 版 社　邮编：100084　电话：010-62776969　http://www.tup.com.cn
　　　　　北京交通大学出版社　邮编：100044　电话：010-51686414　http://press.bjtu.edu.cn
印 刷 者：北京瑞达方舟印务有限公司
经　　销：全国新华书店
开　　本：185×260　印张：19.75　字数：503 千字　彩插：4
版　　次：2010 年 3 月第 2 版　2013 年 1 月第 2 次印刷
书　　号：ISBN 978-7-5121-0061-9/TP・575
印　　数：5 001～7 000 册　定价：36.00 元（含光盘）

本书如有质量问题，请向北京交通大学出版社质监组反映。对您的意见和批评，我们表示欢迎和感谢。
投诉电话：010-51686043，51686008；传真：010-62225406；E-mail：press@bjtu.edu.cn。

利用通道抠选毛发

详见第7章

利用快速蒙版抠选图像

详见第6章

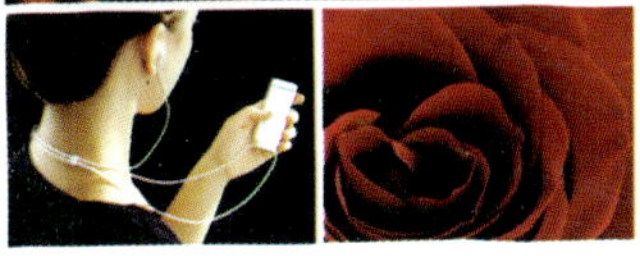

通道高级应用

详见第7章

应用图层混合模式

详见第3章

使用选择工具抠图

详见第2章

笛韵—矢量蒙版和填充层、调整层综合应用

详见第6章

详见第6章
使用图层蒙版抠选图像

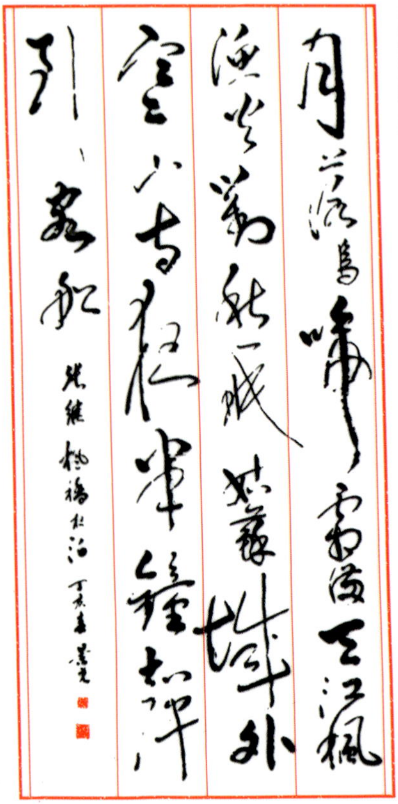

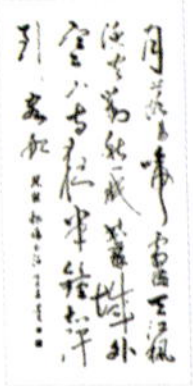

详见第3章
书法装饰—图层分布的应用

详见第4章
色彩调整命令的综合应用

详见第5章
使用液化滤镜（上图为素材图像，下图为液化变形后的图像）

详见第6章
使用图层蒙版对接图像

利用通道抠选白云
详见第7章

调整层的使用
详见第6章

使用阀值命令制作插画效果
详见第4章

图案的定义与填充—制作一寸照片
详见第2章

剪贴蒙版的使用
详见第6章

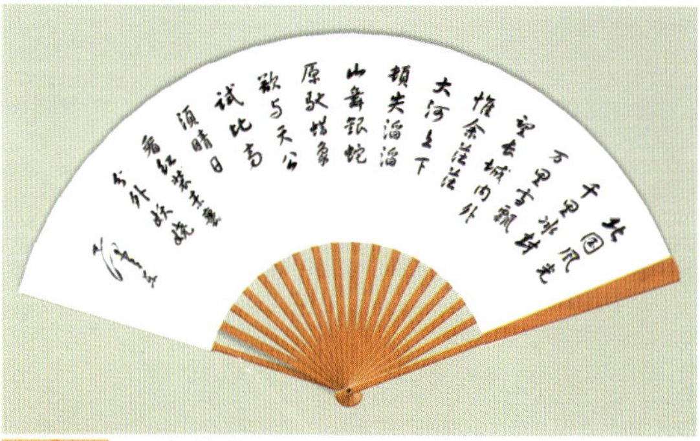

路径的使用—制作折扇
详见第8章

色彩调整—反相
详见第4章

图案叠加样式的使用
详见第3章

详见第7章
利用通道抠选婚纱

详见第2章
修图工具的综合应用（上图为原图，下图为修复后的图像）

详见第5章
利用通道抽出滤镜抠选图像

详见第2章
制作圆形画面效果

详见第8章
制作老照片效果

详见第3章
制作邮票效果

《重点大学计算机基础课程教材》

编 委 会

出 版 说 明

进入 21 世纪，随着国家信息化步伐的加快及各行业信息化进程的不断加速，社会对专业（非计算机专业）人才的信息技术能力要求越来越高。为了适应社会对专业人才的要求，全国各高校在重视专业知识培养的同时也非常注重计算机应用能力的训练，即信息技术能力的培养。计算机应用水平已成为衡量高校毕业生综合素质的突出标志之一。

为此，各高校加大了使用计算机科学等现代科学技术提升、改造传统学科专业的力度，从而实现传统学科专业向现代信息社会学科专业的发展与转变。在发挥传统学科专业师资力量强、办学经验丰富、教学资源充裕等优势的同时，不断更新其教学内容、改革课程体系，使学科专业的教育与社会信息化发展趋势相适应。计算机基础课程教学在改造传统学科向现代信息社会学科的转变中起到了至关重要的作用，学科专业中的计算机基础课程设置、内容体系和教学手段及方法等也具有不同于以前传统学科的鲜明特点。

为了配合各高校现代学科专业（非计算机专业）的建设和发展，急需出版一批内容新、体系新、方法新、手段新的高水平计算机基础课程教材。但是计算机基础教育的发展只有短短的 20 多年时间，其覆盖的专业门类繁多，涉及的学校类型各异，不同的高校在开展计算机基础教育时还存在各自的认识。目前，非计算机专业的计算机课程教材的建设工作仍滞后于教学改革的实践，如现有的计算机课程教材中有不少内容陈旧，重理论、轻实践，不能满足教学计划及课程设置的需要；一些课程的教材可供选择的品种太少；一些基础课的教材虽然品种较多，但低水平重复现象严重；有些教材内容庞杂，书越编越厚；专业课教材、教学辅助教材及教学参考书短缺，等等。这些都不利于学生自学能力的提高和全面素质的培养。可见，高等学校计算机基础教育和教材建设正面临新的形势和任务。

重点大学的教学与科研氛围是培养面向信息社会一流专业人才的基础，其中教材的使用和建设则是这种氛围的重要组成部分，一批具有特色优势的非计算机专业的计算机教材作为各重点大学的重点建设项目成果得到肯定。为了展示和发扬各重点大学在非计算机专业上计算机教育的优势，同时以教材展示各重点大学的优秀教学理念、教学方法、教学手段和教学内容等，在相关教学指导委员会专家的指导和建议下，我们规划并组织出版了本系列教材，以满足非计算机专业计算机课程教学的需要。

本系列教材在规划过程中体现了以下一些基本组织原则和特点。

一、强调应用。本系列教材面向非计算机专业学生，从应用目的出发，强调计算机在各专业中的应用。在教材内容上坚持基本理论适度，反映基本理论和原理的综合应用，强调实践和应用环节。

二、内容新颖。计算机科学和技术的发展日新月异，本系列教材力求介绍这一领域的新技术、新发展，放弃对一些过时的概念和使用价值较小的技术的介绍。教材涉及的计算机软件应具有典型性，在保持通用性的前提下介绍最新版本的特点。

三、体现案例教学。在兼顾基础性和系统性的前提下，重视教材内容的案例编排，力求从内容和结构上突出案例教学的要求，以适应教师指导下学生自主学习的教学模式。

四、实施精品战略，突出重点，保证质量。本系列教材规划的重点在公共基础课和专业基础课的教材建设；特别注意选择并安排了一部分原来基础比较好的优秀教材或讲义修订出版，力求逐步形成精品教材；鼓励教师编写体现专业计算机教学内容和课程体系改革成果的教材。

五、依靠一线教师，择优落实。本系列教材的作者全部来自全国各重点大学的一线授课教师。在落实选题和作者时，引入竞争机制，通过申报和进行严格评审后再进行确定。书稿完成后认真实行审稿程序，确保出书质量。

计算机科学与技术的发展突飞猛进，本系列教材也应动态发展。在教材使用过程中，希望广大的读者积极地向我们提出意见与建议，我们将及时改正和更新。

《重点大学计算机基础课程教材》编委会

2010年2月

前　言

Photoshop 是美国 Adobe 公司出品的一款功能强大的图形图像处理软件，是当今平面设计领域最流行、最优秀的软件之一；广泛应用于平面广告设计、数码相片处理、Web 图形制作和影像后期处理等领域；对人们的工作和生活已经产生了和正在产生着巨大的影响。“凡自然不能使之完美者，艺术使之完美”，相信朋友们在使用这款软件进行艺术创作的过程中，会深深体会到这一点。

本书共 9 章，按照循序渐进的方式，由浅入深地介绍了 Photoshop CS4 常用的工具和命令的基本使用方法、实际应用和操作技巧。具体内容如下。

第 1 章　初识 Photoshop。介绍了有关平面设计和图形图像处理的一些基本概念、学习 Photoshop 的重要性、Photoshop CS4 的基本操作等内容。

第 2 章　基本工具。讲述了 Photoshop CS4 工具箱中基本工具的使用方法和实际应用。

第 3 章　图层。讲述了图层的概念，图层的基本操作、图层混合模式及图层样式的使用方法和实际应用。

第 4 章　颜色处理。讲述了与 Photoshop 密切相关的色彩的一些基本知识，颜色模式的基本概念，颜色模式的转换、颜色调整的基本方法和实际应用。

第 5 章　滤镜。讲述了滤镜的实质、使用技巧，常用滤镜的使用方法和实际应用。

第 6 章　蒙版。讲述了蒙版的基本概念，各类蒙版的使用方法和实际应用，与蒙版相关的几种图层的基本操作方法和实际应用。

第 7 章　通道。讲述了通道的基本概念、通道的基本操作和实际应用。

第 8 章　路径。讲述了路径的基本概念，路径的创建与编辑方法和实际应用。

第 9 章　动作。讲述了动作的基本概念，动作的录制与基本编辑方法和实际应用。

习题答案。提供了前面各章习题的答案或操作提示。

本书是《Photoshop CS 平面设计》的升级版本。内容比较全面，实践性、实用性和趣味性较强。既能反映软件的使用技术，又兼顾艺术性和理论深度。它汇集了作者多年来在 Photoshop 图像处理及相关领域的教学中所积累的丰富成果，其最大特点就是把枯燥难懂的软件应用技术融入到精彩有趣的实例制作中；主要通过实际动手操作，使读者迅速掌握 Photoshop CS4 的常用功能。本书光盘中提供了书中有关操作的所有素材，保证了操作的可行性。俗话说，“兴趣是最好的老师”，希望它能够成为朋友们学习和掌握 Photoshop 的好朋友和得力助手。

在本书的选材和编写上，作者倾注了大量的心血；同时，书中有些地方也借鉴了前辈和同仁们的一些好的创意，在此一并表示衷心的感谢！

本书主要面向全国各高等院校相关专业的学生，也可作为电脑美术设计领域的培训教材及广大平面设计人员的参考书籍。由于作者水平所限，书中错误和不当之处在所难免，恳请读者批评指正。

作　者

2009 年 12 月

目　录

第 1 章　初识 Photoshop

1.1　Photoshop 与平面设计

平面设计即平面视觉传达设计，是现代社会信息传递的有效方式。平面设计通过构图、版式和色彩，并遵循主从、对比、节奏、韵律、均衡、统一等美学规律，将某种思想观念在二维平面上表现出来，更好地传达给受众。

创意是平面设计作品成败的关键因素。所谓创意是指具有创造力的“点子”，或者说非凡的构思和想法。好的平面设计作品不仅要有明确的主题，还要有独特的创意。这样才能从众多的同类作品中脱颖而出。图 1-1 所示为一些平面设计的优秀作品。

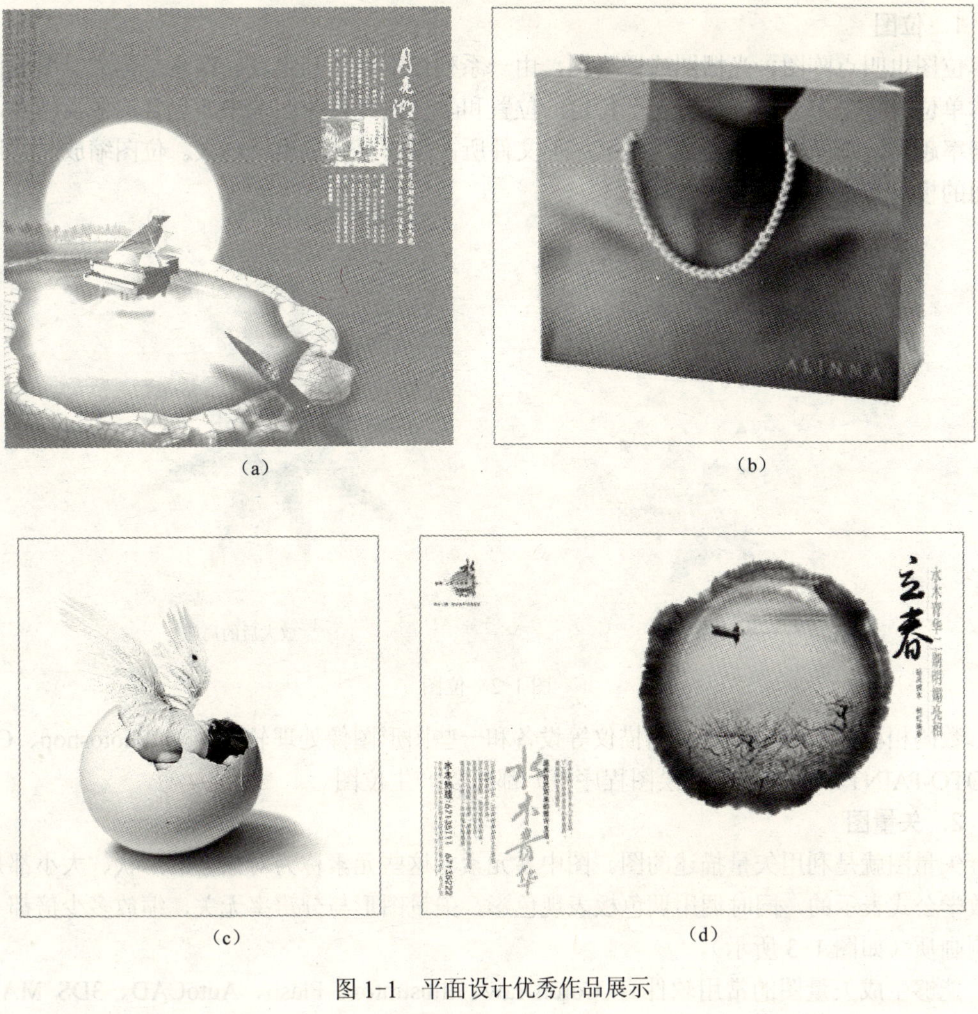

(a)　(b)　(c)　(d)

图 1-1　平面设计优秀作品展示

另外，无论创意多么高明和与众不同，最终都要通过一定的工具把它表现出来。如今，平面设计艺术已经发展成为传统美术与电脑等高科技相结合的产物。众多的电脑辅助设计软件为平面设计提供了更多创意表现的手段，并使得整个创作过程更加方便而高效。Photoshop 就是电脑辅助设计软件中的佼佼者之一，这也正是平面设计爱好者一定要学好 Photoshop 的重要原因。

Photoshop 是美国 Adobe 公司推出的一款专业的图形图像处理软件，广泛应用于影像后期处理、平面设计、数字相片修饰、Web 图形制作、多媒体产品设计制作等领域，它是同类软件中当之无愧的图像处理大师。

1.2 图像处理基本概念

正如前面所述，Photoshop 是进行平面设计与创作的首选工具之一。为了更好地学习和掌握 Photoshop，需要了解一些图像处理的相关基本概念。

1.2.1 位图与矢量图

数字图像分为两种类型：位图与矢量图。在实际应用中，二者为互补关系，各有优势。只有相互配合，取长补短，才能达到最佳表现效果。

1．位图

位图也叫点阵图、光栅图或栅格图，由一系列像素点阵列组成。像素是构成位图图像的基本单位，每个像素都被分配一个特定的位置和颜色值。位图图像中所包含的像素越多，其分辨率越高，画面内容表现得越细腻；但文件所占用的存储量也就越大。位图缩放时将造成画面的模糊与变形（如图 1-2 所示）。

原图　　放大后的局部

图 1-2　位图

数码相机、数码摄像机、扫描仪等设备和一些图形图像处理软件（如 Photoshop、Corel PHOTO-PAINT、Windows 的绘图程序等）都可以产生位图。

2．矢量图

矢量图就是利用矢量描述的图。图中各元素（这些元素称为对象）的形状、大小都是借助数学公式表示的，同时调用调色板表现色彩。矢量图形与分辨率无关，缩放多少倍都不会影响画质（如图 1-3 所示）。

能够生成矢量图的常用软件有 CorelDraw、Illustrator、Flash、AutoCAD、3DS MAX、

MAYA 等。

图 1-3　矢量图

一般情况下，矢量图所占用的存储空间较小，而位图则较大。位图图像擅长表现细腻柔和、过渡自然的色彩（渐变、阴影等），内容更趋真实，如风景照、人物照等。矢量图形则更适合绘制平滑、流畅的线条，可以无限放大而不变形，常用于图形设计、标志设计、图案设计、字体设计、服装设计等。

1.2.2　分辨率

根据不同的设备和用途，分辨率的概念有所不同。

1．图像分辨率

图像分辨率指图像每单位长度上的像素点数。单位通常采用 Pixels/Inch（像素每英寸，ppi）或 Pixels/cm（像素每厘米）等。图像分辨率的高低反映的是图像中存储信息的多少，分辨率越高，图像质量越好。

2．显示器分辨率

显示器分辨率指显示器每单位长度上能够显示的像素点数，通常以点每英寸（dpi）为单位。显示器的分辨率取决于显示器的大小及其显示区域的像素设置，通常为 96 dpi 或 72 dpi。

理解了显示器分辨率和图像分辨率的概念，就可以解释图像在显示屏上的显示尺寸为什么常常不等于其打印尺寸的原因。图像在屏幕上显示时，图像中的像素将转化为显示器像素。此时，如果图像分辨率高于显示器分辨率，图像的屏幕显示尺寸则将大于其打印尺寸。

另外，若两幅图像的分辨率不同，将其中一幅图像的图层复制到另一图像时，该图层图像的显示大小也会发生相应的变化。

3．打印分辨率

打印分辨率指打印机每单位长度上能够产生的墨点数，通常以 Dots/Inch（点每英寸 dpi）为单位。一般激光打印机的分辨率为 600～1200 dpi；多数喷墨打印机的分辨率为 300～720 dpi。

4．扫描分辨率

扫描仪在扫描图像时，将源图像划分为大量的网格，然后在每一网格里取一个样本点，以其颜色值表示该网格内所有点的颜色值。按上述方法在源图像每单位长度上能够取到的样本点数，就称为扫描分辨率，通常以 Dots/Inch（点每英寸）为单位。可见，扫描分辨率越高，扫描得到的数字图像的质量越好。扫描仪的分辨率有光学分辨率和输出分辨率两种，购买时主要考虑的是光学分辨率。

5．位分辨率

位分辨率指计算机采用多少个二进制位表示像素点的颜色值，也称位深。位分辨率越高，能够表示的颜色种类越多，图像色彩越丰富。

对于 RGB 图像来说，24 位（红、绿、蓝三种原色各 8 位，能够表示 2^{24} 种颜色）以上称为真彩色，自然界里肉眼能够分辨出的各种色光的颜色都可以表示出来。

1.2.3 Photoshop 常用的图像文件格式

一般来说，不同的图像压缩编码方式决定数字图像的不同文件格式。了解不同的图像文件格式，对于选择有效的方式保存图像，提高图像质量，具有重要意义。

1．PSD 格式

这是 Photoshop 的基本文件格式，能够存储图层、通道、蒙版、路径和颜色模式等各种图像信息，是一种非压缩的原始文件格式。PSD 文件容量较大，可以保留几乎所有的原始信息，对于尚未编辑完成的图像，最好选用 PSD 格式进行保存。

2．JPEG（JPG）格式

这是目前广泛使用的位图图像格式之一，属有损压缩，压缩率较高，文件容量小，但图像质量较高。该格式支持 24 位真彩色，适合保存色彩丰富、内容细腻的图像，如人物照、风景照等。JPEG（JPG）是目前网上主流图像格式之一。

3．GIF 格式

这是无损压缩格式，分静态和动态两种，是当前广泛使用的位图图像格式之一，最多支持 8 位即 256 种彩色，适合保存色彩和线条比较简单的图像，如卡通画、漫画等（该类图像保存成 GIF 格式将使数据量得到有效压缩，且图像质量无明显损失）。GIF 图像支持透明色，支持颜色交错技术，是目前网上主流图像格式之一。

4．PNG 格式

PNG 是可移植网络图形图像（Portable Network Graphic）的英文缩写，是专门针对网络使用而开发的一种无损压缩格式。PNG 格式也支持透明色，但与 GIF 格式不同的是，PNG 格式支持矢量元素，支持的颜色多达 32 位，支持消除锯齿边缘的功能，因此可以在不失真的情况下压缩保存图形图像；PNG 格式还支持 1～16 位的图像 Alpha 通道。PNG 格式的发展前景非常广阔，被认为是未来 Web 图形图像的主流格式。

5．TIFF 格式

TIFF 格式应用非常广泛，主要用于在应用程序之间和不同计算机平台之间交换文件。几乎所有的绘图软件、图像编辑软件和页面排版软件都支持 TIFF 格式；几乎所有的桌面扫描仪都能产生 TIFF 格式的图像。TIFF 格式支持 RGB、CMYK、Lab、索引和灰度、位图等多种颜色模式。

6．PDF 格式

PDF 是可移植文档格式（Portable Document Format）的英文缩写。PDF 格式适用于各种计算机平台；是可以被 Photoshop 等多种应用程序所支持的通用文件格式。PDF 文件可以存储多页信息，其中可包含文字、页面布局、位图、矢量图、文件查找和导航功能（比如超链接）。PDF 格式是 Adobe Illustrator 和 Adobe Acrobat 软件的基本文件格式。

Photoshop 中其他比较常见的图形图像文件格式还有 BMP、TGA、PCX、EPS 等。

1.3　熟悉 Photoshop CS4 的窗口界面

想学会使用某个软件，首先从熟悉它的外观界面开始。与早期版本比较，Photoshop CS4 使用起来更加快速高效。其默认窗口布局显示的是 Photoshop 的基本功能，如图 1-4 所示。

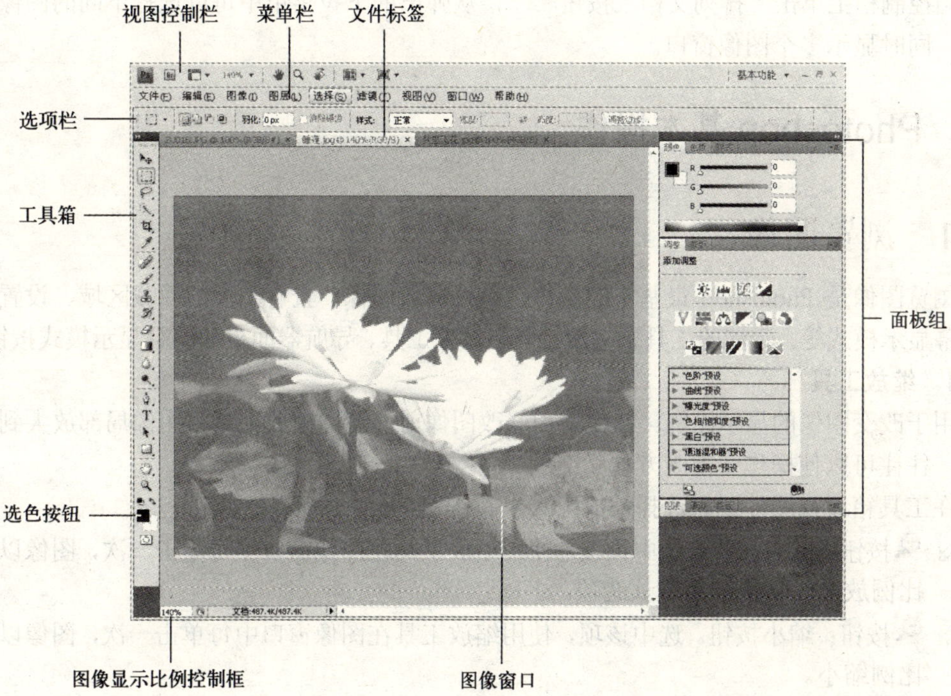

图 1-4　Photoshop CS4 界面组成

通过【窗口】|【工作区】中的相应命令，可以设置不同的窗口布局，以适合不同用户的操作习惯。

1．视图控制栏

视图控制栏用于控制当前图像的显示比例和显示方式，排列已打开的多个图像，显示标尺、网格和参考线等。视图控制栏是 Photoshop CS4 的新增栏目。

2．选项栏

选项栏用于设置当前工具的基本参数，其显示内容随所选工具的不同而变化。

3．工具箱

工具箱汇集了 Photoshop CS4 的 20 组基本工具及选色按钮、编辑模式按钮。通过单击工具箱顶部可以使工具箱在单列布局与双列布局之间转换。

将光标移到工具或按钮上停顿片刻，可弹出提示信息。右下角有黑色三角标志的工具，表示此处还隐藏着其他工具，在该工具上右击或按下左键停顿片刻，可展开该工具组，以选择被隐藏的工具。

4．面板

面板是 Photoshop 的又一重要组成部分，其中汇集了 Photoshop 的众多核心功能。各面板允许随意组合，形成多个面板组。通过单击面板顶部的灰色空白区域，可以折叠或展开面板。

通过单击面板顶部的标签，可以显示对应的面板（也可以通过【窗口】菜单来实现）。

5．图像窗口

在默认窗口布局下，图像窗口仅显示当前正在操作的图像。右击图像周围的空白区域（默认为灰色），利用弹出的快显菜单可以改变空白区域的颜色。

在打开多个图像的情况下，通过单击图像窗口顶部的文件标签，可在不同图像之间切换。在视图控制栏上单击“排列文档”按钮，从弹出的下拉菜单中可以选择不同的图像拼贴方式，同时显示多个图像窗口。

1.4 Photoshop 基本操作

1.4.1 浏览图像

浏览图像是 Photoshop 最基本的操作，包括缩放图像、查看图像的隐藏区域、设置图像的屏幕显示模式等，牵涉的工具有缩放工具、抓手工具、导航器面板和屏幕显示模式按钮等。

1．缩放工具

用于改变图像的显示比例。在编辑和修改图像前，使用缩放工具将图像局部放大到适当比例，往往可以使操作变得既方便又准确。

在工具箱或视图控制栏选择缩放工具，其选项栏参数如下。

- 按钮：放大按钮。选中该项，使用缩放工具在图像窗口中每单击一次，图像以一定比例放大。该选项为默认选项。
- 按钮：缩小按钮。选中该项，使用缩放工具在图像窗口中每单击一次，图像以一定比例缩小。
- 【调整窗口大小以满屏显示】：勾选该项，当缩放图像时，图像窗口将适应图像的大小一起缩放。
- 【缩放所有窗口】：当有多幅图像打开时，可使用缩放工具缩放所有图像。
- 【实际像素】：使图像以实际像素大小（100%的比例）显示。
- 【适合屏幕】：使图像以最大比例显示全部内容。
- 【填充屏幕】：使图像充满整个 Photoshop 窗口。此时，图像部分内容往往被隐藏。
- 【打印尺寸】：使图像按打印尺寸大小显示。当图像分辨率与显示器分辨率相等时，单击【打印尺寸】按钮与单击【实际像素】按钮的作用相同。

另外，缩放工具还具有框选放大的功能，操作方法如下。

（1）选择缩放工具，在选项栏上选择按钮。

（2）在图像上拖移鼠标，框选要放大的图像局部。松开鼠标按键后，该部分图像即可放大到整个图像窗口显示。

提示：选择按钮时，按住 Alt 键不放，可切换到按钮；选择按钮时，按住 Alt 键不放，可切换到按钮。

2．抓手工具

当图像窗口出现滚动条时，可用抓手工具拖移图像，可查看图像被隐藏的区域。

在工具箱或视图控制栏选择抓手工具，其选项栏参数如下。

【滚动所有窗口】：当打开的图像中有多个图像存在滚动条时，勾选该项，使用抓手工具拖移某个图像，其他存在滚动条的图像也一起移动。

其余参数与缩放工具相同。

重要提示：

（1）在工具箱上双击“缩放工具”，图像以“实际像素”方式显示。双击“抓手工具”，图像以“适合屏幕”方式显示。

（2）在使用其他工具时，按空格键不放，可切换到抓手工具；松开空格键，重新切换回原来工具。

3．导航器面板

选择菜单命令【窗口】|【导航器】，显示导航器面板，如图 1-5 所示。

图 1-5　导航器面板

各部分作用如下。

- 图像预览窗与红色方框：图像预览区显示完整的图像预览图；红色方框内标出当前图像窗口中显示的内容。当图像窗口出现滚动条时，在图像预览区拖移红色方框，可以查看图像的任何区域。
- 放大按钮：使图像的显示比例放大一级。
- 缩小按钮：使图像的显示比例缩小一级。
- 缩放滑块：向左拖移滑块，图像缩小；向右拖移滑块，图像放大。
- 图像显示比例控制框：在框内输入一定的百分比数值，按 Enter 键确认，可以精确改变图像的显示比例。

4．屏幕显示模式

屏幕显示模式用于改变图像的屏幕显示方式，它有标准屏幕模式、带有菜单栏的全屏模式和全屏模式三种。默认显示模式为标准屏幕模式。

在视图控制栏单击屏幕显示模式按钮，弹出下拉菜单，从中选择不同的显示模式选项，图像的不同显示方式如图 1-6、图 1-7 和图 1-8 所示。在选择“全屏模式”选项时，若弹出如图 1-9 所示的【信息】提示框，单击【全屏】按钮即可。

在全屏模式下，按 Esc 键，可返回标准屏幕模式。在不同屏幕显示模式下，按 Tab 键可隐藏或显示部分界面元素。

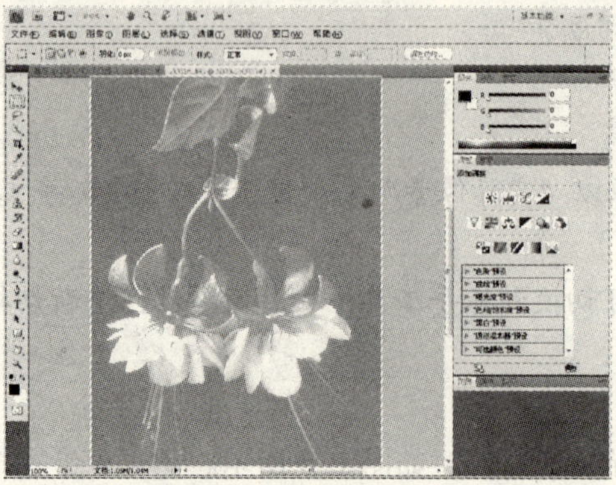

图 1-6 标准屏幕模式

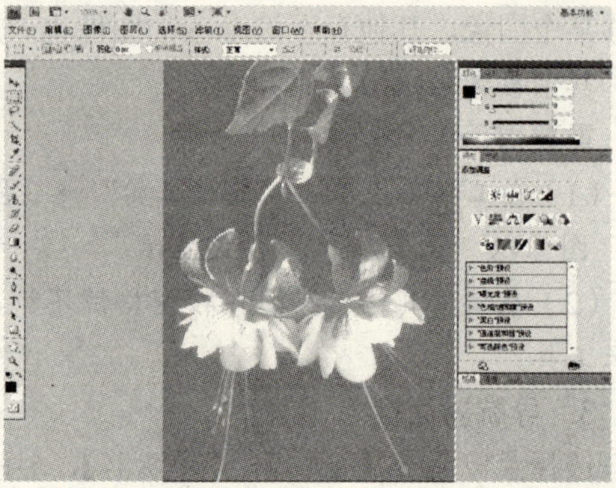

图 1-7 带有菜单栏的全屏模式

图 1-8 全屏模式

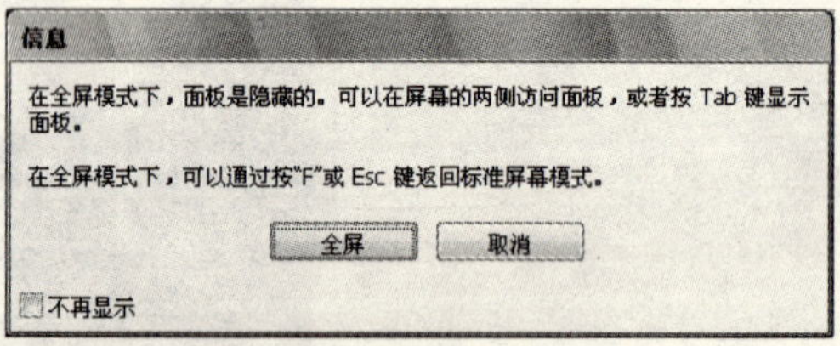

图 1-9 全屏模式信息提示框

1.4.2 新建图像

选择菜单【文件】|【新建】或按 Ctrl+N 键，弹出【新建】对话框，如图 1-10 所示。

- 【名称】：输入新建图像的文件名。
- 【预设】：选择是采用自定义方式还是固定文件格式设置新建图像的宽度和高度。

提示：【预设】下拉列表的底部列出的是 Photoshop 窗口中当前打开的图像的文件名。选择某个文件名，所建立的新文件的宽度与高度将与该文件一致。

- 【宽度】与【高度】：设置新建图像的宽度与高度值。

重要提示：设置图像的宽度和高度时，一定要注意单位的选择。最好先选单位，再输入数值，这样就不会出现诸如 400 厘米之类的尺寸（处理这么大的图像会使计算机的反应速度变得很慢）。

- 【分辨率】：设置新建图像的图像分辨率。
- 【颜色模式】：选择新建图像的颜色模式（关于颜色模式，请参阅第 3 章）。

提示：如果所创建的图像用于网页显示，一般应选择 RGB 模式，分辨率选用 72 ppi 或 96 ppi（像素/英寸）。若用于实际印刷，颜色模式应采用 CMYK，分辨率则应视情况而定。书籍封面、招贴画要使用 300 ppi 左右的分辨率，而更高质量的纸张印刷可采用 350 ppi 以上的分辨率。

- 【背景内容】：选择新建图像的背景色。有白色、透明色和背景色三种选择。默认设置下，Photoshop 采用灰白相间的方格图案代表透明色。背景色指工具箱上“设置背景色”按钮（如图 1-12 所示）所表示的颜色。

单击“高级”左侧的圆形按钮，展开对话框的高级选项设置区域。

↘【颜色配置文件】：选择新建图像的色彩配置方式。

↘【像素长宽比】：选择新建图像预览时像素的长宽比例。

提示：像素（picture element，简称 pixel）是组成位图图像的最小单位。像素具有位置和位深（颜色深度）两个基本属性。除了一些特殊标准之外，像素都是正方形的。由于图像由方形像素组成，所以图像必须是方形的。

设置好上述参数，单击【确定】，新文件创建完成。

1.4.3　保存图像

图像编辑完成后，可使用菜单命令【文件】|【存储为】进行保存。在【存储为】对话框中，利用【保存在】列表确定文件存储位置；在【文件名】文本框中输入文件主名；在【格式】列表中选择文件的类型。若选择 PSD 格式，单击【保存】即可；若选择 JPEG 格式，单击【保存】，将弹出如图 1-11 所示的【JPEG 选项】对话框。

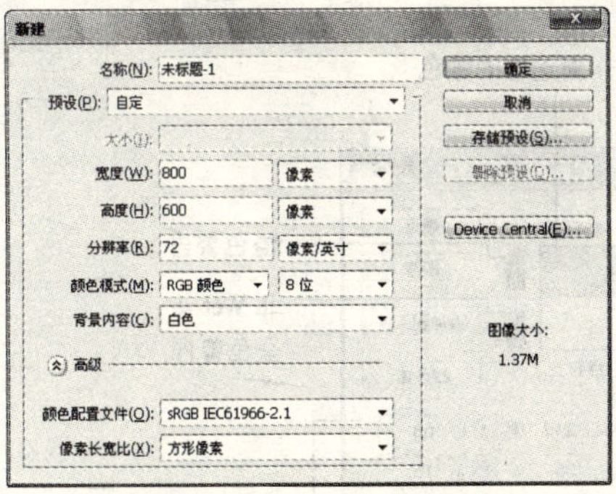

图 1-10 【新建】对话框

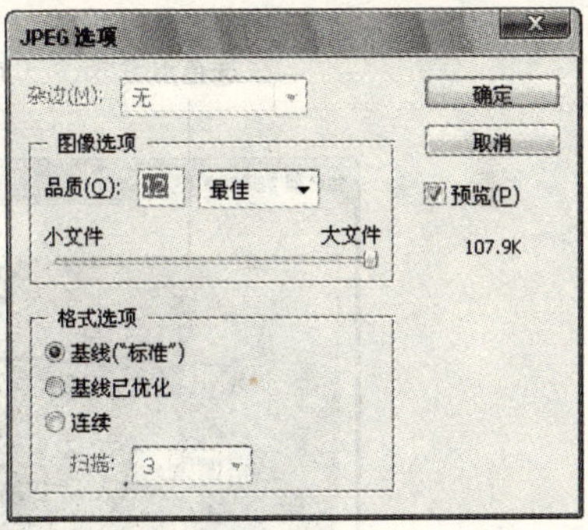

图 1-11 【JPEG 选项】对话框

1)【图像选项】

为了确定不同用途的图像的存储质量，可从【品质】下拉列表中选择优化选项（低、中、高、最优）；或左右拖动【品质】滑块；或在【品质】文本框中输入数值（1～4 为低，5～7 为中，8～9 为高，10～12 为最优）。品质越高，文件占用的存储量越多。

提示：一般来说，若图像用于印刷，应设置尽量高的质量。若图像用在网上，则设置中等左右的质量即可；基本原则是在满足 Web 图像质量要求的前提下，尽量降低文件的存储大小，以加快图像的下载速度。另外，制作 Web 图像时，最好选用菜单命令【文件】|【存储为 Web 和设备所用格式】存储图像。

2)【格式选项】

↘【基线（“标准”）】：使用大多数 Web 浏览器都识别的格式。

↘【基线已优化】：获得优化的颜色和稍小的文件存储空间。

↘【连续】：在图像下载过程中显示一系列越来越详细的扫描效果（可以指定扫描次数）。

并不是所有 Web 浏览器都支持“基线已优化”和“连续”的 JPEG 图像。

单击【确定】按钮，将 JPEG 格式的图像保存在指定位置。

1.4.4　选取颜色

Photoshop 的选色工具包括工具箱底部的选色按钮（如图 1-12 所示）、颜色面板和色板面板。下面重点讲解 Photoshop 选色按钮的使用。

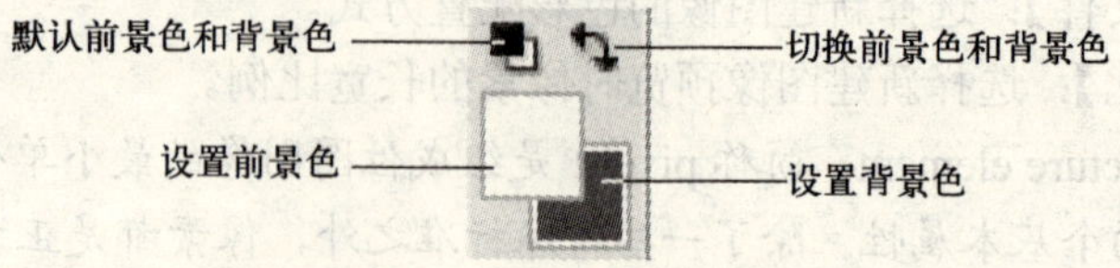

图 1-12　Photoshop 选色按钮

- 【设置前景色】按钮：用于设置前景色的颜色。
- 【设置背景色】按钮：用于设置背景色的颜色。
- 【默认前景色和背景色】按钮：将前景色和背景色设置为系统默认的黑色与白色。
- 【切换前景色和背景色】按钮：使前景色与背景色对换。

使用拾色器设置前景色或背景色的一般方法如下。

（1）单击【设置前景色】或【设置背景色】按钮，打开【拾色器】对话框，如图 1-13 所示；

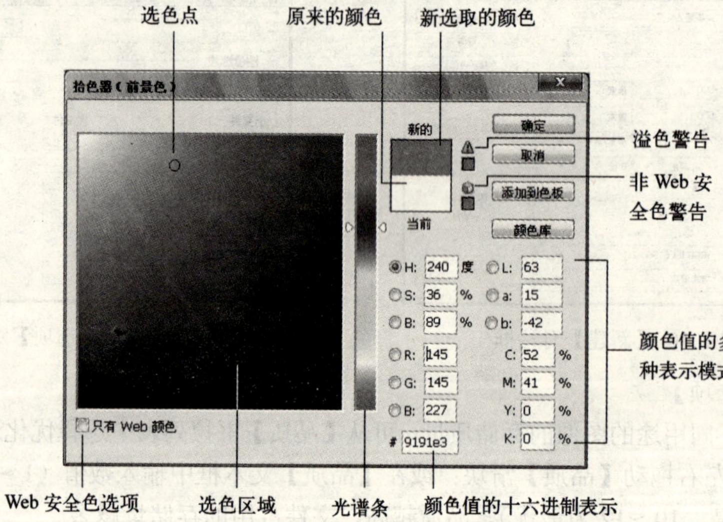

图 1-13　【拾色器】对话框

（2）在光谱条上单击，或上下拖移白色三角滑块，选择某种色相；

（3）在选色区某位置单击（进一步确定颜色的亮度和饱和度），确定最终要选取的颜色；

（4）单击【确定】按钮，颜色选择完毕。【设置前景色】或【设置背景色】按钮上指示出上述选取的颜色。

每种颜色都有一定的颜色值。借助拾色器，可使用以下方法之一，精确选取某种颜色。

（1）在拾色器右下角，RGB、CMYK、HSB 与 Lab 表示不同的颜色模式（请参阅第 3 章）。直接将指定的一组数值输入上述某种颜色模式框中，单击【确定】按钮。

（2）在“颜色值的十六进制表示”框中，输入颜色的十六进制数值（注意，此时不要选择【只有 Web 颜色】项；否则，可能取不到所要的颜色），单击【确定】按钮。

当拾色器中出现“溢色警告”图标时，表示当前选取的颜色无法正确打印。单击该图标，Photoshop 用一种相近的、能够正常打印的颜色取代当前选色。

在拾色器中，若勾选【只有 Web 颜色】，如图 1-14 所示，选色区域被分割成很多区块，每个区块中任一点的颜色都是相同的。这时通过拾色器仅能选取 216 种颜色，都能在浏览器上正常显示。这些颜色称为网络安全色。

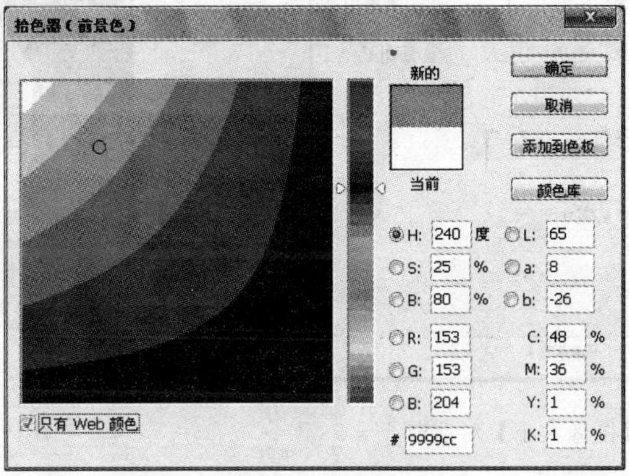

图 1-14　选择 Web 安全色

1.4.5　调整图像大小

在图像处理中，改变素材图像本身的大小是常有的事。

打开素材图像。选择菜单命令【图像】|【图像大小】，弹出【图像大小】对话框，其中显示了当前图像的原有大小及分辨率等信息，如图 1-15 所示。

要改变图像大小，需设置以下主要参数。

- 【像素大小】：设置图像的像素宽度和像素高度。有实际像素和百分比两种修改方法。
- 【文档大小】：设置图像的打印尺寸。可以选择百分比和不同的长度单位。
- 【分辨率】：设置图像的分辨率，主要与印刷有关。

在勾选【约束比例】选项的情况下，图像的宽度与高度是相关的；只要改变其中一方，另一方会自动成比例变化。因此，如果希望单独改变宽度与高度的数值，而不受另一方影响，应事先取消选择【约束比例】选项。

另外，像素大小、文档大小和分辨率三组参数也是相关的。在三者单位统一的情况下，换算关系为：像素大小=文档大小×分辨率。

通常情况下，使用【图像大小】命令缩小图像，不会影响图像的画质；但过分增大位图图像对图像画质的影响会非常明显。因此，在实际应用中如果需要比较大的素材图像，最好的办法就是使用数码相机拍摄比较大的图像，而不是将小图像放大。

1.4.6　调整画布大小

“画布大小”命令用于改变图像画布的大小。增大画布时，只是在原图像周围增加一些空白区域，原图像本身并不会增大；减小画布时，原图像也会受影响而被裁掉一部分内容。因此，“画布大小”与“图像大小”不是一回事。

打开图像“实例 01\女孩.JPG”，如图 1-16 所示。

选择菜单命令【图像】|【画布大小】，弹出【画布大小】对话框，其中显示了当前图像的原有画布大小，如图 1-17 所示。

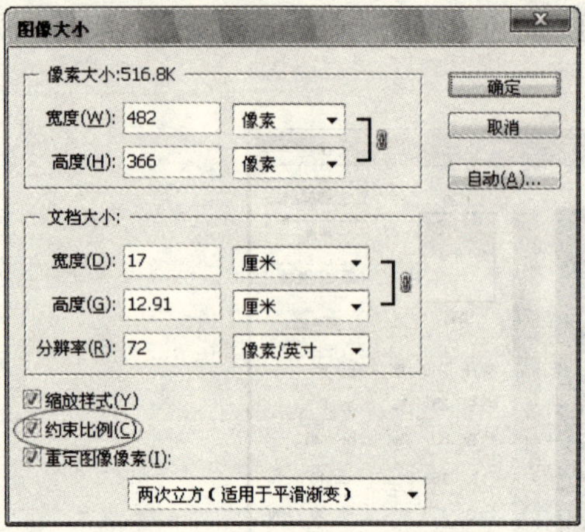

图 1-15 【图像大小】对话框

图 1-16 素材图像

要改变画布大小，需设置以下主要参数。

- 【宽度】与【高度】：设置新画布的宽度和高度。可以选择百分比和不同的尺寸单位。
- 【定位】：选择原图像在新画布上的位置。每个小方块都可选中，表示一种定位，共 9 种。方块上的箭头表示画布大小的改变方向。例如，默认选择的是中央方块，表示在水平和垂直方向对称扩展或裁切画布。
- 【画布扩展颜色】：当增大画布时，选择画布扩展部分的颜色。

在本例中，采用默认定位方法，将画布宽度增加 1 厘米，高度增加 2 厘米，画布扩展颜色选择白色。画布大小改变后的图像如图 1-18 所示。

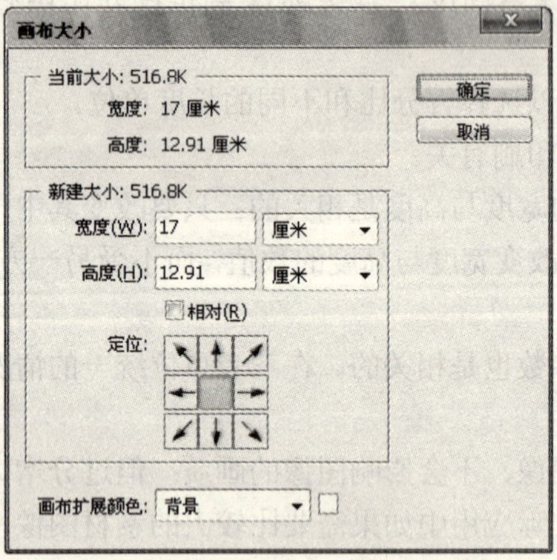

图 1-17 【画布大小】对话框

图 1-18 画布扩展后的图像

在【画布大小】对话框中，若勾选【相对】选项，则只要在【宽度】和【高度】文本框中输入相对增加或减少的数值即可（画布增加时输入正值，画布减小时输入负值）。仍以“实例 01\沉思的女孩.JPG”为例，要获得同样的画布扩充效果，只要将参数设置为如图 1-19 所示即可。

1.4.7 旋转画布

打开图像“实例 01\沉思的女孩.JPG”（如图 1-16 所示）。选择菜单命令【图像】|【图像

旋转】|【任意角度】，弹出【旋转画布】对话框，如图 1-20 所示。

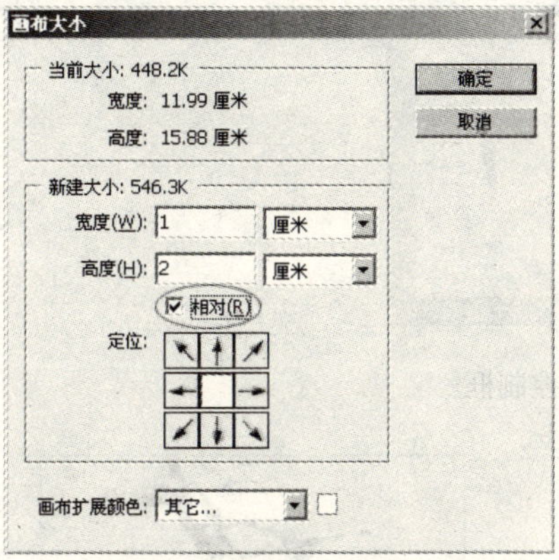

图 1-19　设置画布大小的相对改变值

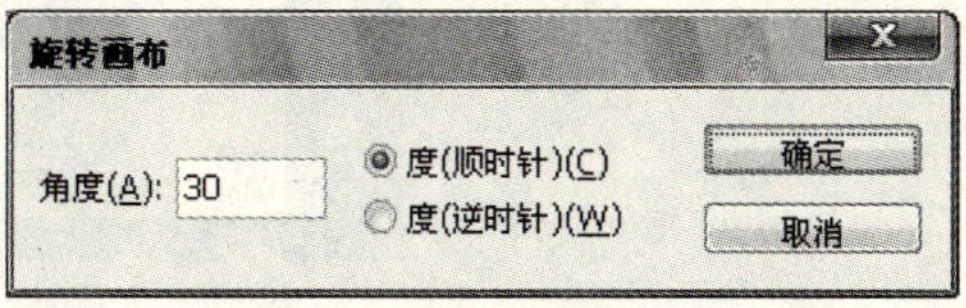

图 1-20　【旋转画布】对话框

选择【顺时针】旋转方向，设置旋转角度为 30，单击【确定】按钮，画布旋转后的图像如图 1-21 所示。

图 1-21　画布旋转后的图像

菜单【图像】|【图像旋转】下还有其他旋转命令。应注意“90 度旋转”与“垂直翻转”的区别，以及“180 度旋转”与“水平翻转”的区别。

提示：在图像存在背景层的情况下，画布旋转后图像中出现的空白区域的颜色，即工具箱上“设置背景色”按钮所表示的颜色；否则为透明色。关于“背景层”的概念，请参考第 3 章相关部分。

1.4.8　使用裁剪工具裁切图像

裁剪工具的作用是：裁切图像，旋转图像，重新设置裁切后图像的分辨率。

打开图像“实例 01\猫戏多姿.JPG”。在工具箱上选择裁剪工具。在图像中拖移鼠标，创建裁切控制框，如图 1-22 所示。

拖移裁切控制框上的控制块，改变裁切图像的大小；在控制框的外部（要稍微离开一点距离）拖移鼠标（此时光标显示为弯曲的双向箭头，如图 1-23 所示），调整裁切图像的方向。

按 Enter 键，或单击选项栏上的提交按钮✓，得到裁切结果，如图 1-24 所示。

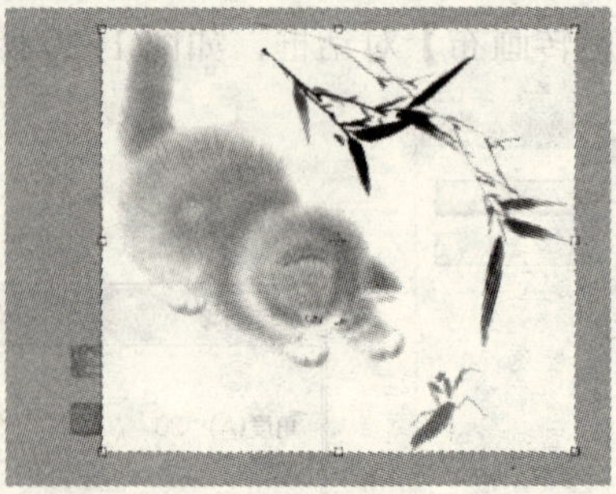

图 1-22　创建裁切控制框

图 1-23　旋转裁切控制框

图 1-24　裁切后的图像

在裁切过程中，若想撤销操作，可按 Esc 键，或单击选项栏上的“撤销”按钮⊘。

若想精确设置裁切图像的大小和分辨率，可在选择裁剪工具后，在选项栏上预先设置相应的参数，再创建裁切控制框。如图 1-25 所示。

图 1-25　设置裁剪工具的选项栏参数

1.4.9　操作的撤销与恢复

撤销与恢复操作的方法有两种：

（1）调用【编辑】菜单中的“前进（Shift+Ctrl+Z）”和“后退（Alt+Ctrl+Z）”命令。

（2）使用历史记录面板。

下面重点介绍历史记录面板的基本使用方法。选择菜单命令【窗口】|【历史记录】，显示【历史记录】面板，如图 1-26 所示。

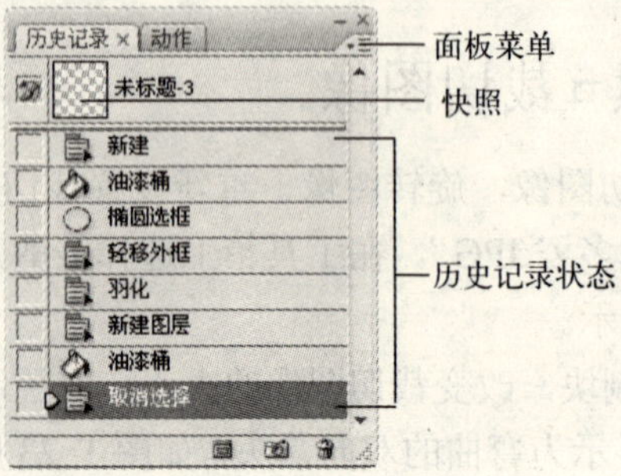

图 1-26 【历史记录】面板

1. 撤销与恢复操作

在“历史记录状态”区，向前单击某一条操作记录，可撤销该项记录后面的所有操作；向后单击某一条操作记录，可恢复该项记录及其前面的所有操作。

选择某一条操作记录，单击“删除当前状态”按钮，在弹出的警告框中单击【是】，默认设置下将撤销并删除该项记录及其后面的所有操作记录。

重要提示：单击【历史记录】面板右上角的“面板菜单”按钮，在弹出的面板菜单中选择【历史记录选项】，打开【历史记录选项】对话框，勾选【允许非线性历史记录】，单击【确定】。进行上述设置后，可单独删除【历史记录】面板中某一条记录，而不影响后面的操作。

2. 设置历史记录步数

选择菜单【编辑】|【首选项】|【性能】，打开【首选项】对话框，通过其中的“历史记录状态”选项，可以修改历史记录的撤销与恢复步数。在 Photoshop CS4 中，历史记录面板最多可记录 1000 步操作。

3. 创建快照

“快照”可将某个特定历史记录状态下的图像内容暂时存放于内存中。即使相关操作由于被撤销、删除或其他原因已经不存在了，“快照”依旧存在。因此，使用“快照”能够有效地恢复图像。

单击【历史记录】面板右下角的“创建新快照”按钮，可为当前历史记录状态下的图像内容创建快照。“删除当前状态”按钮可用于删除快照。

提示：单击【历史记录】面板右下角的“从当前状态创建新文档”按钮，可从当前历史状态或快照创建新图像。

1.5 本章案例——设计制作一张漂亮的卡片

主要技术看点：旋转画布、裁切图像、修改图像大小、修改画布大小、在不同图像间复制图层、变换图层、移动图层、选色、输入文字、保存图像等。卡片效果如图 1-27 所示。

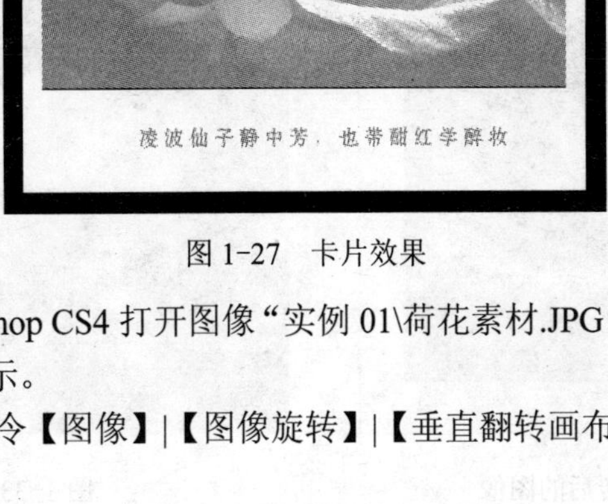

图 1-27　卡片效果

步骤 1　使用 Photoshop CS4 打开图像“实例 01\荷花素材.JPG”。这是一幅上下颠倒且倾斜的图像，如图 1-28 所示。

步骤 2　选择菜单命令【图像】|【图像旋转】|【垂直翻转画布】，将图像上下颠倒过来，如图 1-29 所示。

图 1-28 原始图像

图 1-29 翻转后的图像

步骤 3 在工具箱上选择标尺工具，沿荷花黑色背景的边缘（或与边缘平行的方向）拖移鼠标，创建一条测量线，如图 1-30 所示。

步骤 4 选择菜单命令【图像】|【图像旋转】|【任意角度】，打开【旋转画布】对话框，如图 1-31 所示。在对话框中，系统已按测量线自动设置好旋转角度及旋转方向。

图 1-30 绘制测量线

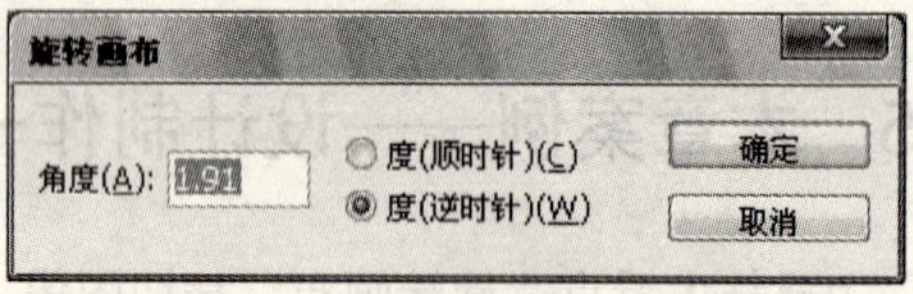

图 1-31 系统自动探测的旋转角度

步骤 5 单击【确定】按钮。旋转后的图像如图 1-32 所示。

步骤 6 使用裁剪工具裁掉图像四周的多余部分，如图 1-33 所示。

图 1-32 旋转后的图像

图 1-33 裁切后的图像

步骤 7　使用菜单命令【图像】|【图像大小】，将图像的像素大小的宽度缩小至 500 像素，高度成比例缩小，分辨率保持不变。

步骤 8　选择菜单命令【图像】|【画布大小】，打开【画布大小】对话框，参数设置如图 1-34 所示。这样可以将图像的底部裁掉一部分，使顶部的相对空白区域更多一些，如图 1-35 所示。

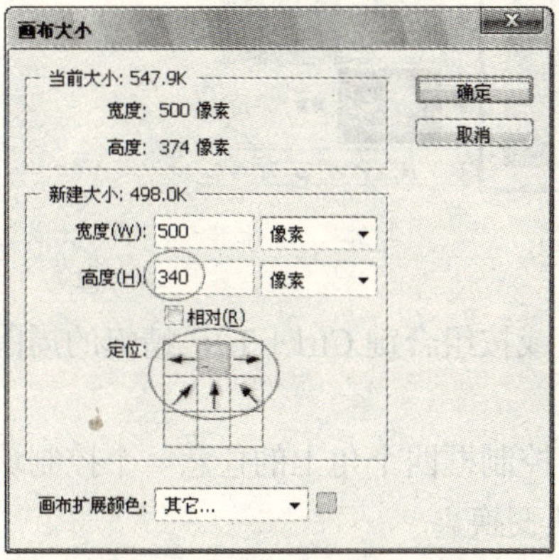

图 1-34　设置【画布大小】参数

图 1-35　修改画布大小后的图像

步骤 9　打开素材图像“实例 01\蜻蜓.PSD”。选择菜单命令【窗口】|【图层】，显示【图层】面板。

步骤 10　在视图控制栏上单击“排列文档”按钮，从弹出的下拉菜单中单击“全部按网格拼贴”按钮，使打开的所有图像拼贴排列。再在同一下拉菜单中选择“使所有内容在窗口中浮动”命令，将所有图像窗口转换为浮动模式。

步骤 11　拖移“蜻蜓.PSD”的标题栏，使之与“荷花素材 jpg”的窗口错开位置（此时“蜻蜓.PSD”为当前图像）。

步骤 12　在【图层】面板上，将“蜻蜓”图层拖移到荷花图像的窗口中，如图 1-36 所示。

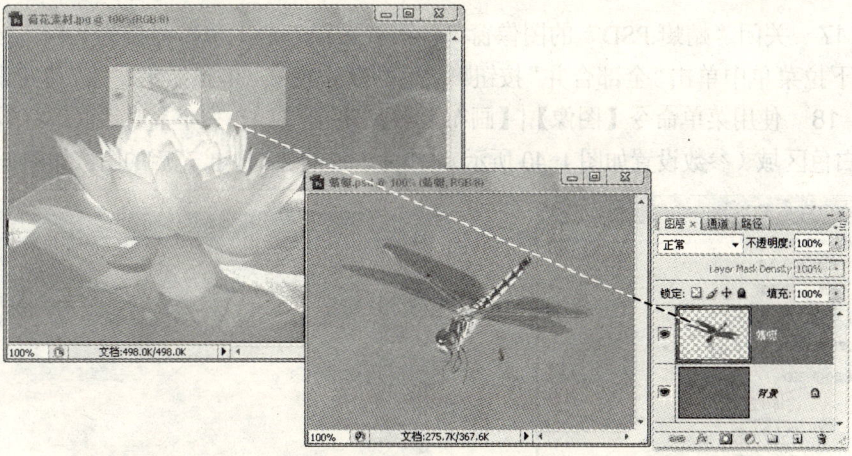

图 1-36　复制图层

步骤 13　结果，“蜻蜓”图层被复制到荷花图像中，且荷花图像被激活成为当前图像，如图 1-37 所示。

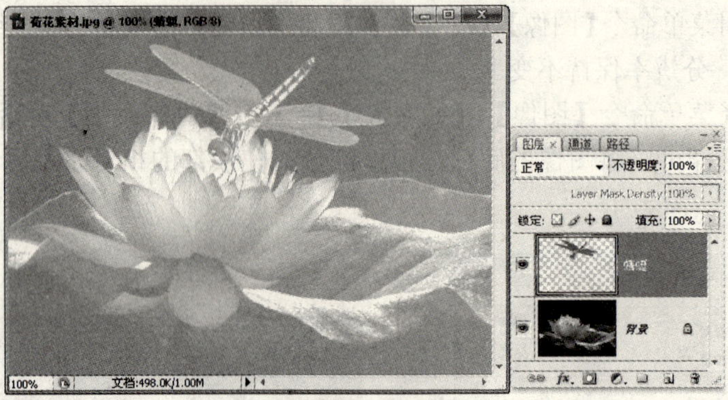

图 1-37　复制图层

步骤 14　选择菜单命令【编辑】|【自由变换】(或按组合键 Ctrl + T)，蜻蜓的周围出现自由变换控制框。

步骤 15　按住 Shift 键不放，使用鼠标向内拖移控制框四个角上的任意一个控制块，适当成比例缩小蜻蜓，如图 1-38 所示。按 Enter 键确认变换。

步骤 16　选择移动工具，将“蜻蜓”移动到合适的位置，如图 1-39 所示。

图 1-38　缩小“蜻蜓”

图 1-39　移动“蜻蜓”

步骤 17　关闭“蜻蜓.PSD”的图像窗口。在视图控制栏上单击“排列文档”按钮，从弹出的下拉菜单中单击“全部合并”按钮，返回默认模式，单独显示图像“荷花素材 jpg”。

步骤 18　使用菜单命令【图像】|【画布大小】，打开【画布大小】对话框，将图像四周对称扩充出白色区域(参数设置如图 1-40 所示)，作为卡片的边框。扩充后的图像如图 1-41 所示。

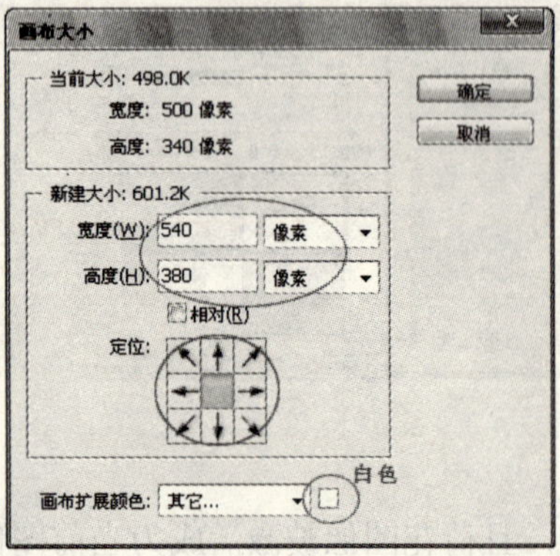

图 1-40　设置【画布大小】参数

图 1-41　对称扩充出白色边框

步骤 19　在【画布大小】对话框中将图像底部进一步扩充，参数设置如图 1-42 所示。扩充后的图像如图 1-43 所示。

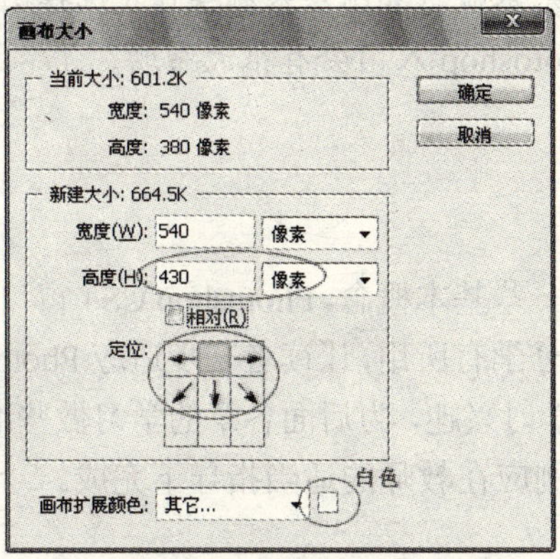

图 1-42　设置【画布大小】参数

图 1-43　进一步扩充底部

步骤 20　在【画布大小】对话框中将图像四周对称扩充出黑色区域（参数设置如图 1-44 所示），作为卡片的背景。扩充后的图像如图 1-45 所示。

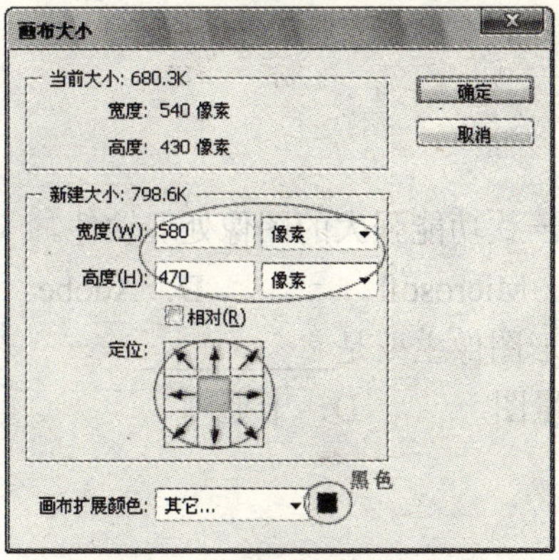

图 1-44　设置【画布大小】参数

图 1-45　对称扩充出黑色背景

步骤 21　使用横排文字工具，在图像中如图 1-46 所示的位置创建文本"凌波仙子静中芳，也带酣红学醉妆"。此时，观察【图层】面板，文本图层已自动生成。

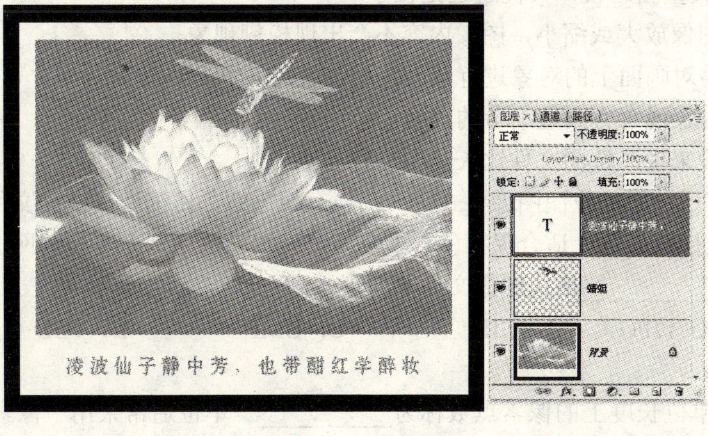

图 1-46　创建文本

步骤 22 将操作结果以“凌波仙子.JPG”为名保存起来。

步骤 23 关闭“荷花素材 jpg”的图像窗口，不保存修改。

重要提示： 希望读者一定要提前预习第 3 章图层基本概念和图层基础操作（选择图层、复制图层、文本层等）。这对实例中操作的理解及 Photoshop 入门会有很大帮助。

1.6 小结

本章主要讲述了有关平面设计和图形图像处理的一些基本概念，Photoshop CS4 窗口组成和基本操作。通过综合案例，一方面使得本章的理论部分学有所用，让读者初步适应 Photoshop CS4 的图像处理环境；另一方面激发读者对该软件的学习兴趣，为后面各章的学习做些准备。对于没有 Photoshop 操作基础的学习者来说，综合案例应在教师的适当指导下完成。

综合案例中提前用到的知识点有：

（1）图层概念与基础操作（参照第 3 章开始，希望尽快熟悉这部分内容）；

（2）图层的复制、移动与缩放（非常重要的操作，重点掌握，后面还要多次用到）；

（3）文字工具的使用（参照第 2 章相关部分，先掌握文字工具的简单使用方法）。

1.7 习题

一、选择题

1．Photoshop 是由美国的__________公司出品的一款功能强大的图像处理软件。

A．Corel B．Macromedia C．Microsoft D．Adobe

2．Photoshop 的功能非常强大，使用它处理的图形图像主要是__________。

A．位图 B．剪贴画 C．矢量图 D．卡通画

3．下列描述不属于位图特点的是__________。

A．由数学公式来描述图中各元素的形状和大小

B．适合表现含有大量细节的画面，比如风景照、人物照等

C．图像内容会因为放大而出现马赛克现象

D．与分辨率有关

4．位图与矢量图比较，其优越之处在于__________。

A．对图像放大或缩小，图像内容不会出现模糊现象

B．容易对画面上的对象进行移动、缩放、旋转和扭曲等变换

C．适合表现含有大量细节的画面

D．一般来说，位图文件比矢量图文件要小

5．“目前广泛使用的位图图像格式之一；属有损压缩，压缩率较高，文件容量小，但图像质量较高；支持真彩色，适合保存色彩丰富、内容细腻的图像；是目前网上主流图像格式之一。”是下属__________格式图像文件的特点。

A．JPEG（JPG） B．GIF C．BMP D．PSD

二、填空题

1．图像每单位长度上的像素点数称为__________。单位通常采用“像素/英寸”。

2．__________指计算机采用多少个二进制位表示像素点的颜色值，也称位深。

3．__________格式是 Photoshop 的基本文件格式，能够存储图层、通道、蒙版、路径和颜色模式等各种图像属性，是一种非压缩的原始文件格式。

4．在 Photoshop 拾色器中，若勾选【只有 Web 颜色】选项，则仅能选取 216 种颜色，这些颜色都能够在浏览器上正常显示，称为__________。

三、简答题

1．简述平面设计的概念及学习 Photoshop 的重要性。

2．什么是位图？什么是矢量图？二者的关系如何？各有什么优点与缺点？

3．简述图像分辨率的定义。比较书中提到的几种分辨率的区别与联系。

4．比较下列几组菜单命令和基本工具的区别与联系："图像大小"与缩放工具，"画布大小"与裁剪工具，"图像大小"与"画布大小"。

四、操作题

1．使用 Photoshop 新建一幅 400×300 像素、72 像素/英寸、RGB 颜色模式、透明背景的图像。熟悉 Photoshop 中透明色的表示方法。

2．将前景色设置为黄色（颜色值# FFFF33），背景色设置为黑色；使用云彩滤镜在图像上创建黄色烟雾效果。

3．将编辑后的图像以"硝烟.JPG"为文件名保存在 C 盘根目录下，保存质量为"最佳"。

提示：滤镜是 Photoshop 的特效工具。云彩滤镜的菜单命令位置为【滤镜】|【渲染】|【云彩】，其效果是由前景色和背景色随机生成的，每一次的操作结果会有所不同，这属于正常现象。

第2章　基 本 工 具

2.1　选择工具的使用

在 Photoshop 中，选择工具的作用是创建选区，选择要编辑的图像区域，并保护选区外的图像免受破坏。数字图像的处理往往是局部的处理，首先需要在局部创建选区；选区创建得准确与否，直接关系到图像处理的质量。因此，选择工具在 Photoshop 中有着特别重要的地位。Photoshop 的选择工具包括选框工具组、套索工具组和魔棒工具组。

2.1.1　选框工具组

选框工具组包括矩形选框工具、椭圆选框工具、单行选框工具和单列选框工具，用于创建方形、圆形等形状规则的几何选区。

1．矩形选框工具

在工具箱上选择“矩形选框工具”，按下左键拖移鼠标，通过确定对角线的长度和方向创建矩形选区。矩形选框工具的选项栏参数如图 2-1 所示。

图 2-1　矩形选框工具的选项栏参数

1）选区运算按钮

（1）“新选区”：默认选项，作用是创建新的选区。若图像中已经存在选区，新创建的选区将取代原有选区。

（2）“添加到选区”：将新创建的选区与原有选区进行求和（并集）运算。

（3）“从选区减去”：将新创建的选区与原有选区进行减法（差集）运算。结果是从原有选区中减去与新选区重叠区域的选区。

（4）“与选区交叉”：将新创建的选区与原有选区进行交集运算。结果保留新选区与原有选区重叠区域的选区。

2）【羽化】

羽化的实质是以创建时的选区边界为中心，以所设置的羽化值为半径，在选区边界内外形成一个渐变的选择区域。这是一个有趣而实用的参数，可用来创建渐隐的边缘过渡效果（试一试，对羽化的选区进行填色）。但该参数必须在选区创建之前设置才有效。

注意：当羽化值较大而创建的选区较小时，由于选框无法显示（选区还是存在的），将弹出如图 2-2 所示的警告框。除非特殊需要，一般应取消选区，并设置合适的羽化值，重新创建选区。

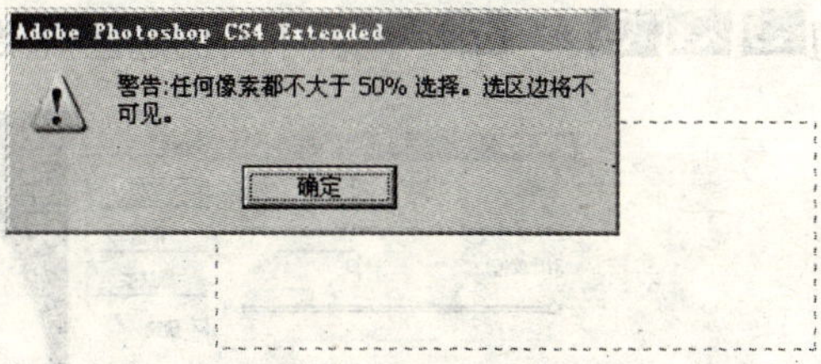

图 2-2 选区异常警告框

3)【消除锯齿】

作用是平滑选区的边缘。在选择工具中，该选项仅对椭圆选框工具、套索工具组和魔棒工具有效。

4)【样式】

(1)【正常】：默认选项。通过拖移鼠标随意指定选区的大小。

(2)【固定比例】：按指定的长宽比，通过拖移鼠标创建选区。

(3)【固定大小】：按指定的长度和宽度的实际数值（单位是像素），通过单击鼠标创建选区。若想改变单位，可通过右击【长度】或【宽度】数值框，从快捷菜单中选择。

5)【调整边缘】

【调整边缘】按钮用于动态地对现有选区的边缘进行更加细微地调整，如边缘的范围、对比度、平滑度和羽化度等，还可以对选区的大小进行扩展或收缩。

2．椭圆选框工具

按下左键拖移鼠标，创建椭圆形选区。其选项栏参数与矩形选框工具的类似。

值得一提的是，利用矩形选框工具或椭圆选框工具创建选区时，若按住 Shift 键，可创建正方形或圆形选区；若按住 Alt 键，则以首次单击点为中心创建选区；若同时按住 Shift 键与 Alt 键，则以首次单击点为中心创建正方形或圆形选区。特别要注意的是，在实际操作中，应先按下鼠标左键，再按键盘功能键（Shift、Alt 或 Shift+Alt）；然后拖移鼠标创建选区；最后先松开鼠标左键，再松开键盘功能键，选区创建完毕。

3．单行选框工具与单列选框工具

单行选框工具用来创建高度为一个像素，宽度与当前图像的像素宽度一致的选区。

单列选框工具用来创建宽度为一个像素，高度与当前图像的像素高度一致的选区。

由于选区的大小已确定，使用单行选框工具与单列选框工具创建选区时，只需在图像中某点单击即可。

关于【调整边缘】参数的用法举例如下。

步骤 1 打开素材图像“实例 02\人物素材 04.JPG”。选择“椭圆选框工具”，在选项栏上设置【羽化】值为“0”，【样式】为“正常”。使用椭圆选框工具创建如图 2-3 所示的选区。

步骤 2 在选项栏上单击【调整边缘】按钮，打开【调整边缘】对话框，参数设置如图 2-4 所示。其中各项参数的作用如下。

- 【半径】：设置选区边缘调整的范围。
- 【对比度】：调整选区边缘的清晰度或模糊度。
- 【平滑】：设置选区边缘的平滑程度。
- 【羽化】：设置选区边缘的羽化程度。
- 【收缩/扩展】：用于收缩或扩展选区的边界，调整选区的范围。

⇘“预览模式”按钮 ：选择不同的选区效果的预览模式。

图 2-3 创建选区

图 2-4 设置“调整边缘”参数

步骤 3 单击【确定】按钮，关闭【调整边缘】对话框。选择菜单命令【选择】|【反向】，将选区反转，如图 2-5 所示。

步骤 4 将前景色设置为#b99a87。按组合键 Alt+Delete 将前景色填充选区。选择菜单命令【选择】|【取消选择】（或按组合键 Ctrl+D）取消选区，如图 2-6 所示。

图 2-5 反转选区

图 2-6 椭圆镜框效果

注意：按组合键 Alt+Delete 可以将前景色填充当前图层（不存在选区时）或选区。按组合键 Ctrl+Delete 可以将背景色填充当前图层或选区。

2.1.2 套索工具组

套索工具组包括套索工具、多边形套索工具和磁性套索工具，用于创建形状不规则的选区。

1. 套索工具

用于创建手绘的选区，其使用方法如铅笔一样随意。用法如下。

（1）选择“套索工具”，设置选项栏参数。

（2）在待选对象的边缘按下左键，拖移鼠标圈选待选对象。当光标回到起始点时（此时光标旁边将出现一个小圆圈）松开左键可闭合选区；若光标未回到起始点便松开左键，起点与终点将以直线段相连，形成闭合选区。

套索工具适合选择与背景颜色对比不强烈且边缘复杂的对象。

2．多边形套索工具

用于创建多边形选区，用法如下。

（1）选择“多边形套索工具”，设置选项栏参数。

（2）在待选对象的边缘某拐点上单击，确定选区的第一个紧固点；将光标移动到相临拐点上再次单击，确定选区的第二个紧固点；依此操作下去。当光标回到起始点时（此时光标旁边将出现一个小圆圈）单击可闭合选区；当光标未回到起始点时，双击可闭合选区。

多边形套索工具适合选择边界由直线段围成的对象。

在使用多边形套索工具创建选区时，按住 Shift 键，可以确定水平、竖直或方向为 45°角的倍数的直线段选区边界。

3．磁性套索工具

磁性套索工具特别适用于快速选择与背景颜色对比强烈且边缘复杂的对象。其特有的选项栏参数如下。

- 【宽度】：指定检测宽度，单位为像素。磁性套索工具只检测从指针开始指定距离内的边缘。
- 【对比度】：指定磁性套索工具跟踪对象边缘的灵敏度，取值范围 1%～100%。较高的数值只检测指定距离内对比强烈的边缘；较低的数值可检测到低对比度的边缘。
- 【频率】：指定磁性套索工具产生紧固点的频度，取值范围 0～100。较高的“频率”将在所选对象的边界上产生更多的紧固点。
- “绘图板压力”按钮：该参数针对使用光笔绘图板的用户。选择该按钮，增大光笔压力将导致边缘宽度减小。

磁性套索工具的一般使用方法如下。

（1）选择“磁性套索工具”，根据需要设置选项栏参数。

（2）在待选对象的边缘单击，确定第一个紧固点。

（3）沿着待选对象的边缘移动光标，创建选区。在此过程中，磁性套索工具定期将紧固点添加到选区边界上。

（4）若选区边界不易与待选对象的边缘对齐，可在待选对象的边缘的适当位置单击，手动添加紧固点；然后继续移动鼠标选择对象。

（5）当光标回到起始点时（此时光标旁边将出现一个小圆圈）单击可闭合选区。当光标未回到起始点时，双击可闭合选区；但起点与终点将以直线段连接。

使用磁性套索工具选择对象时，若待选对象的边缘比较清晰，可设置较大的【宽度】和更高的【边对比度】值，然后大致地跟踪待选对象的边缘即可快速创建选区。若待选对象的边缘比较模糊，则最好使用较小的【宽度】和较低的【边对比度】值，并更准确地跟踪待选对象的边缘以创建选区。

2.1.3 魔棒工具

魔棒工具适用于快速选择颜色相近的区域。其一般使用方法如下。

（1）选择“魔棒工具”，根据需要设置选项栏参数。

（2）在待选的图像区域内某一点单击。

魔棒工具的选项栏上除了“选区运算”按钮、【消除锯齿】复选框外，还有以下参数。

- 【容差】：用于设置颜色值的差别程度，取值范围 0～255，系统默认值 32。使用魔棒工具选择图像时，其他像素点与单击点的颜色值进行比较，只有差别在“容差”范围内的像素才被选中。一般来说，容差越大，所选中的像素越多。容差为 255 时，将选中整个图像。
- 【连续】：勾选该项，只有容差范围内的所有相邻像素被选中。否则，将选中容差范围内的所有像素。如图 2-7 所示，使用魔棒工具在图像左上角的蓝色背景区域单击，若事先勾选了【连续】选项，则创建左图所示的选区（树枝间隙的蓝色背景未被选中）；否则，将创建右图所示的选区。此时反转选区，即可选中图中的树枝（本操作所用素材为“实例 02 \树枝.jpg”）。

图 2-7 “连续”参数的应用

- 【对所有图层取样】：勾选该项，魔棒工具将从所有可见图层中创建选区；否则，仅考虑当前图层中的像素，依据当前图层的像素创建选区。

2.1.4 快速选择工具

快速选择工具以涂抹的方式“画”出不规则的选区，能够快速选择多个颜色相近的区域；该工具比魔棒工具的功能更强大，使用也更方便快捷。其选项栏如图 2-8 所示。

图 2-8 快速选择工具的选项栏参数

- 【画笔】：用于设置快速选择工具的笔触大小、硬度和间距等属性。
- 【自动增强】：勾选该项，可自动加强选区的边缘。

其余选项与其他选择工具对应的选项作用相同。

当待选区域和其他区域分界处的颜色差别较大时，使用快速选择工具创建的选区比较准确。另外，当要选择的区域较大时，应设置较大的笔触涂抹；当要选择的区域较小时，应改用小的笔触涂抹。

以下举例说明快速选择工具的用法。

步骤 1 打开素材图像“实例 02\荷花 01.JPG”。选择“快速选择工具”，选项栏设置如图 2-9 所示（其中画笔大小 15 像素，硬度 100%）。

图 2-9 设置快速选择工具的选项栏参数

步骤 2 分别在荷花的花瓣和茎上拖移光标涂抹，得到类似如图 2-10 所示的选区。

步骤 3 将画笔大小设置为 3 像素大小或更小。选择选项栏上的“从选区减去”按钮，在多选的狭小区域拖移光标，将这部分区域从选区减去；选择选项栏上的“添加到选区”按钮，在漏选的狭小区域拖移光标，将这部分区域增加到选区中去（操作时可适当放大图像局部）。反复调整后的选区如图 2-11 所示。

图 2-10 用 15 像素的画笔创建选区

图 2-11 修补后的选区

步骤 4 在选项栏上单击【调整边缘】按钮，打开【调整边缘】对话框（如图 2-12 所示），对选区进行更细致的调整。

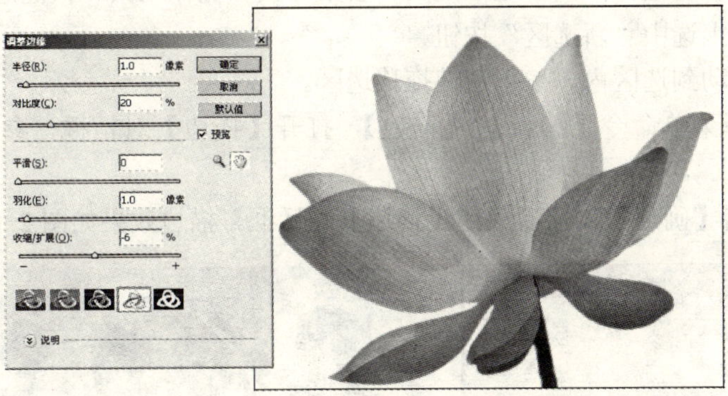

图 2-12 对选区进行更精确调整

2.1.5 综合案例

下面通过几个案例，讲解选择工具的综合应用。

案例 2-1 制作圆形画面

主要技术看点：圆形与矩形选区的创建，描边，选区的调整（移动、反选、取消等），选色，删除背景层颜色，裁剪画布等。

步骤 1 打开素材图像“实例 02\红楼梦人物.jpg”。

步骤 2 选择椭圆选框工具（选项栏采用默认设置，特别注意羽化值为 0），按 Shift 键拖移鼠标，创建大小如图 2-13 所示的圆形选区。

步骤 3 按键盘上的方向键移动选区至如图 2-13 所示的位置（移动选区时千万不要选择移动工具）。

图 2-13 创建圆形选区

注意： 选区的移动一般采用下列两种方法之一。

（1）使用键盘方向键。按一下方向键移动 1 个像素的距离，可用于微调选区。按住 Shift 键按一下方向键移动 10 个像素的距离。

（2）使用鼠标移动选区，操作方法如下。

① 首先选择一种选择工具（选框工具、套索工具、魔棒工具、快速选择工具等）。

② 在选项栏上选中“新选区”按钮。

③ 将光标移动到选区内，按下左键拖移选区。

步骤 4 选择菜单命令【编辑】|【描边】，打开【描边】对话框，参数设置如图 2-14 所示。

步骤 5 单击【确定】按钮，关闭【描边】对话框。描边效果如图 2-15 所示。

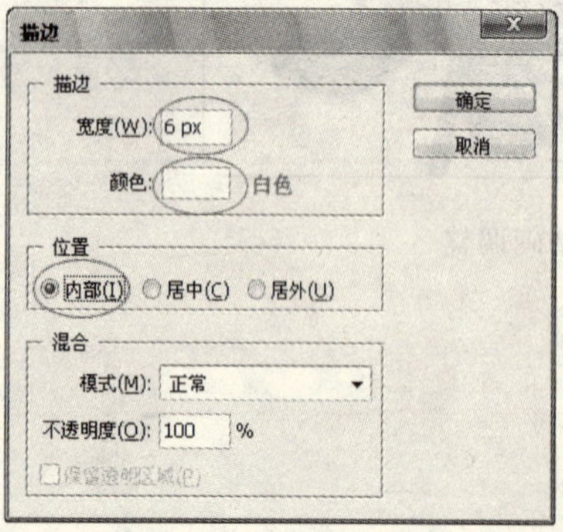

图 2-14 设置描边参数

图 2-15 白色描边

步骤 6 再次使用【描边】对话框对选区进行 2 个像素的内部黑色描边。

步骤 7 选择菜单命令【选择】|【反向】，将选区反转，如图 2-16 所示。

步骤 8　在工具箱上单击“背景色”按钮，打开拾色器，选择颜色#7a9293。

步骤 9　按 Delete 键删除背景层选区内的像素（结果以背景色取代），如图 2-17 所示。

图 2-16　反转选区

图 2-17　删除背景层选区像素

步骤 10　选择菜单命令【选择】|【取消选择】（或按组合键 Ctrl+D），取消选区。

步骤 11　选择矩形选框工具（选项栏采用默认设置，特别注意羽化值为 0），拖移鼠标创建矩形选区。移动选区至如图 2-18 所示的位置（大致以圆形画面为中心）。

步骤 12　选择菜单命令【图像】|【裁剪】（裁掉选区外的画布），如图 2-19 所示。

图 2-18　创建矩形选区

图 2-19　裁剪画布

步骤 13　选择菜单命令【选择】|【变换选区】，结果在选区周围出现选区变换框。

步骤 14　按住 Alt 键分别向选区内拖移控制框水平边和竖直边中间的控制块，适当对称缩小选区，并按 Enter 键确认变换，如图 2-20 所示。

步骤 15　使用【描边】对话框对选区进行 1 个像素的黑色描边。

步骤 16　按组合键 Ctrl+D，取消选区。最终效果如图 2-21 所示。

步骤 17　存储文件。

图 2-20　对称收缩选区

图 2-21　最终处理效果

案例 2-2　制作地球光圈效果

主要技术看点：标尺与参考线，圆形选区的创建，选区的调整（移动、羽化、扩展、取消等），选色，填充选区，删除普通层颜色等。

步骤 1　打开素材图像“实例 02\地球.jpg”。按组合键 Ctrl+R（或选择菜单命令【视图】|【标尺】）显示标尺，如图 2-22 所示。

步骤 2　将光标定位在水平标尺上，按下左键向下拖移出一条水平参考线到地球的中心位置。同样从竖直标尺上向右拖移一条竖直参考线到地球的中心位置。以上述两条参考线的交点作为地球的球心。

步骤 3　若感觉参考线位置不准确，可选择移动工具，将光标定位于水平或竖直参考线上（此时光标形状为⇹，如图 2-23 所示），左右或上下拖移鼠标，可调整参考线的位置。

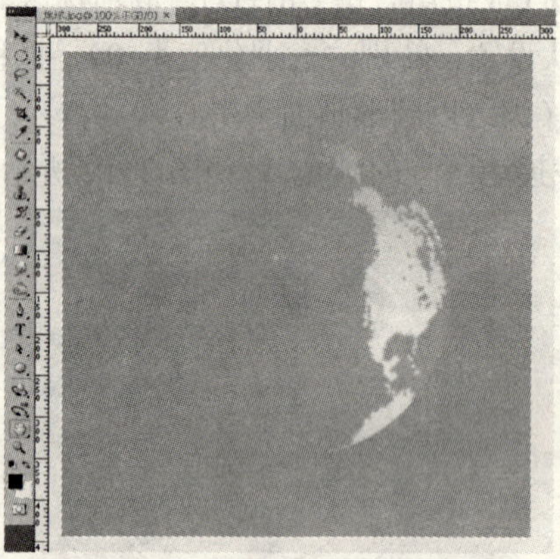

图 2-22　显示标尺

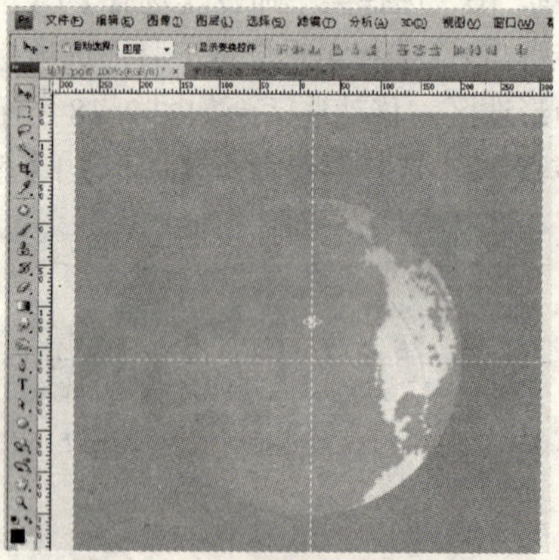

图 2-23　创建和移动参考线

步骤 4　再次按组合键 Ctrl+R（或选择菜单命令【视图】|【标尺】）隐藏标尺。

步骤 5　选择“椭圆选框工具”（选项栏采用默认设置，注意羽化值为 0），将光标定位于参考线的交点。按下鼠标左键，同时按住组合键 Shift+Alt，拖移鼠标创建如图 2-24 所示的圆形选区。前面球心的定位肯定有偏差，此时可使选区超出地球的区域（如图中右下角）与地球未被选择的区域（如图中左下角）大致相当。

步骤 6　按键盘方向键移动选区（此时不要选择移动工具），使选区刚好与地球边缘吻合，如图 2-25 所示。

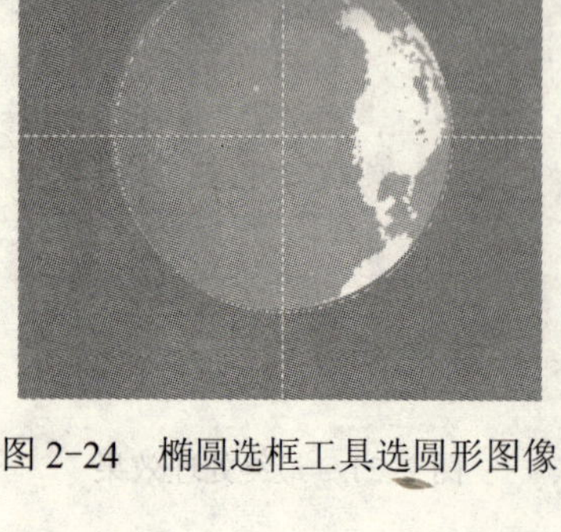

图 2-24　椭圆选框工具选圆形图像

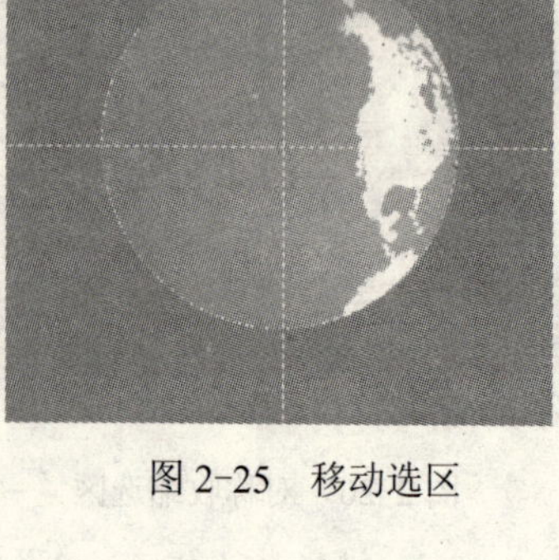

图 2-25　移动选区

注意：此处尽量不要使用菜单命令【选择】|【变换选区】放大选区，这样会造成选区的变形。矩形选区放大后也会出现圆角现象。

步骤 7 在图层面板上单击“创建新图层”按钮，新建图层 1（位于背景层上面）。

步骤 8 将前景色设置为白色。使用油漆桶工具在选区内单击填色，如图 2-26 所示。

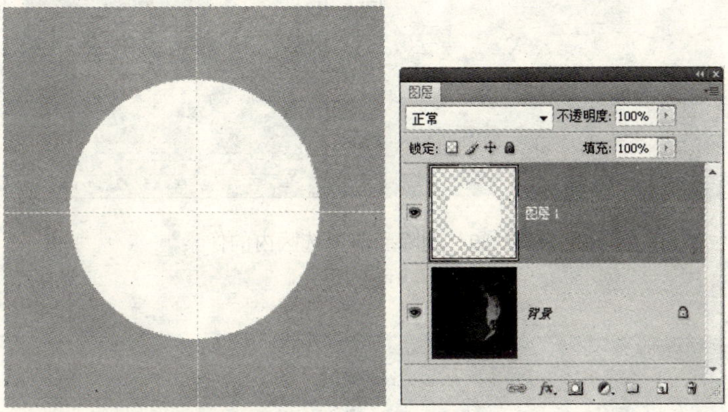

图 2-26 在新建图层的选区内填色

步骤 9 使用菜单命令【选择】|【修改】|【扩展】，将选区扩展 10 个像素左右，如图 2-27 所示。

步骤 10 使用菜单命令【选择】|【修改】|【羽化】，将选区羽化 10 个像素左右。

注意：前面已经说过，选择工具选项栏上的羽化参数必须在选区创建之前设置才有效。对于已经创建好的选区，若需要羽化，可以使用菜单命令【选择】|【修改】|【羽化】实现。

步骤 11 使用方向键将选区向右向下移动到如图 2-28 所示的位置（此时千万不要选择移动工具）。

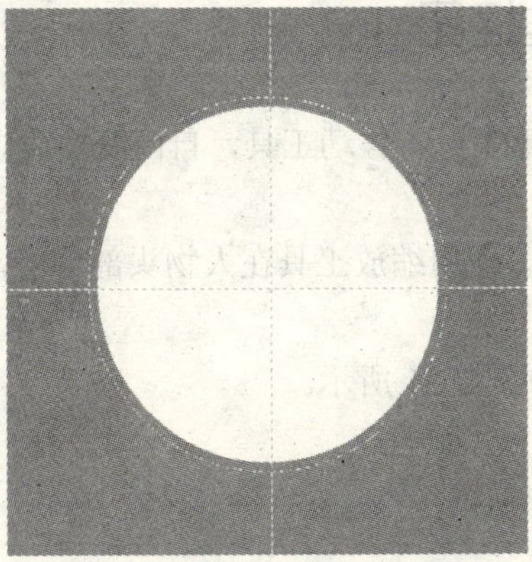

图 2-27 羽化和扩展选区

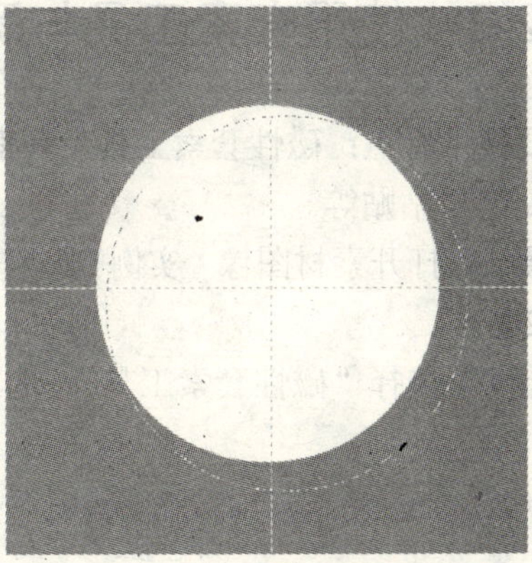

图 2-28 移动选区

步骤 12 按 Delete 键两次，删除图层 1 选区内的像素，如图 2-29 所示。

步骤 13 按组合键 Ctrl+D（或选择菜单命令【选择】|【取消选择】）取消选区。

步骤 14 选择菜单命令【视图】|【清除参考线】。地球光圈效果制作完成，如图 2-30 所示。

步骤 15 存储文件。

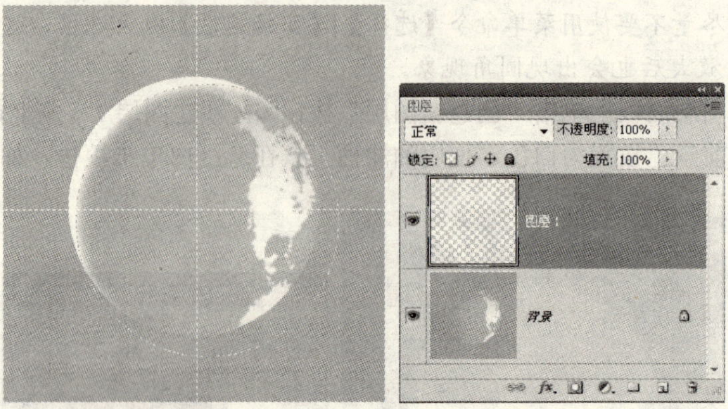

图 2-29 删除当前层选区内的像素

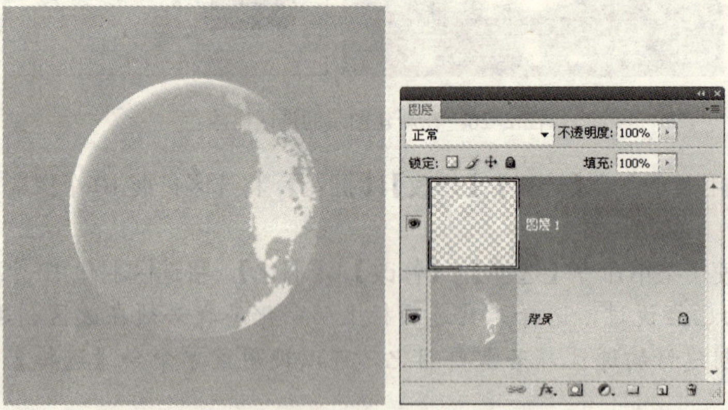

图 2-30 地球光圈效果图

案例 2-3 使用套索工具与魔棒工具抠图

主要技术看点：磁性套索工具，套索工具，魔棒工具，移动工具，自由变换命令，选区图像的复制与粘贴等。

步骤 1 打开素材图像“实例 02\英姿飒爽.jpg”。使用缩放工具在人物头部单击，将图像放大到 200%。

步骤 2 选择“磁性套索工具”，选项栏设置如图 2-31 所示。

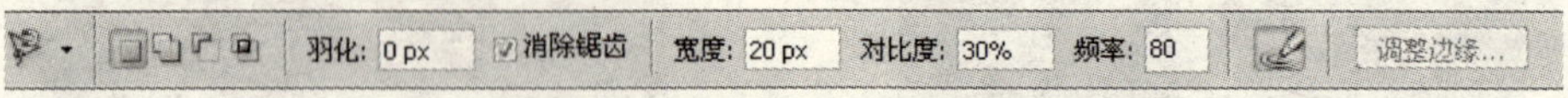

图 2-31 设置磁性套索工具的选项栏参数

步骤 3 在图中待选人物的边缘某处单击，并沿着边缘移动鼠标，开始圈选人物，如图 2-32 所示。

步骤 4 在人物边缘较陡的拐角处，磁性套索工具不容易自动产生紧固点。此时可单击鼠标手动添加紧固点，如图 2-33 所示。

图 2-32 开始创建选区

图 2-33 手动添加紧固点

步骤 5 在陡峭的拐角处或所选图像边缘与周围背景对比度较低的地方，自动生成的选区边界很容易偏离所选对象的边缘（如图 2-34 所示，从 A 点开始出现明显偏离）。此时可移动光标返回 A 点，按 Delete 键，直到撤销 A 点后的所有紧固点为止。然后采用单击加点的方法重新创建偏离处的选区边界，如图 2-35 所示。

图 2-34 选区偏离对象边缘

图 2-35 撤销并重建局部选区

步骤 6 由于图像放大而使部分图像被隐藏。当光标移动到图像窗口的左下角不能继续创建选区时，按空格键不放，可切换到抓手工具，拖移出图像的隐藏区域。松开空格键，返回磁性套索工具，继续创建选区。

步骤 7 当选区创建到图像下边界的 B 点时（如图 2-36 所示），按住 Alt 键不放，按下左键拖移鼠标，磁性套索工具转换成套索工具。拖移鼠标从图像下边界的外部绕到右边 C 点；此时松开 Alt 键，松开鼠标左键，套索工具转换回磁性套索工具，再沿图像边缘向上移动鼠标，继续创建选区，如图 2-37 所示（人物右侧手臂与图像右边界交界处的图像可用类似方法选择）。

图 2-36 选择窗口边界附近的图像

图 2-37 利用工具的转换选择图像下边界

步骤 8 依照上述方法选择下去，最后移动光标回到初始紧固点，此时光标变成形状（如图 2-38 所示）。单击鼠标即可封闭人物外围选区。

步骤 9 修改磁性套索工具的选项栏参数，选择“从选区减去”按钮，其他参数保持不变。利用与前面类似的方法，沿右侧手臂内侧的空白区域的边缘创建封闭选区，将这部分区域从原选区中减去，如图 2-39 所示。

图 2-38 封闭外围选区

图 2-39 减去原选区中的空白区域

步骤 10 人物初步选定后，使用缩放工具进一步放大图像；通过抓手工具拖移，检查所选图像的边界，如图 2-40 所示。使用套索工具将多选的部分从选区减掉，将漏选的部分加选到选区。修补后的选区如图 2-41 所示。

步骤 11 选择菜单命令【编辑】|【拷贝】（或按组合键 Ctrl + C）。打开素材图像“实例02\长城.jpg”。选择菜单命令【编辑】|【粘贴】（或按组合键 Ctrl + V）。将“人物”复制到“长城.JPG”中。

步骤 12 选择【移动工具】，将“人物”移动到合适的位置，如图 2-42 所示。

图 2-40　检查选区

图 2-41　修补后的选区

图 2-42　将人物复制到“长城”图像中

步骤 13　打开素材图像“实例 02\艺术签名.gif”。选择“魔棒工具”（选项栏上不选【连续】），单击“艺术签名.gif”的白色背景；选择菜单命令【选择】|【反向】，将“文字”选中。

步骤 14　按步骤 11 的方法，将“签名文字”复制到“长城.JPG”中。使用菜单命令【编辑】|【自由变换】适当放大“签名文字”，并移动到适当位置，如图 2-43 所示。

步骤 15　将合成后的图像存储起来。

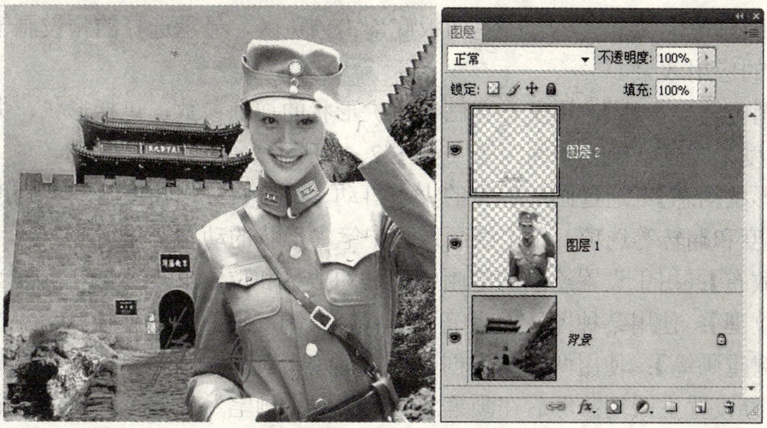

图 2-43　复制“艺术签名”

2.2 绘画与填充工具的使用

绘画与填充工具包括笔类工具组、橡皮擦工具组、填充工具组、形状工具组、文字工具组和吸管工具组。使用这些工具能够最直接、最方便地修改或创建图像，如绘制线条、擦除颜色、填充颜色、绘制各种形状、创建文字、吸取颜色等。

2.2.1 笔类工具组

包括画笔工具、铅笔工具、历史记录画笔工具、历史记录艺术画笔工具和颜色替换工具等。用于模仿现实生活中笔类工具的使用方法和技巧，绘制各种笔画效果、撤销图像局部修改等。

1. 画笔工具

1）设置画笔参数

选择“画笔工具”，其选项栏参数如图 2-44 所示。

图 2-44 画笔工具的选项栏

- 【画笔】：单击打开“画笔预设选取器”（如图 2-45 所示），从中选择预设的画笔笔尖形状，并可更改预设画笔笔尖的大小和硬度。
- 【模式】：设置画笔模式，使当前画笔颜色以指定的颜色混合模式应用到图像上。默认选项为“正常”。
- 【不透明度】：设置画笔的不透明度，取值范围 0%～100%。
- 【流量】：设置画笔的颜色涂抹速度，取值范围 0%～100%。
- “喷枪”按钮：选择该按钮，可将画笔转换为喷枪，通过缓慢地拖移鼠标或按下左键不放以积聚、扩散喷洒颜色。
- “切换画笔调板”按钮：单击该按钮打开【画笔】面板（如图 2-46 所示），从中选择预设画笔或创建自定画笔。画笔面板的参数设置如下。
  - √【画笔预设】：用于显示预设画笔列表框。通过列表框可选择预设画笔的笔尖形状，更改画笔笔尖的大小。画笔面板底部为预览区，显示选择的预设画笔或自定义画笔的应用效果。
  - √【画笔笔尖形状】：用于设置画笔笔尖形状的详细参数，包括形状、大小、翻转、角度、圆度、硬度和间距等（如图 2-46 所示）。
  - √【形状动态】：通过画笔笔尖的大小抖动、最小直径、角度抖动、圆度抖动、最小圆度和翻转等选项，指定绘画过程中笔尖形状的动态变化情况。
  - √【散布】：用于设置绘制的笔画中笔迹的数目和位置。
  - √【纹理】：使用某种图案做为笔尖形状，绘制纹理效果的笔画。
  - √【双重画笔】：使用两个笔尖创建画笔笔迹。首先在画笔面板的“画笔笔尖形状”部分设置主画笔；然后在画笔面板的“双重画笔”部分设置辅助画笔。
  - √【颜色动态】：用于设置绘画过程中画笔颜色的动态变化。

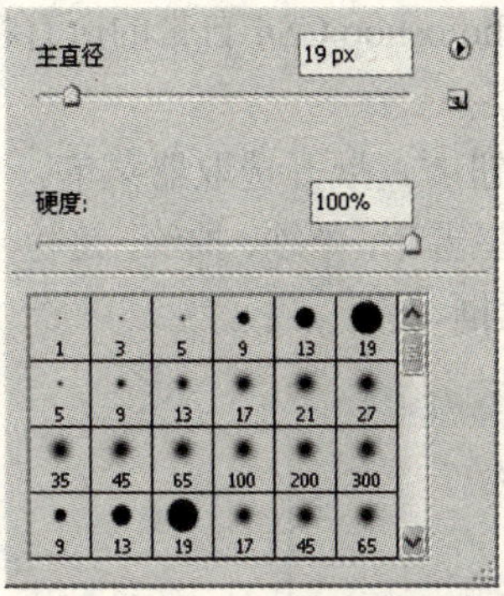

图 2-45 画笔预设选取器

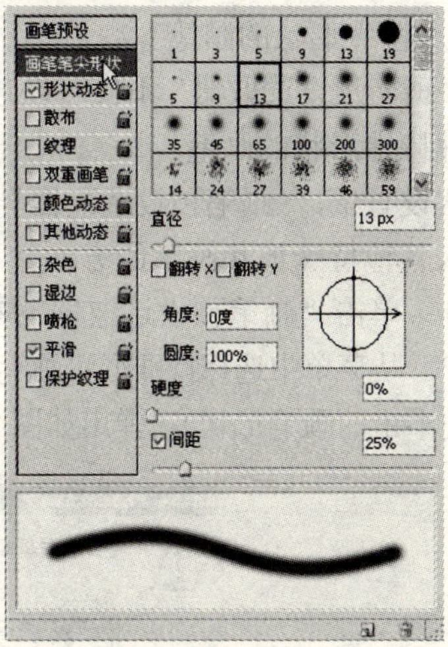

图 2-46 画笔面板

√【其他动态】：通过不透明度和流量抖动，设置绘画过程中画笔颜色的变化。

√【杂色】：使绘画产生颗粒状溶解效果。对于软边界画笔和透明度较低的画笔，效果更显著。

√【湿边】：在笔画的边缘增大油彩量，产生类似水彩画的效果。

√【喷枪】：使画笔产生喷枪的效果，与选项栏中的按钮相对应。

√【平滑】：使绘制的线条产生更平滑的曲线效果。

√【保护纹理】：使所有的纹理画笔采用相同的图案和缩放比例。

2）自定义画笔

“自定义画笔”功能可以将选定的图像定义为画笔笔尖。基本操作方法如下。

步骤 1 选择要定义为画笔的图像，如图 2-47 所示（可根据需要创建任意形状的选区或羽化的选区。如果不创建选区，就是将整个图像定义为画笔）。

步骤 2 选择菜单命令【编辑】|【定义画笔预设】，弹出【画笔名称】对话框。在对话框中输入画笔的名称，单击【确定】按钮。

步骤 3 在“画笔预设选取器”中选择自定义的画笔，如图 2-48 所示（在所有画笔的最后）。

图 2-47 创建图像选区

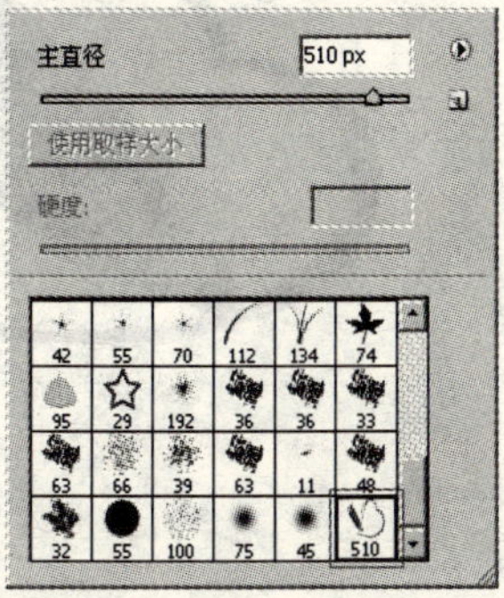

图 2-48 选择定义的画笔

步骤 4 设置前景色，在新建图像（或已经打开的图像）中单击或拖移鼠标绘画。

步骤 5 不断改变前景色，即可绘制出各种色调的图像。

3）载入特殊形状的画笔

使用“画笔预设选取器”不仅可以选择标准的圆形画笔笔尖（有软笔和硬笔之分），还可以选择多种特殊形状的画笔。

在默认设置下，“画笔预设选取器”中并未显示出 Photoshop CS4 自带的所有特殊形状的画笔。载入其他特殊形状画笔的方法如下。

步骤 1 单击“画笔预设选取器”右上角的三角按钮，展开选取器菜单。

步骤 2 从菜单中选择特殊形状画笔组的名称（如星星雪花、婚纱、抽丝、翅膀、放射光晕、羽毛等都是不错的画笔形状），弹出如图 2-49 所示的对话框。

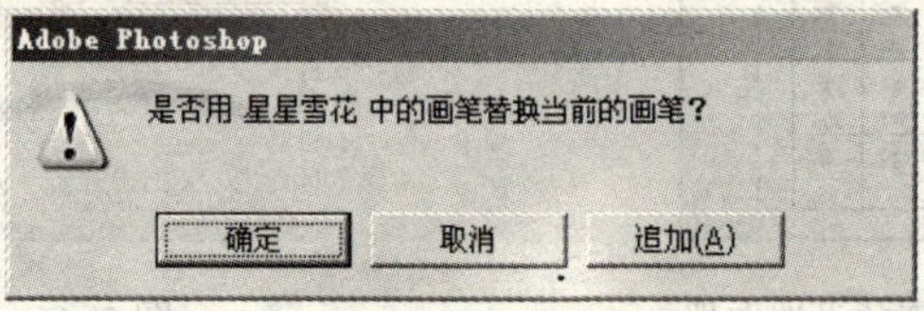

图 2-49 载入特殊形状的画笔

步骤 3 单击【确定】按钮，新画笔将取代“画笔预设选取器”中的原有画笔；单击【追加】按钮，新画笔将追加在“画笔预设选取器”中原有画笔的后面。

在“画笔预设选取器”面板菜单中，使用【复位画笔】命令，可将其中的画笔恢复为默认设置。

2．铅笔工具

主要作用是使用前景色绘制随意的硬边界线条。其参数设置及用法与画笔工具类似。

注意：在铅笔工具的选项栏上勾选【自动抹掉】，使用铅笔工具绘画时，若起始点像素的颜色与前景色相同，则使用背景色绘画。否则，仍使用前景色绘画。

3．历史记录画笔工具

可将选定的历史记录状态或某一快照状态绘制到当前图层。其选项栏参数设置与画笔工具相同。以下举例说明历史记录画笔工具的基本用法。

步骤 1 打开“实例 02/上色.psd”，在图层面板上选择背景层（如图 2-50 所示）。

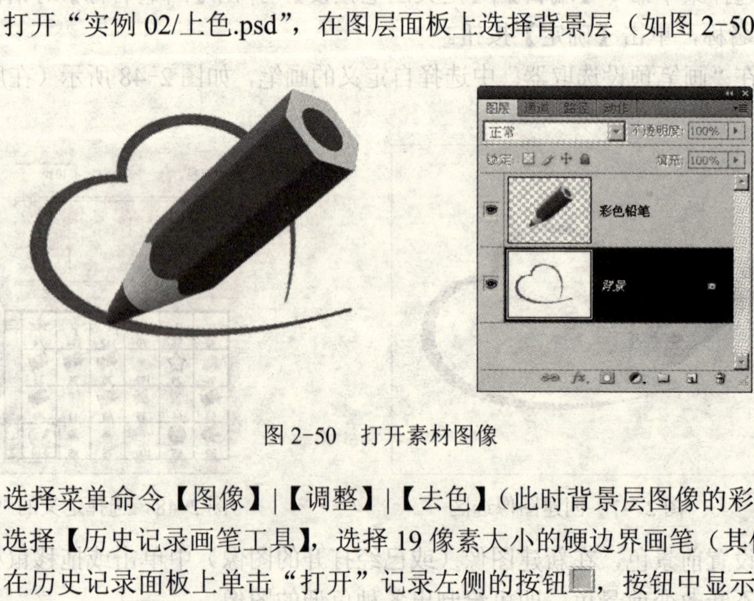

图 2-50 打开素材图像

步骤 2 选择菜单命令【图像】|【调整】|【去色】（此时背景层图像的彩色被去除）。

步骤 3 选择【历史记录画笔工具】，选择 19 像素大小的硬边界画笔（其他选项默认）。

步骤 4 在历史记录面板上单击“打开”记录左侧的按钮，按钮中显示图标。

步骤 5 使用历史记录画笔工具在心形线条上拖移涂抹，恢复彩色，如图 2-51 所示。

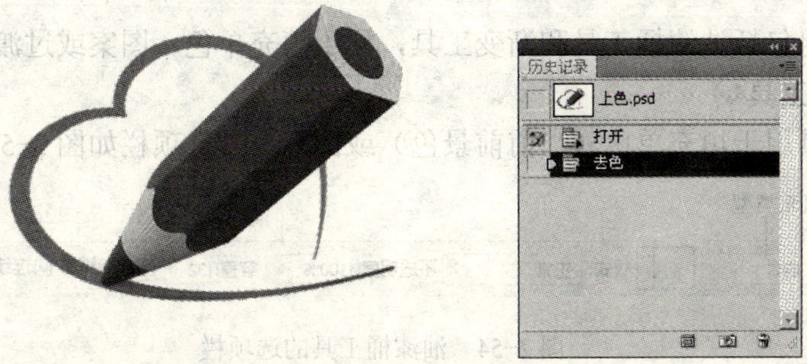

图 2-51 恢复背景层上的色彩

笔类工具组还包括颜色替换工具和历史记录艺术画笔工具。前者可使用前景色快速替换图像中的特定颜色，后者则可以使用指定的历史记录状态或快照状态，利用色彩上不断变化的笔画簇，以风格化描边的方式进行绘画，同时颜色迅速向四周沉积扩散，达到印象派绘画的效果。

2.2.2 橡皮擦工具组

橡皮擦工具组包括橡皮擦工具、背景橡皮擦工具和魔术橡皮擦工具，主要用于擦除图像的颜色。

1. 橡皮擦工具

橡皮擦工具在不同类型的图层上擦除图像时，结果是不同的。

（1）在背景图层上擦除时，被擦除区域的颜色以当前背景色取代。

（2）在普通图层上可将图像擦除为透明色。

选择“橡皮擦工具”，其选项栏如图 2-52 所示。其中多数选项的设置与画笔工具相同。

图 2-52 橡皮擦工具的选项栏

- 【模式】：设置擦除模式，有画笔、铅笔和块 3 种。
- 【抹到历史记录】：将图像擦除到指定的历史记录状态或某个快照状态。

2. 背景橡皮擦工具

无论在普通图层还是在背景图层上，使用背景橡皮擦工具都可将图像擦除到透明。当在背景图层上擦除时，背景图层将转化为普通图层。

3. 魔术橡皮擦工具

使用魔术橡皮擦工具可擦除指定容差范围内的像素。其选项栏如图 2-53 所示，其中参数大多与魔棒工具类似。

图 2-53 魔术橡皮擦工具的选项栏

魔术橡皮擦工具在背景图层上擦除时，背景图层将转化为普通图层。

2.2.3 填充工具组

填充工具组包括油漆桶工具和渐变工具，用于填充单色、图案或过渡色。

1．油漆桶工具

油漆桶工具用于填充单色（当前前景色）或图案。其选项栏如图 2-54 所示。

图 2-54 油漆桶工具的选项栏

- “填充类型”下拉列表：包括前景和图案两种。选择“前景”（默认选项），使用当前前景色填充图像。选择“图案”，可从右侧的“图案选取器”（如图 2-55 所示）中选择某种预设图案或自定义图案进行填充。

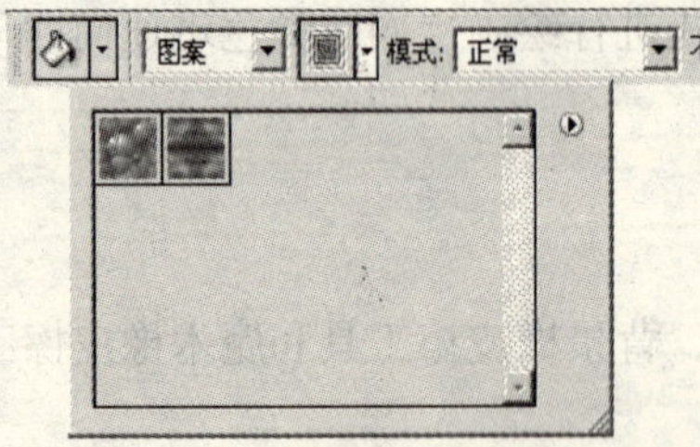

图 2-55 图案选取器

- 【模式】：指定填充内容以何种颜色混合模式应用到要填充的图像上。
- 【不透明度】：设置填充颜色或图案的不透明度。
- 【容差】：控制填充范围。容差越大，填充范围越广。取值范围为 0～255，系统默认值为 32。容差用于设置待填充像素的颜色与单击点颜色的相似程度。
- 【消除锯齿】：勾选该项，可使填充区域的边缘更平滑。
- 【连续的】：默认选项，作用是将填充区域限定在与单击点颜色匹配的相邻区域内。
- 【所有图层】：勾选该项，将基于所有可见图层的拼合图像填充当前层。

2．渐变工具

渐变工具用于填充各种过渡色。其选项栏如图 2-56 所示。

图 2-56 渐变工具的选项栏

- ：单击图标右侧的下拉按钮，可打开预设渐变色面板（如图 2-57 所示），从中选择所需渐变色（光标指向某一渐变色，停顿片刻，系统将提示该渐变色的名称）。单击图标左侧的按钮，则打开【渐变编辑器】（如图 2-58（a）所示），可对当前选择的渐变色进行编辑修改或定义新的渐变色。其中各选项作用如下。
  - √【预设】：提供 Photoshop CS4 预设的渐变填色类型（同“预设渐变色面板”）。
  - √【名称】：显示所选渐变色的名称，或命名新创建的渐变。
  - √【渐变类型】：包含实底（默认选项）和杂色两种。若选择【杂色】（如图 2-58（b）

所示)，可根据指定的颜色，生成随机分布的杂色渐变。本书重点讲解实底渐变的编辑与应用。

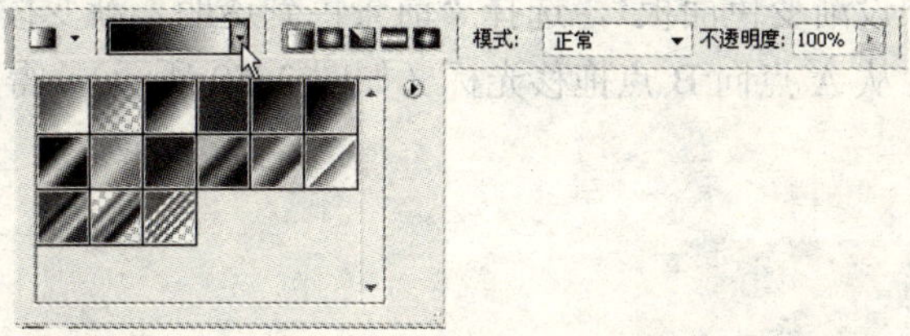

图 2-57 预设渐变色面板

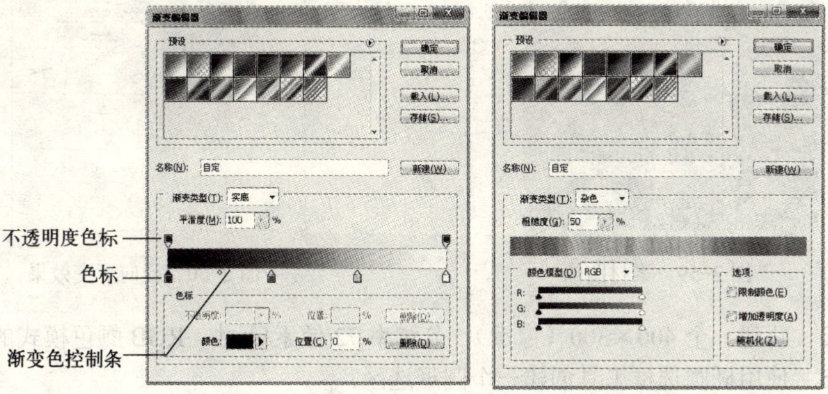

(a) (b)

图 2-58 渐变编辑器

√【平滑度】：控制渐变的平滑程度。百分比数值越高，渐变效果越平滑。

√【渐变色控制条】：用于控制渐变填充中不同位置的颜色和不透明度。单击选择控制条上的不透明度色标（此时图标下方的三角形变黑），从【色标】栏可修改该点的不透明度和位置（也可水平拖移不透明度色标改变其位置）。单击选择控制条下的色标（此时图标上方的三角形变黑），从【色标】栏可修改该点的颜色和位置（也可水平拖移色标改变其位置）。在渐变色控制条的上方或下方单击，可添加不透明度色标或色标。选择不透明度色标或色标后，单击【删除】按钮可将其删除（控制条上仅有两个不透明度色标或色标时，是无法删除的）。

- 渐变按钮：用于设置渐变种类。从左向右依次是线性渐变、径向渐变、角度渐变、对称渐变和菱形渐变。各按钮上的图案反映了该类渐变效果的主要特征。
- 【模式】：指定当前渐变色以何种颜色混合模式应用到图像上。
- 【不透明度】：用于设置渐变填充的不透明度。
- 【反向】：勾选该项，可反转渐变填充中的颜色顺序。
- 【仿色】：勾选该项，可用递色法增加中间色调，形成更加平缓的过渡效果。
- 【透明区域】：勾选该项，可使渐变中的不透明度设置生效。

以下举例说明渐变工具的基本用法。

步骤 1 打开“实例 02/郁金香.jpg”。将前景色设置为白色。

步骤 2 在工具箱上选择“渐变工具”。在选项栏上选择“径向渐变”按钮，勾选

【反向】与【透明区域】(其他选项为:【模式】为“正常”,【不透明度】为“100%”,选择【仿色】)。

步骤 3 打开“预设渐变色面板”,选择“前景色到透明”渐变按钮。

步骤 4 在图像上从 A 点向 B 点拖移光标(如图 2-59 所示),得到如图 2-60 所示的图像消隐效果。

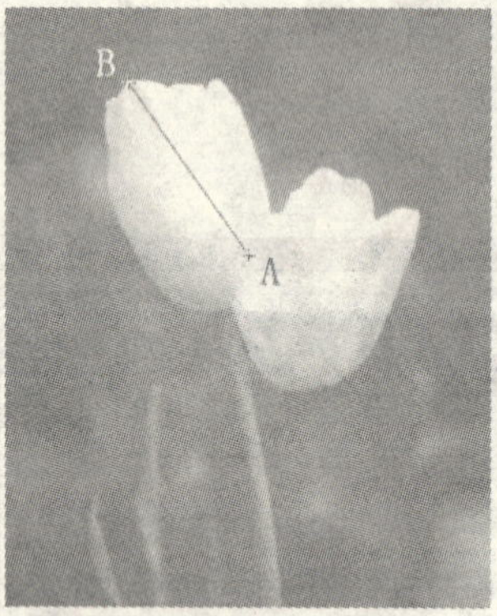

图 2-59 素材图像

图 2-60 径向渐变效果

步骤 5 新建一个 400×300(像素)、分辨率 72 像素/英寸、RGB 颜色模式的图像。

步骤 6 使用椭圆选框工具创建一个圆形选区。

步骤 7 将前景色和背景色分别设置为白色和黑色。

步骤 8 选择“渐变工具”。在选项栏上选择“径向渐变”按钮,从“预设渐变色面板”中选择“前景色到背景色”(其他参数保持默认)。

步骤 9 从选区的左上角向右下角方向拖移光标(适当控制拖移距离),创建径向渐变效果,如图 2-61 所示。取消选区。

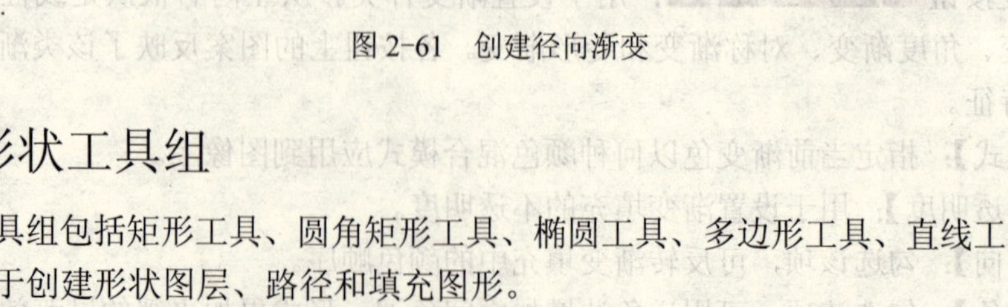

图 2-61 创建径向渐变

2.2.4 形状工具组

形状工具组包括矩形工具、圆角矩形工具、椭圆工具、多边形工具、直线工具和自定形状工具,用于创建形状图层、路径和填充图形。

本章主要讲解如何使用形状工具创建填充图形。关于使用形状工具创建形状图层,请参阅第 6 章相关内容。关于使用形状工具创建路径,请参阅第 8 章相关内容。

1. 直线工具

直线工具使用前景色绘制直线段或带箭头的直线段,其选项栏如图 2-62 所示。

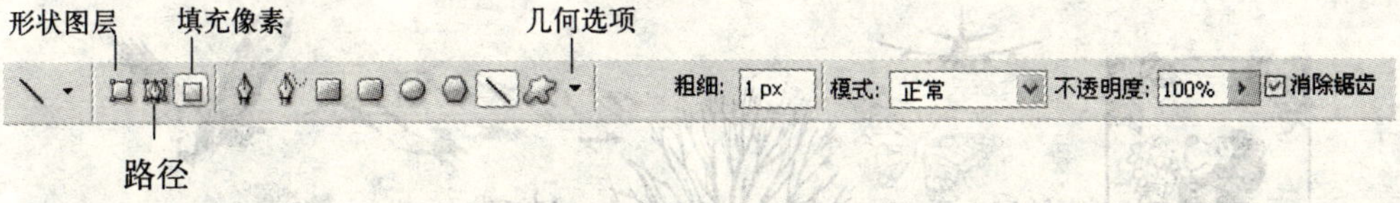

图 2-62　直线工具的选项栏

选择“直线工具”，在选项栏上选择【填充像素】按钮，根据需要在【粗细】框中输入数值。在图像中通过拖移光标绘制直线段。按住 Shift 键，可绘制水平、垂直或方向为 45°角的倍数的直线段。

在选项栏上单击【几何选项】三角按钮，打开“几何选项”面板，通过设置其中的参数，可绘制任意长短和粗细的带箭头的直线段。

2．规则几何形状工具

规则几何形状工具包括矩形工具、圆角矩形工具、椭圆工具和多边形工具。基本用法如下。

步骤 1　选择规则几何形状工具，在选项栏上选择【填充像素】按钮。

步骤 2　若绘制圆角矩形，请在选项栏上设置圆角半径；若绘制多边形，请在选项栏上设置边数。

步骤 3　设置前景色。在图像中拖移光标绘制图形。按住 Shift 键，可绘制正的规则多边形和圆形。

3．自定形状工具

Photoshop CS4 的自定形状工具为用户提供了丰富多彩的图形资源。其用法如下。

步骤 1　选择“自定形状工具”，在选项栏上选择【填充像素】按钮。

步骤 2　在选项栏上单击【形状】右侧的三角按钮，打开“自定形状”面板，从中可选择多种形状。

步骤 3　单击【自定形状】面板右上角的三角按钮，打开面板菜单。通过面板菜单可选择更多的形状添加到“自定形状”面板中，如图 2-63 所示。

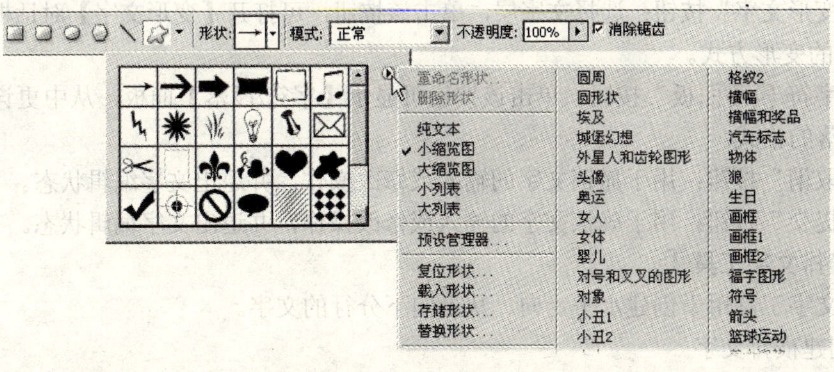

图 2-63　“自定形状”面板

步骤 4　设置前景色。在图像中拖移鼠标绘制自定形状。按住 Shift 键，可按比例绘制自定形状。

图 2-64 所示的是使用形状工具绘制的部分图形。

图 2-64　绘制自定形状

2.2.5　文字工具组

图形、文字和色彩是平面设计的三要素。Photoshop CS 的文字工具组包括横排文字工具、直排文字工具、横排文字蒙版工具和直排文字蒙版工具，功能非常强大。除了可以控制文字的字体、大小、颜色、行间距、字间距、段落样式等基本属性外，还可以创建变形文字、路径文字等。

文字工具的选项栏如图 2-65 所示。

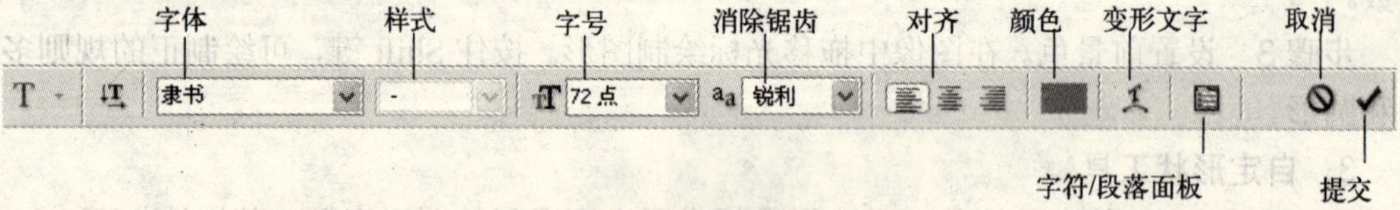

图 2-65　文字工具的选项栏

- “字体”、“样式”、“字号”下拉列表：用于设置文字的字体、样式和大小。其中样式对中文字体无效。
- 【消除锯齿】下拉列表：提供了消除文字边缘锯齿的不同方法。
- “对齐”按钮：设置文字的对齐方式。
- “颜色”按钮：单击该按钮可打开拾色器，选择文字颜色。
- “变形文字”按钮：选择文字层，单击该按钮，可打开【变形文字】对话框，设置文字的变形方式。
- “字符/段落面板”按钮：单击该按钮可显示【字符/段落】面板，从中更详细地设置文字或段落的格式。
- “取消”按钮：用于撤销文字的输入或修改操作，并退出文字编辑状态。
- “提交”按钮：用于确认文字的输入或修改操作，并退出文字编辑状态。

1．横排文字工具 T

横排文字工具用于创建水平走向、从上向下分行的文字。

1）创建横排文字

横排文字的创建方法有两种。

方法一：

步骤 1　选择“横排文字工具”，利用选项栏或字符面板设置字体、大小、颜色等基本参数。

步骤 2　在图像中单击，确定插入点（此时图层面板上生成文字图层）。

步骤3 输入文字内容。按Enter键可向下换行。

步骤4 单击提交按钮，文字创建完毕（若单击取消按钮，则撤销文字的输入）。

方法二：

步骤1 选择“横排文字工具”，在选项栏上设置文字基本参数。

步骤2 在图像中拖移鼠标，确定文字输入框和插入点（此时图层面板上生成文字图层）。

步骤3 输入文字内容，文字被限制在框内，到达框的边缘后自动换行（当然也可以按Enter键换行）。水平拖移输入框竖直边上的控制块，可改变行宽。这样创建的文字为段落文字。

步骤4 单击提交按钮确认，或单击取消按钮撤销输入。

2）修改横排文字

在图层面板上双击文字图层的缩览图（此时该层的所有文字被选中），利用选项栏、字符面板或段落面板重新设置文字基本参数。最后单击确认。

若要修改文字图层中的部分内容，可在选择文字图层和文字工具后，将指针移到对应字符上，按下左键拖移选择（如图2-66所示），然后进行修改并提交。

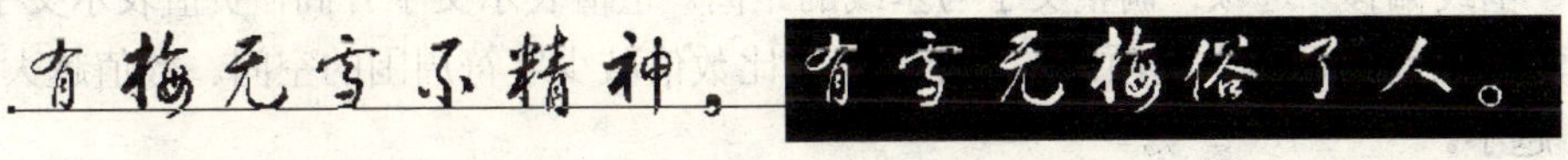

图2-66 修改文字图层的部分内容

2. 直排文字工具

直排文字工具用于创建竖直走向、从右向左分行的文字。用法与横排文字工具类似。

3. 横排文字蒙版工具

横排文字蒙版工具用来创建水平方向的文字选区，但不会生成文字图层。其用法如下。

步骤1 选择“横排文字蒙版工具”，利用选项栏或字符/段落面板设置文字基本参数。

步骤2 在图像中单击（或拖移鼠标），确定插入点（此时进入文字蒙版状态，图像被50%不透明度的红色保护起来）。

步骤3 输入文字内容。

步骤4 若要修改文字属性，必须在提交之前进行。可拖移鼠标，选择要修改的内容，然后重新设置文字参数。也可对全部文字进行变形。

步骤5 单击提交按钮（此时退出文字蒙版状态，形成文字选区）。

步骤6 编辑文字选区（描边、填色、添加滤镜等，但要避开文字层、形状层等包含矢量元素的图层）。

步骤7 取消选区。

4. 直排文字蒙版工具

直排文字蒙版工具用于创建竖直走向、从右向左分行的文字选区。用法与横排文字蒙版工具类似。

5. 【字符】/【段落】面板

【字符】/【段落】面板是Photoshop设置文字属性的最重要的工具。文字工具选项栏上的几乎所有选项都可以通过【字符】/【段落】面板来设置。

Photoshop CS4的【字符】面板如图2-67所示。

- “字距微调”选项：用于调整两个字符的间距。方法是将插入点放置在两个字符之间，然后从该表中选择或输入宽度数值。负值表示减小字距，正值表示加大字距。

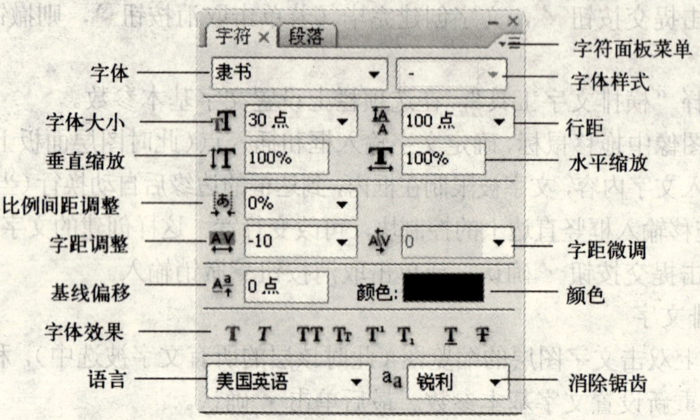

图 2-67 【字符】面板

- “基线偏移”选项：调整文字与基线的距离。正值表示文字升高，负值表示文字降低。
- “比例间距调整”选项：按指定的百分比数值减少字符周围的空间。数值越大，空间越小。
- “字距调整”选项：统一调整所选文字的字符间距。负值表示减小字距，正值表示加大字距。
- “字体效果”选项：创建不同的文字效果。单击不同的按钮，从左往右，依次为加粗、倾斜、全部大写、小型大写、创建上标、创建下标、增加下划线、增加删除线。
- “语言”选项：对所选文字进行有关连字符和拼写规则的语言设置。

Photoshop CS4 的【段落】面板如图 2-68 所示。

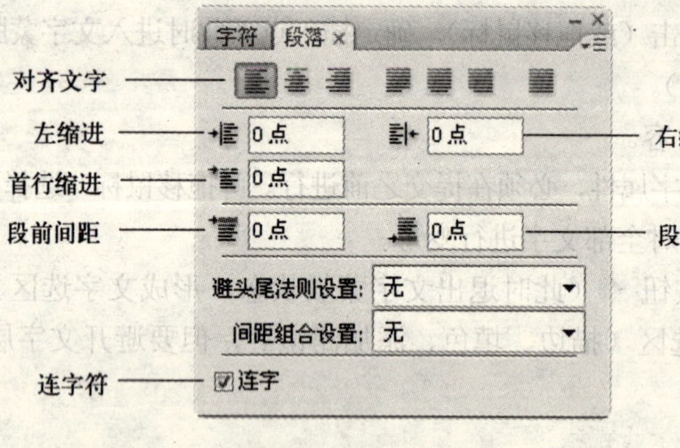

图 2-68 【段落】面板

- “对齐文字”按钮：对所选段落设置左对齐、居中对齐或右对齐；或对所选段落的最后一行设置左对齐、居中对齐、右对齐或使段落文字全部对齐。
- “段落缩进”按钮：对选定段落设置缩进，包括左缩进、右缩进和首行缩进。
- “段前”/“段后”间距：设置选中段落与前面段落和后面段落之间的距离。
- 【连字】：勾选该项，将在英文段落中自动使用连字功能。当一行的最后一个英文单词由于文字输入框的宽度不够而强行拆开，单词的后一部分换到下一行显示时，在换行的位置将自动出现连字符“–”。

2.2.6 吸管工具组

吸管工具组包括吸管工具、标尺工具和颜色取样器工具等。以下重点介绍吸管工具与标尺工具的基本用法。

1. 吸管工具

吸管工具用于从当前层图像中取色。使用该工具在图像上单击，可将单击点或单击区域的颜色吸取为前景色；若按住 Alt 键单击，则将所取颜色设为背景色。吸管工具的选项栏如图 2-69 所示。

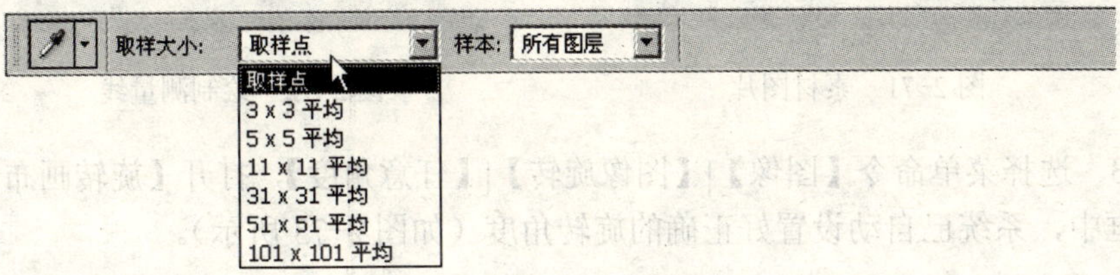

图 2-69 吸管工具的选项栏

- 【取样大小】：用于设置所取颜色是单击点像素的颜色值，还是单击区域内指定数量像素的颜色平均值。
- 【样本】：确定是从所有可见图层中吸取颜色，还是仅从当前图层中吸取颜色。

2. 标尺工具

标尺工具用来测量图像中任意两点间的距离，以及这两点的坐标值。操作要点如下。

步骤 1 选择"标尺工具"。在图像上单击并拖移光标创建一条直线段。

步骤 2 在选项栏和信息面板上读取该直线段两个端点间的有关度量信息。

步骤 3 按住 Shift 键可将标尺工具的拖移方向限制在 45° 角的倍数方向上。

步骤 4 按住 Alt 键，可从现有度量线的一个端点开始拖移光标，创建第二条度量线，二者形成一个量角器。选项栏和信息面板上将显示这两条直线的夹角。

标尺工具的选项栏如图 2-70 所示。

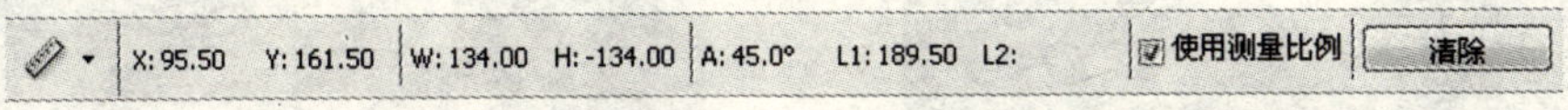

图 2-70 标尺工具的选项栏

- 【X】和【Y】：显示当前度量线起始点的 X、Y 坐标值（图像窗口左上角为坐标原点，X 轴正方向水平向右，Y 轴正方向竖直向下）。
- 【W】和【H】：显示度量线两端点间的水平距离和垂直距离。
- 【A】：显示当前度量线（从起点到终点方向）与 X 轴所成的角度，或两条度量线的夹角。
- 【L1】：显示度量线的长度。
- 【L2】：使用量角器时，显示第二条度量线的长度。

以下举例说明标尺工具的一个小应用：计算图像旋转角度。

步骤 1 打开素材图像"实例 02/荷花 02.jpg"，如图 2-71 所示。这是一幅扫描得到的图像，角度有些倾斜。下面将其调整过来。

步骤 2 使用标尺工具沿原图像边缘（或与原图像边缘平行的方向）拖移，创建一条测量线，如图 2-72 所示。此时选项栏显示出该直线与 X 轴所成的角度。

图 2-71 素材图片

图 2-72 绘制测量线

步骤 3 选择菜单命令【图像】|【图像旋转】|【任意角度】，打开【旋转画布】对话框。在该对话框中，系统已自动设置好正确的旋转角度（如图 2-73 所示）。

图 2-73 系统自动设置旋转角度及旋转方向

步骤 4 采用默认设置，单击【确定】按钮。此时图像角度调整准确，如图 2-74 所示。

步骤 5 使用裁剪工具裁除图像四周的多余边界（如图 2-75 所示），并重新保存图像。

图 2-74 旋转后的图像

图 2-75 裁除四周多余边界

2.2.7 综合案例

下面通过几个案例，讲解绘画与填充工具的综合应用。

案例 2-4 制作纽扣效果

主要技术看点：线性渐变，创建圆形选区，变换选区，标尺与参考线等。

步骤 1 新建 400×400 像素，72 像素/英寸，RGB 颜色模式（8 位），白色背景的图像。

步骤 2 按 Ctrl+R 键显示标尺。选择菜单命令【视图】|【新建参考线】，打开【新建参考线】对话框，参数设置如图 2-76 所示。单击【确定】按钮。这样就创建了一条通过图像中心的水平

参考线。

步骤 3 同样创建一条通过图像中心的竖直参考线（参数设置如图 2-77 所示）。此时图像窗口如图 2-78 所示。

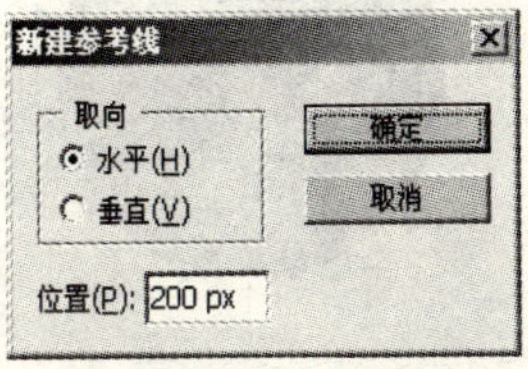

图 2-76 新建水平参考线

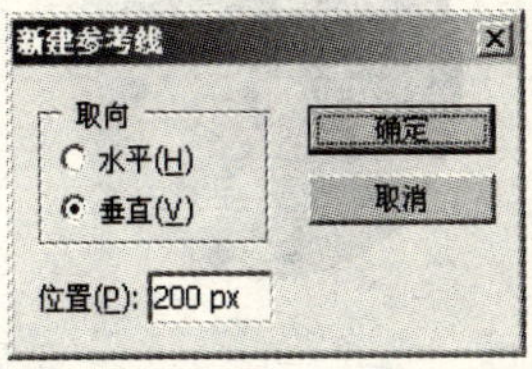

图 2-77 新建竖直参考线

步骤 4 选择“椭圆选框工具”。将光标定位于参考线的交点，按下左键，同时按住 Alt 键与 Shift 键不放，拖移鼠标即可以参考线交点为中心创建圆形选区（选区完成后，应先松开鼠标按键，再松开 Alt 键与 Shift 键），如图 2-79 所示。

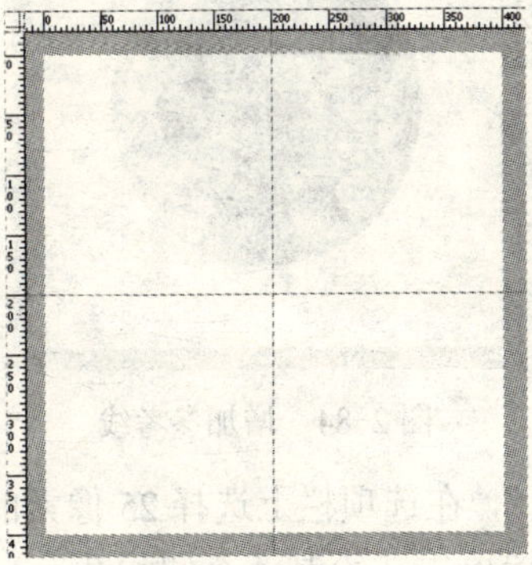

图 2-78 定位图像中心

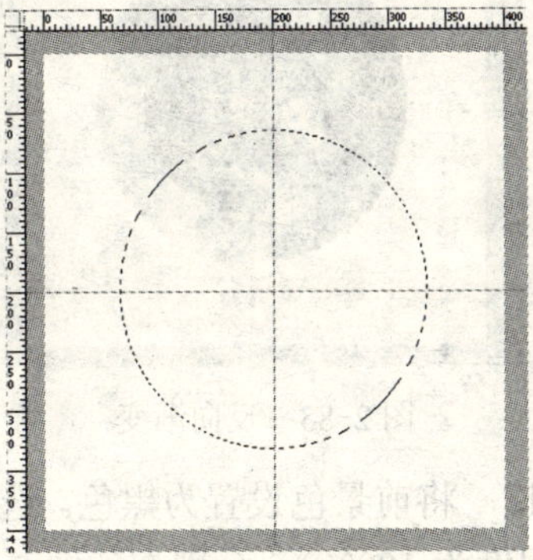

图 2-79 创建圆形选区

步骤 5 将前景色设置为深紫色（颜色值#660099），背景色设置为浅紫色（颜色值# cc99ff）。

步骤 6 选择“渐变工具”，选项栏设置如图 2-80 所示。

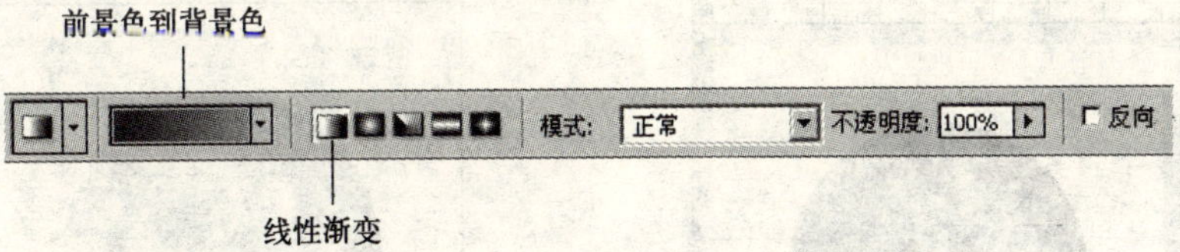

图 2-80 设置渐变工具的选项栏参数

步骤 7 从圆形选区的左上角拖移光标到右下角，创建如图 2-81 所示的渐变效果。

步骤 8 使用菜单命令【选择】|【变换选区】缩小选区（操作时按住 Alt 键与 Shift 键，使选区成比例缩小，并保持中心不变），如图 2-82 所示。

步骤 9 从缩小后选区的右下角拖移光标到左上角，创建如图 2-83 所示的反向渐变效果（渐变工具的各项参数保持不变）。

步骤 10 按 Ctrl+D 键取消选区。

步骤 11 使用菜单命令【视图】|【新建参考线】，打开【新建参考线】对话框，分别在水平方向 165 与 235 的位置创建参考线；同样在竖直方向 165 与 235 的位置创建参考线，如图 2-84 所示。

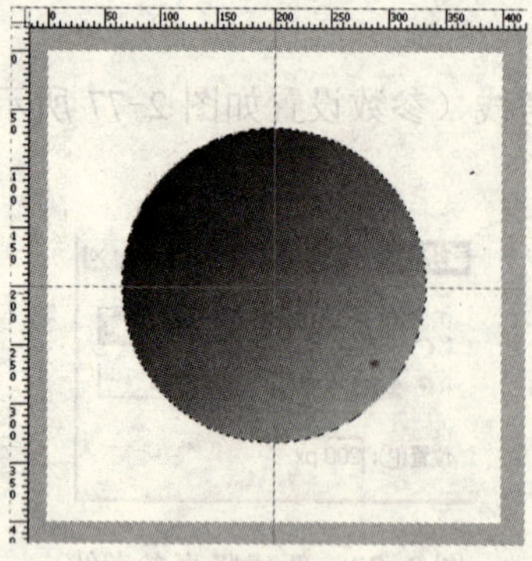

图 2-81　在选区内创建渐变效果

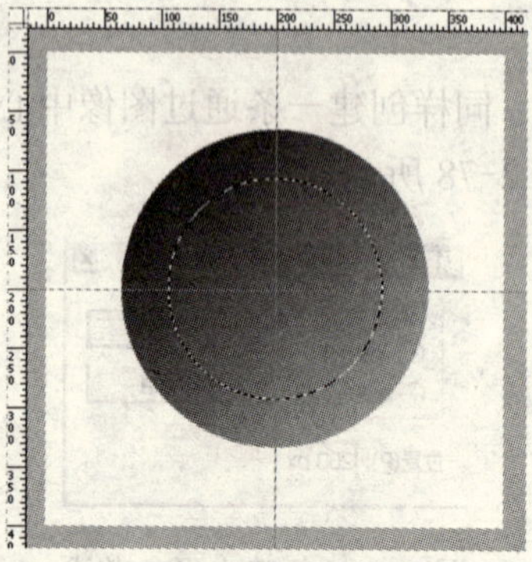

图 2-82　缩小选区

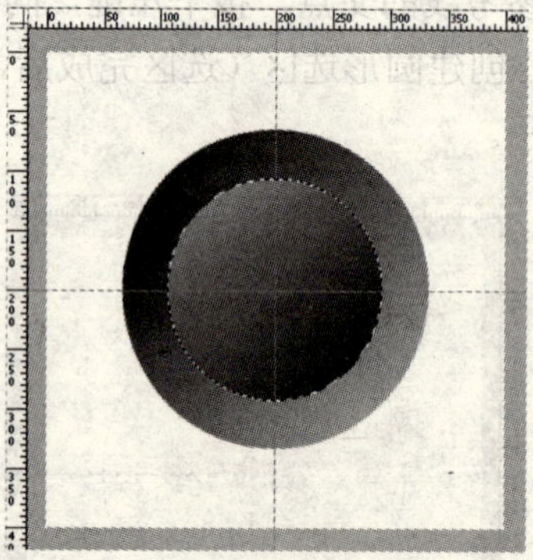

图 2-83　反向渐变

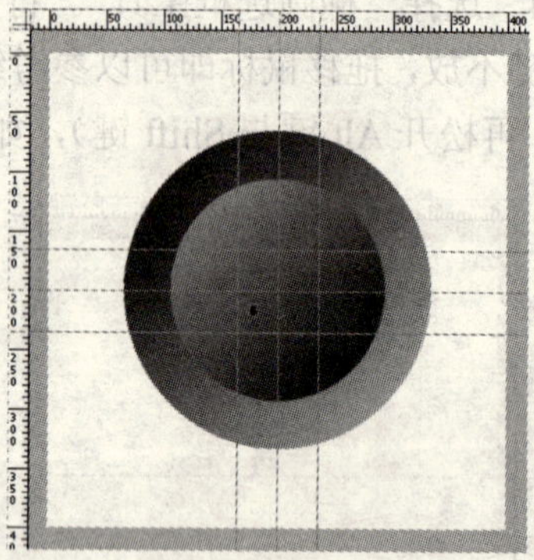

图 2-84　增加参考线

步骤 12　将前景色设置为黑色。选择“画笔工具”，在选项栏上选择 25 像素的硬边界画笔（不透明度为 100%），分别在如图 2-85 所示的位置单击，绘制 4 个纽扣孔。

步骤 13　按 Ctrl+R 键隐藏标尺。选择菜单命令【视图】|【清除参考线】，将所有参考线删除。最终纽扣效果如图 2-86 所示。

步骤 14　存储图像。

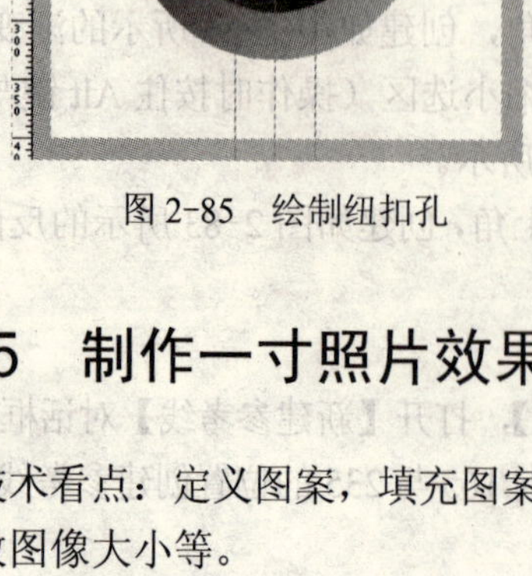

图 2-85　绘制纽扣孔

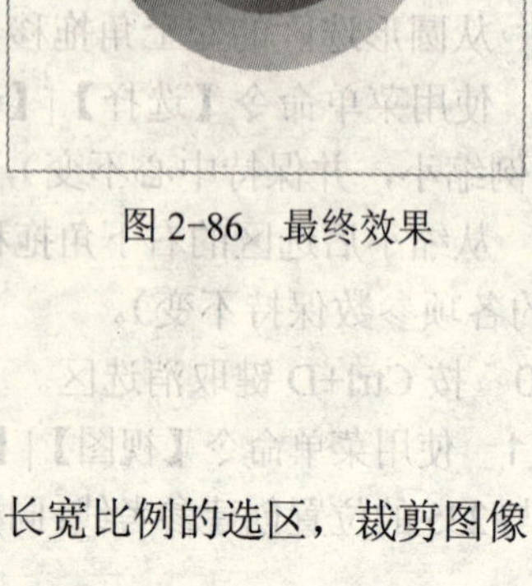

图 2-86　最终效果

案例 2-5　制作一寸照片效果

主要技术看点：定义图案，填充图案，创建固定长宽比例的选区，裁剪图像，修改画布大小，修改图像大小等。

步骤 1　打开素材图像“实例 02\黑白照片.jpg”。选择“矩形选框工具”，选项栏设置如图 2-87 所示。

图 2-87　设置矩形选框工具的选项栏参数

步骤 2　在素材图像上创建选区，调整位置如图 2-88 所示。

步骤 3　选择菜单命令【图像】|【裁剪】，将选区外的图像裁掉。

步骤 4　选择菜单命令【选择】|【取消选择】（或按组合键 Ctrl+D），将选区取消。

步骤 5　选择菜单命令【图像】|【图像大小】，打开【图像大小】对话框。首先将分辨率修改成 300 像素/英寸；再在勾选【约束比例】选项的前提下将【文档大小】栏的【宽度】设置为 2.5 厘米（高度自动调整为 3.5 厘米）；将【像素大小】栏的【宽度】与【高度】单位设置为百分比。

图 2-88　按比例创建选区

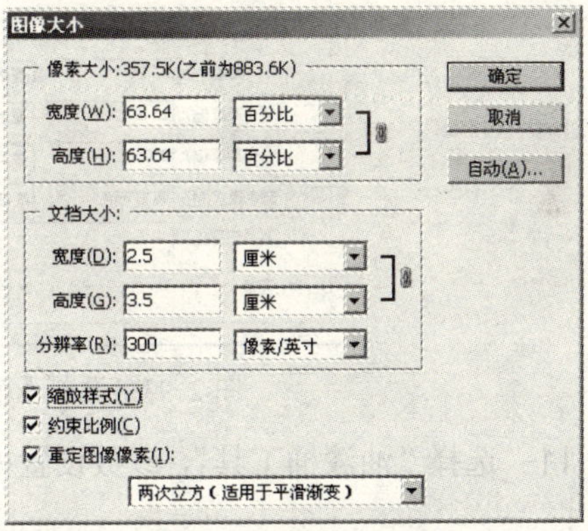

图 2-89　修改图像大小

步骤 6　单击【确定】按钮，关闭【图像大小】对话框，（此时图像缩小为原来的 63.64%）如图 2-89 所示。

步骤 7　选择菜单命令【图像】|【画布大小】，打开【画布大小】对话框，参数设置如图 2-90 所示。

步骤 8　单击【确定】按钮，关闭【画布大小】对话框。画布扩充后的图像效果如图 2-91 所示。

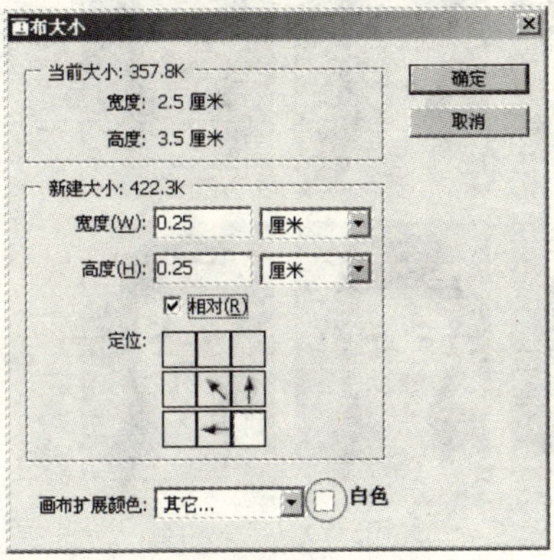

图 2-90　修改画布大小

图 2-91　画布扩充后的图像效果

步骤 9 选择菜单命令【编辑】|【定义图案】，打开【图案名称】对话框，参数设置如图 2-92 所示。单击【确定】按钮，关闭对话框。

图 2-92 定义图案

注意：(1) 用于定义图案的选区必须为矩形选区，不能羽化，也不能圆角。否则，无法定义图案。(2) 在存在矩形选区（羽化值 0）的情况下，“定义图案”命令将依据选区内的图像定义图案；在不存在选区的情况下，“定义图案”命令将依据整个图像定义图案。

步骤 10 新建图像，参数设置如图 2-93 所示。

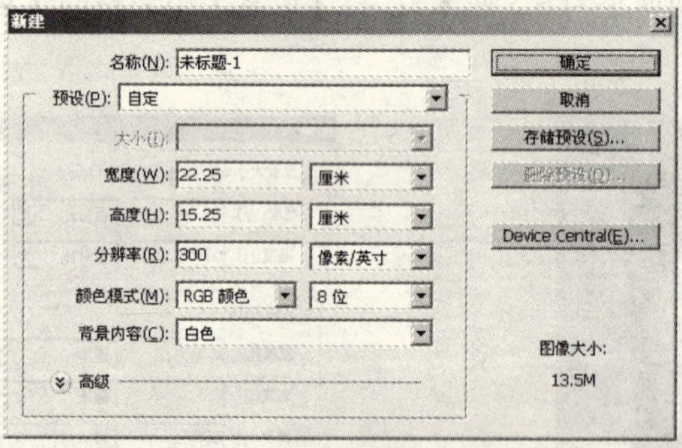

图 2-93 设置【新建】对话框参数

步骤 11 选择“油漆桶工具”，参数设置如图 2-94 所示（选择步骤 9 中自定义的一寸照片图案）。

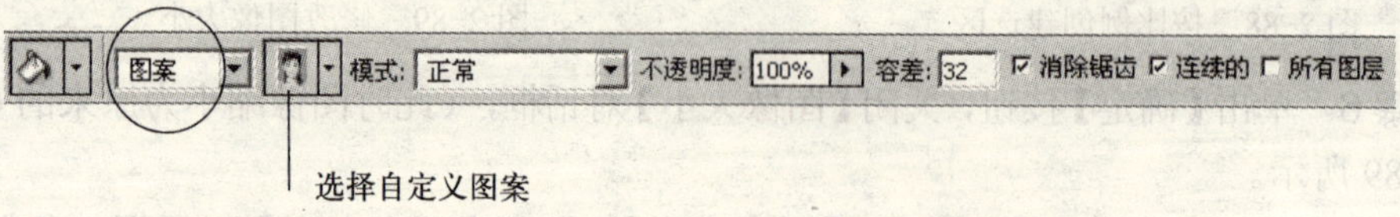

图 2-94 设置油漆桶工具的选项栏参数

步骤 12 在新建图像中单击填充图案，如图 2-95 所示。

图 2-95 填充图案（局部效果）

步骤 13　保存图像。

案例 2-6　制作胶片效果

主要技术看点：橡皮擦工具，定义画笔预设，调整画笔间距，平滑选区，自由变换命令，图像的复制与粘贴，标尺与参考线等。

步骤 1　新建 800×350 像素，72 像素/英寸，RGB 颜色模式（8 位），白色背景的图像。

步骤 2　显示图层面板，并单击面板上“创建新图层”按钮，新建图层 1（位于背景层上面）。

步骤 3　将前景色设置为黑色。使用形状工具组中的矩形工具（选择选项栏上的“填充像素”按钮）创建如图 2-96 所示的黑色矩形。

图 2-96　在新图层上创建黑色矩形

步骤 4　按组合键 Ctrl+R（或选择菜单命令【视图】|【标尺】）显示标尺。从水平标尺上向下拖移出两条参考线放在如图 2-97 所示的位置（使用移动工具，将光标定位于参考线上，上下拖移光标，可调整参考线的位置）。

图 2-97　使用参考线

步骤 5　再次按组合键 Ctrl+R（或选择菜单命令【视图】|【标尺】）隐藏标尺。

步骤 6　使用“矩形选框工具”（羽化值为 0）在黑色矩形的左上角创建如图 2-98 所示的选区。

图 2-98　创建矩形选区

步骤 7　选择菜单命令【编辑】|【定义画笔预设】，打开【画笔名称】对话框。单击【确定】按钮，关闭对话框。按组合键 Ctrl+D 取消选区。

步骤 8　选择“橡皮擦工具”，选择步骤 7 中自定义的画笔。并（在画笔面板上）设置画笔间距为 166%。

步骤 9　确保选中图层 1。将光标放置在如图 2-98 所示的矩形选区所在的位置。按下左键，按住 Shift 键，水平向右拖移光标（擦出方形小孔）。同理在黑色矩形的下边界擦出方形小孔，如图 2-99 所示。

图 2-99　制作胶片上的方形小孔

注意：在定义画笔预设时，若选区内的颜色不是黑色，而是其他颜色；则橡皮擦工具使用该自定义画笔擦除像素时，不能擦成全透明效果。

步骤 10　打开素材图像“实例 02\画面 01.jpg”。按组合键 Ctrl+A 全选图像，按组合键 Ctrl+C 复制选区内图像。

步骤 11　切换到新建图像。按组合键 Ctrl+V 粘贴图像。得到图层 2。

步骤 12　使用菜单命令【编辑】|【自由变换】（或按组合键 Ctrl+T），配合 Shift 键将图层 2 中的图像成比例缩小并调整到如图 2-100 所示的大小和位置。按 Enter 键确认。

图 2-100　在胶片上摆放图像

步骤 13　按住 Ctrl 键不放同时在图层面板上单击图层 2 的缩览图，载入该层不透明像素的选区。

步骤 14　选择菜单命令【选择】|【修改】|【平滑】，打开【平滑选区】对话框。参数设置如图 2-101 所示。单击【确定】按钮关闭对话框。修改后的选区如图 2-102 所示。

步骤 15　选择菜单命令【选择】|【反向】。确保在图层面板上选择图层 2。按 Delete 键删除选区内的像素。按组合键 Ctrl+D 取消选区，如图 2-103 所示。

步骤 16　使用同样的方法依次将素材文件夹“实例 02”中的“画面 02.jpg”、“画面 03.jpg”和“画面 04.jpg”复制过来，成比例缩小并放置在如图 2-104 所示的位置，并处理成圆角效果。

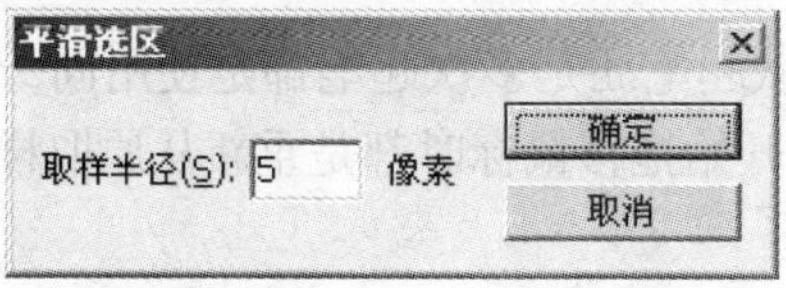

图 2-101 【平滑选区】对话框

图 2-102 平滑后的选区

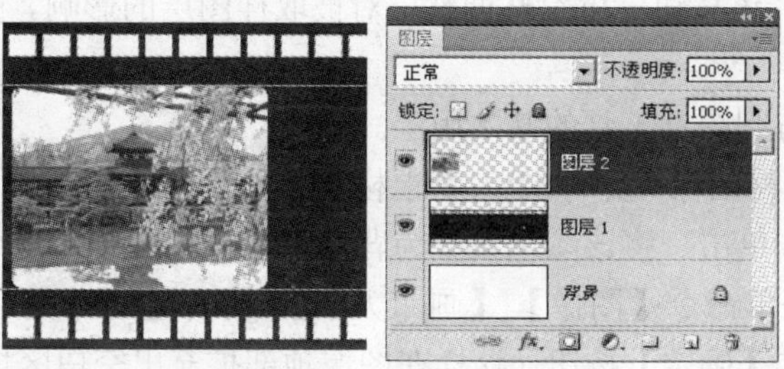

图 2-103 制作圆角图像效果

图 2-104 在胶片上摆放其他素材图像

步骤 17 选择菜单命令【视图】|【清除参考线】。
步骤 18 存储图像。

2.3 修图工具的使用

Photoshop CS4 的修图工具包括图章工具组、修复画笔工具组、模糊工具组和减淡工具组，功能非常强大，常用于数字相片的修饰，以获得更加完美的效果。

2.3.1 图章工具组

图章工具组包括仿制图章工具和图案图章工具，用于复制图像。但复制的方式又完全不同于【编辑】|【拷贝】与【编辑】|【粘贴】命令。

1. 仿制图章工具 

这是一个有趣而实用的工具，常用于数字图像的修复。如果使用得熟练，修复效果甚至可以达到天衣无缝的完美境界。仿制图章工具的选项栏如图 2-105 所示。

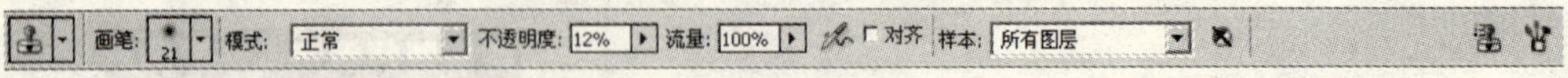

图 2-105 仿制图章工具的选项栏

- 【对齐】：勾选该项，复制图像时无论一次起笔还是多次起笔都是使用同一个取样点和原始样本数据；否则，每次停止并再次开始拖移鼠标时都是重新从原取样点开始复制，并且使用最新的样本数据。
- 【样本】：确定从哪些可见图层进行取样。包括“当前图层”（默认选项）、“当前和下方图层”和“所有图层”三个选项。
- 按钮：选择该按钮，可忽略调整层对被取样图层的影响。关于调整层，请参阅第 6 章相关内容。

以下举例说明仿制图章工具的基本用法。

步骤 1 打开素材图像“实例 02\人物素材 01.JPG”。按住 Alt 键，使用“吸管工具”在人物周围的背景区域单击，将该颜色设置为背景色，如图 2-106 所示。

步骤 2 选择菜单命令【图像】|【画布大小】，打开【画布大小】对话框，参数设置如图 2-107 所示。单击【确定】按钮（这样在图像顶部扩充出空白区域，其颜色与原图像背景色相同）。

图 2-106 原始素材图像

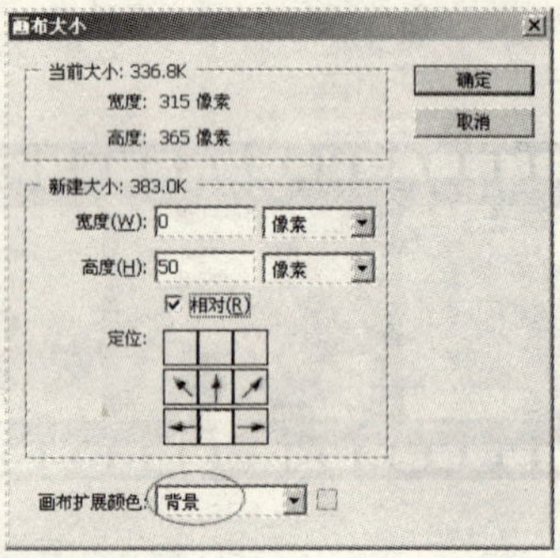

图 2-107 设置画布大小

步骤 3 选择“仿制图章工具”，选项栏设置如图 2-108 所示（其中画笔大小 25 像素，硬度 100%）。

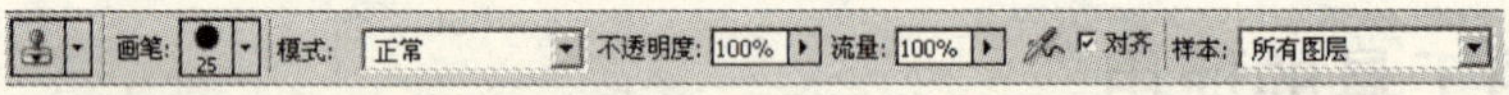

图 2-108 设置仿制图章工具的选项栏参数

步骤 4 将光标定位于如图 2-109 所示的位置，按住 Alt 键单击取样。

步骤 5 松开 Alt 键，将光标移动到如图 2-110 所示的位置。按下左键沿着图示的方向拖移复制图像（注意源图像数据的十字取样点，适当控制光标拖移的范围），结果如图 2-111 所示。

步骤 6 通过类似的方法，使用仿制图章工具处理左边缺失的头发，最终可得到如图 2-112 所示的效果。

注意：在使用仿制图章工具修补图像时，为了更好地定位，可单击选项栏右侧的按钮，或选择菜单命令【窗口】|【仿制源】，打开【仿制源】面板（如图 2-113 所示），勾选【显示叠加】选项，并适当设置【不透明度】；然后在图像中移动光标，很容易确定一个开始按键复

制的合适位置。仿制源面板与仿制图章工具配合使用，可以定义多个采样点（就好像 Word 有多个剪贴版内容一样），并提供每个采样点的具体坐标；还可以对采样图像进行重叠预览、缩放、旋转等操作。

图 2-109 确定取样点

图 2-110 复制样本

图 2-111 修补右侧头发

图 2-112 修补左侧头发

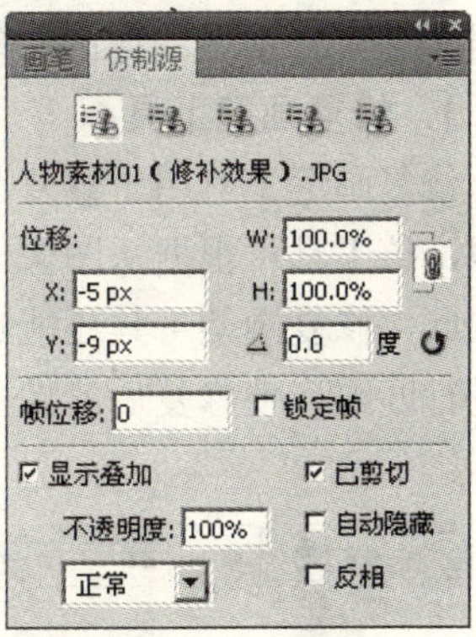

图 2-113 仿制源面板

2．图案图章工具

图案图章工具可以使用“图案选取器”中提供的预设图案或自定义图案进行绘画。其选项栏如图 2-114 所示。其中大多选项与仿制图章工具类似。

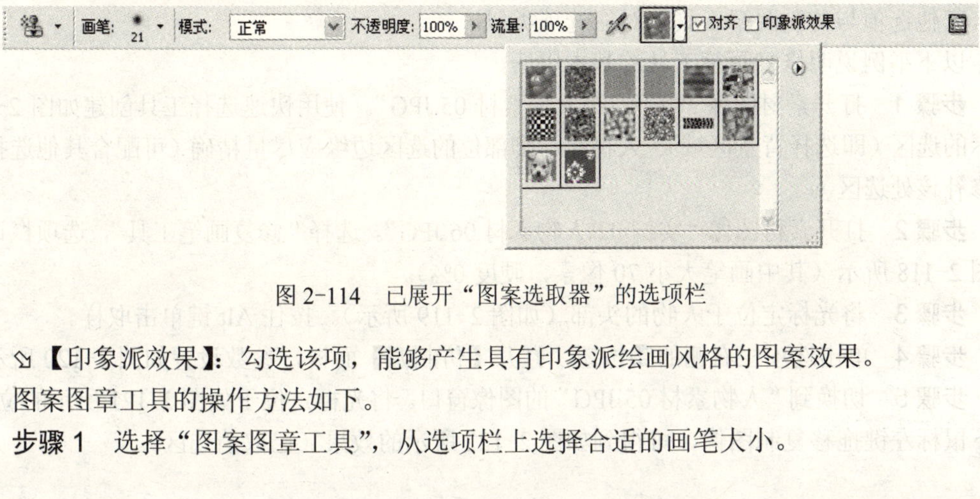

图 2-114 已展开“图案选取器”的选项栏

【印象派效果】：勾选该项，能够产生具有印象派绘画风格的图案效果。

图案图章工具的操作方法如下。

步骤 1 选择“图案图章工具”，从选项栏上选择合适的画笔大小。

步骤 2 打开“图案选取器”，选择预设图案或自定义图案。

步骤 3 在图像中拖移鼠标，使用选取的图案绘画，如图 2-115 所示。

图 2-115 使用图案图章工具绘画

2.3.2 修复画笔工具组

修复画笔工具组包括污点修复画笔工具、修复画笔工具、修补工具和红眼工具，功能十分强大。主要用于图像的修复与修补。

1. 修复画笔工具

修复画笔工具用于修复图像中的瑕疵或复制局部对象。与仿制图章工具和图案图章工具类似，该工具可根据从图像取样得到的样本或所选图案，以绘画的方式应用于目标图像。不仅如此，修复画笔工具还能够将样本像素的纹理、光照、透明度和阴影等属性与所修复的图像进行匹配，使修复后的像素自然融入图像的其余部分。修复画笔工具的选项栏如图 2-116 所示。

图 2-116 修复画笔工具的选项栏

- 【源】：用于选择样本像素，有【取样】和【图案】两种选择。
  - √【取样】：从当前图像取样。操作方式与仿制图章工具相同。
  - √【图案】：选择该项后，可单击右侧的三角按钮，打开“图案选取器”，从中选择预设图案或自定义图案作为取样像素。使用方法与图案图章工具类似。

其他选项与仿制图章工具的对应选项类似。

以下举例说明修复画笔工具的基本用法。

步骤 1 打开素材图像“实例 02\人物素材 05.JPG”。使用快速选择工具创建如图 2-117 所示的选区（即选择背景区域）。人物腿与脚部位的选区边缘应尽量精确（可配合其他选择工具修补该处选区）。

步骤 2 打开素材图像“实例 02\人物素材 06.JPG”。选择“修复画笔工具”，选项栏设置如图 2-118 所示（其中画笔大小 70 像素，硬度 0%）。

步骤 3 将光标定位于人物的头部（如图 2-119 所示）。按住 Alt 键单击取样。

步骤 4 单击选项栏右侧的按钮，打开【仿制源】面板，参数设置如图 2-120 所示。

步骤 5 切换到“人物素材 05.JPG”的图像窗口。将光标定位于如图 2-121 所示的位置，按下鼠标左键拖移复制图像，可得到如图 2-122 所示的效果（已取消选区）。

图 2-117 创建选区，限制操作范围

图 2-118 设置修复画笔工具的选项栏参数

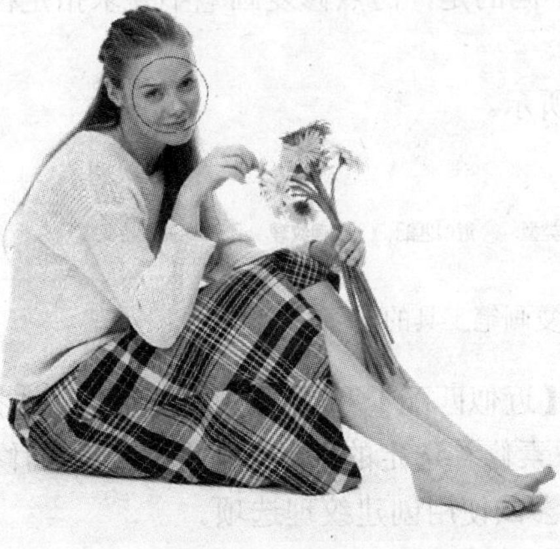

图 2-119 确定取样点

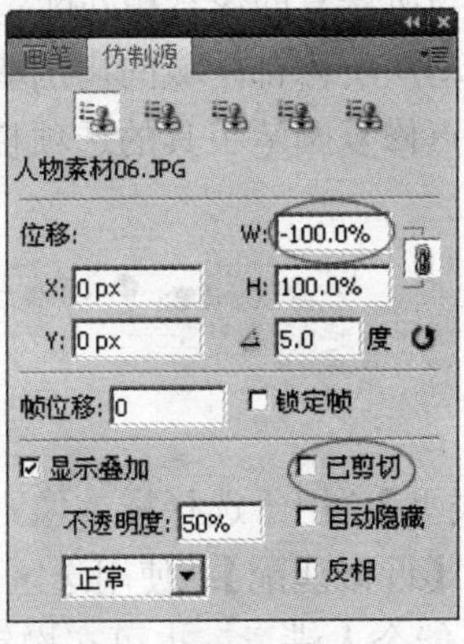

图 2-120 设置仿制源面板参数

图 2-121 复制图像

图 2-122 图像最终效果

2. 污点修复画笔工具

污点修复画笔工具可以快速清除图像中的污点和其他不理想部分。其使用方式与修复画笔工具类似：使用图像或图案中的样本像素进行绘画，并将样本像素的纹理、光照、透明度和阴影与所修复的像素相匹配。与修复画笔不同的是，污点修复画笔不要求指定样本点，它能够自动从所修饰区域的周围取样。

污点修复画笔工具的选项栏如图 2-123 所示。

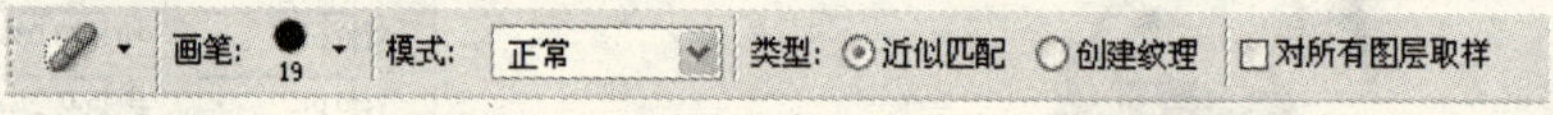

图 2-123 污点修复画笔工具的选项栏

【类型】：用于选择样本像素的类型，有【近似匹配】和【创建纹理】两种选择。

- 【近似匹配】：使用选区边缘周围的像素修补选定的区域。如果此选项的修复效果不能令人满意，也可在撤销修复操作后尝试使用创建纹理选项。
- 【创建纹理】：使用选区中的所有像素创建一个用于修复该区域的纹理。 如果纹理不起作用，可尝试再次拖过该区域。

其他选项与修复画笔工具的对应选项类似。污点修复画笔工具的基本用法如下。

步骤 1 打开素材图像“实例 02\人物素材 02.jpg”。如图 2-124 所示。

步骤 2 选择“污点修复画笔工具”，在选项栏上设置画笔大小 15 像素、硬度 0%，选择【近似匹配】，其他选项保持默认。

步骤 3 将光标覆盖在颈部的斑点上（使斑点位于圆圈光标的中心），单击修复。

步骤 4 对皮肤上其他部位的小斑点进行同样的处理，结果如图 2-125 所示。

注意： 使用污点修复画笔工具时应注意以下两点。

（1）所选画笔大小应该比要修复的区域稍大一点。这样，只需在要修复的区域上单击一次即可修复整个区域，且修复效果比较好。

（2）如果使用污点修复画笔工具无法修复或修复效果不理想的图像，可使用仿制图章工具、修补工具或修复画笔工具（视情况而定）。

图 2-124　素材图像（局部）

图 2-125　修复后的图像

3. 修补工具

修补工具可使用其他区域的像素或图案中的像素修复选中的区域。和修复画笔工具一样，修补工具可将样本像素的纹理、光照和阴影等信息与源像素进行匹配。修补工具的选项栏如图 2-126 所示。

图 2-126　修补工具的选项栏

- 选区运算按钮：与选择工具的对应选项用法相同。
- 【修补】：包括【源】和【目标】两种使用补丁的方式。
  - √【源】：用目标像素修补选区内像素。先选择需要修复的区域，再将选区边框拖移到要取样的目标区域上。
  - √【目标】：用选区内像素修补目标区域的像素。先选择要取样的区域，再将选区边框拖移到需要修复的目标区域上。
- 【透明】：将取样区域或选定图案以透明方式应用到要修复的区域上。
- 【使用图案】：单击右侧的三角按钮，打开“图案选取器”，从中选择预设图案或自定义图案作为取样像素，修补到当前选区内。

修补工具的基本用法（一）。

步骤 1　打开素材图像“实例 02\荔枝.jpg”。

步骤 2　选择“修补工具”，在选项栏中选择【源】。在图像上拖移鼠标以选择想要修复的区域（当然，也可以使用其他工具创建选区），如图 2-127 所示。

步骤 3　如果需要的话，使用“修补工具”及选项栏上的“选区运算按钮”调整选区（当然，也可以使用其他工具——比如套索工具调整选区）。

步骤 4　光标定位于选区内，将选区拖移到要取样的区域，如图 2-128 所示。松开鼠标按键，原选区内像素被修补，取消选区，如图 2-129 所示。

修补工具的基本用法（二）。

步骤 1　打开素材图像“实例 02\荔枝.jpg”。

步骤 2　选择“修补工具”，在选项栏中选择【目标】。在图像上拖移鼠标以选择要取样的区域（该区域的颜色、纹理等应满足修复的需要），如图 2-130 所示。

图 2-127　选择要修复的区域

图 2-128　寻找取样区域

图 2-129　修复效果

步骤 3　如果需要，使用“修补工具”及选项栏上的“选区运算按钮”调整选区。

步骤 4　光标定位于选区内，拖移选区，覆盖住想要修复的区域（如图 2-131 所示）。松开鼠标按键，完成图像的修补，取消选区，如图 2-132 所示。

图 2-130　选择取样区域

图 2-131　拖移到待修复区域

图 2-132　修复效果

修补工具的基本用法（三）。

步骤 1　打开素材图像“实例 02\人物素材 06.JPG”。

步骤 2　选择“修补工具”，在图像上拖移鼠标以选择想要修复的区域，如图 2-133 所示。

步骤 3　如果需要的话，使用修补工具及选项栏上的“选区运算按钮”调整选区。

步骤 4　在选项栏上勾选【透明】。从“图案选取器”选择一种预设图案或自定义图案。单击【使用图案】按钮，取消选区，结果如图 2-134 所示。

图 2-133　选择要修复的区域

图 2-134　修复效果

4．红眼工具

在光线较暗的房间里拍照时，由于闪光灯使用不当等原因，人物相片上容易产生红眼（即闪光灯导致的红色反光）。使用 Photoshop CS4 的红眼工具可轻松地消除红眼。另外，红眼工具也可以消除用闪光灯拍摄的动物照片中的白色或绿色反光。红眼工具的选项栏如图 2-135 所示。

图 2-135　红眼工具的选项栏

- 【瞳孔大小】：设置修复后瞳孔（眼睛暗色区域的中心）的大小。
- 【变暗量】：设置修复后瞳孔的暗度。

红眼工具的基本用法如下。

步骤 1　打开素材图像“实例 02\人物素材 07.JPG”，如图 2-136 所示。

步骤 2　选择“红眼工具”。选项栏保持默认值。

步骤 3　在眼睛的红色区域单击即可消除红眼，如图 2-137 所示。若对结果不满意，可撤销操作，尝试使用不同的【瞳孔大小】和【变暗量】参数值。

图 2-136　红眼图像

图 2-137　消除红眼后的效果

2.3.3　模糊工具组

模糊工具组包括模糊工具、锐化工具和涂抹工具。主要用于改变图像的清晰度和混合相邻区域的颜色，也是图像修饰中不可缺少的一组工具。

1．模糊工具

模糊工具常用于柔化图像中的硬边缘，或减少图像的细节，降低对比度。其选项栏部分参数如下。

- 【强度】：设置画笔压力。数值越大，模糊效果越明显。
- 【对所有图层取样】：勾选该项，使用所有可见图层中的数据进行模糊处理；否则，仅使用现有图层中的数据。

2．锐化工具

锐化工具常用于锐化图像中的柔边，或增加图像的细节，以提高清晰度或聚焦程度。其选项栏部分参数如下。

- 【强度】：设置画笔压力。数值越大，锐化效果越明显。
- 【对所有图层取样】：勾选该项，使用所有可见图层中的数据进行锐化处理；否则，仅使用现有图层中的数据。

3．涂抹工具

涂抹工具可以模拟在湿颜料中使用手指涂抹绘画的效果。在图像上涂抹时，该工具将拾取涂抹开始位置的颜色，并沿拖移的方向展开这种颜色。常用于混合不同区域的颜色或柔化突兀的图像边缘。其选项栏部分参数如下。

- 【强度】：设置画笔压力。数值越大，涂抹效果越明显。
- 【对所有图层取样】：勾选该项，使用所有可见图层中的颜色数据进行涂抹；否则，仅使用当前图层中的颜色。
- 【手指绘画】：勾选该项，使用当前前景色进行涂抹；否则，使用拖移时光标起点处图像的颜色进行涂抹。

2.3.4 减淡工具组

减淡工具组包括减淡工具、加深工具和海绵工具。主要作用是改变像素的亮度和饱和度。常用于数字相片的颜色矫正。

1．减淡工具与加深工具

减淡工具的作用是提高像素的亮度，主要用于改善数字相片中曝光不足的区域。加深工具的作用是降低像素的亮度，主要用于降低数字相片中曝光过度的高光区域的亮度。使用减淡工具和加深工具改善图像的目的，一般是为了增加暗调或高光区域的细节。

减淡工具或加深工具的选项栏如图 2-138 所示。

图 2-138 减淡工具或加深工具的选项栏

- 【范围】：确定调整的色调范围，有【阴影】、【中间调】和【高光】三种选择。
  - √【阴影】：将工具的作用范围定位于图像中较暗的区域。其他区域影响较小。
  - √【中间调】：将工具的作用范围定位在介于暗调与高光之间的中间调区域。其他区域影响较小。
  - √【高光】：将工具的作用范围定位于图像中的高亮区域。其他区域影响较小。
- 【曝光度】：设置工具的强度。取值越大，效果越显著。
- 【保护色调】：勾选该项，可在改变图像亮度的同时，使图像的基本色调保持不变。

2．海绵工具

海绵工具主要用于改变图像的色彩饱和度。对于灰度模式（参考第 4 章）的图像，该工具的作用是改变图像的对比度。海绵工具的选项栏如图 2-139 所示。

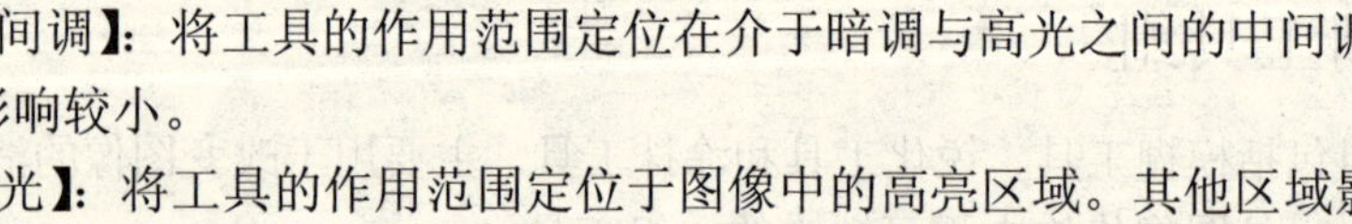

图 2-139 海绵工具的选项栏

- 【模式】：确定更改颜色的方式，有【饱和】和【降低饱和度】两个选项。
  - √【饱和】：增加图像的色彩饱和度。

✓【降低饱和度】：降低图像的色彩饱和度。

➢【自然饱和度】：勾选该项，降低图像饱和度时对饱和度高的部位作用比较明显，对饱和度低的部位影响较小。增加图像饱和度时恰恰相反，对饱和度高的部位影响较小，对饱和度低的部位作用比较明显。

下面通过一个例子说明减淡工具、加深工具与海绵工具的应用。

步骤 1 打开素材图像“实例 02\荷花 03.jpg”，如图 2-140 所示。

步骤 2 选择“减淡工具”。设置画笔大小 65 像素（软边界），【范围】为“高光”，【曝光度】为“20%”。

步骤 3 在图像中的花瓣上来回拖移涂抹两遍。结果如图 2-141 所示。

图 2-140 素材图像

图 2-141 提高花瓣亮度

步骤 4 选择“加深工具”，设置画笔大小 200 像素（软边界），【范围】为“中间调”，【强度】为“20%”。

步骤 5 在图片四周的荷叶上来回拖移，降低亮度（越靠近外围的地方，拖移次数越多，使色调变得越暗），如图 2-142 所示。

步骤 6 选择“海绵工具”。设置画笔大小 35 像素（软边界），【模式】为“饱和”，【强度】为“20%”。

步骤 7 在图片中的花瓣尖部来回拖移，增加饱和度，如图 2-143 所示。

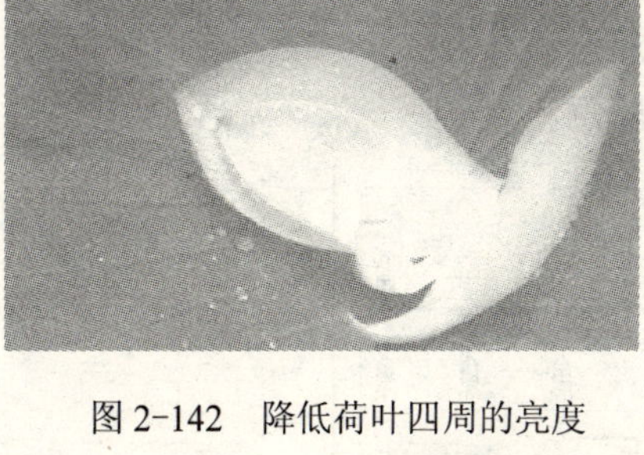

图 2-142 降低荷叶四周的亮度

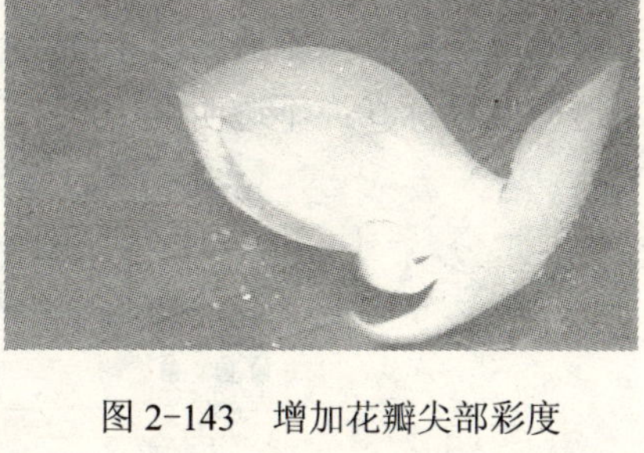

图 2-143 增加花瓣尖部彩度

经上述修饰后的荷花花瓣更加光彩夺目，娇艳动人。

2.3.5 综合案例

下面通过几个案例，讲解修图工具的综合应用。

案例 2-7　制作子弹壳效果

主要技术看点：减淡工具，自定义渐变，选区运算，透视变换，缩放变换等。

步骤 1　新建 200×300 像素，72 像素/英寸，RGB 颜色模式（8 位），黑色背景的图像。

步骤 2　显示【图层】面板，并单击面板上“创建新图层”按钮，新建图层 1（位于背景层上面）。

步骤 3　使用矩形选框工具（羽化值为 0）创建如图 2-144 所示的选区。

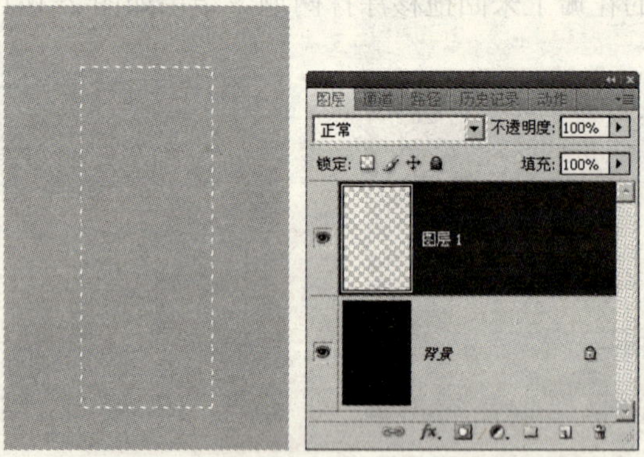

图 2-144　新建图层并建立矩形选区

步骤 4　选择“渐变工具”。打开【渐变编辑器】对话框，在【预设】栏选择“前景到透明”渐变，并以此为模板在“渐变色控制条”上定义如图 2-145 所示的渐变。其中：

- 色标①：颜色# 815433，位置 0%；
- 色标②：颜色# 5e3f28，位置 6%；
- 色标③：颜色# 9b663d，位置 15%；
- 色标④：颜色# faefe4，位置 44%；
- 色标⑤：颜色# b68153，位置 71%；
- 色标⑥：颜色# dcaa7b，位置 86%；
- 色标⑦：颜色# 3c2510，位置 100%；
- 不透明度色标⑧：不透明度 100%，位置随意；
- 不透明度色标⑨：不透明度 100%，位置随意。

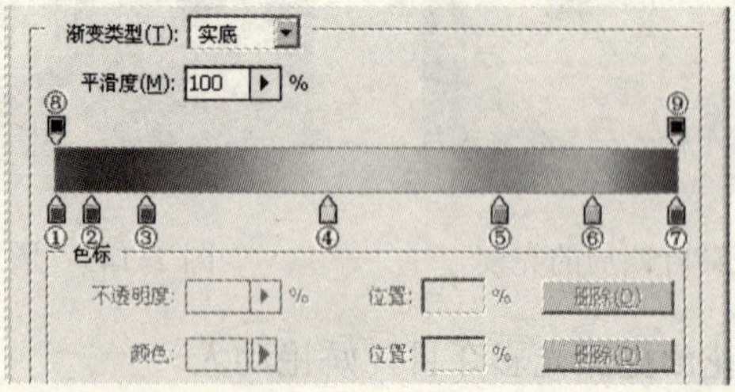

图 2-145　自定义渐变

步骤 5　使用上述定义的渐变，在图层 1 的选区内做线性渐变（按住 Shift 键，从选区左边界水平拖移光标到右边界），如图 2-146 所示。

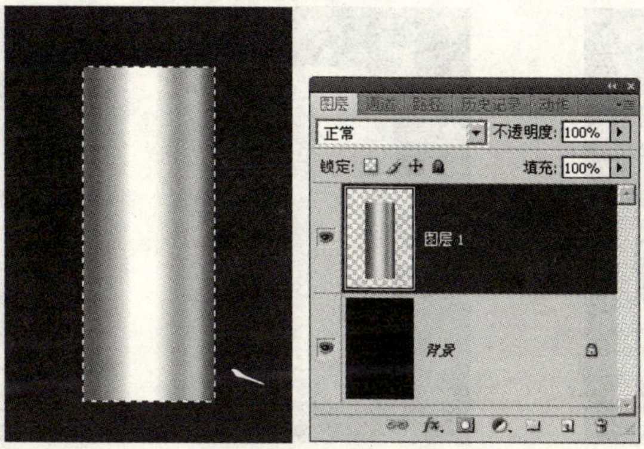

图 2-146 在选区内创建线性渐变

步骤 6 选择“矩形选框工具”，其选项栏设置如图 2-147 所示。

图 2-147 设置矩形选框工具的选项栏参数

步骤 7 光标定位于矩形选区的左下角，按下左键拖移鼠标到如图 2-148 所示的位置。松开鼠标按键，结果如图 2-149 所示。

步骤 8 选择菜单命令【编辑】|【变换】|【透视】，显示透视变换控制框。光标定位在左上角的控制块上（此时光标形状为▶），按下左键水平向右拖移鼠标，进行透视变换。按 Enter 键确认，如图 2-150 所示。

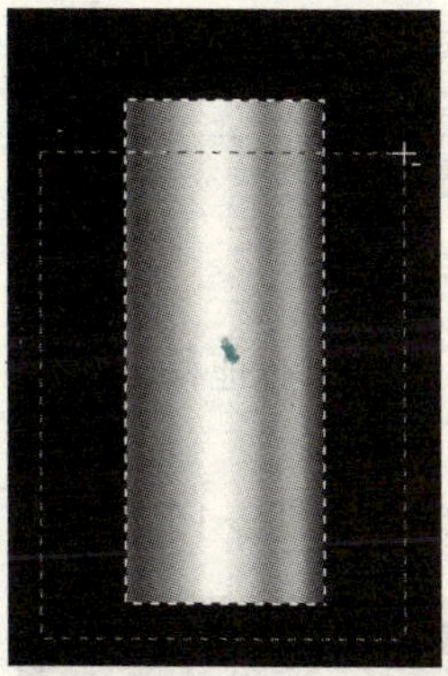

图 2-148 减去部分选区

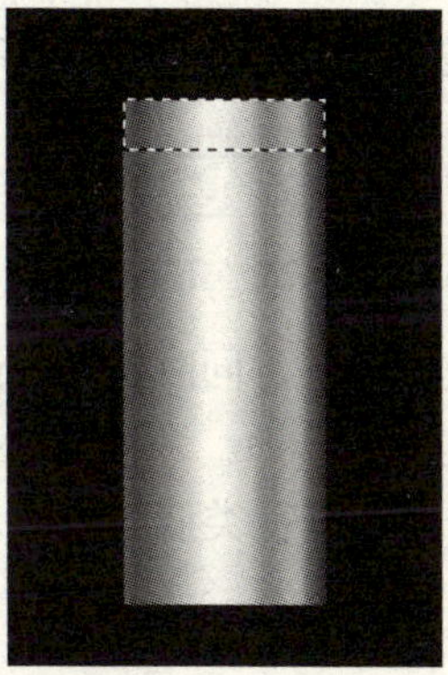

图 2-149 选区运算结果

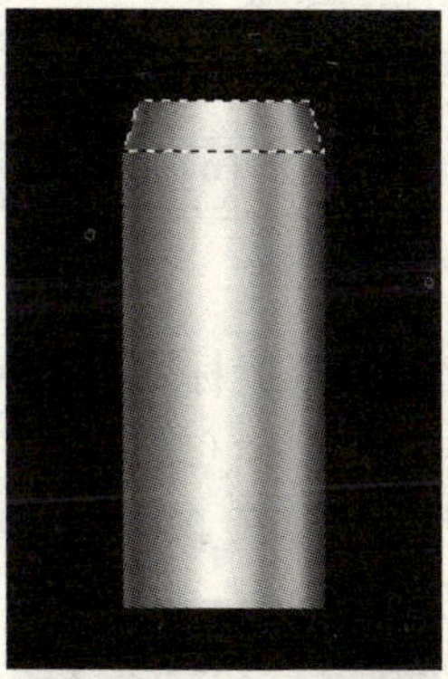

图 2-150 进行透视变换

步骤 9 按住 Ctrl 键不放，在图层面板上单击图层 1 的缩览图，载入不透明像素的选区，如图 2-151 所示。

步骤 10 使用步骤 6～步骤 7 进行类似的操作，从原选区中减去上面一部分与下面一部分，结果如图 2-152 所示。

步骤 11 选择菜单命令【编辑】|【变换】|【缩放】，显示缩放变换控制框。光标定位在右边中间的控制块上（此时光标形状为↔），按住 Alt 键不放，按下左键水平向左拖移鼠标，进行缩放变换，如图 2-153 所示。

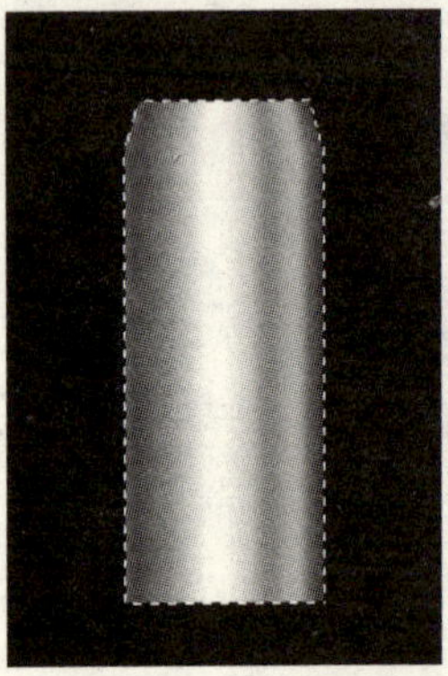

图 2-151　载入选区

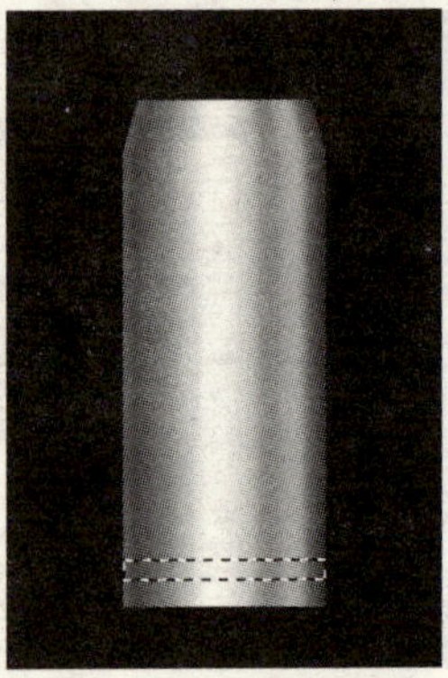

图 2-152　进行选区运算

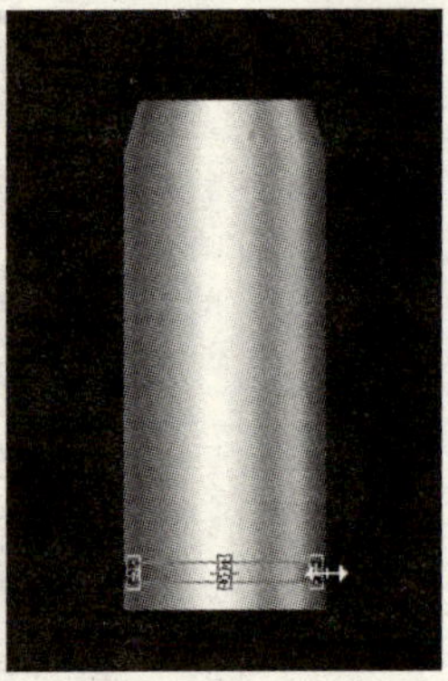

图 2-153　进行缩放变换

步骤 12　按 Enter 键确认变换，按组合键 Ctrl+D 取消选区，如图 2-154 所示。

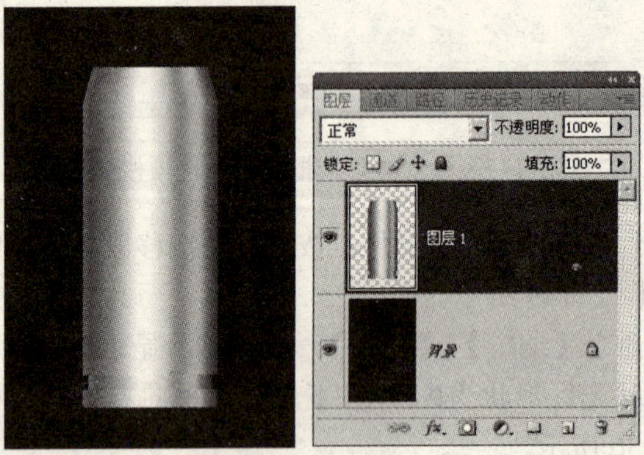

图 2-154　在图层 1 上制作子弹壳造型

步骤 13　选择“减淡工具”，选项栏设置如图 2-155 所示（其中画笔硬度为 0%）。

图 2-155　设置减淡工具的选项栏参数

步骤 14　光标定位于 A 点，按下左键，同时按住 Shift 键，水平向右拖移鼠标至 B 点，如图 2-156 所示（结果形成金属磨损的效果）。

步骤 15　在子弹壳的其他边沿部位进行类似的操作。最终效果如图 2-157 所示。

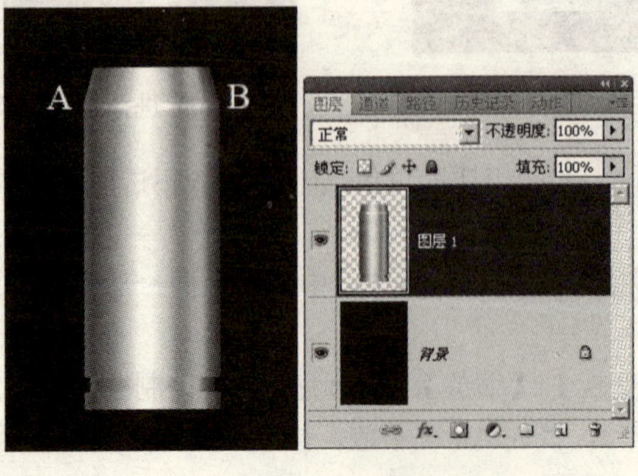

图 2-156　增亮边沿部位

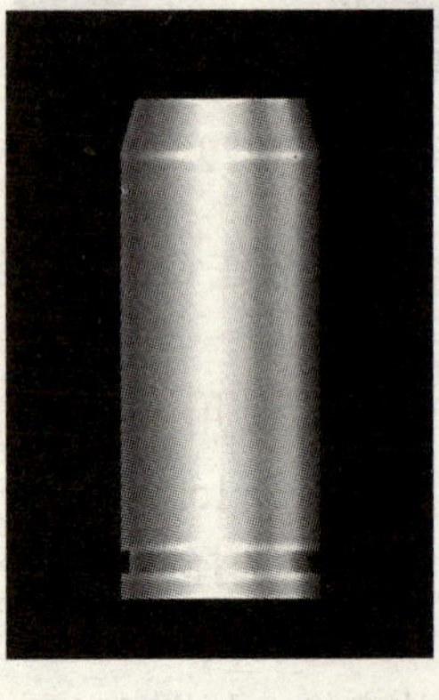

图 2-157　子弹壳最终效果

案例 2-8 人物照片修饰

主要技术看点：仿制图章工具，污点修复画笔工具，修补工具，涂抹工具，锐化工具等。

步骤 1 打开素材图像“实例 02\戴草帽的女士.jpg”。选择“仿制图章工具”，其选项栏设置如图 2-158 所示（其中【画笔】大小为 15 像素，【硬度】为“0%”）。

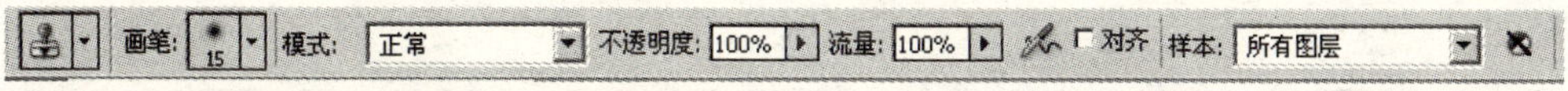

图 2-158 设置仿制图章工具的选项栏参数

步骤 2 将光标定位于眉毛上面的黑点右侧（如图 2-159 所示），按住 Alt 键单击取样。

步骤 3 将光标覆盖在黑点上（使黑点位于圆圈光标的中心），连续单击几次去除黑点，如图 2-160 所示。

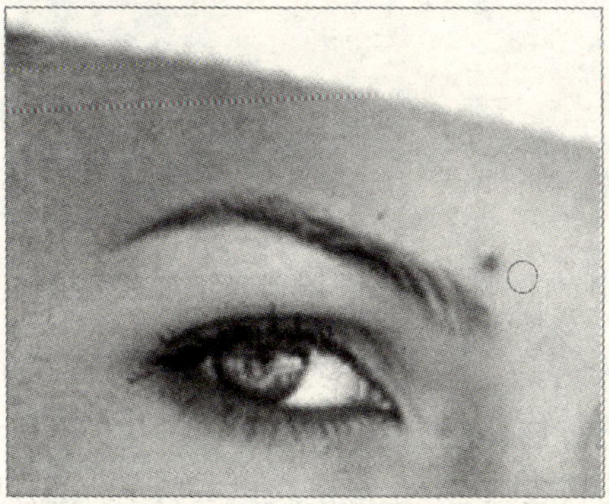

图 2-159 定位取样点

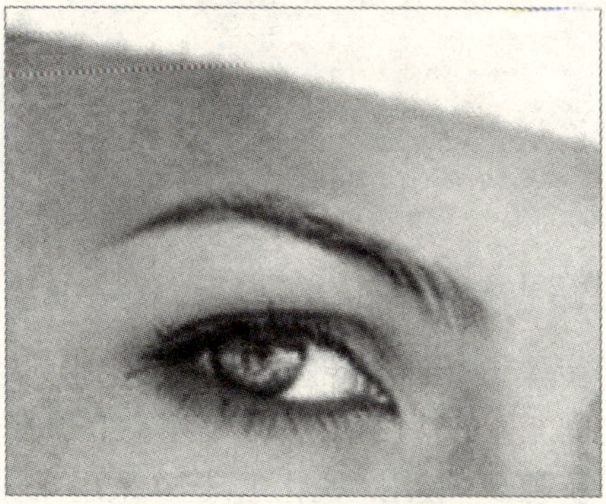

图 2-160 去除眉毛上的黑痣

步骤 4 选择“污点修复画笔工具”，在选项栏上设置【画笔】大小为 14 像素、【硬度】为 0%，选择【近似匹配】，其他选项保持默认。

步骤 5 将光标覆盖在左侧面部的一个小麻点上（使麻点位于圆圈光标的中心），单击修复（若单击一次效果不满意，可继续单击），其他部位的小点也可用类似的方法去除，结果如图 2-161 所示。

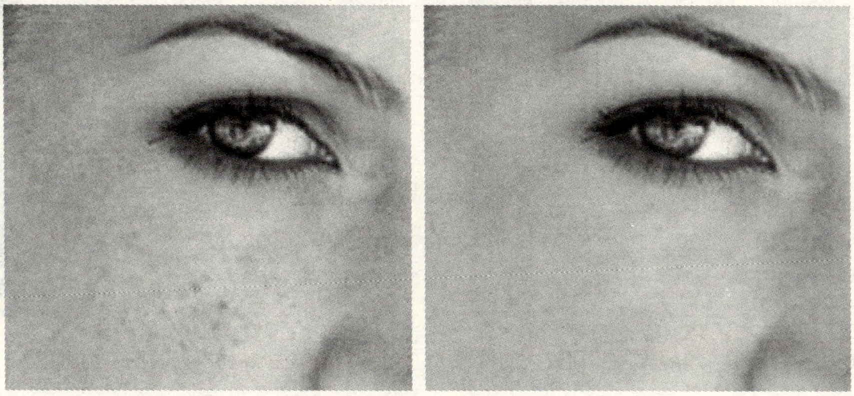

图 2-161 去除左侧面部的小麻点（修复前后比较）

步骤 6 选择“修补工具”，其选项栏设置如图 2-162 所示。

图 2-162 设置修补工具的选项栏参数

步骤 7 使用修补工具选择想要修复的区域，如图 2-163 所示。光标定位于选区内，拖移选区到如图 2-164 所示的区域，松开鼠标按键。按 Ctrl+D 键取消选区。修复效果如图 2-165 所示。

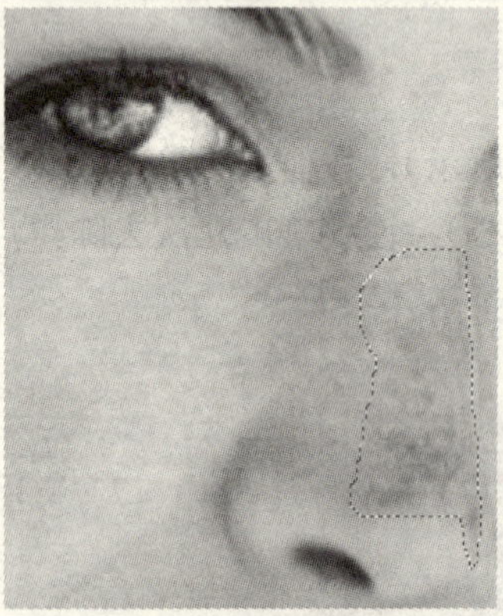

图 2-163 选择要修复的区域

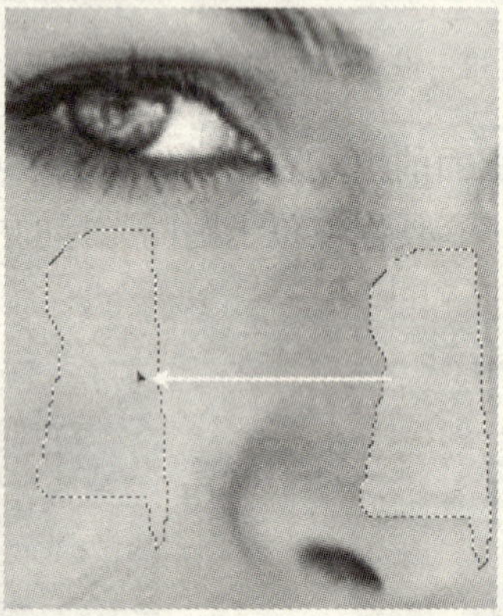

图 2-164 拖移选区到目标区域

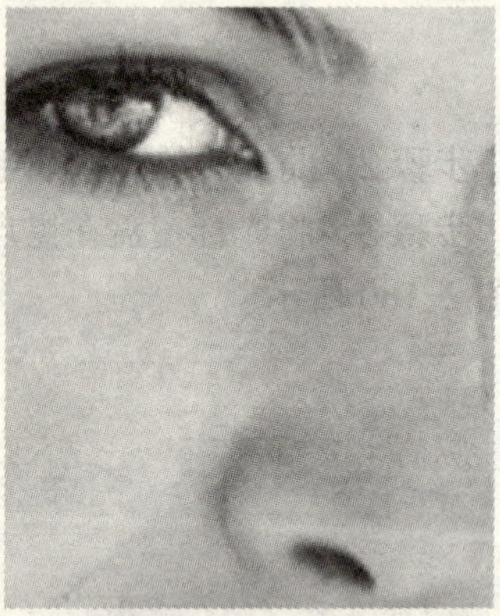

图 2-165 修复效果

步骤 8 面部其他部位颜色差别较大的区块（如左边眼睛右侧颜色较深的区域、鼻子与嘴之间左侧的深色条纹线等）用类似步骤 7 的方法进行修补。修复后的图像如图 2-166 所示。

步骤 9 使用“锐化工具”（采用 45 像素大小的软边画笔，正常模式和 15%左右的强度）在头发（主要是耳朵上面的头发）上反复拖移涂抹，使发丝更清晰。

步骤 10 将锐化工具的画笔大小更改为 21 像素，其他参数保持不变。在睫毛（主要是眼睛下面的睫毛）上反复拖移涂抹，使睫毛更清晰，如图 2-167 所示。

图 2-166 修复面部、颈部颜色差别较大的区域

图 2-167 锐化发丝与睫毛

步骤 11 选择“涂抹工具”，其选项栏设置如图 2-168 所示（其中【画笔】大小为 65 像

素，【硬度】为“0%”）。

图 2-168　设置涂抹工具的选项栏参数

步骤 12　使用涂抹工具在如图 2-169 所示的两个区域内沿各个方向分别进行反复涂抹（涂抹时切记不要越过画面的各个轮廓线），结果由于颜色的均合使皮肤变得更平滑了，如图 2-170 所示。

图 2-169　65 像素大小画笔的涂抹区域

图 2-170　区域 1 与区域 2 的涂抹效果

步骤 13　将涂抹工具的画笔大小更改为 21 像素，其他参数保持不变。分别在如图 2-171 所示的③、④、⑤、⑥、⑦、⑧等小范围区域内分别进行涂抹，结果如图 2-172 所示。

图 2-171　改用小画笔在其他狭窄区域涂抹

图 2-172　全部区域涂抹后的效果

步骤 14　对于涂抹工具修饰后的图像，如果面部和颈部中还有个别区域的颜色与周围邻近区域的颜色有较明显差别，仍然可以使用修补工具进行调整。

步骤 15　至此图像修补工作全部完成，将修补后的图像保存起来。图 2-173 所示是修补前后的效果比较。

图 2-173 图像修补前（左）后（右）比较

2.4 小结

本章以大量篇幅讲述了 Photoshop CS4 基本工具的使用。将这些工具大致分为三类：选择工具、绘画与填充工具和修图工具。通过一些例子，让读者了解这些工具的基本用法；书中的一些综合案例，反映了这些工具的实际应用。

需要说明的是：

（1）新建图层、选择图层、复制图层、载入图层选区等图层基础操作超出本章范围，请参阅第 3 章相关内容；

（2）2.1.5 节的案例 3 只是使用“套索工具与魔棒工具”实现基本抠图的要求。要想使抠出的图与新背景融合得更好，往往还需要快速蒙版或图层蒙版工具的修补（第 6 章将详细讲解并实例演示相关内容）。

2.5 习题

一、选择题

1．Photoshop CS4 中，选取颜色复杂、边缘弯曲且不规则的区域（假设该区域周围的颜色也比较复杂）可以使用 ________ 工具。

A．矩形选框 B．套索 C．多边形套索 D．魔棒

2．Photoshop CS4 中，使用______工具可以创建文字形状的选区，但不生成文字图层。

A．普通文字 B．蒙版文字 C．路径文字 D．变形文字

3．减淡工具和加深工具通过增加或降低像素的________修改图像。

A．对比度 B．饱和度 C．亮度 D．色相

4．下列不能撤销操作的是__________。

A．历史记录面板 B．橡皮擦工具

C．历史记录画笔工具 D．图层面板

5．Photoshop CS4 中，没有“容差”参数的基本工具是__________。

A．魔棒工具 B．油漆桶工具

C．颜色替换工具 D．魔术橡皮擦工具

E．背景橡皮擦工具 F．历史记录艺术画笔

G．修复画笔工具

6．Photoshop CS4 中，没有“对所有图层取样”或“所有图层”参数的基本工具是______。

A．魔棒工具　B．油漆桶工具

C．涂抹工具　D．魔术橡皮擦工具

E．仿制图章工具　F．海绵工具

G．污点修复画笔工具　H．修复画笔工具

7．以下操作与背景色肯定无关的是______。

A．按 Delete 键删除背景层选区内像素

B．使用橡皮擦工具擦除背景层像素

C．变换背景层选区内像素

D．新建图像

E．普通层转换为背景层

F．背景层转换为普通层

G．使用“图像旋转”命令旋转图像

8．使用“定义图案”命令时，符合要求的选区是______。

A．任何形状的选区　B．羽化过的选区

C．圆角矩形选区　D．用矩形选框工具一次性创建的未羽化选区

二、填空题

1．“取消选择”命令对应的组合键是______。

2．“自由变换”命令对应的组合键是______。

3．渐变工具包括线性渐变、______渐变、角度渐变、______渐变和菱形渐变五种类型。

4．默认设置下，Photoshop 用______图案表示透明色。

5．在铅笔工具与画笔工具中，______工具能够绘制边界柔和的线条，而______工具只能产生硬边界线条。

三、操作题

1．利用文字工具设计制作如图 2-174 所示的效果。图中印章可从素材图像“练习\印章.jpg”中复制过来。

图 2-174　文字设计

操作提示：

（1）图像大小 550×500 像素，RGB 颜色模式，72 像素/英寸，白色背景。

（2）“立志成才”字体为华文行楷，大小 300 点，灰色（#cccccc）。将该文本层的混合模式设置为“溶解”，并适当降低图层的不透明度可得到图中效果。

（3）“天行健”字体为华文中宋，大小 72 点，红色（#ff0000）。

（4）“君子当自强不息”字体为华文中宋，大小 56 点，黑色（#000000）。

2．利用素材图像“练习\遐思.jpg”（如图 2-175 所示）制作如图 2-176 所示的效果。

图 2-175　素材图像

图 2-176　梦回童年

操作提示：

（1）图像大小 425×307 像素，RGB 颜色模式，72 像素/英寸。

（2）“梦回童年”字体为黑体，大小 30 点。对文字进行变形，填充透明彩虹渐变。

（3）小字部分为宋体，72 点，白色（#ffffff）。内容可从“练习\童年.txt”中复制过来。

3．利用素材图像“练习\戴草帽的女士.jpg”（如图 2-177 所示）设计制作如图 2-178 所示的网纹效果。

图 2-177　素材图像

图 2-178　正六边形网纹效果

操作提示：

（1）新建 200×200 像素，RGB 颜色模式，72 像素/英寸，黑色背景的图像。

（2）新建图层 1。使用形状工具组中的多边形工具（在选项栏选择“填充像素”按钮）在新建图层中绘制正六边形，如图 2-179 所示。

（3）载入正六边形的选区。新建图层 2，并在图层 2 中对选区进行 1 个像素的白色描边，取消选区，删除图层 1，如图 2-180 所示。

（4）选择当前正六边形的一条水平边（可将图像放大到像素级再精确选择）。

（5）依次按组合键 Ctrl+C 与 Ctrl+V 将选中的边复制到新图层。选择“自由变换”命令，修改选项栏参数，将复制出来的水平边的宽度缩小为原来的 50%（高度不变）。

（6）将缩短后的水平边移动到正六边形的左边（如图 2-181 所示，与六边形的左顶点相连）。通过复制图层在正六边形的右边同样放置一条缩短后的水平边（如图 2-181 所示，与六边形的右顶点相连）。

（7）建立如图 2-182 所示的矩形选区（其中正六边形的顶部水平边被排除在选区外）。

（8）隐藏或删除黑色背景层。使用菜单命令【编辑】|【定义图案】将选区内的像素定义为图案。

（9）打开素材图像“练习\戴草帽的女士.jpg”，新建图层 1。使用油漆桶工具在图层 1 上填充上述自定义的图案。

图 2-179　绘制正六边形

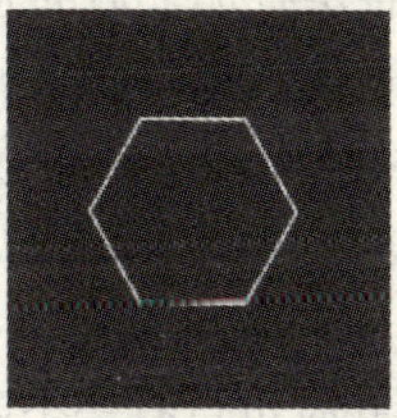

图 2-180　内部描边

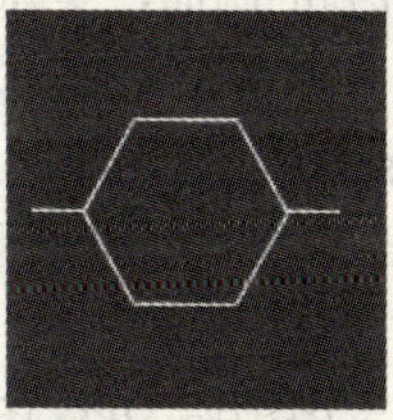

图 2-181　完整图案

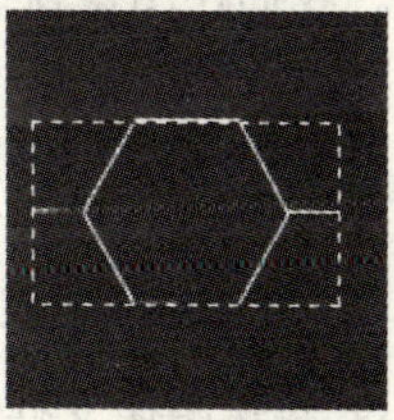

图 2-182　选择图案

第3章 图　　层

3.1 理解图层的含义

在 Photoshop 中，一幅图像往往由多个图层上下叠盖而成。所谓图层，可以理解为透明的电子画布。通常情况下，如果某一图层上有颜色存在，将遮盖住其下面图层上对应位置的图像。我们在图像窗口中看到的画面，实际上是各层叠加之后的总体效果。

在 Photoshop 中，学习和掌握图层这一基本概念，须注意以下几点。

- 默认设置下，Photoshop 用灰白相间的方格图案表示图层透明区域。背景层是一个比较特殊的图层，只要不转化为普通图层，它将永远是不透明的；而且始终位于所有图层的底部。
- 新建图像文件只有一个图层；JPG 图像打开时也只有一个图层，即背景层。
- 在包含多个图层的图像中，要想编辑图像的某一部分内容，首先必须选择该部分内容所在的图层。
- 若图像中存在选区，可以认为选区浮动在所有图层之间，而不是专属于某一图层。此时，所能做的就是对当前图层选区内的图像进行编辑。

下面通过一个具体例子来理解图层的含义。

步骤 1　打开素材图像“实例 03\贺卡.psd”，显示【图层】面板，如图 3-1 所示。该图像由四个图层组成，由下向上依次是背景层、“双喜”层、“心心相印”层和“心形边框”层。图像的叠加效果图如图 3-2 所示。

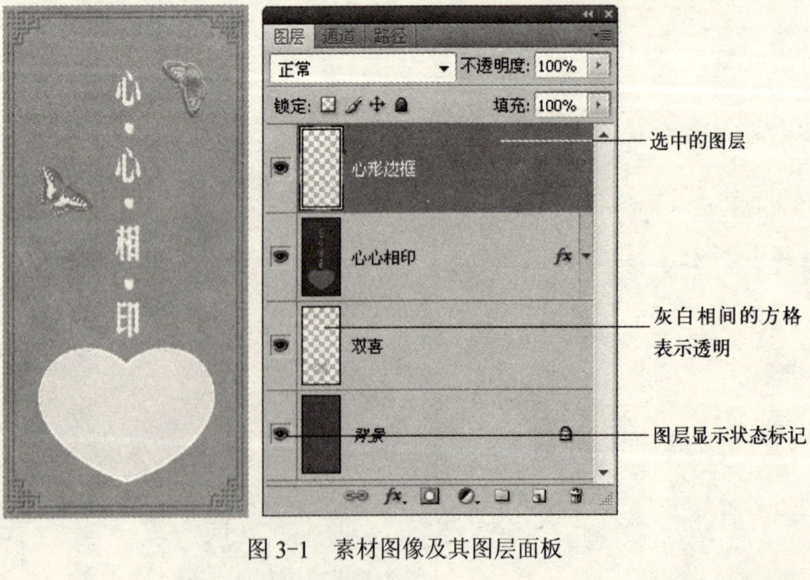

图 3-1　素材图像及其图层面板

步骤 2　在【图层】面板上单击“心形边框”图层缩览图左边的显示状态标记，眼睛标记消失，图像窗口中该层的图像（心形边框）被隐藏。再次单击该层显示状态标记，眼睛标记重新显示，图像窗口中又显示出心形边框。

步骤 3 在“心形边框”层，除了心形边框线之外，其余部分都是透明的；因此，透过这部分透明区域，可以看到其下面“心心相印”层的图像。

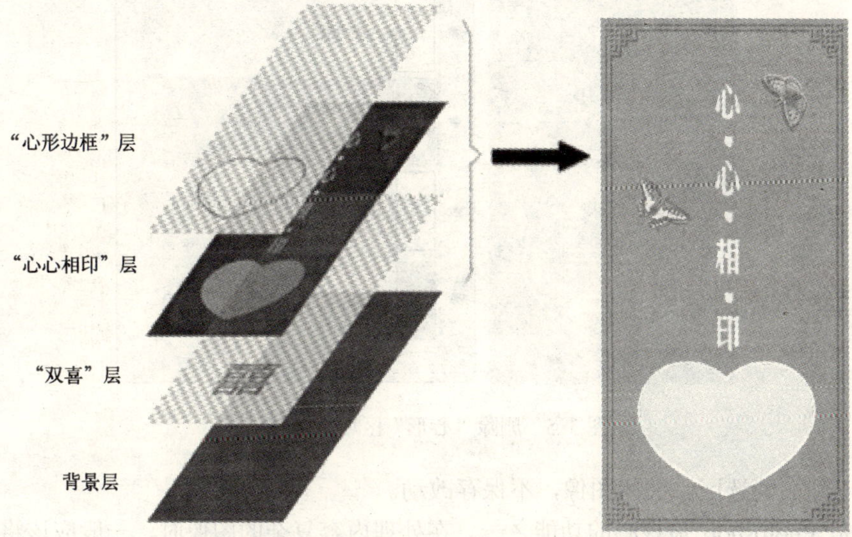

图 3-2 “贺卡”画面的形成

步骤 4 在“心心相印”层，整个图层都是不透明的，完全遮盖住其下面图层上的内容；因此，从图像窗口中看不到“双喜”层和背景层上的图像。

步骤 5 在【图层】面板上单击选择“心心相印”层，如图 3-3 所示。使用魔棒工具（采用默认参数设置）选择图像窗口中的“心形”区域，如图 3-4 所示。

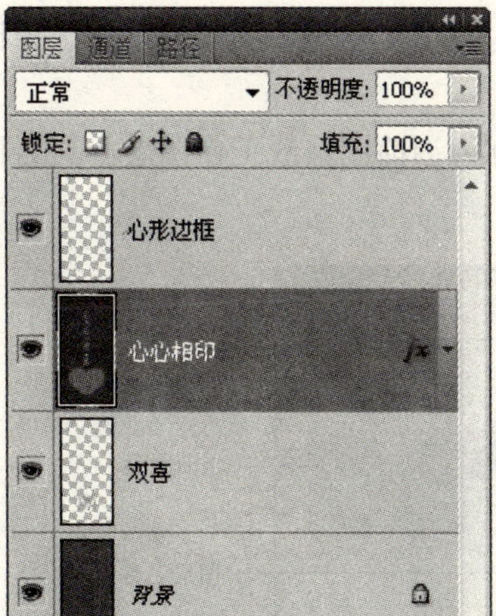

图 3-3 选择“心心相印”层

图 3-4 选择“心形”区域

步骤 6 按 Del 键，或选择菜单命令【编辑】|【清除】，删除“心形”区域的颜色，使之变成透明状态。上述操作相当于在“心形”区域开了一个窗口，透过这个窗口可以看到下

面图层上的“双喜”和红色背景，如图 3-5 所示。

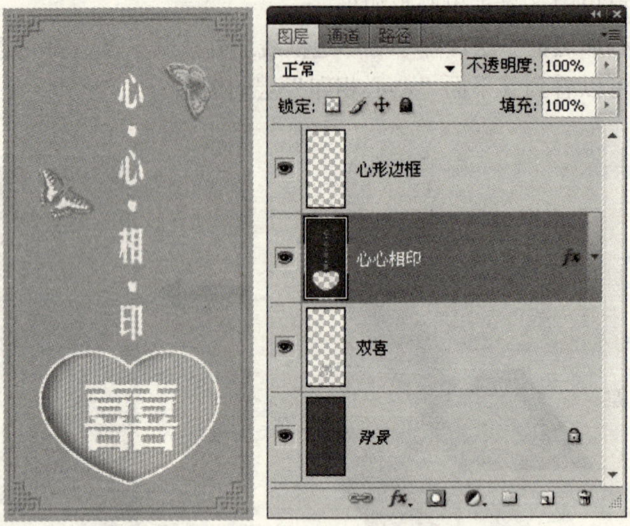

图 3-5 删除“心形”区域内的像素

步骤 7 取消选区。关闭图像，不保存改动。

图层是 Photoshop 最核心的功能之一。在处理内容复杂的图像时，一般应该将不同的内容放置在不同的图层上。这将给图层的管理和图像的编辑带来很大的方便。

3.2 图层的基本操作

3.2.1 选择图层

在编辑多图层图像时，应首先明确要编辑的内容位于哪一个图层，然后选择该图层，并对指定内容进行编辑。

在【图层】面板上，选中的图层突出显示，称为当前图层或工作图层，其名称将显示在图像窗口的文件标签上，如图 3-6 所示。

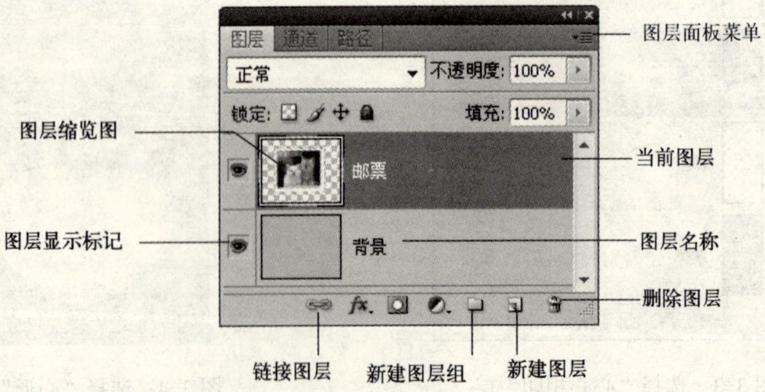

图 3-6 当前层

在 Photoshop CS4 中，按住 Shift 键或 Ctrl 键，同时在图层面板上单击图层名称，可以连续或间隔选择多个图层，就像在 Windows 的资源管理器中选择文件一样。

3.2.2　新建图层

在【图层】面板上，单击“新建图层”按钮 ，可以使用默认设置在原当前层的上面添加一个新图层，且新图层处于选中状态。

如果在“图层面板菜单”按钮上单击，在弹出的菜单中选择【新建图层】命令，打开【新建图层】对话框，则可根据需要设置新图层的基本参数，如图 3-7 所示。

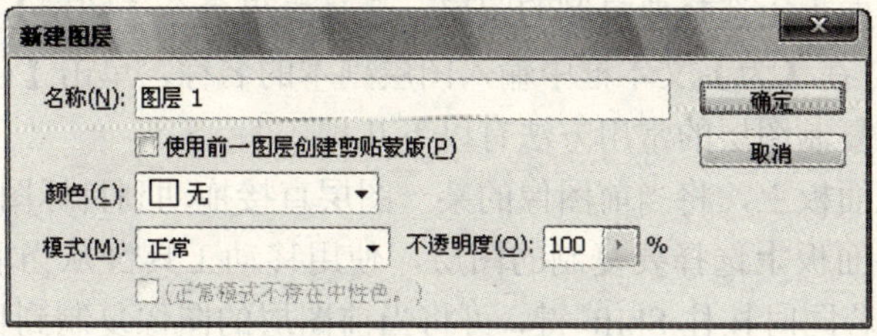

图 3-7　【新建图层】对话框

- 【名称】：用于输入新图层的名称。
- 【使用前一图层创建剪贴蒙版】：勾选该项，新图层将以其下面相临的图层为基底图层创建剪贴蒙版（请参阅第 7 章相关内容）。
- 【颜色】：选择新图层的标记颜色。在图像处理中，同类图层可以标记相同的颜色，这样有利于图层管理。
- 【模式】：指定新图层的混合模式（请参阅本章后面相关内容）。
- 【不透明度】：指定新图层的不透明度。

设置好参数，单击【确定】按钮，新图层创建完成。

3.2.3　删除图层

删除图层的常用方法有以下几种。

- 在【图层】面板上，直接将待删除图层的缩览图拖移到“删除图层”按钮上。
- 在【图层】面板上选择要删除的图层，单击“删除图层”按钮，弹出确认框，单击【是】按钮。
- 选择菜单命令【图层】|【删除】|【图层】，弹出确认框，单击【是】按钮。

3.2.4　显示、隐藏图层

在【图层】面板上，单击图层缩览图左侧的图标，可以改变对应图层的显示状态。在编辑多图层图像时，常常在下列情况下改变图层的显示状态。

（1）为了修改被遮盖的图层，将上面的图层暂时隐藏。修改完成后，重新显示上层图像。

（2）为了搞清楚图像的部分内容位于哪个图层上，可以对一些图层使用显示和隐藏交替进行的方法来确认。

（3）将备用的素材图像暂时放在隐藏的图层上。

（4）在合并图层时，将不希望合并的图层暂时隐藏起来。

（5）在打印图像时，将不希望打印的内容所在的图层暂时隐藏起来。

在图层面板的图标列上下拖移鼠标，可以快速控制多个图层的显示和隐藏。

3.2.5 复制图层

复制图层是图像内部和不同图像之间共享图像资源的一种常用的方式。

在图像内部复制图层的常用方法有以下几种。

（1）在【图层】面板上，将待复制图层的缩览图拖移到“新建图层”按钮上。复制产生的图层副本位于源图层的上面。

（2）在【图层】面板上选择要复制的图层，选择菜单命令【图层】|【复制图层】，打开【复制图层】对话框。在【为】文本框中输入图层副本的名称，单击【确定】按钮。

在不同图像之间复制图层的常用方法有以下几种。

（1）在【图层】面板上，将当前图像的某一图层直接拖动到目标图像的窗口中。

（2）在【图层】面板上选择要复制的图层，使用移动工具从当前图像窗口将图像拖移到目标图像窗口。若同时按住 Shift 键，可将当前图层的图像复制到目标图像窗口的中央位置。

（3）在【图层】面板上选择要复制的图层，选择菜单命令【图层】|【复制图层】，打开【复制图层】对话框，如图 3-8 所示。在【为】文本框中输入图层副本的名称。在【文档】文本框中选择目标图像的文件名（目标图像必须打开）。单击【确定】按钮。若在【文档】文本框中选择【新建】，可将所选图层复制到新建文件。

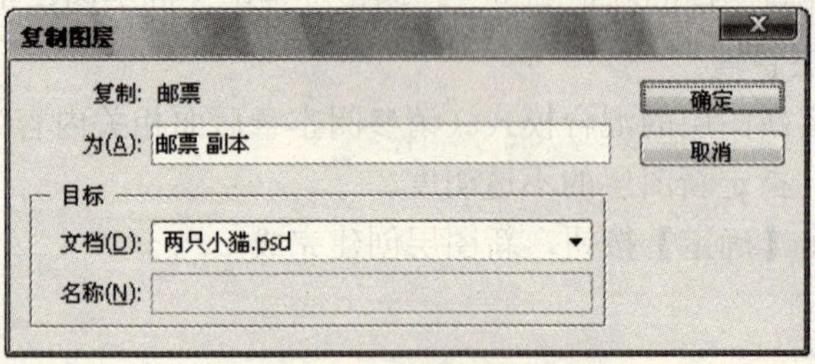

图 3-8 【复制图层】对话框

在不同图像间复制图层时，若源图像与目标图像的分辨率不同，则图层复制后，其像素尺寸将发生相应的变化。

3.2.6 图层改名

在多图层图像中，根据图层的内容对不同图层进行命名，可以帮助用户在【图层】面板上轻松地识别图层，有利于图层的管理。常用的图层改名方法如下。

（1）在【图层】面板上，双击要改名的图层的名称，进入名称编辑状态。在【名称】编辑框中输入新的名称，按 Enter 键。

（2）在【图层】面板上选择要改名的图层。选择菜单命令【图层】|【图层属性】，打开【图层属性】对话框，输入新的图层名称，单击【确定】按钮。

3.2.7 更改图层的不透明度

更改图层的不透明度影响着本层图像的显示程度及其对下层图像的遮盖程度，常用于图像的合成。操作方法如下。

选择要改变不透明度的图层。在【图层】面板右上角的【不透明度】框内直接输入百分比值（0%表示完全透明，100%表示完全不透明）；或单击【不透明度】框右侧的三角按钮，展开“不透明度”滑动条，左右拖移滑块，更改当前图层的不透明度，如图 3-9 所示。

图 3-9　更改图层的不透明度

该项操作影响的是整个图层。我们无法使用该操作直接更改当前图层选区内部分图像的不透明度。

3.2.8　重新排序图层

在【图层】面板上，图层的上下排列顺序影响着各层图像的相互叠盖关系。一般来说，排列顺序不同，由各图层叠加而成的图像也不一样。改变图层排列顺序的常用方法有以下两种。

（1）在图层面板上，将图层向上或向下拖动，当突出显示的线条出现在要放置图层的位置时，松开鼠标按键即可改变图层的排列顺序，如图 3-10 所示。

（2）使用【图层】|【排列】菜单下的子命令改变图层的排列顺序。

- 【置为顶层】：将当前层移到所有图层的最上面。
- 【前移一层】：将当前层向上移一层。
- 【后移一层】：将当前层向下移一层。由于背景层总是位于最底层，其顺序不能改变；所以，该命令对背景层的上一层无效。
- 【置为底层】：将当前层移到所有图层的最下面。在存在背景层的情况下，该命令将所选图层放在背景层的上一层。
- 【反向】：当选择两个或两个以上的图层时，该命令使所选图层的排列顺序上下颠倒。

3.2.9　链接图层

在多个图层间建立链接关系，可将这些图层作为一个整体进行移动和变换。另外，对存在链接关系的图层，还可进行对齐、分布等操作。

在【图层】面板上，选择两个或两个以上要链接的图层，单击面板底部的“链接图层”按钮，可在所选图层间建立链接关系，如图 3-11 所示。此时，图层缩览图右侧出现链接标记。

要取消图层的链接关系，先选择存在链接关系的图层，再次单击图层面板底部的即可。

3.2.10　对齐链接图层

使用【图层】|【对齐】菜单下的一组子命令，可分别在水平和垂直两个方向对齐链接层。

在此操作中，当前层为基准层，其中图像的位置在对齐操作中保持不变。对齐命令有六项，分别是："顶边"、"垂直居中"、"底边"、"左边"、"水平居中"、"右边"。

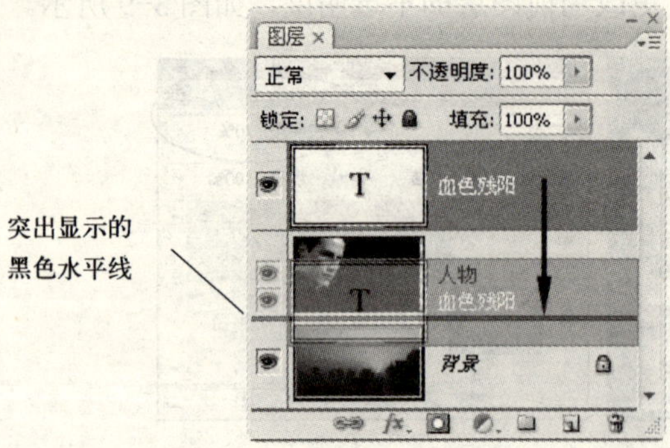

图 3-10 调整图层排列顺序

图 3-11 链接图层

打开素材图像"实例 03\球类.psd"，如图 3-12 所示。其中"地球"层、"足球"层和"篮球"层之间已经建立了链接。选择"地球"层。

选择菜单【图层】|【对齐】下的相应命令；或选择"移动工具"，在其选项栏上单击"对齐"按钮（如图 3-13 所示）。对齐结果如图 3-14 所示。在本例中，"地球"的位置始终保持不变。

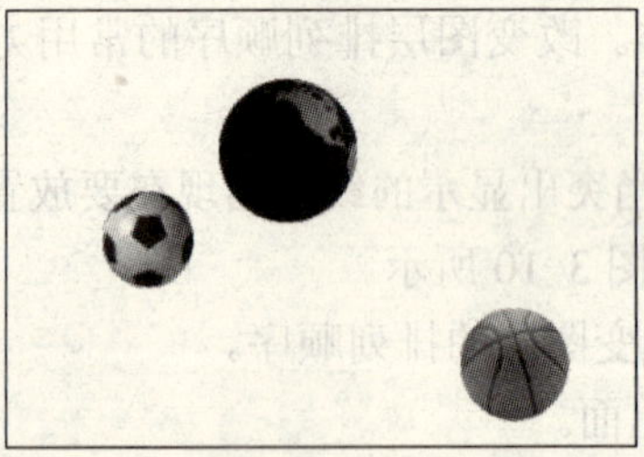

图 3-12 原图像

图 3-13 "对齐"与"分布"按钮

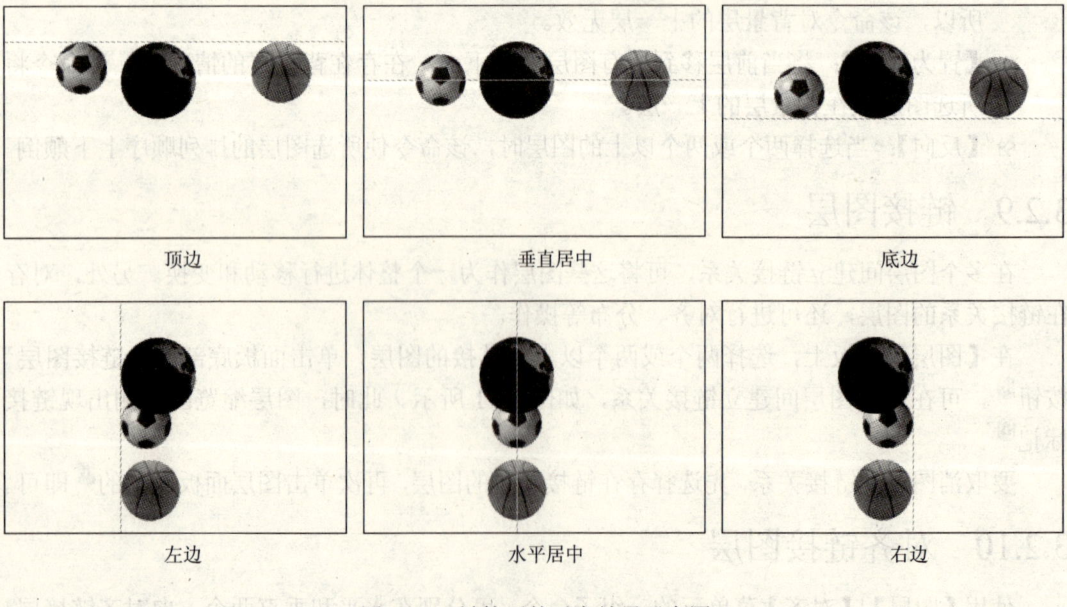

图 3-14 链接层的对齐效果示意图

在链接层的对齐操作中，当背景层要和当前层对齐时，背景层将自动转换为普通层。

值得一提的是，上述对齐命令也适用于同时选中的多个图层，尽管这些图层之间不存在链接关系。但与链接图层的对齐相比，在这种操作中，基准层却有着明显的不同。有兴趣的读者不妨一试，并从其中找出规律来。

3.2.11 将图层对齐到选区

图层与选区的对齐操作也是经常用到的。操作方法如下（假设图像中已存在选区）。

步骤 1 在【图层】面板上选择要对齐到选区的图层（可以是多个，但不能包含背景层或与背景层有链接关系的图层）。

步骤 2 选择【图层】|【将图层与选区对齐】菜单下相应的子命令。

3.2.12 分布图层

使用【图层】|【分布】菜单下的一组子命令，可分别在水平和垂直两个方向对选中的图层进行分布操作。分布命令有以下六项。

- “顶边”：使经过各图层中对象顶端的水平线之间的距离相等。
- “垂直居中”：使经过各图层中对象中心的水平线之间的距离相等。
- “底边”：使经过各图层中对象底端的水平线之间的距离相等。
- “左边”：使经过各图层中对象左侧的竖直线之间的距离相等。
- “水平居中”：使经过各图层中对象中心的竖直线之间的距离相等。
- “右边”：使经过各图层中对象右侧的竖直线之间的距离相等。

以“实例 03\球类 2.psd”为例，同时选中“地球”、“足球”和“篮球”这 3 个图层。选择【图层】|【分布】菜单下的相应命令；或选择“移动工具”，单击选项栏上的有关“分布”按钮。分布操作的结果如图 3-15 所示。

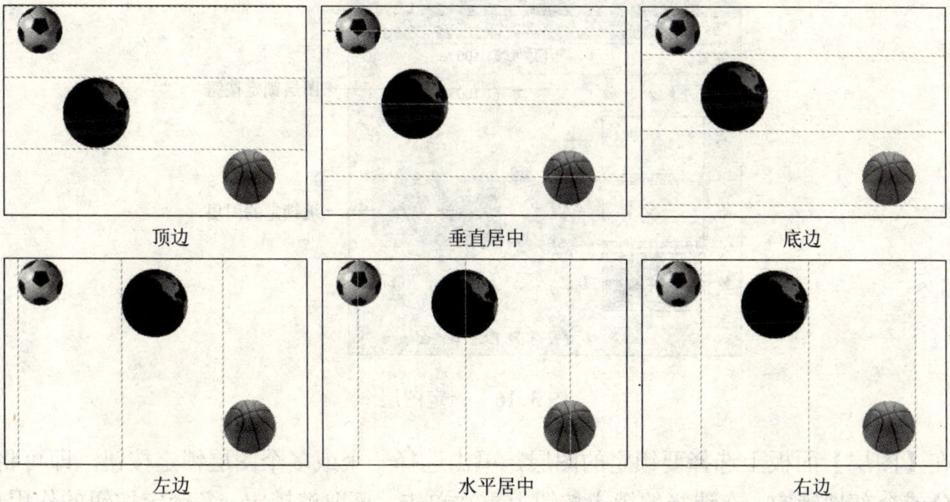

图 3-15 图层的分布效果示意图

选择竖直方向的分布命令按钮“顶边”、“垂直居中”和“底边”时，各图层中的对象只在竖直方向移动，而且上下两端的对象的位置保持不变。同样，选择水平方向的分布命令按钮“左边”、“水平居中”、“右边”时，各图层中的对象只在水平方向移动，而且左右两端的对象的位置保持不变。

参与分布的图层至少要 3 个，且不能包含背景层。分布结果与图层的选择顺序无关；也就是说，只要图层确定，分布结果是唯一的。

对链接层同样可以进行分布操作，只要选择其中一个图层，执行分布命令即可。

3.2.13 合并图层

合并图层能够有效地减少图像占用的存储空间。图层合并命令包括“向下合并”、“合并图层”、“合并可见图层”和“拼合图像”等，在【图层】菜单和【图层】面板菜单中都可以找到。

- 【向下合并】：将当前图层与其下面的一个图层合并（快捷键为 Ctrl+E），参与合并的图层必须为可见层。合并后的图层名称、混合模式、图层样式等属性与合并前的下一层相同。
- 【合并图层】：将选中的多个图层合并为一个图层（快捷键为 Ctrl+E）。
- 【合并可见图层】：将所有可见图层合并为一个图层（快捷键为 Ctrl+Shift+E）。操作前可以将不希望合并的图层暂时隐藏。
- 【拼合图像】：将所有可见图层合并到背景层，并用白色填充图像中的透明区域。若合并前存在隐藏的图层，合并时会弹出提示框，单击【确定】按钮，将丢弃隐藏的图层；单击【取消】按钮，则撤销合并命令。

3.2.14 锁定图层

为了使图层的内容或属性免遭破坏，可以锁定图层。图层锁定后，图层名称的右边会出现一个锁形图标，如图 3-16 所示。

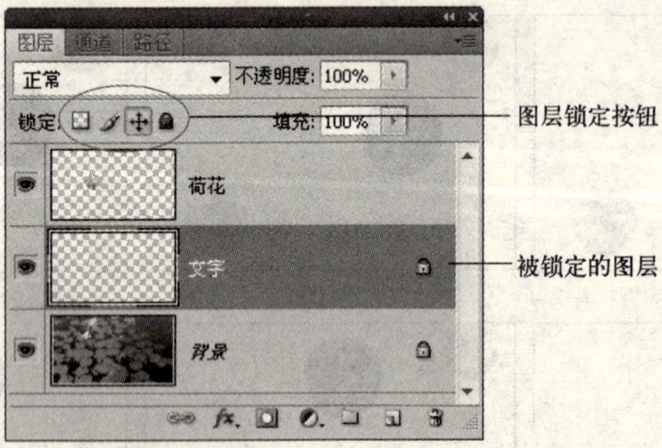

图 3-16 锁定图层

在【图层】面板上选择要锁定的图层，单击选择一个或多个图层锁定按钮，即可将该图层部分或全部地锁定。在选择的锁定按钮上再次单击，可取消锁定。各锁定按钮的作用如下。

- 锁定透明像素：禁止对图层的透明区域进行编辑修改。
- 锁定图像像素：禁止使用绘画工具、图像修整工具、滤镜等对图层的任何区域（包括透明区域和不透明区域）进行编辑修改。
- 锁定位置：禁止对图层中的像素进行移动操作。

- 锁定全部：将图层的透明度、透明区域、图像像素、位置和混合模式等属性全部锁定。

3.2.15 快速选择图层的不透明区域

要快速准确地选择图层（背景层除外）的不透明区域，并与图像中的原有选区进行运算，可以在图层面板上进行如下操作。

（1）按住 Ctrl 键，单击某个图层的缩览图（注意不是图层名称），可根据该图层上的所有像素创建选区。若操作前图像中存在选区，操作后新选区将取代原有选区。

（2）按住 Ctrl + Shift 组合键，单击某个图层的缩览图，可将该图层上所有像素的选区添加到图像中已有的选区中。

（3）按住 Ctrl + Alt 组合键，单击某个图层的缩览图，可从图像中已有的选区中减去该图层上所有像素的选区。

（4）按住 Ctrl + Shift + Alt 组合键，单击某个图层的缩览图，可将该图层上所有像素的选区与图像中原有的选区进行交集运算。

上述操作同样适用于图层蒙版、矢量蒙版与通道。

3.2.16 背景层与普通层的相互转化

背景层是一个比较特殊的图层，其排列顺序、不透明度、填充、混合模式等许多属性都是锁定的，无法更改。另外，图层样式、图层蒙版、矢量蒙版、图层变换等也不能应用于背景层。解除这些“枷锁”的唯一方法就是将其转换为普通图层，方法如下。

在【图层】面板上，双击背景层缩览图，或选择菜单命令【图层】|【新建】|【背景图层】，在弹出的【新建图层】对话框中输入图层名称，单击【确定】按钮。

另一方面，在不存在背景层的图像中，选择菜单命令【图层】|【新建】|【图层背景】，可将当前层转化为背景层。

3.2.17 图层组的创建与基本编辑

在图层众多的图像中，使用图层组不仅能够避免图层面板的混乱（如图 3-17 所示），还可以对图层进行高效、统一的管理。比如，对选定的图层组的进行移动和变换操作，调整图层组的不透明度和混合模式，改变图层组的排列顺序，显示和隐藏图层组等，将同时作用于该组内的所有图层。使用图层面板等创建与编辑图层组的基本操作要点如下。

（1）单击“创建新组”按钮 ，将在当前图层或图层组的上方创建一个空的图层组。在选择图层组的情况下新建图层，可将新层创建在图层组内。

（2）选择一个或多个图层，从【图层】面板菜单中选择【从图层新建组】，或选择菜单命令【图层】|【图层编组】，可将选定的图层添加到新建图层组内。

（3）单击图层组左边的三角图标，可以折叠或展开图层组。

（4）将图层组外的图层的缩览图拖移到图层组图标上，可将图层转移到图层组内。当然，也可使用类似的操作将组内图层拖出图层组。

（5）将图层组拖移到“新建图层”按钮上，可在图层组的上方创建图层组副本。

（6）将图层组拖移到“删除图层”按钮上，可直接删除该图层组及组内所有图层。

（7）若要解除图层组，可在选择图层组后，单击“删除图层”按钮，打开信息提示框，单击【仅组】按钮。

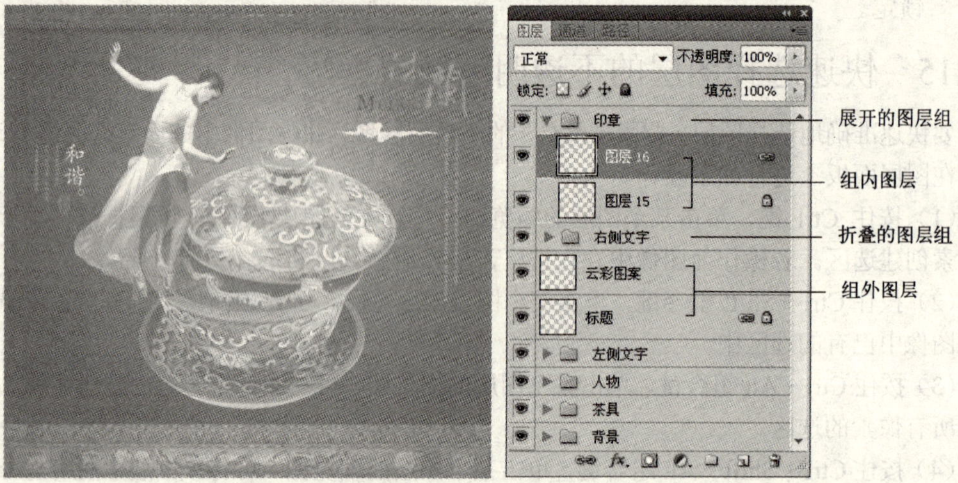

图 3-17 使用图层组

3.3 图层混合模式

图层混合模式在图像合成中发挥着极其重要的作用。平面设计师们借助它创造出了许许多多令人惊叹的艺术效果，Photoshop 普通用户也对它产生了越来越广泛的关注。

图层的混合模式决定了图层像素如何与其下面图层上的像素进行混合。图层默认的混合模式为“正常”。在【图层】面板上，单击“混合模式”下拉列表框，从展开的列表中可以为当前图层选择不同的混合模式，如图 3-18 所示。

【正常】：使本图层上的像素完全遮盖下面图层上的像素。如果该图层存在透明区域，下面图层上对应位置的像素将通过透明区域显示出来。

【溶解】：根据本图层上每个像素点透明度的不同，以该层的像素随机取代下面图层上的对应像素，生成颗粒状的类似物质溶解的效果。不透明度越小，溶解效果越明显。

案例参考素材图像“实例 03\印章.psd”（如图 3-19 所示）。

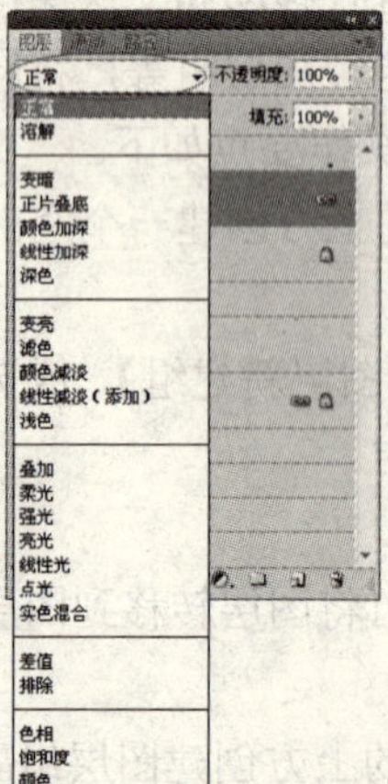

图 3-18 图层混合模式列表

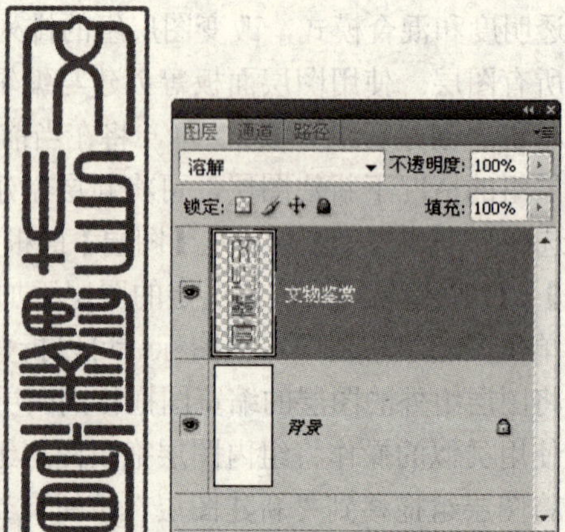

图 3-19 使用【溶解】模式

【变暗】：比较本图层和下一图层对应像素的各颜色分量，选择其中值较小（较暗）的颜色分量作为结果色的颜色分量。以 RGB 图像为例，若对应像素分别为红色（255，0，0）和绿色（0，255，0），则混合后的结果色为黑色（0，0，0）。

案例参考素材图像“实例 03\变暗.psd”、“小镇.psd”和“人物处理.psd”（如图 3-20 所示）。在“小镇.psd”和“人物处理.psd”中，“背景 副本”层使用了“高斯模糊”滤镜。

图 3-20　使用【变暗】模式

【正片叠底】：将本图层像素的颜色值与下一图层对应位置上像素的颜色值相乘，把得到的乘积再除以 255。其结果是，图层的颜色一般比原来的颜色更暗一些。在这种模式下，任何颜色与黑色复合产生黑色。任何颜色与白色复合保持不变。

案例参考素材图像“实例 03\更换服饰.psd”（如图 3-21 所示）和“沙漠之夜.psd”。

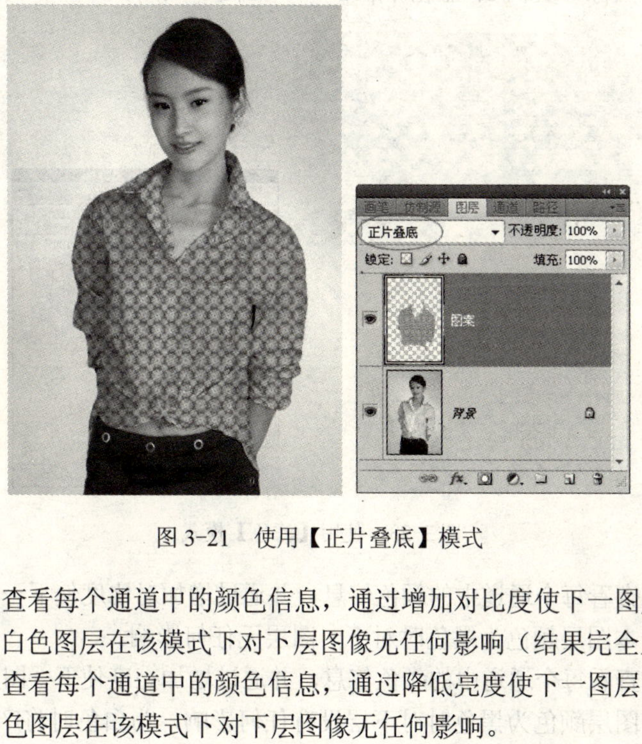

图 3-21　使用【正片叠底】模式

【颜色加深】：查看每个通道中的颜色信息，通过增加对比度使下一图层的颜色变暗以反映本图层的颜色。白色图层在该模式下对下层图像无任何影响（结果完全显示下层的图像）。

【线性加深】：查看每个通道中的颜色信息，通过降低亮度使下一图层的颜色变暗以反映本图层的颜色。白色图层在该模式下对下层图像无任何影响。

案例参考素材图像“实例 03\沙漠之夜 2.psd”。

【深色】：比较本图层与下一图层对应像素的各颜色分量的总和，并显示值较小的像素的颜色。与“变暗”模式不同，该模式不生成第 3 种颜色。

【变亮】：与【变暗】模式恰恰相反。比较本图层和下一图层对应像素的各颜色分量，选择其中值较大（较亮）的颜色分量作为结果色的颜色分量。以 RGB 图像为例，若对应像素分别为红色（255，0，0）和绿色（0，255，0），则混合后的结果色为黄色（255，255，0）。

案例参考素材图像“实例 03\变亮.psd”和“夕阳.psd”（如图 3-22 所示）。

图 3-22　使用【变亮】模式

【滤色】：查看每个通道的颜色信息，并将本图层像素的互补色与下一层对应像素的颜色复合，结果总是两层中较亮的颜色保留下来。本图层颜色为黑色时对下层没有任何影响。本图层颜色为白色时将产生白色。

案例参考素材图像“实例 03\蓝花布.psd”（如图 3-23 所示）。

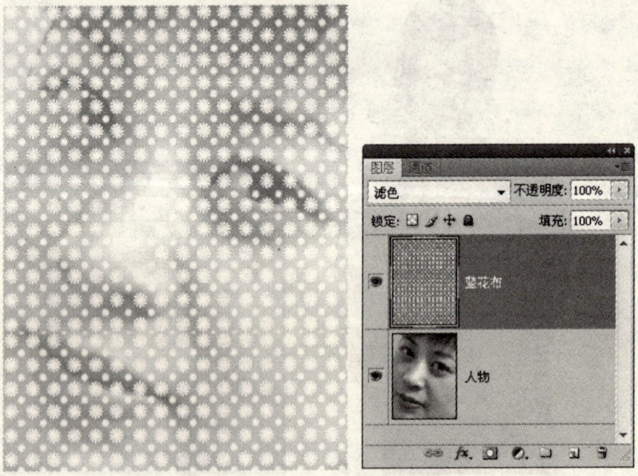

图 3-23　使用【滤色】模式

【颜色减淡】：查看每个通道中的颜色信息，并通过增加对比度使下一图层颜色变亮以反映本图层的颜色。本图层颜色为黑色时对下一图层无任何影响。

【线性减淡】：查看每个通道中的颜色信息，并通过增加亮度使下一图层颜色变亮以反映本图层的颜色。本图层颜色为黑色时对下层没有任何影响，为白色时将产生白色。

【浅色】：比较本图层与下一图层对应像素的各颜色分量的总和，并显示值较大的像素的颜色。与【变亮】模式不同，该模式不生成第 3 种颜色。

【叠加】：保留下一层颜色的高光和暗调区域，保留下一层颜色的明暗对比。下一层颜色没有被替换，只是与本图层颜色进行叠加以反映其亮部和暗部。

案例参考素材图像“实例 03\火烧云.psd”，如图 3-24 所示。

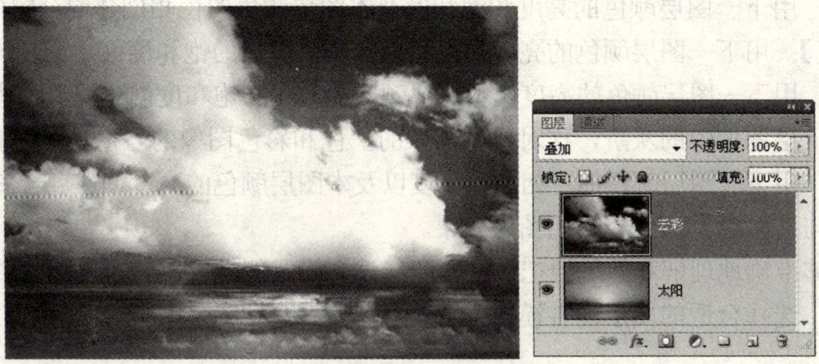

图 3-24　使用【叠加】模式

【柔光】：根据本图层颜色的灰度值确定混合后的颜色是变亮还是变暗。若本图层的颜色比 50%的灰色亮，则与下一层混合后图像变亮；否则变暗。若本图层存在黑色或白色区域，则混合图像的对应位置将产生明显较暗或较亮的区域，但不会产生纯黑色或纯白色。

案例参考素材图像“实例 03\饮料.psd”。

【强光】：根据本图层颜色的灰度值确定混合后的颜色是变亮还是变暗。若本图层的颜色比 50%的灰色亮，则与下一层混合后图像变亮。这对于向图像中添加高光非常有用。若本图层的颜色比 50%的灰色暗，则与下一层混合后图像变暗；这对于向图像添加暗调非常有用。若本图层中存在黑色或白色区域，则混合图像的对应位置将产生纯黑色或纯白色。使用强光模式混合图像的效果与耀眼的聚光灯照在图像上相似。

【亮光】：根据本图层颜色的灰度值确定是增加还是减小对比度以加深或减淡颜色。若本图层的颜色比 50%的灰色亮，则通过减小对比度使下一层图像变亮；否则通过增加对比度使下一层图像变暗。

【线性光】：根据本图层颜色的灰度值确定是降低还是增加亮度以加深或减淡颜色。若本图层的颜色比 50%的灰色亮，则通过增加亮度使下一层图像变亮；否则通过降低亮度使下一层图像变暗。

【点光】：根据本图层颜色的灰度值确定是否替换下一层的颜色。若本图层颜色比 50%的灰色亮，则替换下一层中比较暗的像素，而下一层中比较亮的像素不改变。若本图层的颜色比 50%的灰色暗，则替换下一层中比较亮的像素，而下一层中比较暗的像素不改变。

【实色混合】：将本图层图像的各单色通道与下一图层对应单色通道的颜色值相加，如果和大于或等于 255，则取 255；否则取 0。这样得到混合图像的对应通道值。结果每个像素的颜色非原色即复色（由两种或三种原色复合而成的颜色），即红色、绿色、蓝色、青色、洋红、黄色、黑色和白色，形成色块效果图像。

【差值】：将本图层与下一图层对应的像素进行比较，用比较亮的像素的颜色值减去比较暗的像素的颜色值，差值即为混合后像素的颜色值。若本图层颜色为白色，则混合图像为下层图像的反相；若本图层颜色为黑色，则混合图像与下层图像相同。同样，若下层颜色为白色，则混合图像为本图层图像的反相；若下层颜色为黑色，则混合图像与本图层图像相同。

案例参考素材图像“实例 03\沟壑.psd”。

【排除】：与【差值】模式相似，但混合后的图像对比度更低，因此整个画面更柔和。

案例参考素材图像“实例 03\狼烟.psd”。

【色相】：用下一图层颜色的亮度和饱和度及本图层颜色的色相创建混合图像的颜色。

【饱和度】：用下一图层颜色的亮度和色相及本图层颜色的饱和度创建混合图像的颜色。

【颜色】：用下一图层颜色的亮度及本图层颜色的色相和饱和度创建混合图像的颜色。这样可以保留下层图像中的灰阶，这对单色图像的上色和彩色图像的着色都非常有用。

【明度】：用下一图层颜色的色相和饱和度以及本图层颜色的亮度创建混合图像的颜色。该模式产生与【颜色】模式相反的图像效果。

如果能够准确地理解和熟练地把握各种图层混合模式的特点，就可以根据图像预期合成效果的需要，选择合适的图层混合模式。

3.4　图层样式

图层样式包括投影、外发光、斜面与浮雕等多种，是创建图层特效的重要手段。灵活使用各种图层样式，可以使 Photoshop 在平面设计中发挥更强大的作用。

图层样式影响的是整个图层，不能够作用于图层的部分区域；且对背景层、全部锁定的图层和图层组是无效的。图层样式的使用方法如下。

步骤 1　选择要添加图层样式的图层。

步骤 2　在【图层】面板上单击“添加图层样式”按钮 fx.，从弹出的菜单中选择图层样式命令；或选择菜单【图层】|【图层样式】下的有关命令，打开【图层样式】对话框，如图 3-25 所示。

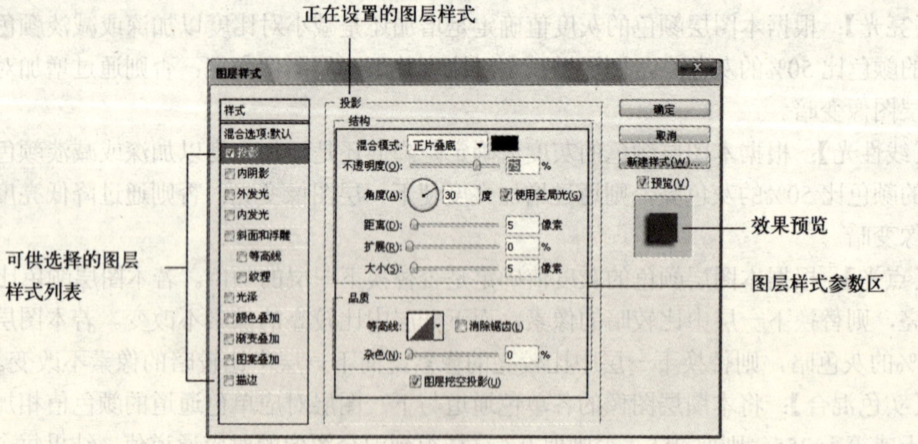

图 3-25　【图层样式】对话框

步骤 3　在对话框左侧单击要添加的图层样式的名称，选择该样式（蓝色突出显示）。在参数控制区设置图层样式的参数。勾选【预览】复选框，可在图像窗口实时观察样式效果的变化。

步骤 4 如果要在同一图层上同时添加多种图层样式，可在对话框左侧继续选择其他样式名称，并设置其参数。如果要取消某一图层样式，只要在相应的图层样式名称的左侧方框上单击，取消勾选即可。

步骤 5 设置好图层样式，单击【确定】按钮，将图层样式应用到当前图层上。

3.4.1 投影

投影样式可以在像素边缘的外部产生阴影效果，使用方法如下。

步骤 1 打开“实例 03\图案.psd”，选择“图案”层。

步骤 2 选择菜单命令【图层】|【图层样式】|【投影】，打开【图层样式】对话框。

步骤 3 在参数控制区适当设置投影样式参数，单击【确定】按钮，效果如图 3-26 所示。

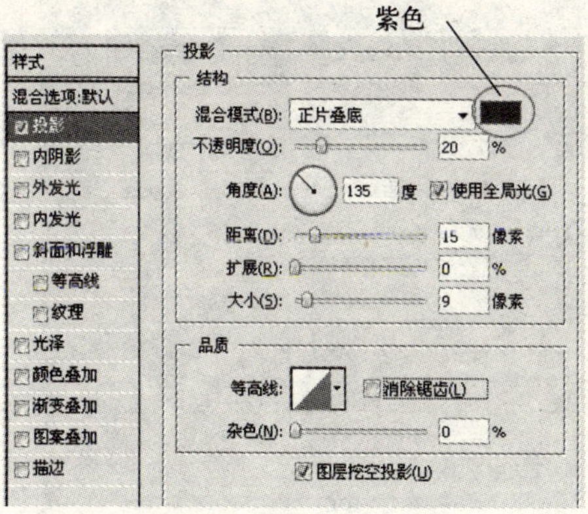

(a)

(b)

图 3-26 投影样式的参数设置及图像效果

投影样式的各项参数的作用如下。

- 【混合模式】：确定图层样式与当前层像素的混合方式。大多数情况下，默认模式将产生最佳的结果。单击右侧的颜色块，可打开【拾色器】对话框，选择阴影颜色。
- 【不透明度】：设置阴影颜色的不透明度。
- 【角度】：设置光照方向。通过拖动圆周内的半径指针或在右侧框内输入数值（范围 −360～+360）可改变阴影的角度。
- 【使用全局光】：勾选该项，可使当前图像的所有图层样式的光照角度保持一致，以获得统一的光照效果。否则，可为当前图层指定任意角度的灯光效果。
- 【距离】：设置阴影的偏移距离。在【图层样式】对话框打开的情况下，通过在图像窗口中拖动鼠标，可以更直观地调整灯光的角度和阴影偏移距离。
- 【扩展】：设置灯光强度及阴影的影响范围。
- 【大小】：设置阴影的模糊度。
- 【等高线】：设置阴影的轮廓。可从列表中选择预设等高线，也可以自定义等高线。
- 【消除锯齿】：勾选该项，可使阴影边缘更平滑。
- 【杂色】：添加一定的噪声效果，使阴影呈现颗粒状杂点效果。
- 【图层挖空投影】：当图层的填充（【图层】面板右上角的【填充】选项）为透明时，该选项控制与当前图层像素重叠区域的阴影的可视性。

3.4.2 内阴影

内阴影样式可以在像素的内侧边缘产生阴影效果，使用方法如下。

步骤 1 打开“实例 03\印章 2（投影）.psd”（所有图层使用了杂色滤镜，“平面设计”层与“边框”层已添加了“投影”样式），选择“平面设计”层。

步骤 2 选择菜单命令【图层】|【图层样式】|【内阴影】，打开【图层样式】对话框。

步骤 3 在参数控制区设置内阴影的参数（如图 3-27（a）所示），单击【确定】按钮。

步骤 4 对“边框”层添加内阴影样式，适当设置参数。最终效果如图 3-27（b）所示（请参考“实例 03\印章 2（投影+内阴影）.psd”）。

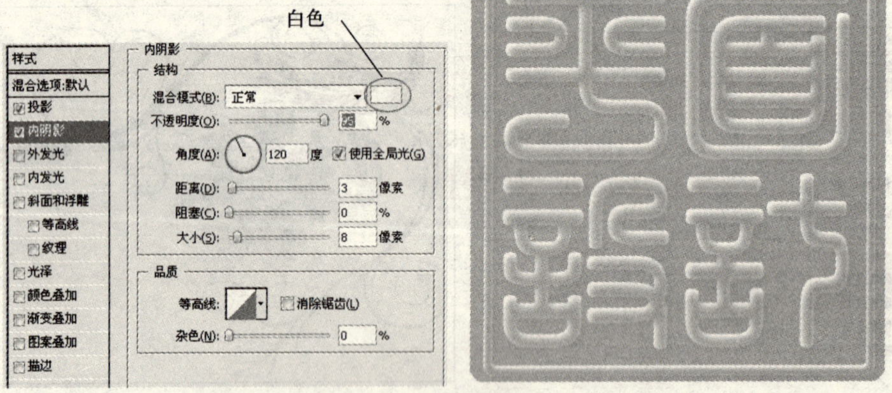

（a） （b）

图 3-27 内阴影样式的参数设置及图像效果

内阴影样式的部分参数的作用如下（其他参数与投影样式的对应参数基本相同）。

- 【阻塞】：增大数值可收缩内阴影的边界，并使模糊度减小。

3.4.3 外发光

外发光样式可以在像素边缘的外围产生均匀的发光（发光颜色选浅色）或晕影（发光颜色选深色）效果，使用方法如下。

步骤 1 打开“实例 03\荷香.psd”，选择“荷香”层。

步骤 2 选择菜单命令【图层】|【图层样式】|【外发光】，打开【图层样式】对话框。

步骤 3 在参数控制区设置外发光的参数（如图 3-28（a）所示），单击【确定】按钮。

步骤 4 将“荷香”层的填充数值设置为 0%（隐藏笔画，透出下层图像）。图像最终效果如图 3-28（b）所示（请参考“实例 03\荷香（外发光）.psd”）。

外发光样式部分参数的作用如下（其他参数的作用与前面类似）。

- 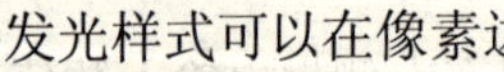：选择左侧单选项，可为外发光颜色设置单色（单击正方形色块选色）。选择右侧单选项，则为外发光颜色设置渐变色（打开下拉列表选择）。
- 【方法】：设置外发光样式的光源衰减方式。
- 【范围】：设置外发光样式中等高线的应用范围。
- 【抖动】：使外发光样式的颜色和不透明度产生随机变动（适用于外发光颜色为渐变色，且其中至少包含两种颜色的场合）。

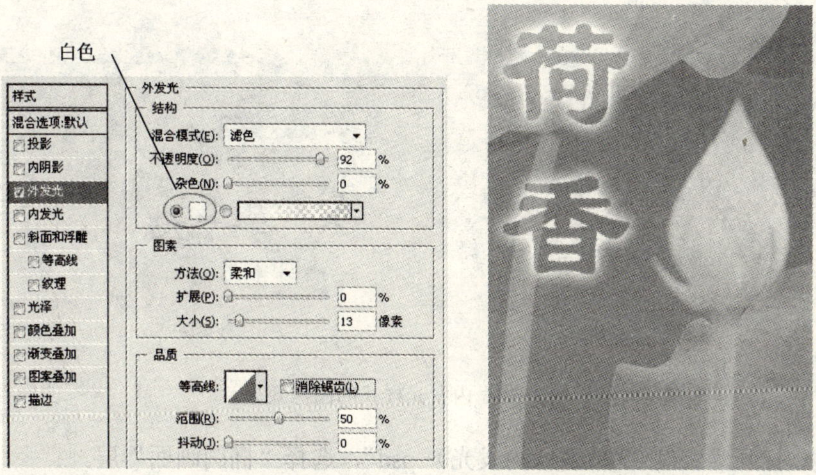

（a） （b）

图 3-28 外发光样式的参数设置及图像效果

3.4.4 内发光

内发光样式可以在像素边缘的内侧或像素中心产生均匀的发光（发光颜色选浅色）或晕影（发光颜色选深色）效果，使用方法如下。

步骤 1 打开“实例 03\故乡.psd”，选择“椭圆画面”层。

步骤 2 选择菜单命令【图层】|【图层样式】|【内发光】，打开【图层样式】对话框。

步骤 3 在参数控制区设置内发光的参数（如图 3-29 所示），单击【确定】按钮。图像效果如图 3-30 所示（请参考“实例 03\故乡（内发光）.psd”）。

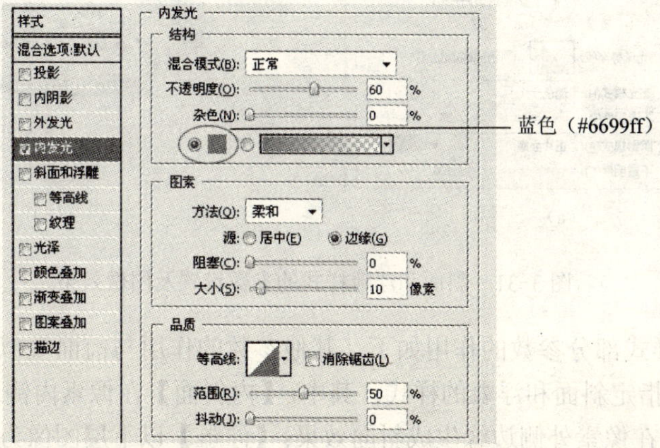

图 3-29 内发光样式的参数设置

内发光样式部分参数的作用如下（其他参数的作用与前面类似）。

- 源: ○居中(E) ◉边缘(G)：确定用于内发光效果出现在像素的内侧边缘还是像素中心。

3.4.5 斜面和浮雕

斜面和浮雕样式可以模仿各种形式的浮雕效果，功能比较强大，但参数设置也很复杂，使用方法如下。

原图

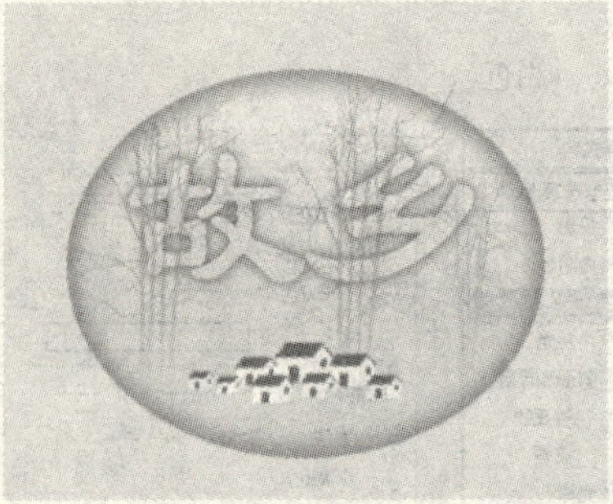

效果图

图 3-30 内发光样式的图像效果

步骤 1 打开“实例 03\故乡（内发光）.psd”，选择“椭圆画面”层。

步骤 2 选择菜单命令【图层】|【图层样式】|【斜面和浮雕】，打开【图层样式】对话框。

步骤 3 在参数控制区设置斜面和浮雕的参数（其中【阴影模式】的颜色为蓝色#6666cc，【高光模式】的颜色为白色，如图 3-31（a）所示），单击【确定】按钮。效果如图 3-31（b）所示（请参考“实例 03\故乡（内发光+斜面和浮雕）.psd”）。

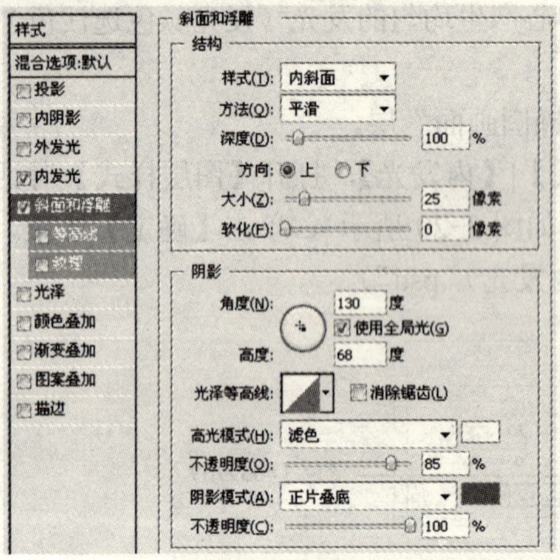

（a）

（b）

图 3-31 斜面和浮雕样式的参数设置及图像效果

斜面和浮雕样式部分参数的作用如下（其他参数的作用与前面类似）。

- 【样式】：指定斜面和浮雕的样式。其中，【内斜面】在像素内侧边缘生成斜面效果；【外斜面】在像素外侧边缘生成斜面效果；【浮雕】以下层图像为背景创建浮雕效果；【枕状浮雕】创建将当前图层像素边缘压入下层图像的压印效果；【描边浮雕】将浮雕效果应用于像素描边效果的边界（若图层未添加描边样式，则看不到描边浮雕效果）。各种效果如图 3-32 所示（请参考原文件“实例 03\胸针.psd”和效果文件“胸针（描边+描边浮雕）.psd）。
- 【方法】：【平滑】稍微模糊浮雕的边缘使其变得更平滑；【雕刻清晰】用于消除锯齿形状的边界，使浮雕边缘更生硬清晰；【雕刻柔和】可产生比较柔和的浮雕边缘效果，对较大范围的边界更有用。

图 3-32 斜面和浮雕的多种样式效果

- 【方向】：通过改变光照方向确定是向上的斜面和浮雕效果，还是向下的斜面和浮雕效果，如图 3-33 所示。

图 3-33 通过改变光照方向产生向上，向下斜面和浮雕的不同效果

- 【高度】：指定光源的高度。
- 【高光模式】：指定高光区域的混合模式。通过右侧颜色块可选择高光的颜色。
- 【暗调模式】：指定暗调区域的混合模式。通过右侧颜色块可选择暗调的颜色。
- 【不透明度】：指定高光或暗调的不透明度。

3.4.6 光泽

在像素边缘的内侧产生光晕或阴影效果，使之变得柔和；根据图像形状的不同，光晕或阴影的形状会有很大的不同。使用方法如下。

步骤 1 打开“实例 03\ LIFE.psd”，选择 life 层。

步骤 2 选择菜单命令【图层】|【图层样式】|【光泽】，打开【图层样式】对话框。

步骤 3 在参数控制区设置光泽样式的参数，如图 3-34（a）所示，单击【确定】按钮。效果如图 3-34（b）所示（请参考“实例 03\ LIFE（光泽）.psd”）。

3.4.7 叠加

叠加样式包括颜色叠加、渐变叠加和图案叠加三种，分别用于在像素上叠加单色、渐变色和图案。

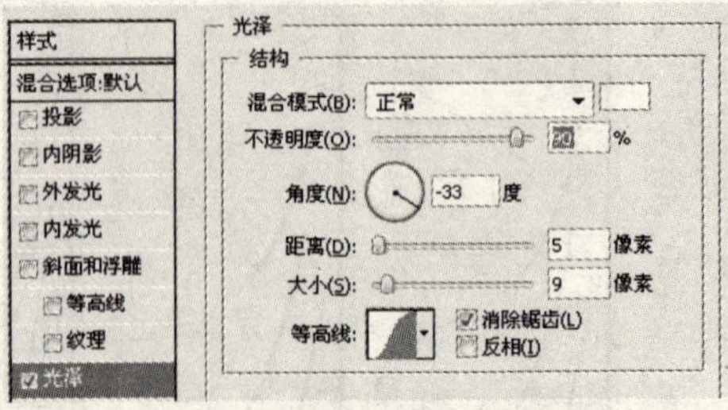

（a）

（b）

图 3-34 光泽样式的应用效果

使用方法 1。

步骤 1 打开“实例 03\ 平面设计（投影）.psd”，选择文本层。

步骤 2 选择菜单命令【图层】|【图层样式】|【渐变叠加】，打开【图层样式】对话框。

步骤 3 在参数控制区设置渐变叠加样式的参数（如图 3-35 所示），单击【确定】按钮。图像效果如图 3-36 所示（请参考“实例 03\平面设计（投影+渐变叠加）.psd”）。

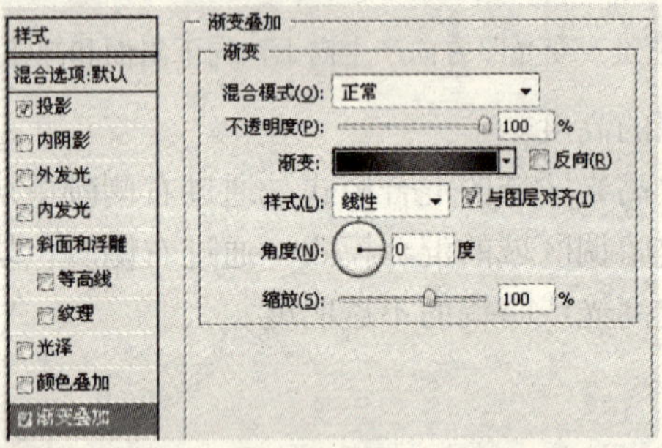

图 3-35 渐变叠加样式的参数设置

图 3-36 渐变叠加样式的图像效果

由此可知，可以在不栅格化文本的情况下，利用渐变叠加样式创建渐变效果文字。

使用方法 2。

步骤 1 打开“实例 03\ 卷纸国画（投影）.psd”（如图 3-37 所示），选择“画纸”层。

图 3-37 素材图像

步骤 2 选择菜单命令【图层】|【图层样式】|【图案叠加】，打开【图层样式】对话框。

步骤 3 在参数控制区设置图案叠加样式的参数（如图 3-38 所示）。其中在【图案】选项中，载入“彩色纸”，从中选择“绿色纤维纸”。单击【确定】按钮。图像效果如图 3-39 所示（请参考“实例 03\卷纸国画（投影+图案叠加）.psd”）。

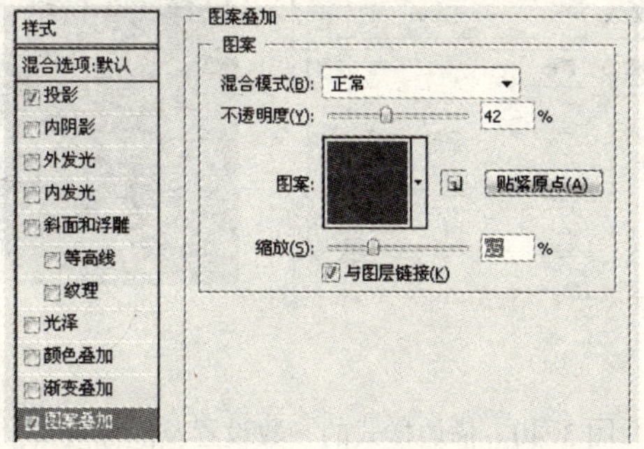

图 3-38 图案叠加样式的参数设置

图 3-39 图案叠加样式的图像效果

由此可知，利用图案叠加样式不仅可以为指定的区域填充图案（当然也可以是自定义图案），还可以改变图案的比例。比使用图案图章工具、油漆桶工具及【编辑】|【填充】命令

填充图案有更多的优点。

3.4.8 描边

可在像素边界上进行单色、渐变色或图案三种类型的描边。下面以单色描边为例，其使用方法如下。

步骤 1 打开“实例 03\ 人物卡片.psd”，选择“人物”层。

步骤 2 选择菜单命令【图层】|【图层样式】|【描边】，打开【图层样式】对话框。

步骤 3 在参数控制区设置光泽样式的参数，如图 3-40（a）所示，单击【确定】按钮。效果如图 3-40（b）所示（请参考“实例 03\人物卡片（描边）.psd”）。

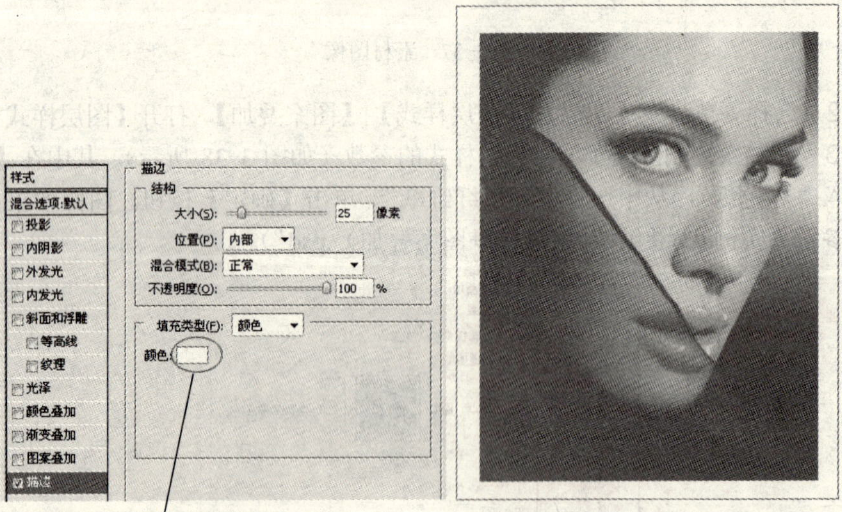

（a） （b）

图 3-40 描边样式的参数设置及图像效果

由此可知，利用描边样式可以为图片添加单色、渐变色或图案类型的边界，形成卡片效果。但进行内部描边（【位置】参数）时，以牺牲图片的部分内容为代价。此外，在进行外部或居中描边时，会出现圆角现象；特别是描边宽度较大时，圆角现象更明显。

3.4.9 修改图层样式

1. 在图层面板上展开和折叠图层样式

添加图层样式后，【图层】面板上对应图层的右端会出现图标 fx，表示图层样式处于展开状态。通过单击图标 fx 中的三角形按钮，可折叠或展开图层样式，如图 3-41 所示。

2. 在图像中显示或隐藏图层样式效果

在【图层】面板上展开图层样式后，通过单击图层样式名称左侧的图标，可在图像中显示或隐藏图层样式效果，如图 3-41 所示。通过单击“效果”左侧的图标，可显示或隐藏对应图层的所有图层样式效果。

3. 重设图层样式参数

在【图层】面板上展开图层样式后，双击图层样式的名称，可以打开【图层样式】对话框，重新修改相应图层样式的参数。

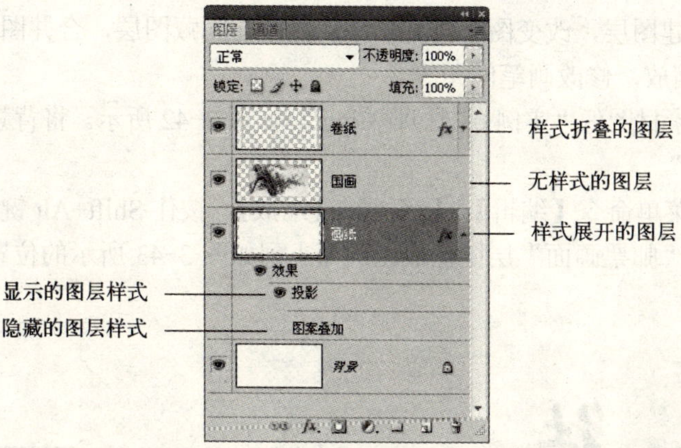

图 3-41　图层样式的显示与隐藏

4．删除图层样式

在【图层】面板上，将图层样式拖移到“删除图层”按钮上，可将其删除。拖动 / 图标或“效果”到“删除图层”按钮上，可删除该图层的所有样式。

5．图层样式的复制与粘贴

图层样式的复制和粘贴是对多个图层应用相同或相近的图层样式的便捷方法。操作方法如下。

步骤 1　选择包含要复制的图层样式的图层。

步骤 2　选择菜单命令【图层】|【图层样式】|【拷贝图层样式】。

步骤 3　选择要粘贴图层样式的目标图层。

步骤 4　选择菜单命令【图层】|【图层样式】|【粘贴图层样式】。若目标图层上本来存在图层样式，则粘贴的图层样式将替换掉原有的图层样式。

6．将图层样式转换为图层

为了充分发挥图层样式的作用，有时需要将图层样式从图层中分离出来，形成独立的新图层。对该层做进一步处理，可创建图层样式无法达到的效果。将图层样式转化为图层的方法如下。

步骤 1　选择已应用图层样式的图层。

步骤 2　使用下列方法之一将图层样式转化为图层。

（1）选择菜单命令【图层】|【图层样式】|【创建图层】，将该层的所有图层样式转换为图层。

（2）在【图层】面板上右击“效果”或 / 图标，从弹出的右键菜单中选择【创建图层】命令，将该层的所有图层样式转换为图层。

（3）在【图层】面板上展开图层样式后，右击某一图层样式名称，从弹出的右键菜单中选择【创建图层】命令，将该图层样式转换为图层。

3.5　本章综合实例

3.5.1　制作邮票

主要技术看点：图层基本操作（背景层与普通层的相互转化，图层缩放，快速选择图层的不透明区域，新建图层，改变图层排列顺序，显示与隐藏图层，合并图层，文本层的创建与编辑等），选区缩放，修改画笔间距等。

步骤 1 打开素材图像“实例 03\牡丹亭.jpg”，如图 3-42 所示。将背景层转化为一般层，命名为“邮票画面”。

步骤 2 选择菜单命令【编辑】|【变换】|【缩放】，按住 Shift+Alt 键同时拖移变换框的角上的控制块，将“邮票画面”层图像成比例缩小到如图 3-43 所示的位置和大小。按 Enter 键确认。

图 3-42 素材图片

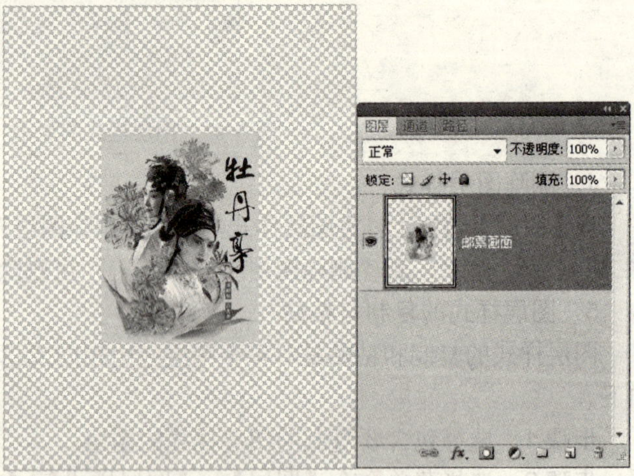

图 3-43 缩小图像

步骤 3 按住 Ctrl 键，同时在【图层】面板上单击“邮票画面”层的缩览图，将该层的像素全部选中，如图 3-44 所示。

步骤 4 选择菜单命令【选择】|【变换选区】，按住 Alt 键同时拖移变换框的水平边和竖直边中间的控制块，将选区对称放大到如图 3-45 所示的大小，按 Enter 键确认。

图 3-44 载入选区

图 3-45 变换选区

注意：在变换选区或图像时，按住 Alt 键拖动控制块可保持变换中心不变，从而使变换操作在水平和竖直方向对称进行。在创建矩形或椭圆选区、使用形状工具绘制形状或路径时，

Alt 键的作用相同。

步骤 5　新建一个图层，命名为“白色边界”，并把该层拖移到“邮票画面”层的下面。在新图层的选区内填充白色，如图 3-46 所示。

步骤 6　取消选择。再新建一个图层，填充黑色。选择菜单命令【图层】|【新建】|【图层背景】，将黑色图层转化为背景层，如图 3-47 所示。

图 3-46　制作白色边界

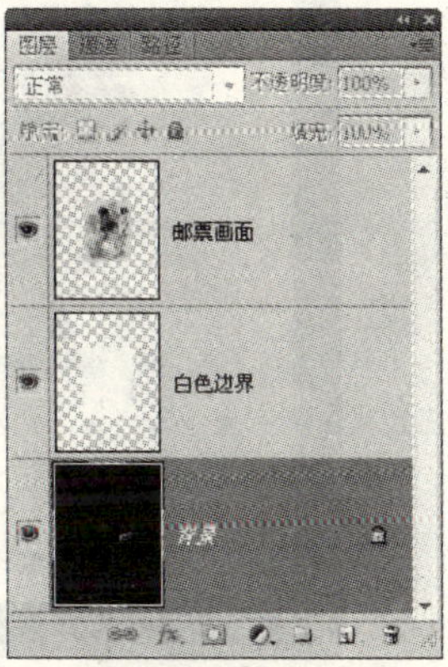

图 3-47　创建背景层

步骤 7　选择“橡皮擦工具”。单击选项栏右侧的“切换画笔调板”按钮，打开【画笔】面板；在左窗格选择【画笔笔尖形状】（其他选项如【形状动态】、【散布】等，尽量都取消选择），在右窗格选择圆形普通画笔（设置画笔大小 7 像素、硬度 100%，间距 132%，其他参数默认）。

步骤 8　关闭【画笔】面板。选择“白色边界”层。将光标放置在如图 3-48 所示的位置（圆形橡皮擦一半在白色边界内，一半在白色边界外）。按下鼠标左键，按住 Shift 键，竖直向下拖移鼠标，结果邮票一个边界上的齿孔做成了，如图 3-49 所示。

图 3-48　确定擦除位置

图 3-49　擦除一个白色边界

步骤 9　使用同样的方法擦除其他三个边界，如图 3-50 所示。

注意：在擦除邮票的白色边界时，尽量不要把四个角擦掉。为了避免这个问题，在擦除每个边界时，应注意调整擦除的起始位置；真的无法避免时，还可以适当调整画笔的间距。保持邮票四个边角的存在，可增加邮票的整体美观性。

步骤 10 在邮票上书写“8 分”和“中国人民邮政”的字样（注意，文字层一定要放置在“邮票画面”层的上面），如图 3-51 所示。

图 3-50 擦除其他三个边界

图 3-51 书写文字

步骤 11 隐藏背景层。从【图层】面板菜单中选择【合并可见图层】命令，并将合并后的图层命名为“邮票”。

步骤 12 重新显示背景层。以 PSD 格式保存图像，命名为“邮票.PSD”。

3.5.2 制作信封

主要技术看点：图层基本操作（复制图层、选择多个图层、图层改名、同时移动多个图层、链接图层、对齐链接图层、拼合图像等），添加图层样式，复制图层样式，选区运算，透视变换，调整亮度/对比度，选区描边等。

步骤 1 新建一个 500×300 像素，72 像素/英寸，RGB 颜色模式（8 位），白色背景的图像。使用油漆桶工具将背景层填充为黑色。

步骤 2 在【图层】面板上单击“新建图层”按钮，创建图层 1。

步骤 3 创建一个矩形选区（羽化值为 0）。确保图层 1 为当前层，使用油漆桶工具在选区内填充白色，如图 3-52 所示。

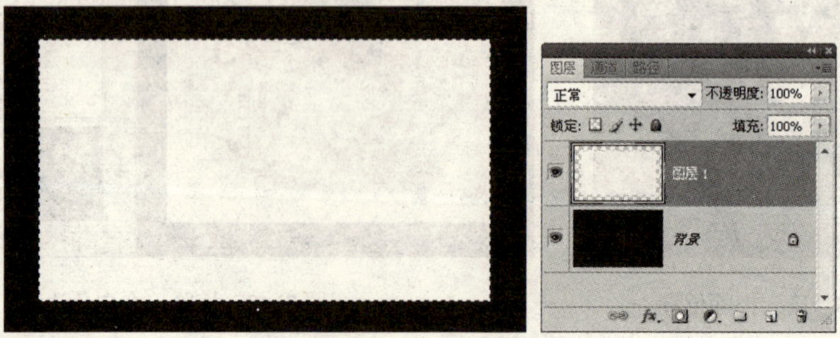

图 3-52 在图层 1 上填充选区

步骤4　选择"矩形选框工具"，在选项栏上选择"从选区减去"按钮，在图像中减去左侧部分选区，如图3-53所示（本步也可以使用菜单命令【选择】|【变换选区】实现）。

步骤5　选择菜单命令【编辑】|【变换】|【透视】，出现透视变换框。将光标放在右上角的控制块上（此时指针显示为灰色箭头图标），向下拖移鼠标，对选区内图像进行透视变换（如图3-54所示），按Enter键确认。

图3-53　减去部分选区

图3-54　对选区进行透视变换

步骤6　确保图层1为当前层。选择菜单命令【图像】|【调整】|【亮度/对比度】，打开【亮度/对比度】对话框，参数设置如图3-55所示。单击【确定】按钮。结果选区内图像的亮度降低了。取消选区，如图3-56所示（本步也可以在选区内填充灰色，以达到降低亮度的目的）。

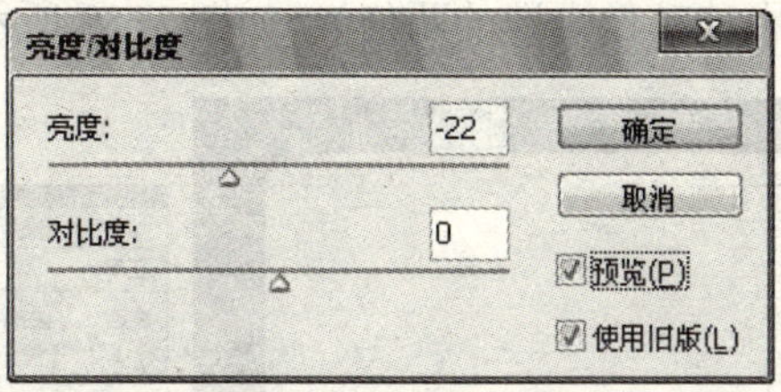

图3-55　修改亮度参数

步骤7　在图层1的上面新建图层2。在如图3-57所示的位置创建一个小的正方形选区（羽化值为0）。确保图层2为当前层。使用菜单命令【编辑】|【描边】为正方形选区描边（描边宽度1个像素；描边颜色为绿色，颜色值# 336633）。取消选区。

图3-56　降低信封折角的亮度

图3-57　在图层2上绘制正方形方框

步骤8　复制图层2，在图层2的上面得到图层2 副本。

步骤 9　确保图层 2 副本为当前层。选择“移动工具”，按下 Shift 键，按键盘上的向右方向键两次，使图层 2 副本上的小方框向右移动 20 个像素，如图 3-58 所示。

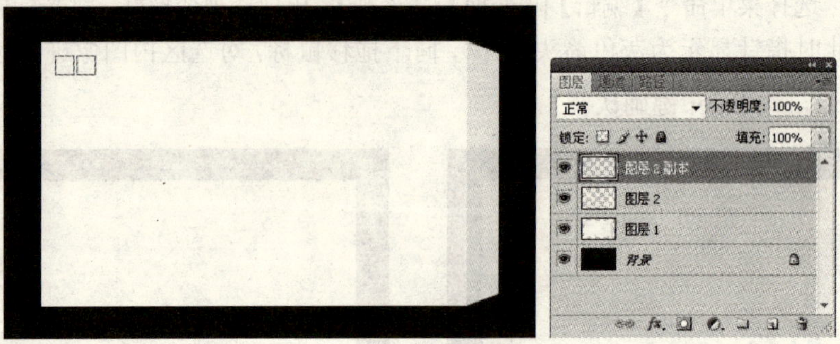

图 3-58　复制并移动图层

注意：小方框向右移动的像素数要根据具体情况而定，最终应使两个小方框之间保持适当的间隙。

步骤 10　确保图层 2 副本为当前层。在【图层】面板菜单中选择【向下合并】命令（或按 Ctrl+E 键），将图层 2 副本合并到图层 2。

步骤 11　再次复制图层 2，得到新的图层 2 副本。将图层 2 副本中的两个小方框向右移动 40 个像素（步骤 9 中移动像素数的两倍）。

步骤 12　再从图层 2 副本复制出图层 2 副本 2，并将图层 2 副本 2 中的两个小方框向右移动 40 个像素（步骤 9 中移动像素数的两倍），如图 3-59 所示。

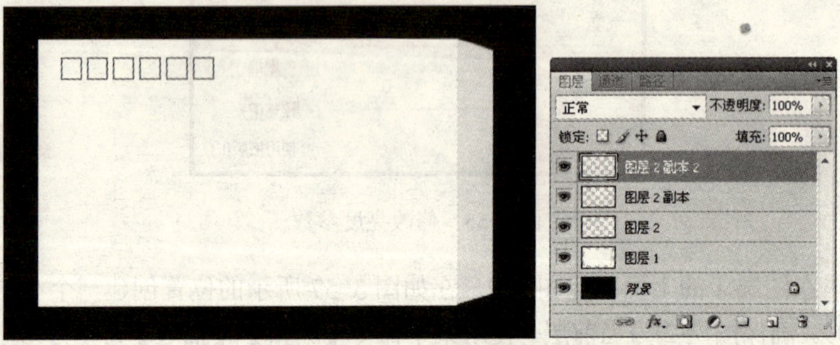

图 3-59　制作信封左上角的 6 个小方框

步骤 13　确保图层 2 副本 2 处于选择状态，按住 Shift 键同时单击图层 2 的名称，选择包含小方框的三个图层。从【图层】面板菜单中选择【合并图层】命令（或按 Ctrl+E 键），合并选中的三个图层。并将合并得到的图层命名为“小方框”。

步骤 14　将图层图层 1 更名为“信封”。

步骤 15　在“小方框”层的上面新建一个图层，命名为“水平线”。选择铅笔工具，设置画笔大小为 1 个像素。按 Shift 键同时水平拖移鼠标，在“水平线”层上绘制一条水平线（和小方框使用相同的绿色），如图 3-60 所示。

步骤 16　复制“水平线”层，得到“水平线 副本”层。将“水平线 副本”层的水平线向下移动 40 个像素，向右移动 20 个像素。

步骤 17　再从“水平线 副本”层复制出“水平线 副本 2”层。将“水平线 副本 2”层的水平线向下向右移动相同的距离。

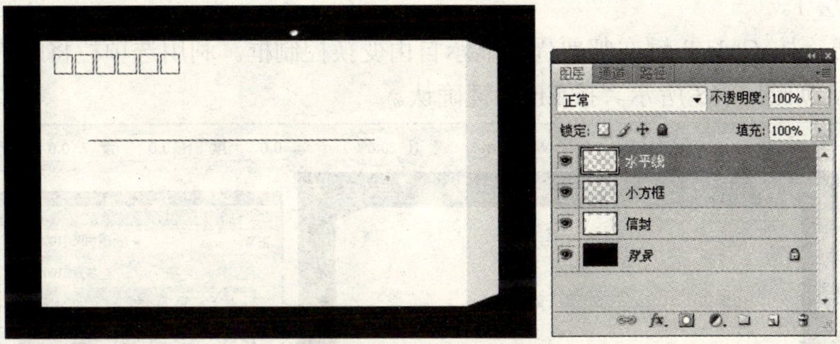

图 3-60　绘制水平线

步骤 18　采用与步骤 13 相同的方法同时选中“水平线”层、“水平线 副本”层和“水平线 副本 2”层，如图 3-61 所示。

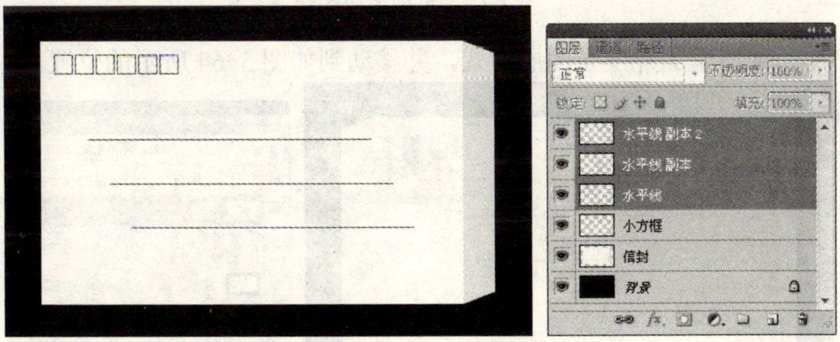

图 3-61　连续选择多个图层

步骤 19　选择“移动工具”，在图像窗口中拖移鼠标，调整 3 条水平线的位置。

步骤 20　按 Ctrl+E 键合并选中的图层。并将合并后的图层命名为“水平线”。

步骤 21　使用文字工具在信封的右下角创建文本“邮政编码”（使用与前面相同的绿色，字体为华文宋体，字号 14 点），如图 3-62 所示。

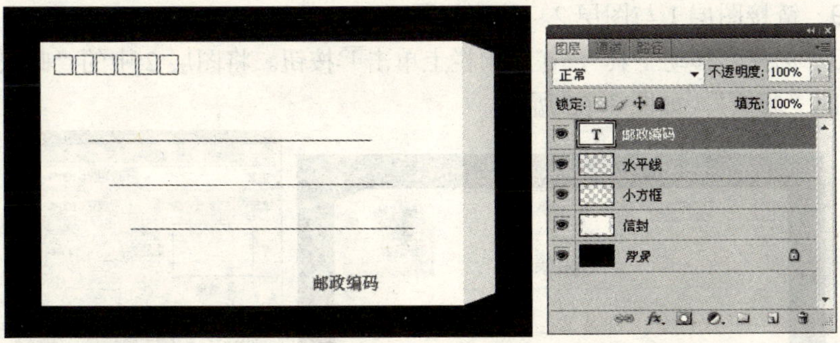

图 3-62　书写文字

步骤 22　在【图层】面板菜单中选择【拼合图像】命令，将所有图层拼合为背景层。

步骤 23　打开图像“实例 03\邮票.PSD”，按住 Ctrl 键同时单击“邮票”层，载入选区。按组合键 Ctrl+C 复制选区内图像。

步骤 24　单击信封图像的文件标签，切换到信封窗口。按 Ctrl+V 键将邮票复制到信封上，得到图层 1。

步骤 25　按 Ctrl+T 键在邮票周围显示自由变换控制框。利用选项栏将邮票成比例缩小到适当大小，如图 3-63 所示。按 Enter 键确认。

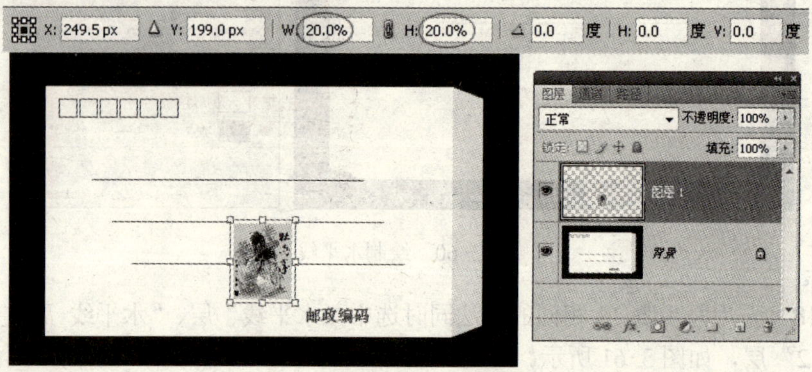

图 3-63　精确缩放图像

步骤 26　为邮票添加外发光图层样式，并移动到如图 3-64 所示的位置。

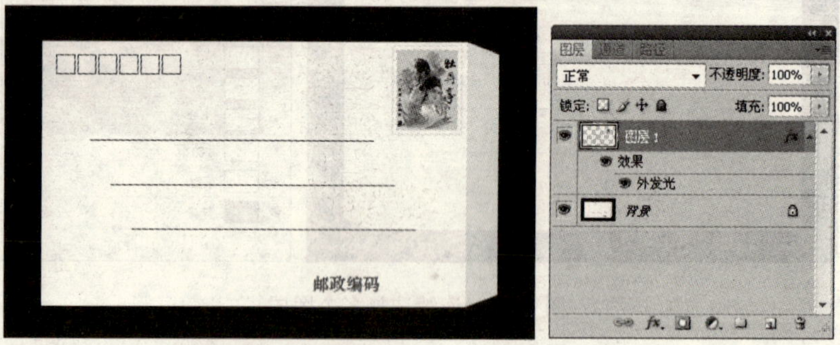

图 3-64　调整邮票位置并添加外发光样式

步骤 27　同样将“实例 03\邮票 2.PSD”中的“邮票”复制过来，得到图层 2。并缩小到与第一枚邮票同样的大小。

步骤 28　将图层 1 的外发光样式复制到图层 2。

步骤 29　链接图层 1 与图层 2。并选择图层 1。

步骤 30　选择“移动工具”，在选项栏上单击按钮。将图层 2 中的“邮票”顶边对齐到图层 1 中的“邮票”，如图 3-65 所示。

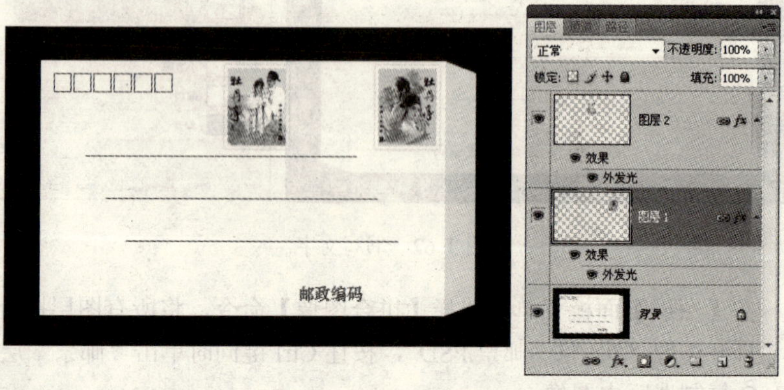

图 3-65　对齐链接层

步骤 31　取消图层 1 与图层 2 的链接，并选择图层 2。

步骤 32　选择“移动工具”，使用方向键水平移动图层 2 中的“邮票”，使之与图层 1 中的“邮票”靠拢，如图 3-66 所示。

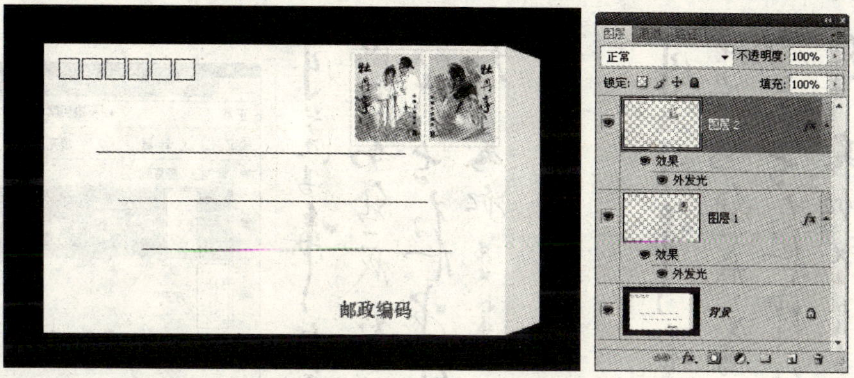

图 3-66　在水平方向移动图层 2

步骤 33　以“信封.JPG”为文件名保存图像。

提示：使用菜单命令【编辑】|【描边】时，若事先存在选区，将沿选区边界进行描边。若事先不存在选区，将沿当前图层上像素的边界进行描边。此外，【描边】对话框（如图 3-67 所示）中各项参数的作用如下。

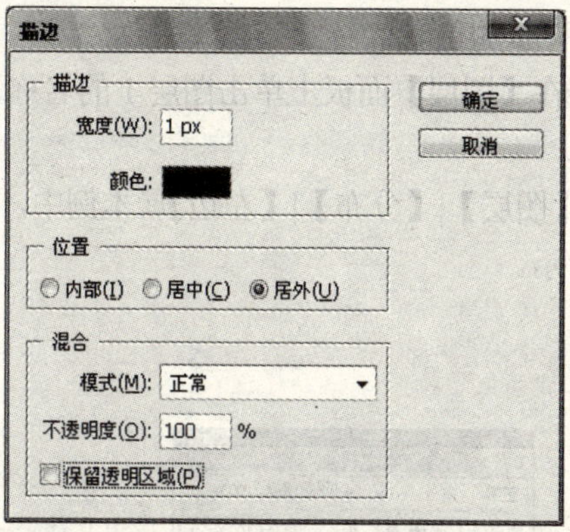

图 3-67　【描边】对话框

- 【宽度】：输入描边的宽度，单位是像素。
- 【颜色】：选择描边的颜色。
- 【位置】：指定描边的位置是在选区（或像素）边界的内部、中心还是外部。
- 【模式】：选择描边的混合模式。
- 【不透明度】：输入描边的不透明度。
- 【保留透明区域】：勾选该项，只能对有像素的区域进行描边；否则，有像素的区域和透明区域都可以描边。

3.5.3　书法装饰

主要技术看点：图层组的创建与编辑，图层的分布，更改图层不透明度，图层混合模式的使用，高斯模糊滤镜的使用，选区描边等。

步骤 1　打开“实例 03\书法.JPG”，如图 3-68 所示。

步骤 2　新建图层组，命名为“竖直线”。在图层组内新建图层 1。选择铅笔工具，采用 1 像素硬边界画笔，在图层 1 上绘制红色（#FF0000）竖直线，如图 3-69 所示。

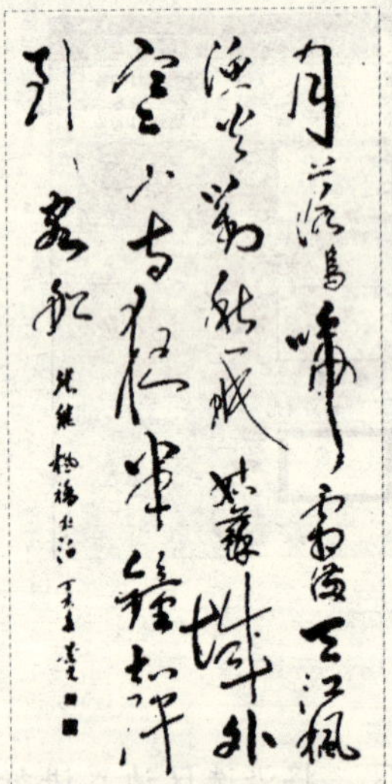

图 3-68　素材图像

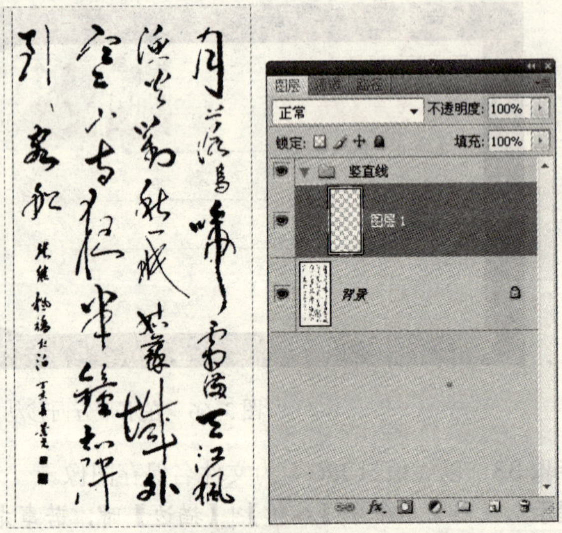

图 3-69　绘制红色竖直线

步骤 3　复制图层 1 四次。使用“移动工具”配合 Shift 键将图层 1 副本 4 中的竖直线水平移动到如图 3-70（a）所示的位置。

步骤 4　按住 Shift 键，在【图层】面板上单击图层 1 的名称，选择图层 1 至图层 1 副本 4 之间的所有图层。

步骤 5　选择菜单命令【图层】|【分布】|【左边】（本例中，选择【右边】或【水平居中】也可以），结果如图 3-71 所示。

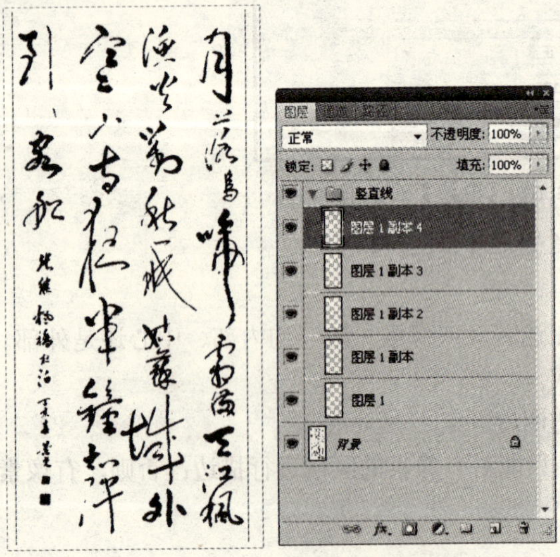

（a）　　（b）

图 3-70　复制竖直线并将其中 1 条移至右侧

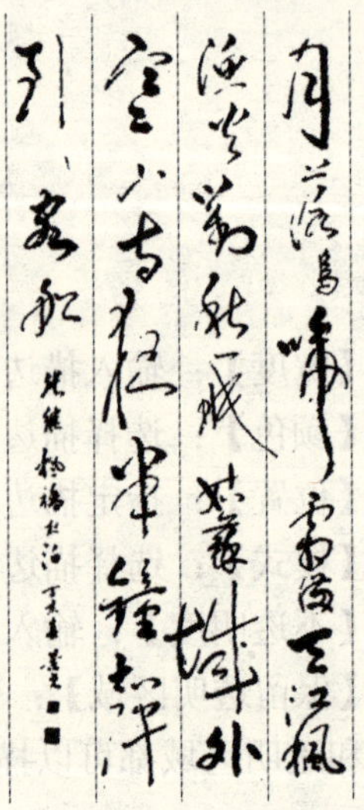

图 3-71　水平分布图层

步骤 6　在【图层】面板菜单中选择【合并图层】命令（或按 Ctrl+E 键），合并所有选中的图层，并将合并后的图层命名为“方格”。

步骤7 复制“方格”层，得到“方格 副本”层。选择“移动工具”，按向右方向键三次，使得“方格 副本”层向右移动2个像素。

步骤8 将“方格 副本”层的不透明度更改为25%，如图3-72所示。

步骤9 选择背景层。单击“新建图层”按钮 ，在背景层上面创建新图层。将新图层命名为“外框”，如图3-73所示。

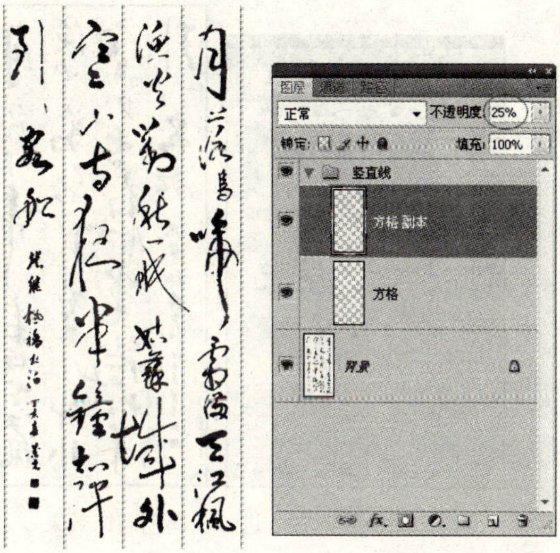

图3-72 更改图层不透明度

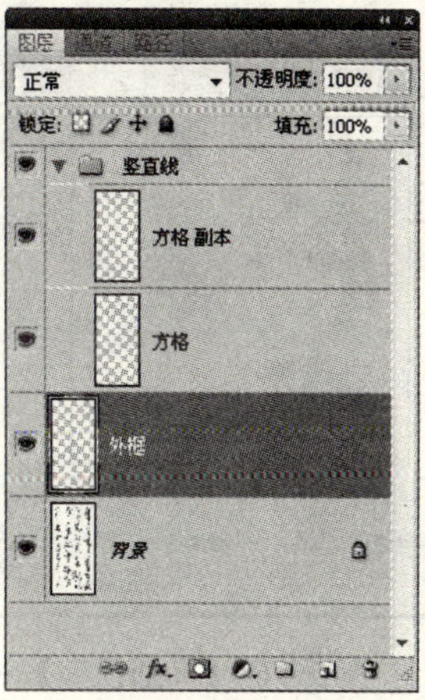

图3-73 创建“外框”层

步骤10 使用“矩形选框工具”，采用默认设置（羽化值为0），创建如图3-74所示的选区。

步骤11 使用菜单命令【编辑】|【描边】在“外框”层上对选区进行描边（4像素、红色#FF0000、内部，其他参数默认），取消选区，如图3-75所示。

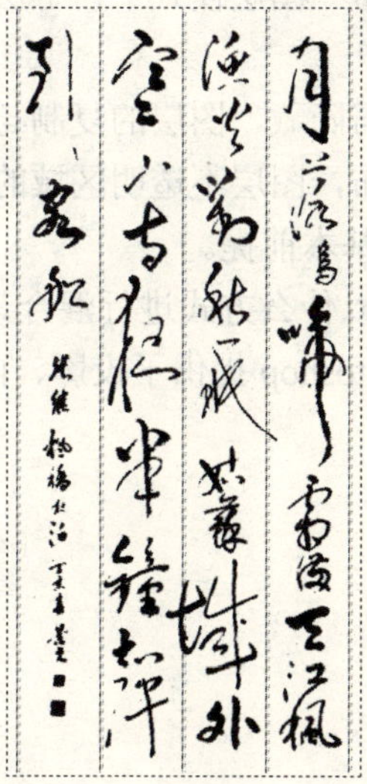

图3-74 创建外框选区

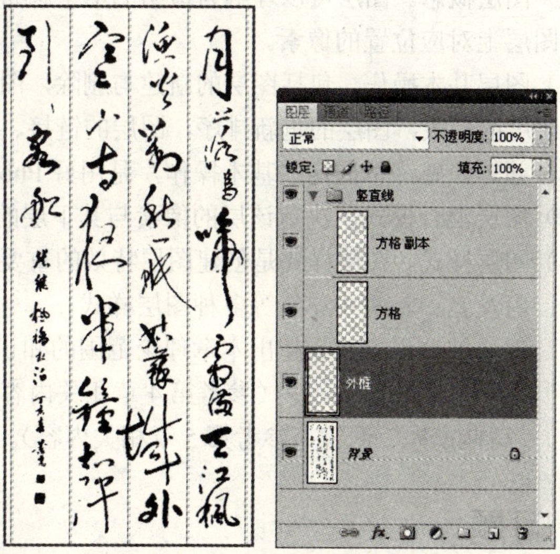

图3-75 描边选区

步骤12 将“外框”层的图层混合模式设置为溶解，不透明度更改为96%。

步骤13 在【图层】面板菜单中选择【拼合图像】命令，使所有图层合并为背景层。

步骤 14 复制背景层，得到“背景 副本”层。

步骤 15 确保“背景 副本”层为当前层。选择菜单命令【滤镜】|【模糊】|【高斯模糊】，打开【高斯模糊】对话框，设置模糊【半径】为“3”（如图 3-76 所示）。单击【确定】按钮。

步骤 16 将“背景 副本”层的图层混合模式设置为【正片叠底】，【不透明度】更改为“35%”，如图 3-77 所示。

步骤 17 保存图像。

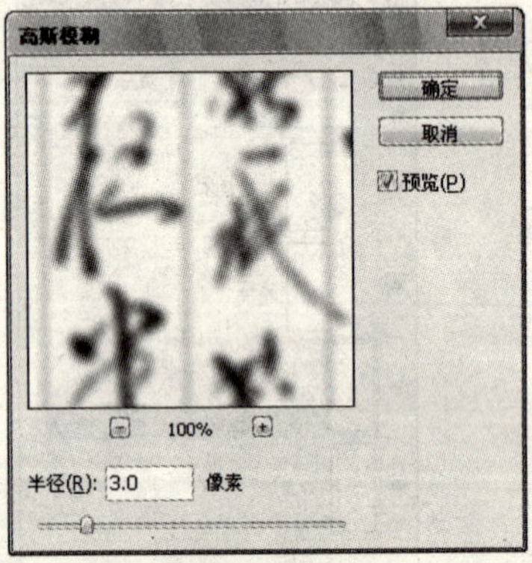

图 3-76 【高斯模糊】对话框

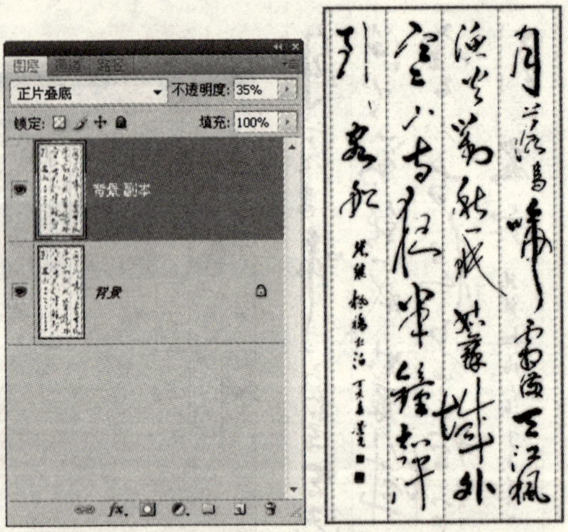

图 3-77 进一步润色装饰效果

3.6 小结

本章主要讲述了以下内容。

（1）图层概念。图层可以理解为透明的电子画布。在“正常”图层模式下，上层像素遮盖下面图层上对应位置的像素。

（2）图层基本操作。包括图层的新建与删除，图层的显示与隐藏，图层的复制与更名，图层透明度的更改，图层的重新排序，图层的链接、对齐和分布，图层不透明区域的选择，图层的合并等。熟练掌握这些基本操作，是用好 Photoshop 的基本前提。

（3）图层混合模式。决定该层的像素与其下层的对应像素以什么方式进行混合。

（4）图层样式。图层样式是创建图层特效的重要手段。Photoshop 提供了投影、内阴影、外发光、内发光、斜面和浮雕等多种图层样式。

本章理论部分未提及或超出本章理论范围的知识点有：

（1）“亮度/对比度”命令（参考第 4 章相关内容）。

（2）“高斯模糊”滤镜（参考第 5 章相关内容）。

3.7 习题

一、选择题

1．以下关于图层的说法，不正确的是__________。

A．名称为“背景”的图层不一定是背景层

B．对背景层不能进行移动、更改透明度和缩放、旋转等变换

C．新建图层总是位于当前层之上，并自动成为当前层

D．对背景层可以添加图层样式，但在文字层上不能使用图层样式

2．对______个或______个以上的链接图层可以进行对齐操作；对______个或______个以上的链接图层可以进行分布操作。

A．2，2，3，3　　B．2，2，2，2

C．3，3，3，3　　D．3，3，2，2

二、填空题

1．只有将__________转换为普通层，才能调整其叠放次序。

2．若要同时调整多个图层的不透明度和图层混合模式，可将这些图层放置到同一个__________中。

3．图层的__________决定了图层像素如何与其下面图层上的像素进行混合。

三、操作题

1．利用素材图像“练习\花瓶.psd”和“玫瑰.psd”（如图 3-78 所示）制作如图 3-79 所示的“插花”效果。

图 3-78　素材图片

图 3-79　操作结果

2．利用素材图像“练习\硬笔书法.jpg”（如图 3-80 所示）制作如图 3-81 所示的书法装饰效果。

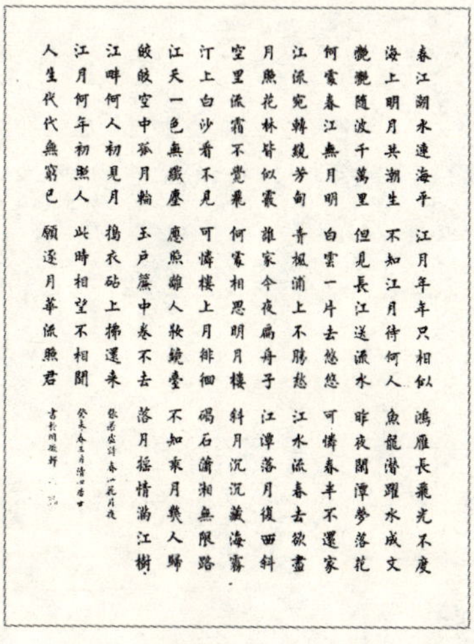

图 3-80　素材图片

图 3-81　操作结果

操作提示：

（1）参考本章实例“3.5.3 书法装饰”的步骤2～步骤6，对素材图片的上面一段文字绘制竖直平均分割线。

（2）使用类似的方法在这部分文字上绘制水平平均分割线。

（3）将竖直分割线与水平分割线合并到一个图层上，命名为“方格”。

（4）将“方格”层复制两次。将复制得到的图层分别覆盖并对齐到下面的两段文字上。

（5）将背景层转化为普通层。使用菜单命令【图像】|【画布大小】对称扩充画布，使图像周围产生适量透明区域。

（6）在包含书法文字的图层上添加投影样式。创建白色背景层。

第4章　颜 色 处 理

在 Photoshop 平面设计中，能否处理好颜色是获得高质量图像的关键。特别是对于数码拍摄技术不太娴熟的朋友，能够熟练地使用 Photoshop 调色就显得尤其重要了。

4.1　色彩的基本知识

本节介绍与 Photoshop 使用密切相关的一些色彩常识和基本概念。理解好这些知识，对 Photoshop 颜色处理有关操作的学习非常有利。

4.1.1　三原色

所谓原色，就是不能使用其他颜色混合而得到的颜色。原色分为两类：一类是从光学角度来讲的光的三原色，即朱红、翠绿、蓝紫（如图 4-1 所示）；另一类是从颜料角度来讲的色料的三原色，即洋红（紫红）、黄、青（天蓝）（如图 4-2 所示）。将光的三原色以不同比例混合可以形成自然界中的其他任何一种色光；将颜料的三原色以不同比例混合可以形成其他绝大多数颜料的颜色。

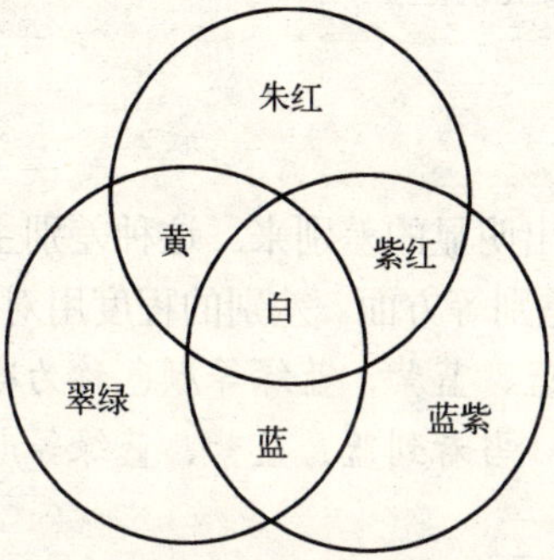

图 4-1　光的三原色

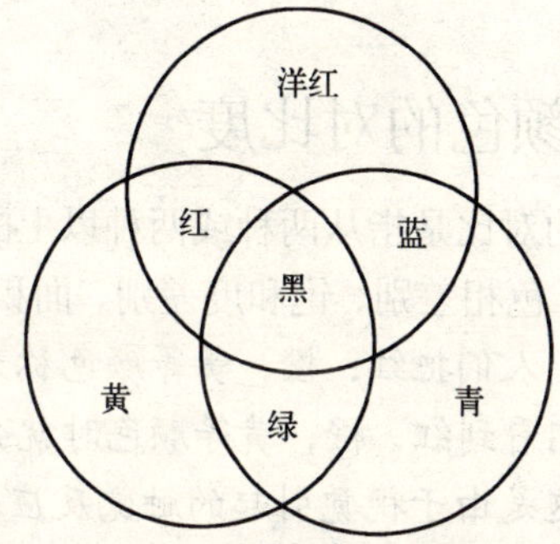

图 4-2　颜料的三原色

4.1.2　颜色的三要素

1．色相

色相是色彩最普通的表现形式，是光谱上呈现出的不同的色彩种类。通常所说的红、橙、黄、绿、青、蓝、紫就是指自然界中几种典型的色相，它们之间的差别属于色相的差别。实际上，不同波长的光给人的色彩感受不同，人们便给不同波长的光赋予不同的名称。

2．饱和度

饱和度指色彩的鲜艳程度、纯净程度，又称彩度、纯度、浓度，等等。饱和度表示色相中灰色分量所占的比例，以 0%（灰色）～ 100%（完全饱和）的百分比来度量。从光学角度来讲，在一束可见光中，其中光线的波长越单一，色光的饱和度越高；波长越混杂，色光的饱和度越低。在光谱中，红、橙、黄、绿、青、蓝、紫等色光是最纯的高纯度色光。无彩色（黑、白、灰）的饱和度最低（为 0%，即饱和度属性丧失）；任何一种颜色加入白、黑、灰等无彩色都会降低其饱和度。

3. 亮度

亮度指色彩的相对明暗程度，又称明度。通常用 0%（黑色）～ 100%（白色）的百分比来度量。在绘画中，亮度最能够表现物体的立体感和空间感。

自然界中的颜色可分为无彩色和有彩色两大类。其中无彩色（黑、白、灰）只有亮度属性；其他任何一种有彩色都具有特定的色相、饱和度和亮度属性。

在 Photoshop 拾色器中，颜色三要素的变化规律如图 4-3 所示。

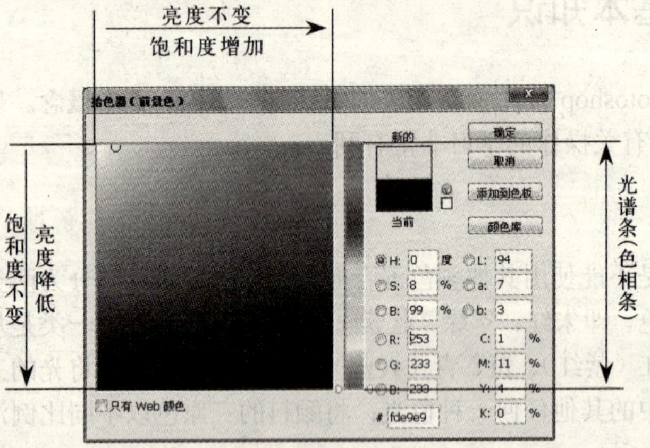

图 4-3 拾色器中的色彩变化规律

4.1.3 颜色的对比度

色彩的对比是指从两种或两种以上的色彩中比较出明显的差别来。这种差别主要表现在亮度差别、色相差别、饱和度差别、面积差别和冷暖差别等方面。差别的程度用对比度表示。

注意：人们把红、橙、黄等颜色称为暖色；而把蓝、蓝紫、蓝绿等颜色称为冷色。原因是：当人们看到红、橙、黄等颜色时就会感觉到温暖；当看到蓝、蓝紫、蓝绿等颜色时就感到凉爽。这是由于视觉引起的触觉反应。

4.1.4 色调

色调是指在同一光源的作用下，自然界的物象所呈现出来的色彩的总的倾向。在绘画作品中，色调是画家本人对事物色彩感受的最高概括。人们对色调的理解是多角度的，如紫色调、蓝色调、橙色调，暖色调、冷色调，亮色调、暗色调，暖绿色调、亮灰色调，等等。色调作品往往会对观众产生强烈的感染力。

4.2 颜色模式

"颜色模式"是 Photoshop 组织和管理图像颜色信息的方式。颜色模式除了用于确定图像中显示的颜色数量外，还影响通道数和图像的文件大小。Photoshop 提供了 HSB 颜色、RGB 颜色、CMYK 颜色、Lab 颜色、索引颜色、灰度、位图、双色调和多通道等多种颜色模式。

不同的颜色模式具有不同的用途，颜色模式之间也可以相互转换。

1. RGB 颜色模式

前面讲过，自然界中任何一种色光可用红（朱红）、绿（翠绿）和蓝（蓝紫）（RGB）三种原色光按不同比例和强度混合产生。在这三种原色的重叠处产生的是青色、紫红、黄色和白色等新色光；由于新色光的亮度有所增强，故称为正混合（或加光混合、加色混合），如图 4-4 所示。

RGB 模式是 Photoshop 中最常用的一种颜色模式。在这种颜色模式下，Photoshop 所有的命令和滤镜都能正常使用。

RGB 颜色模式的图像一般比较鲜艳，适用于显示器、电视屏等可以自身发射并混合红、绿、蓝三种光线的设备。它是 Web 图形制作中最常使用的一种颜色模式。

2. CMYK 颜色模式

CMYK 模式是一种印刷模式。其中 C、M、Y、K 分别表示青、洋红、黄、黑四种油墨。理论上，纯青色（C）、洋红（M）和黄色（Y）色素合成后可以产生黑色，由于所有印刷油墨都包含一些杂质，因此这三种油墨实际混合后并不能产生纯黑色或纯灰色，必须与一定量的黑色（K）油墨合成后才能形成真正的黑色或灰色。为避免与蓝色（B）混淆，黑色用 K 表示。这就是 CMYK 模式的由来。

由于颜料的原色（青、洋红、黄）混合后亮度降低，这种混合称为负混合或减色混合，如图 4-5 所示。

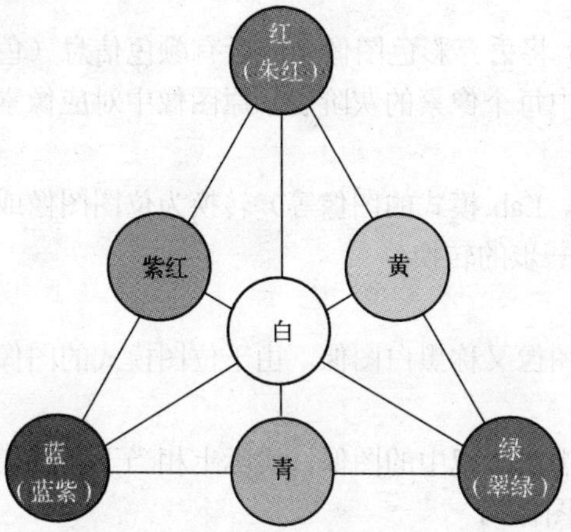

图 4-4　正混合

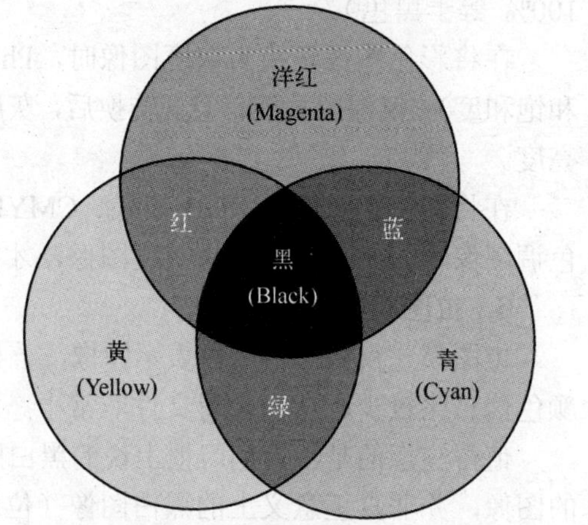

图 4-5　负混合

CMYK 模式与 RGB 模式本质上差别不大，只是产生色彩的原理不同。CMYK 图像所占的存储空间较大，且目前还不能使用某些 Photoshop 滤镜；因此，一般不在这种模式下处理图像，而是等图像处理好后，在印刷前再将颜色模式转换为 CMYK 模式。CMYK 模式的图像一般比较灰暗。

3. HSB 颜色模式

HSB 模式是美术和设计工作者比较喜欢采用的一种颜色模式。该模式以人的视觉对颜色的感受为基础，描述了颜色的三种基本特性：色相（H）、饱和度（S）和亮度（B）。

Photoshop 不直接支持 HSB 颜色模式。尽管可以使用 HSB 模式从颜色面板或“拾色器”中定义颜色，但是并没有用于创建和编辑图像的 HSB 模式。

4．Lab 颜色模式

Lab 颜色模式使用亮度（或光亮度）分量（L）、a 色度分量（从绿色到红色）和 b 色度分量（从蓝色到黄色）三个分量来表示颜色（如图 4-6 所示）。其中，亮度分量（L）的取值范围是 0～100，a 、b 分量的取值范围都是-128～127。

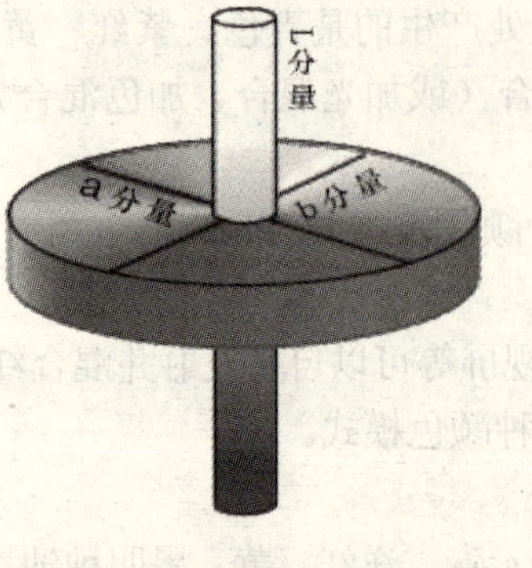

图 4-6 Lab 颜色模式组成图

Lab 颜色模式是图像在不同颜色模式之间转换时使用的中间模式。比如，在将 RGB 模式的图像转化为 CMYK 模式的图像时，Photoshop 首先将 RGB 模式转化为 Lab 模式，再将 Lab 模式转化为 CMYK 模式。Lab 模式在所有颜色模式中色域最宽，包括 RGB 模式和 CMYK 模式中的所有颜色。所以，在颜色模式转化中，不必担心会造成色彩的损失。

Lab 颜色模式与设备无关，无论使用何种设备（如显示器、打印机、计算机或扫描仪）创建或输出图像，该模式的图像都能生成一致的颜色。

5．灰度模式

灰度模式使用多达 256 级灰度表现图像，使得图像颜色的过渡平滑而细腻。灰度图像中的每个像素的亮度值取值范围为 0（黑色）～255（白色），而所有像素的色相和饱和度值都为 0 。另外，在灰度图像中灰度值也可以用黑色油墨覆盖的百分比来度量（0% 等于白色，100% 等于黑色）。

在将彩色图像转换为灰度图像时，Photoshop 将丢弃彩色图像中的所有颜色信息（色相和饱和度），仅保留亮度信息。转换后，灰度图像中每个像素的灰阶表示原图像中对应像素的亮度。

在将彩色图像（如 RGB 模式、CMYK 模式、Lab 模式的图像等）转换为位图图像或双色调图像时，必须先转换为灰度图像，才能作进一步的转换。

6．位图模式

位图模式仅用黑白两色表示图像，该模式的图像又称黑白图像。由于位图模式的图像中颜色信息比较少，从而使得文件非常小。

值得注意的是，人们习惯上说的黑白照片或黑白影视中的图像，实际上相当于灰度模式的图像，并非真正意义上的黑白图像（位图模式图像）。

当灰度图像或双色调图像转换为位图图像时，原图像的大量细节会被抛弃。Photoshop 提供了位图模式图像的多种转化算法，举例如下。

步骤 1 打开 RGB 颜色模式的素材图像“实例 04\大树.jpg”，如图 4-7 所示。

步骤 2 选择菜单命令【图像】|【模式】|【灰度】，弹出【信息】对话框。单击【扔掉】按钮，图像被转换为灰度模式。

步骤 3 选择菜单命令【图像】|【模式】|【位图】，打开【位图】对话框，如图 4-8 所示。

步骤 4 在【输出】文本框设置位图图像的分辨率（本例保持不变）。从【使用】下拉列表中选择一种位图转换算法，单击【确定】按钮，得到转化后的位图图像。

在【使用】下拉列表中提供了 5 种位图转换算法，分别是【50%阈值】、【图案仿色】、【扩散仿色】、【半调网屏】和【自定图案】。图 4-9 给出的是由“50%阈值”算法转化的位图效果，图 4-10 给出的是由“半调网屏”算法转化的位图效果。

图 4-7　素材图像

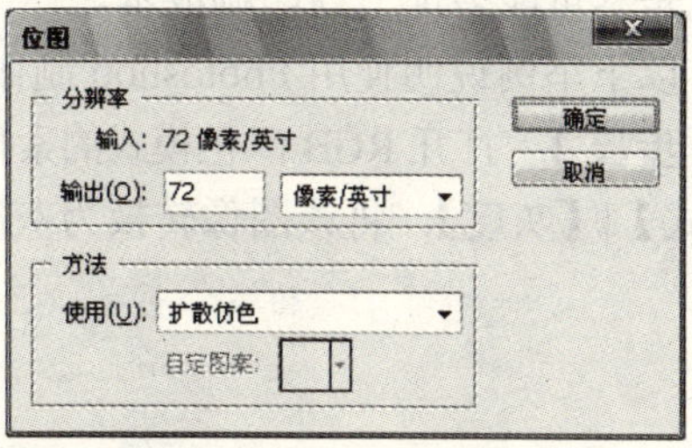

图 4-8　【位图】对话框

图 4-9　“50%阈值”算法转化的位图效果

图 4-10　“半调网屏”算法转化的位图效果

7. 索引颜色模式

索引颜色模式最多使用 256 种颜色表现图像色彩。在这种模式下， Photoshop 能对图像进行的操作非常有限，图像编辑起来很不方便。如果要制作索引颜色模式的图像，通常是先把图像在 RGB 模式下编辑好，最终输出时再转化为索引颜色模式。

当转换为索引颜色时，Photoshop 将构建一个颜色查找表，用来存放并索引图像中的颜色。如果原图像中的某种颜色没有出现在该表中，则程序将选取现有颜色中最接近的一种，或使用现有颜色模拟该颜色。

对于索引颜色模式的图像，通过限制其色板中的颜色数量，可以在图像视觉品质不受太大影响的情况下有效地减小文件的大小。这一点对于 Web 图像的制作非常重要。

只有 RGB 模式和灰度模式的图像才可以转化为索引颜色模式。索引颜色模式常用于 Web 图像和动画的制作。例如，利用索引颜色模式可导出透明背景的 GIF 图像。

8. 双色调模式

使用双色调模式可以为灰度图像增加 1～4 种色彩，分别形成单色调、双色调、三色调和四色调图像。

在打印图像时，双色调用于增加灰度图像的色调范围。虽然灰度图像可以显示多达 256 种灰阶，但印刷机上每种油墨只能重现约 50 种灰阶；因此，仅使用黑色油墨打印的图像看起来比较粗糙。而使用两种、三种或四种油墨进行打印，每种油墨都能重现多达 50 种灰阶，这比仅用黑色油墨打印要细腻得多。

双色调模式的主要用途是，在图像中使用尽量少的颜色表现尽量丰富的颜色层次。其目的就是尽可能多地节约印刷成本。

以下举例说明使用 Photoshop 制作色调图像的方法。

步骤 1 打开 RGB 颜色模式的素材图像“实例 04\永恒.jpg”。首先调用菜单命令【图像】|【模式】|【灰度】，将该图像转换为灰度图像，如图 4-11 所示。

图 4-11 转换为灰度图像

步骤 2 选择菜单命令【图像】|【模式】|【双色调】，弹出【双色调选项】对话框（勾选【预览】选项可以同时在图像窗口中预览色调设置的实际效果），如图 4-12 所示。

步骤 3 在【类型】列表中选择【单色调】。单击【油墨 1(1):】后面的色块■，打开【选择油墨颜色】对话框，选择紫色#9933ff 后关闭对话框；在右边的文本框中输入油墨的名称“色调 1”。此时在图像窗口中预览到的单色调图像的效果如图 4-13 所示。

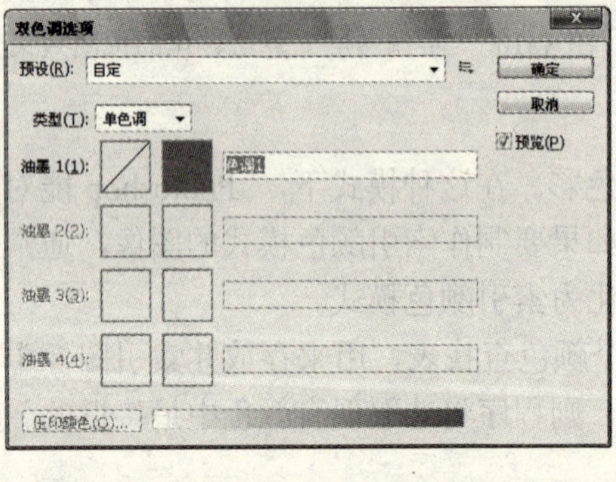

图 4-12 【双色调选项】对话框

图 4-13 单色调图像

步骤 4 单击【油墨 1(1):】后面的曲线框，弹出【双色调曲线】对话框，如图 4-14 所示。

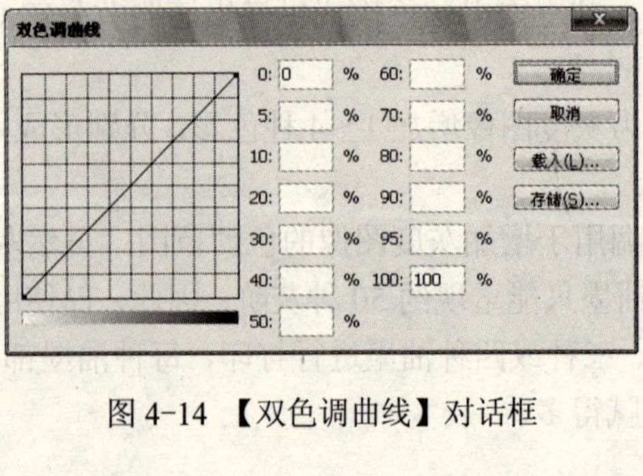

图 4-14 【双色调曲线】对话框

注意：在【双色调选项】对话框中，每一种油墨都可以使用双色调曲线调整该油墨在暗调、中间调和高光区域的分布情况。在曲线图中，水平轴表示色调变量（从左向右由高光向暗调过渡）；垂直轴表示油墨的浓度，向上为正向。

步骤 5 在曲线上单击，可添加控制点。在竖直方向拖移控制点或者在右侧数值框内输入油墨含量数值，可以改变曲线的形状，从而改变对应油墨在不同色调区域内的分布，如图 4-15 所示。曲线上扬，表示增加对应色调区域的打印油墨量；曲线下降，表示减少对应色调区域的打印油墨量。

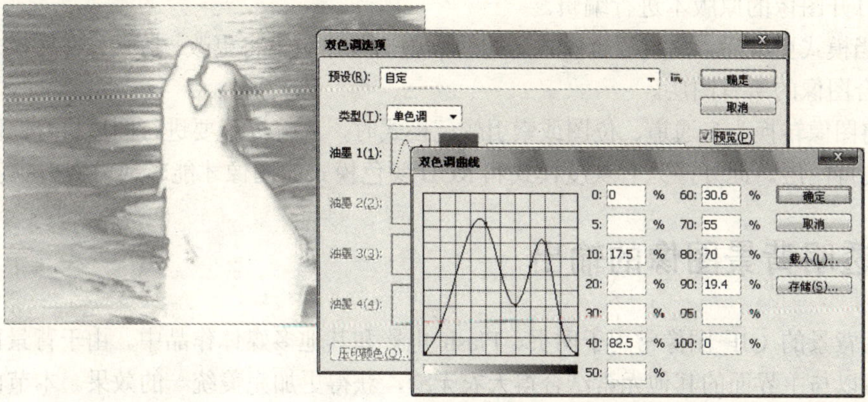

图 4-15 调整双色调曲线

步骤 6 要删除控制点，可将其拖出网格区域；或单击选中控制点后按 Del 键删除。也可以在右侧的对应数值框内清除数值。

步骤 7 单击【双色调曲线】对话框的【确定】按钮，返回【双色调选项】对话框。

步骤 8 从【类型】列表中选择【双色调】。使用前面类似的方法添加由两种颜色混合而成的色调。依此类推，可以设置【三色调】和【四色调】。

步骤 9 单击【确定】按钮，关闭【双色调选项】对话框。最终灰度图像转化为双色调图像。

9．多通道模式

多通道模式的图像在每个通道中使用 256 级灰度。该模式适用于有特殊打印要求的图像。对于只使用了少数几种颜色的图像来说，使用该模式进行打印不仅可以降低印刷成本，还能够保证图像色彩的正确输出。

在将图像转换为多通道模式时，遵循下列原则。

- 转换后，原图像的通道成为多通道图像的专色通道。
- RGB 图像转换为多通道模式时，将创建青、洋红和黄色专色通道。
- CMYK 图像转换为多通道模式时，将创建青、洋红、黄和黑色专色通道。
- 从 RGB、CMYK 或 Lab 图像中删除通道时，原图像自动转换为多通道模式。

由于大多数输出设备不支持多通道模式的图像，若要将其输出，请以 Photoshop DCS 2.0 格式存储多通道图像。

4.3 颜色模式的相互转换

图像颜色模式的转换方法如下。

步骤 1 打开要转换颜色模式的图像。

步骤 2 从【图像】|【模式】菜单中选择相应的颜色模式命令。

图像的颜色模式转换后，每个像素点的颜色值将被永久性地更改。例如，图像由 RGB 模式转换为 CMYK 模式时，位于 CMYK 色域外的 RGB 颜色值将被调整到 CMYK 色域之内。因此，在转换图像的颜色模式之前，应注意以下几点。

- 尽可能在图像的原颜色模式下把图像编辑处理好，最后再进行模式转换。
- 在模式转换之前，务必保存包含所有图层的原图像的副本，以便在日后必要时还能够打开图像的原版本进行编辑。
- 当模式更改后，图层混合模式之间的颜色相互作用也将更改。因此，在转换之前应拼合图像的所有图层。

在将图像转换为多通道、位图或索引颜色模式时，系统提示要进行图层拼合，因为上述模式不支持图层。此外，只有灰度模式和 RGB 颜色模式的图像才能转换为索引颜色模式。

4.4 透明背景图像的输出

透明背景的 GIF 图像常用于网页、Flash 电影和其他多媒体作品中。由于背景色是透明的，它可以与主界面的其他元素结合得天衣无缝，获得更加完美统一的效果。本节内容介绍如何利用 RGB 颜色模式的图像素材制作输出透明背景的 GIF 图像和 PNG 图像。在制作透明背景的 GIF 图像时，素材图像的颜色模式自动转换为索引颜色模式。

步骤 1 打开素材图像“实例 04\飞机.jpg”，将背景层转化为普通层。

步骤 2 使用魔棒或快速选择等工具选择图中飞机以外的区域，如图 4-16 所示。

图 4-16 选择要设置为透明的区域

步骤 3 按 Del 键删除选区内的像素，按 Ctrl+D 取消选区，如图 4-17 所示。

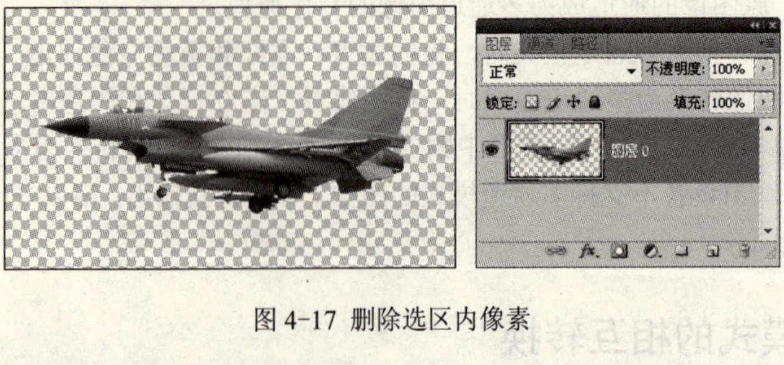

图 4-17 删除选区内像素

步骤 4 选择菜单命令【文件】|【存储为 Web 和设备所用格式】，打开【存储为 Web 和设备所用格式】对话框，参数设置如图 4-18 所示。其中主要参数如下。

- 【文件格式】：用于选择文件格式，其中 GIF、PNG-8 和 PNG-24 支持透明背景。
- 【颜色深度算法】：用于选择调色板类型。对于【可感知】、【可选择】和【随样性】三个选项，可以使用基于当前图像颜色的本地调板，图像颜色过渡细腻。选择【受限】，则使用网络安全色调色板，图像颜色过渡往往比较粗糙。通过右侧【颜色】选项可以控制要显示的实际颜色数量（最多 256 种），以便有效地控制文件的大小。
- 【仿色算法】：用于选择仿色算法（用于模拟颜色表中没有的颜色），并输入仿色数量（数值越大，所仿颜色越多，图像越细腻，但文件所占存储空间越大）。
- 【透明度】：勾选该项，将保留图像的透明区域；否则，使用杂边颜色填充透明区域，或者用白色填充透明区域（如不选择杂边颜色）。
- 【透明度仿色算法】：指定透明区域的仿色算法。
- 【交错】：勾选该项，图像通过浏览器下载时可逐渐显示，适用于下载速度比较慢的场合（如比较大的图像）。但是采用交错技术也会增加文件大小。
- 【杂边】：在与透明区域相邻的对象周围生成一圈用于消除锯齿边缘的颜色（所选杂边颜色应考虑到该透明背景的 GIF 图像所要应用到的媒体界面的颜色。比如，该 GIF 图像要插入网页，而当前网页的背景色为黑色，则杂边颜色应使用黑色）。若前面勾选了【透明度】，则可对边缘区域应用杂边；否则，将对整个透明区域填充杂边颜色。若前面勾选了【透明度】，而杂边选择【无】，则在对象与透明区域接界处产生硬边界。

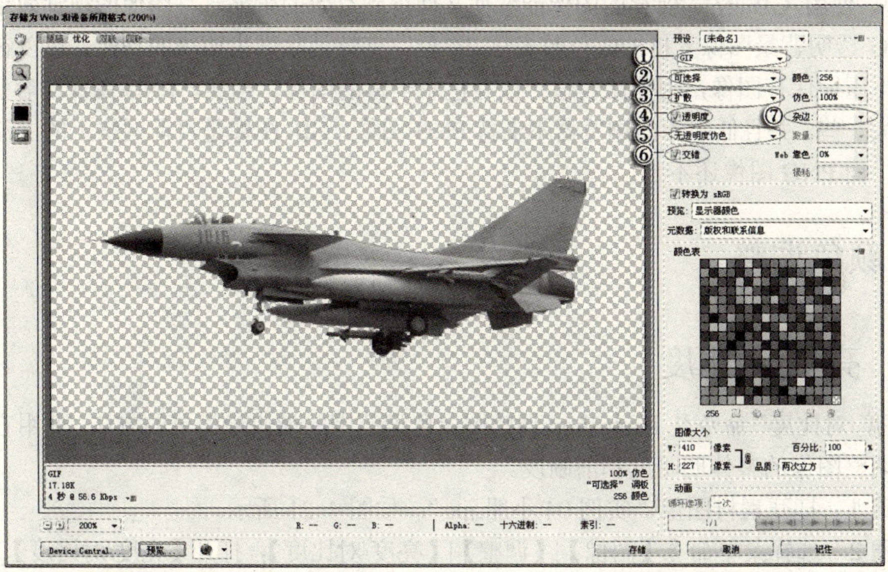

图 4-18　设置【存储为 Web 和设备所用格式】对话框参数

步骤 5　单击【存储】按钮，弹出【将优化结果存储为】对话框（如图 4-19 所示）。选择保存格式【仅限图像（*.gif）】，输入文件名，指定保存位置。

步骤 6　单击【保存】按钮，弹出如图 4-20 所示的信息提示框。单击【确定】按钮，透明背景的 GIF 图像输出完毕。

透明背景的 PNG 图像的输出方法类似。如果在【存储为 Web 和设备所用格式】对话框（如图 4-18 所示）中选择 PNG-8 格式，则其余参数的设置及后续操作的过程与 GIF 透明背景图像基本相同。如果选择 PNG-24 格式，则只需设置【透明度】、【交错】和【杂边】等参数。

读者可以比较一下，使用 GIF、PNG-8 和 PNG-24 格式保存的透明背景图像哪一种文件大一些，哪一种方法效果更好一些。

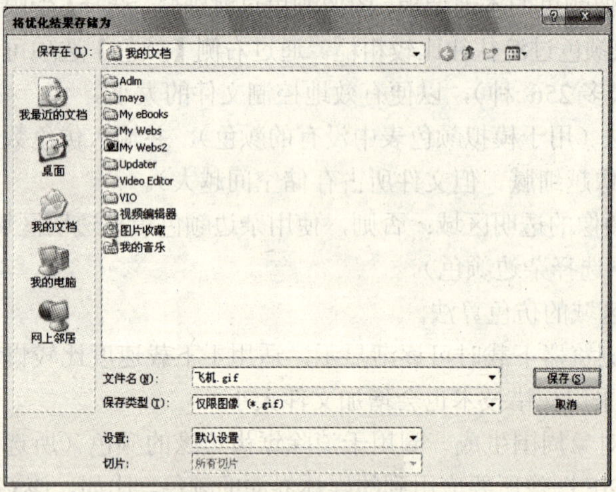

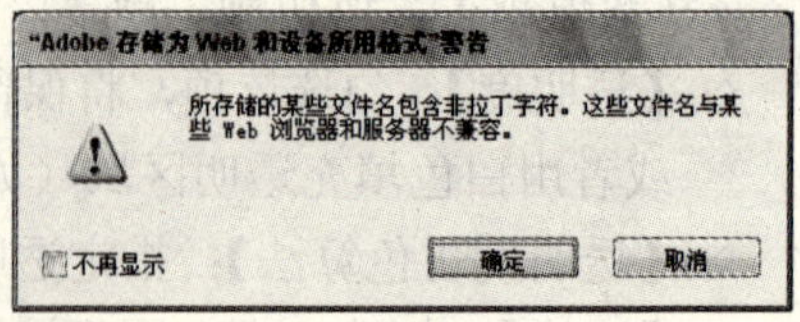

图 4-19 【将优化结果存储为】对话框　　图 4-20 信息提示框

虽然 GIF 格式与 PNG 格式都支持透明背景，但二者存在着比较大的区别。GIF 格式最多支持 8 位即 256 种颜色，因此比较适合保存色彩简单、颜色值变化不大的图像（比如卡通画、漫画等）。使用 GIF 格式保存的图像能够使文件得到有效的压缩，且图像的视觉效果影响不大。PNG 透明背景图像支持的颜色数多达 24 位，支持消除锯齿边缘的功能，可以在不失真的情况下压缩保存图像，因此比较适合保存色彩丰富的图像。当然，PNG 图像的容量比 GIF 图像要大一些，并且低版本的浏览器不支持 PNG 图像。GIF 图像是目前网络上的主流图像格式之一，而 PNG 图像还不是。

4.5 颜色调整

4.5.1 亮度/对比度

"亮度/对比度"命令是 Photoshop 调整图像色调范围的最快最简单的方法，使用它可以很方便地调整图像的整体明暗度和清晰度。

步骤 1 打开素材图像"实例 04\小船.jpg"，如图 4-21 所示。

步骤 2 选择菜单命令【图像】|【调整】|【亮度/对比度】，打开【亮度/对比度】对话框，如图 4-22 所示。

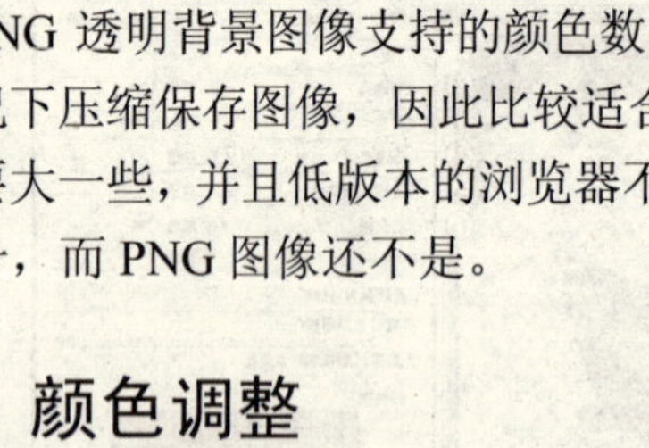

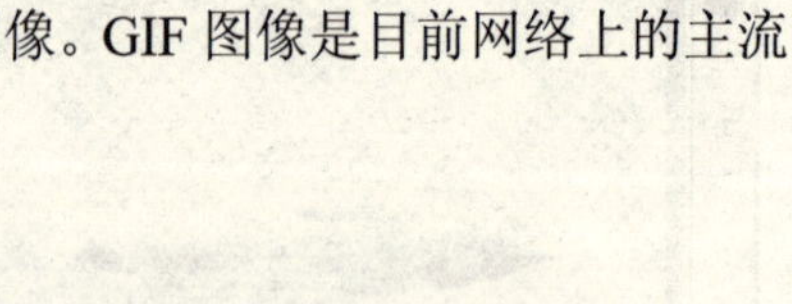

图 4-21 原素材图像　　图 4-22 【亮度/对比度】对话框

步骤 3 向右拖动“亮度”滑块，增加图像的亮度；向左拖动滑块则降低亮度。同样，向右拖动“对比度”滑块，增加图像的对比度；向左拖动滑块则降低对比度。滑动条右侧的文本框内显示出当前的亮度和对比度值。直接在文本框内输入数值（取值范围为 −100 ～ +100），可以精确调整图像的亮度和对比度。

步骤 4 在不选【使用旧版】选项的情况下，使用新版的“亮度/对比度”命令调整图像；此时改变的是图像的亮度和亮度对比度；否则，使用旧版（Photoshop CS3 之前）的“亮度/对比度”命令调整图像；除了改变图像的亮度和亮度对比度外，还改变图像的色彩对比度。

步骤 5 若想重新设置对话框的参数，可按住 Alt 键不放，此时对话框的【取消】按钮变成【复位】按钮，单击该按钮即可。该操作同样适用于其他颜色调整命令。

步骤 6 本例中，将【亮度】设置为 45，【对比度】设置为 50。单击【确定】按钮，关闭对话框。图 4-23 和图 4-24 分别是新版和旧版的调整结果。

图 4-23 新版调整结果

图 4-24 旧版调整结果

4.5.2 色彩平衡

“色彩平衡”命令可以在图像中增减红色、绿色、蓝色（三原色）和它们的补色青色、洋红和黄色，从而改变图像中各原色的含量，达到调整色彩平衡的目的。

步骤 1 打开素材图像“实例 04\秋天.jpg”，如图 4-25 所示。

步骤 2 选择菜单命令【图像】|【调整】|【色彩平衡】，弹出【色彩平衡】对话框，如图 4-26 所示。其中各项参数的作用如下。

图 4-25 原素材图像

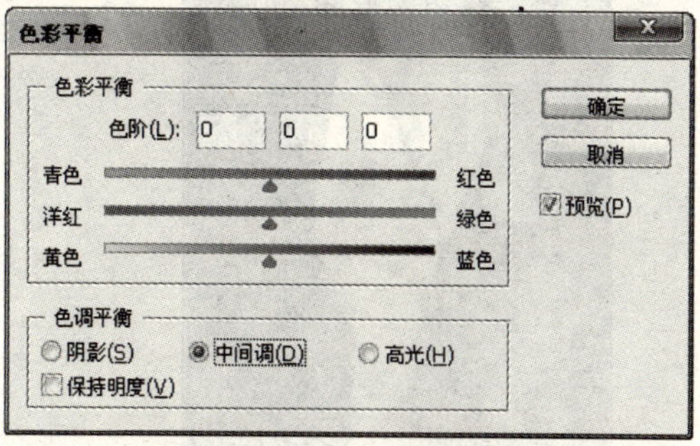

图 4-26 【色彩平衡】对话框

- 【暗调】、【中间调】和【高光】：确定图像中要着重调整的色调范围。默认选项为【中间调】。
- 【保持亮度】：勾选该项，可以在调整图像色彩平衡时保持亮度不变。
- 【青色】—【红色】滑动条：向右拖动滑块，可增加红色的影响范围，减小青色的影响范围。向左拖动滑块则情况相反。调整的结果数值同时显示在【色阶】后面的对应数值框内。当然也可以直接在数值框内输入数值（取值范围都是 -100 ～ +100），调整图像的色彩平衡。

- 【洋红】—【绿色】滑动条：与【青色】—【红色】调整方法类似。
- 【黄色】—【蓝色】滑动条：与【青色】—【红色】调整方法类似。

步骤 3 本例中对话框的参数设置如图 4-27 所示（仅更改【高光】区域的参数，【阴影】与【中间调】的参数保持默认）。单击【确定】按钮，图像调整结果如图 4-28 所示。

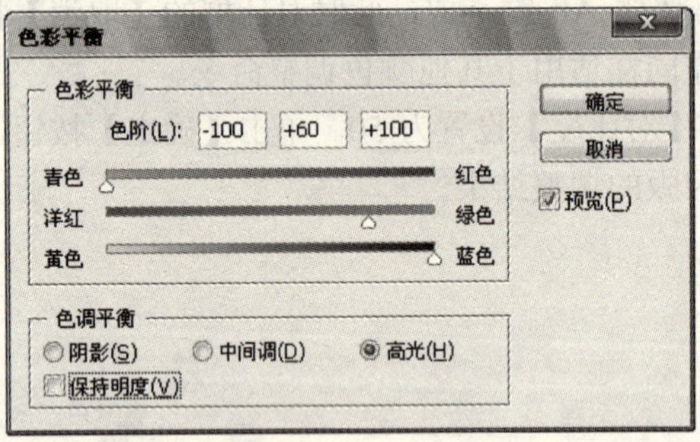

图 4-27 本例参数设置

图 4-28 图像调整结果

4.5.3 色阶

在拍摄数码图像时，除了拍摄技术上的原因之外，一些必然或偶然的因素（比如光源、温度等）都会使图像的高光和暗调不能够得到很好的表现。使用 Photoshop 的“色阶”命令可以调整图像的暗调、中间调和高光等色调区域的强度级别，校正图像的色调范围和色彩平衡，以获得令人满意的视觉效果。“色阶”命令功能强大，使用方便，是 Photoshop 最重要的色调调整命令之一。

步骤 1 打开素材图像“实例 04\人物素材 01.jpg”，如图 4-29 所示。

步骤 2 选择菜单命令【图像】|【调整】|【色阶】，打开【色阶】对话框，如图 4-30 所示。

图 4-29 原素材图像

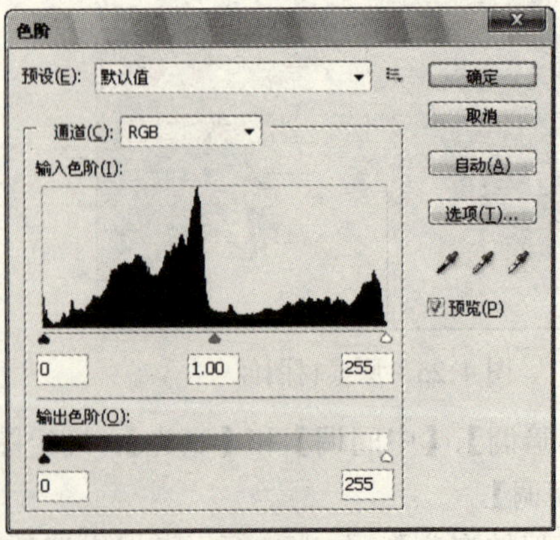

图 4-30 【色阶】对话框

注意：对话框中间显示的是当前图像的直方图。直方图用图形表示每个亮度级别的像素在图像中的含量，直观地显示出像素在图像中的分布情况。其中，水平轴从左向右表示亮度的增加；最左端表示最暗（0），最右端表示最亮（255）。竖直轴表示当前图像中各种亮度值的像素的多少。从直方图中不难看出图像在暗调（显示在直方图的左边）、中间调（显示在中间）和高光（显示在右边）区域是否包含足够的细节，以便在此基础上校正图像，产生更好的视觉效果。同时，直方图也提供了当前图像色调范围或基本色调类型的快速浏览图。

步骤3　首先通过【通道】下拉列表确定要调整的是混合通道还是单色通道。本例选择RGB（素材图像为RGB模式，列表中包括RGB混合通道和红、绿、蓝三个单色通道）。

步骤4　勾选【预览】选项，以便后面操作中的色阶调整效果能够实时反馈到当前图像窗口。

步骤5　在【输入色阶】滑动条上，向左拖动右侧的白色三角滑块，使图像变亮。其中，高光区域的变化比较明显，使得图像亮部变得更亮，如图4-31所示。

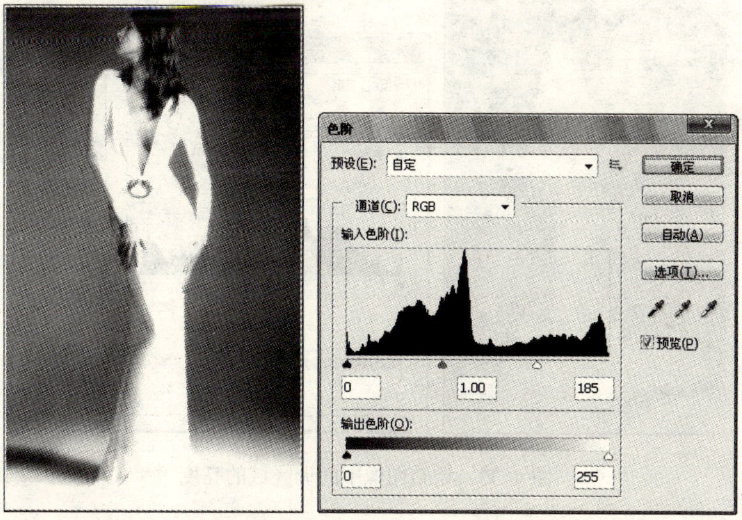

图4-31　调整图像高光区域的亮度

步骤6　在【输入色阶】滑动条上，向右拖动左侧的黑色三角滑块，图像变暗。其中，暗调区域的变化比较明显，使得图像暗部变得更暗，如图4-32所示。

步骤7　在【输入色阶】滑动条上，左右拖动中间的灰色三角滑块，调整图像中间色调区域的亮度。向左拖动中间调区域变亮；向右拖动中间调区域变暗，如图4-33所示。

注意：在【输入色阶】栏，通过向左、中、右三个数值框输入数值，同样可以调整图像的暗调、中间调和高光区域的色调平衡。三者的取值范围从左向右依次为0～253，0.01～9.99和2～255。

步骤8　在【输入色阶】滑动条上，适当地向左拖动右侧的白色滑块，向右拖动左侧的黑色滑块，并左右调整中间灰色滑块的位置。这样可以提高图像的对比度，同时尽量增加图像的细节，使图像更清晰，如图4-34所示。

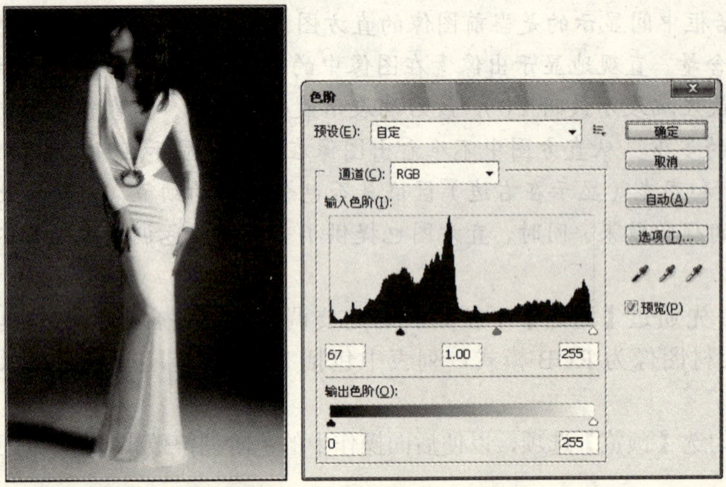

图 4-32　调整图像暗调区域的亮度

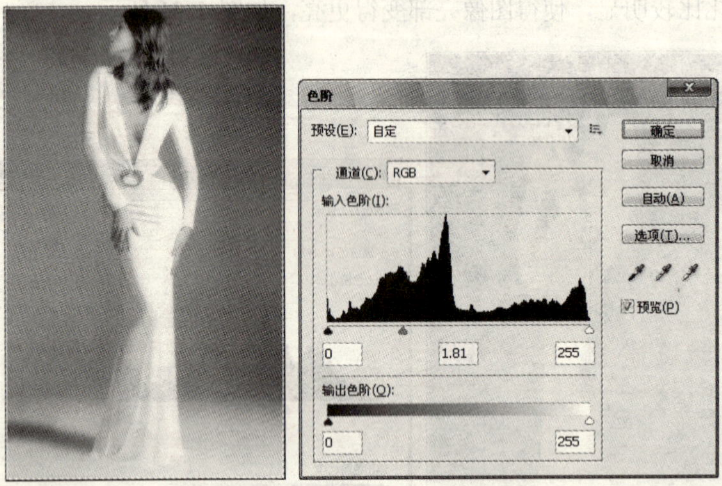

图 4-33　调整图像中间调区域的亮度

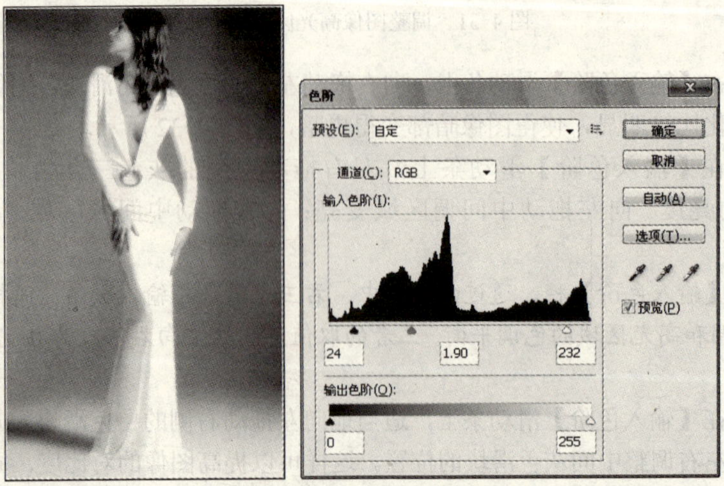

图 4-34　提高图像的对比度

步骤 9 在【输出色阶】滑动条上，向右拖动左端的黑色三角滑块，提高图像的亮度；向左拖动右端的白色三角滑块，降低图像的亮度。若将黑白滑块的位置互换，可获得图像的负片效果。

步骤 10 使用对话框中的吸管工具调整图像的色调平衡。从左向右依次是“设置黑场”吸管工具、“设置灰场”吸管工具和“设置白场”吸管工具。

- 选择“设置黑场”吸管工具（该工具按钮反白显示），在当前图像中某点单击，图像中所有低于该点亮度值的像素全都变成黑色，图像变暗。
- 选择“设置白场”吸管工具，在当前图像中某点单击，则图像中所有高于该点亮度值的像素全都变成白色，图像变亮。
- 选择“设置灰场”吸管工具，在当前图像中某点单击，Photoshop 将用单击点像素的亮度值调整整个图像的色调。

步骤 11 单击【确定】按钮，关闭【色阶】对话框。

4.5.4 曲线

“曲线”是 Photoshop 最强大的色调调整命令，可以调整高光、暗调和中间调区域内任意一点的色调与亮度，比“色阶”功能更强大。同时，使用“曲线”还可以对图像中的单个颜色通道进行精确的调整。

【曲线】对话框如图 4-35 所示。在其中的曲线图表区，水平轴表示像素原来的亮度值（输入色阶）；竖直轴表示调整后的亮度值（输出色阶）。初始状态下，曲线为一条 45° 的对角线，表示所有像素的输入色阶和输出色阶值相等；水平轴和竖直轴靠近原点的一侧表示最亮（白色），远离原点的一侧表示最暗（黑色）。对话框的操作要点如下。

- 从【预设】下拉列表可以选取 Photoshop 自带的色调调整方案。
- 从【通道】下拉列表可以选取要调整的通道（混合通道或单色通道）。
- 默认设置下，对话框采用曲线工具修改曲线形状。在曲线上单击，添加节点，确定要调整的色调范围。曲线上最多可添加 14 个节点。
- 在曲线的某个节点上单击，选择该节点。此时对话框左下角的【输入】和【输出】文本框被激活，显示出该节点当前的输入色阶和输出色阶的值。
- 要删除一个节点，可将其拖出图表区域；或选中后按 Del 键删除。但曲线的端点无法删除。
- 按住 Alt 键，在曲线图表中单击，可以使网格变得精细。重复这一操作，又恢复为大的网格。精细网格有助于色调调整区域的精确定位。
- 单击选择对话框的铅笔工具。此时可以通过在曲线图表区拖移鼠标绘制随意的曲线。单击【平滑】按钮，手绘曲线会变得更平滑些。以此方式调整图像色调。
- 单击选择对话框的拖移工具。鼠标在图像窗口中要调色的区域向上拖移鼠标，可提高该区域的亮度；向下拖移鼠标，可降低该区域的亮度。同时对话框中显示出图像拖移区域在曲线上的对应位置。这种调整方法显得更直观。

以下举例说明“曲线”的一些典型用法。

步骤 1 打开 RGB 颜色模式的素材图像“实例 04\人物素材 02.jpg”，如图 4-36 所示。选择菜单命令【图像】|【调整】|【曲线】，打开【曲线】对话框。

步骤 2 在曲线上添加节点。向上拖移节点，使曲线上扬，图像所对应的色调区域的亮度增加，如图 4-37 所示；向下拖移节点，使曲线下弯，则对应色调区域的亮度降低，如图 4-38 所示。由于曲线是连续平滑的，图像中其他色调区域的亮度也受影响，只不过没有该区域变化明显。

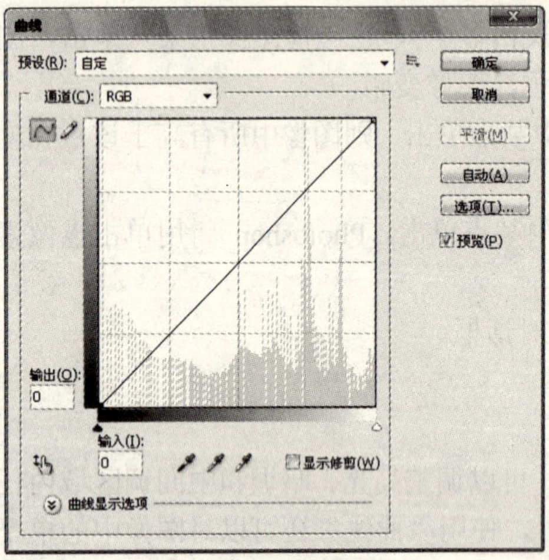

图 4-35 【曲线】对话框

图 4-36 素材图像

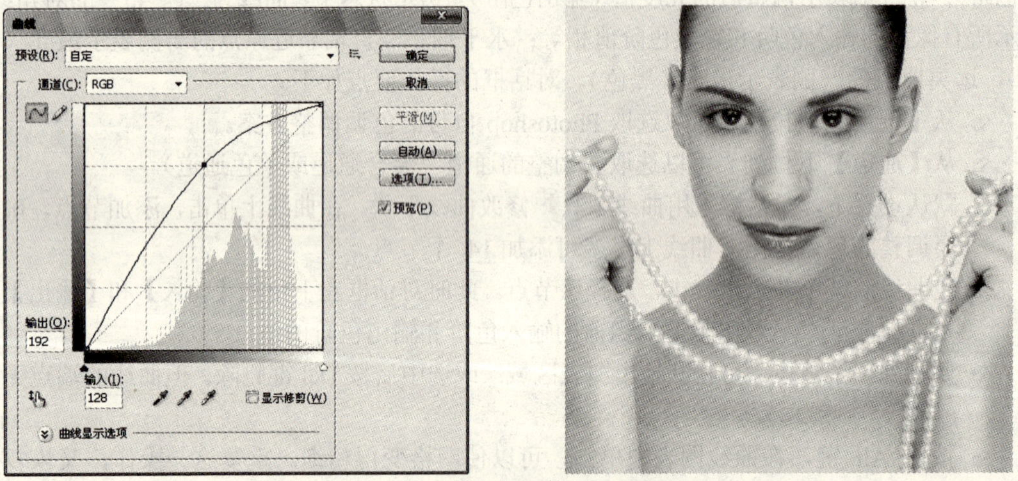

图 4-37 曲线向上弯曲，图像亮度增加

步骤 3 水平向右拖移曲线的左端点，使图像中暗的区域变得更暗；水平向左拖移曲线的右端点，使图像中亮的区域变得更亮。这种调整方法可增大图像的对比度。再使中间一段曲线向上弯曲，增加图像亮度，结果如图 4-39 所示。其实曲线上越陡的地方表示图像在该区域的对比度越大；越平缓的地方表示图像在该区域的对比度越小。当曲线变成一条水平线的时候，图像对比度最低，整个变成了黑色、白色或灰色。

步骤 4 按住 Alt 键，单击对话框的【复位】按钮，使曲线恢复到调整前的状态。

步骤 5 将曲线的左端点沿竖直方向拖移到顶部，右端点沿竖直方向拖移到底部，使图像的明暗区域对调，可得到负片效果。

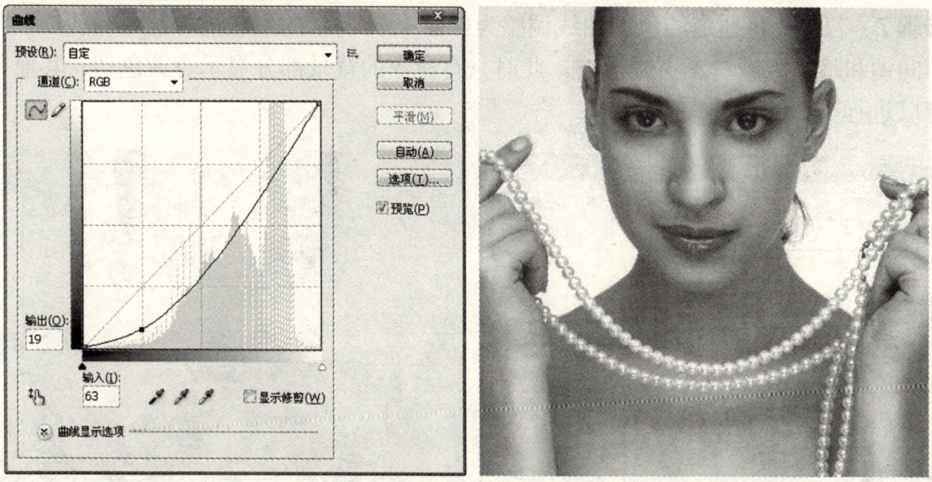

图 4-38　曲线向下弯曲，图像亮度降低

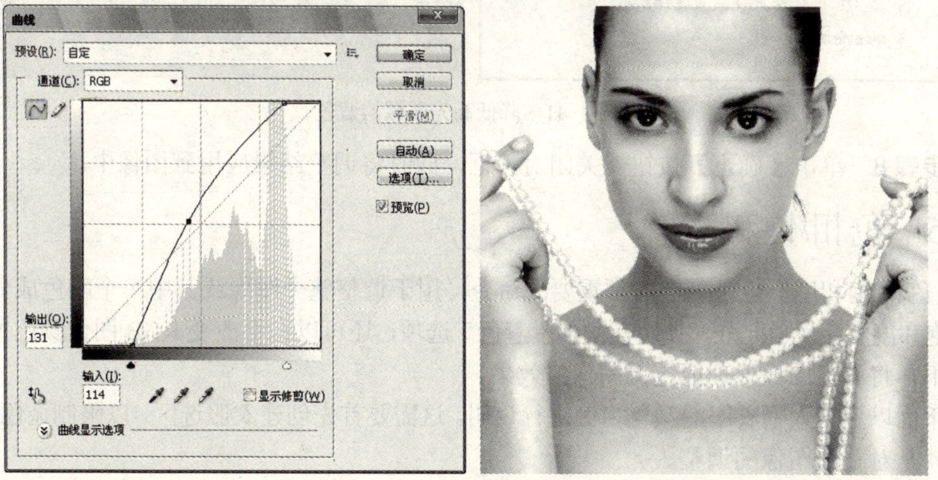

图 4-39　调整图像的对比度

步骤 6　按步骤 4 的方法恢复图像。在【通道】列表中选择【蓝】，并将曲线调整为如图 4-40 所示的形状，以减少图像中的蓝色，特别是高光区域。此时图像显示为黄色调。

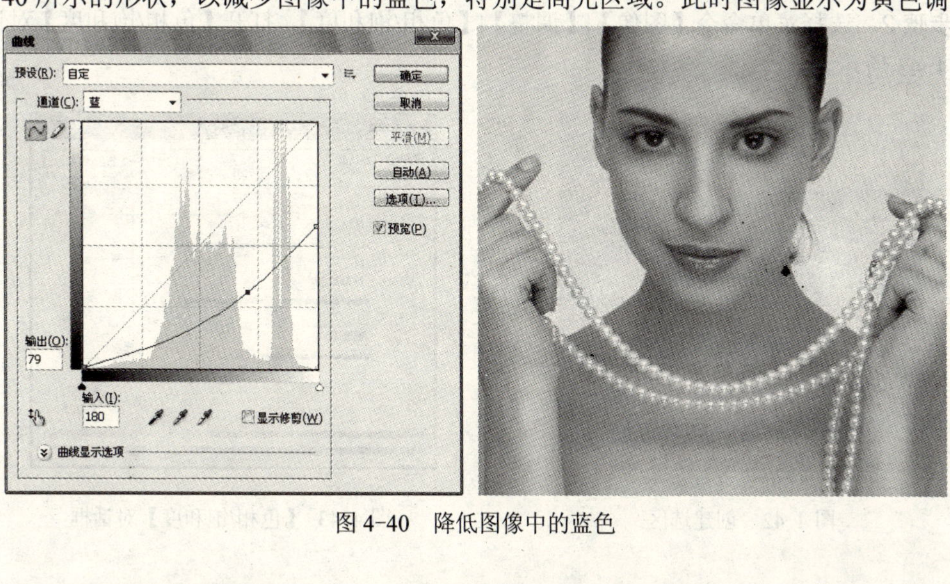

图 4-40　降低图像中的蓝色

步骤7 若将蓝色通道的色调曲线调整为如图4-41所示的形状，以减少高光区域的蓝色，同时中间调和暗调区域基本不受影响。此时只有命令的背景部分显示为黄色调。其他单色通道也可以进行类似的调整。

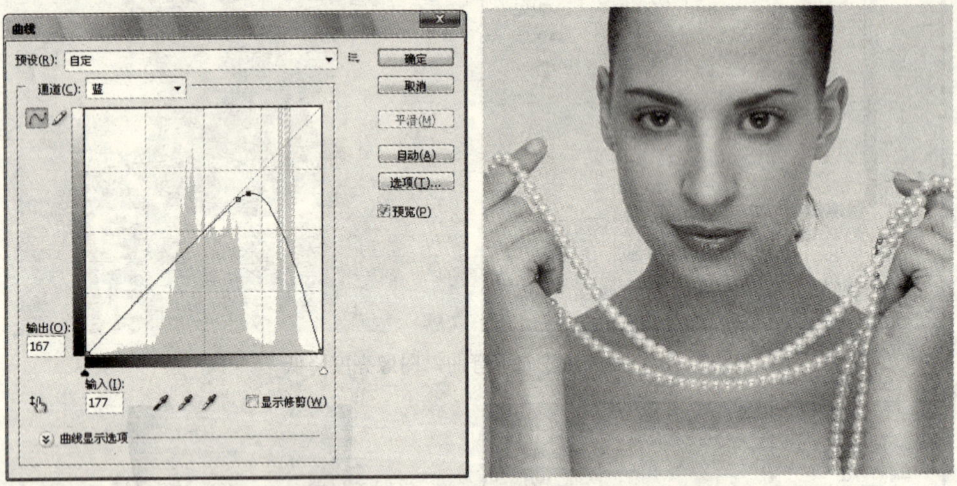

图4-41 降低高光区域的蓝色

步骤8 单击【确定】按钮，关闭对话框，同时将调整结果应用到图像中。

4.5.5 色相/饱和度

“色相/饱和度”也是一个非常重要的命令，用于调整整个图像或其中单个颜色成分的色相、饱和度和亮度。此外，使用其中的“着色”选项，还可以在不改变RGB图像颜色模式的情况下，将彩色图像处理成色调图像的效果。

下面以更换人物衣服的颜色为例进行说明。这需要首先创建衣服选区，以限制调色范围；否则就是对整个图像的调整。

1. 在RGB图像上创建色调效果

步骤1 打开RGB颜色模式的素材图像“实例04\小女孩.jpg”，使用磁性套索等工具创建如图4-42所示的选区。

步骤2 选择菜单命令【图像】|【调整】|【色相/饱和度】，打开【色相/饱和度】对话框，如图4-43所示。

图4-42 创建选区

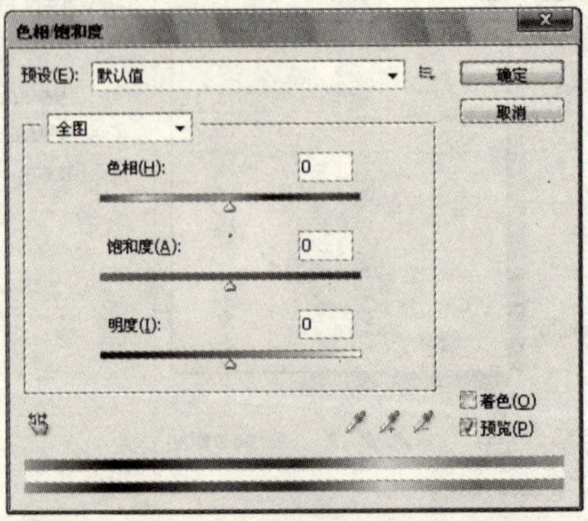

图4-43 【色相/饱和度】对话框

步骤 3　沿【色相】滑动条左右拖动滑块修改色相。沿【饱和度】滑动条向右拖动滑块增加饱和度，向左拖动滑块降低饱和度。沿【明度】滑动条向右拖动滑块增加亮度，向左拖动滑块降低亮度。

步骤 4　勾选【着色】选项，左右调整色相、饱和度和亮度滑块，制作色调图像（此时只允许对图像进行整体调色）。

步骤 5　本例参数设置如图 4-44 所示。单击【确定】按钮，关闭对话框。图像调整结果如图 4-45 所示。选区内图像变成浅蓝色。

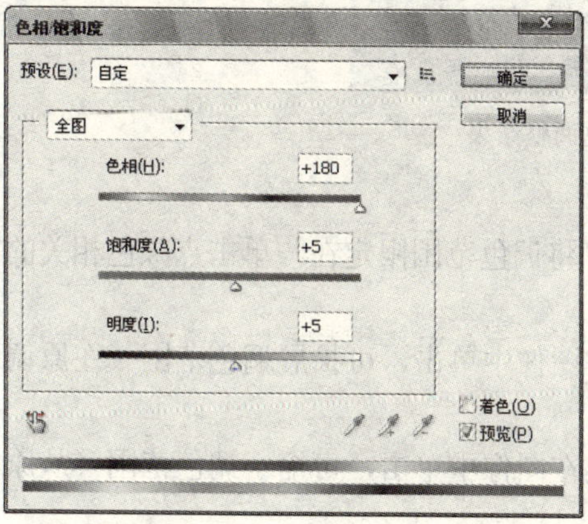

图 4-44　设置对话框参数

图 4-45　图像调色结果

2. 调整图像的单个颜色成分

步骤 6　（继续调整图像“小女孩.jpg”）取消原选区，创建如图 4-46 所示的选区。

步骤 7　再次打开【色相/饱和度】对话框。在“编辑”下拉列表中选择【黄色】，不勾选【着色】选项。这样只能对选区内图像中的黄色成分进行调整。将色相、饱和度和亮度参数设置为如图 4-47 所示。

图 4-46　创建新选区

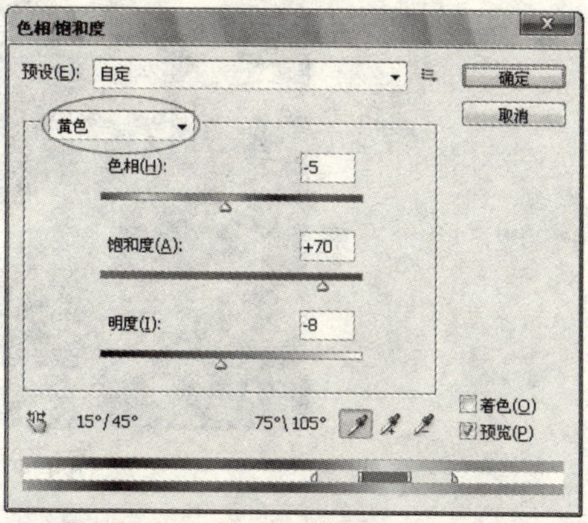

图 4-47　设置对话框参数

步骤 8　单击【确定】按钮，关闭对话框，并取消选区。图像调整结果如图 4-48 所示。选区内图像变成亮黄色。但衣服上的花朵图案基本上保持了原来的颜色。

图 4-48 单色调整结果

3. 对话框中的吸管工具简介

吸管工具：使用该工具在图像中单击，可将调色范围限定在与单击点颜色相关的特定区域。

“添加到取样”吸管工具：使用该工具在图像中单击，可扩展调色范围（在原调色范围的基础上，加上与单击点颜色相关的区域）。

“从取样中减去”吸管工具：使用该工具在图像中单击，可缩小调色范围（从原调色范围中减去与单击点颜色相关的区域）。

4.5.6 替换颜色

“替换颜色”命令通过调整色相、饱和度和亮度参数将图像中指定区域的颜色替换为其他颜色。实际上相当于“色彩范围”命令与“色相/饱和度”命令的综合使用。下面举例说明。

步骤 1 打开素材图像“实例 04\水果.jpg”，如图 4-49 所示。选择菜单命令【图像】|【调整】|【替换颜色】，弹出【替换颜色】对话框，如图 4-50 所示。

图 4-49 素材图像

步骤 2 确保选中对话框的【预览】选项。鼠标光标移到图像窗口中变成吸管工具，在水果的红颜色区域单击，选取要替换的颜色。此时，在对话框的图像预览区，白色和灰色区域表示选区，黑色表示没有被选择的区域，如图 4-51 所示。

步骤 3 在【替换】栏调整色相、饱和度和亮度滑块，或直接单击右侧的颜色块■打开拾色器取色，以确定要替换的颜色，如图 4-51 所示。

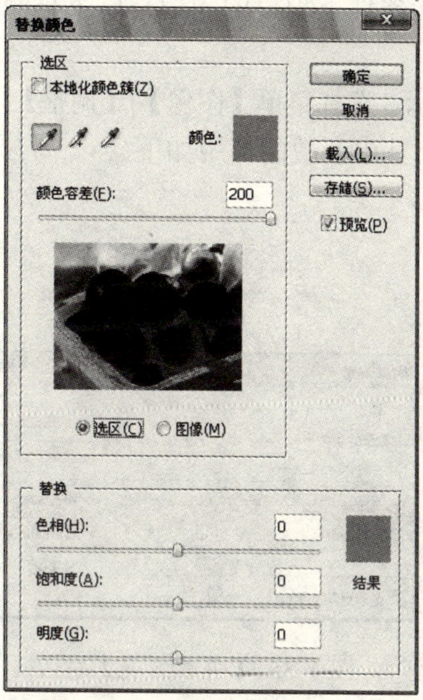

图 4-50 【替换颜色】对话框

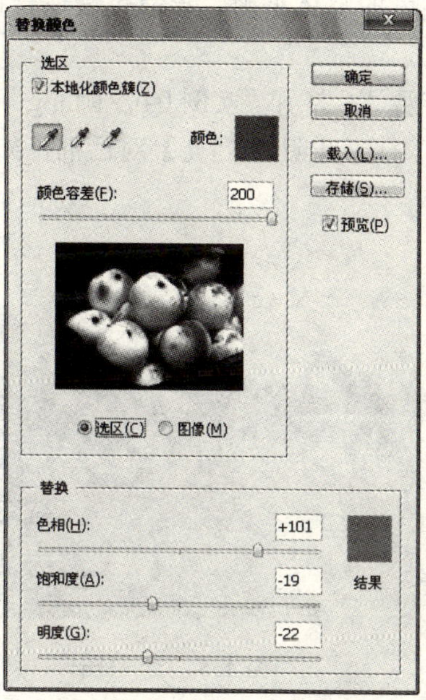

图 4-51 编辑颜色替换区域

步骤 4 拖动【颜色容差】滑块可以调整选区的大小。向左拖动减小选区，向右拖动则扩大选区（这样可以把颜色相近的区域也选进来）。

步骤 5 选择“添加到取样工具”，在图像中未被选中的红色区域单击，可以把这部分区域添加到选区。同样，使用“从取样中减去工具”，可以把不需要替换的区域从选区中减去。

步骤 6 单击【确定】按钮，关闭对话框。颜色替换效果如图 4-52 所示。红色水果变成了青色。

步骤 7 使用历史记录画笔工具，适当设置参数，并根据需要不断改变画笔的大小（在西文输入法状态下，按“[”键减小画笔大小，按“]”键增大画笔大小）。在水果框及背景区域涂抹，恢复为最初的颜色。图像最终效果如图 4-53 所示。

图 4-52 颜色替换后的图像

图 4-53 图像最终调色效果

4.5.7 阴影/高光

“阴影/高光”命令的主要作用是调整图像的阴影和高光区域，但它不是使整幅图像都变亮或变暗，而是对图像中曝光不足和曝光过度的局部区域进行增亮或变暗处理，从而保持图像亮度的整体平衡。该命令最适合调整强光或背光条件下拍摄的图像。以下举例说明使用方法。

步骤 1 打开“实例 04\夕阳.jpg”，如图 4-54 所示。选择菜单【图像】|【调整】|【阴影/高光】，打开【阴影/高光】对话框，如图 4-55 所示。其中参数的作用如下。

图 4-54 素材图像

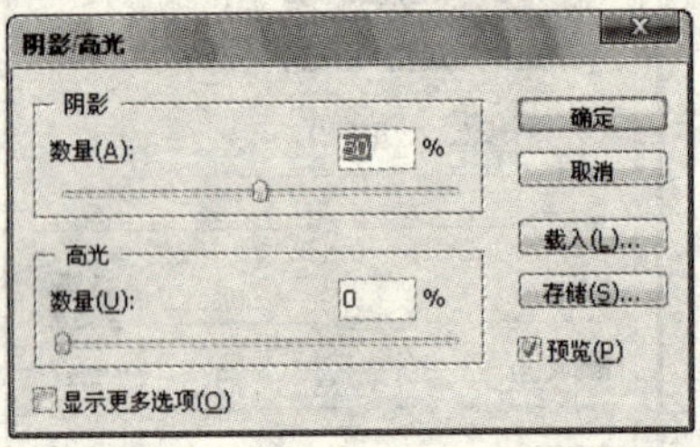

图 4-55 【阴影/高光】对话框

- 【数量】：拖动【阴影】或【高光】栏的【数量】滑块，或直接在文本框内输入数值，可改变光线的校正量。数值越大，阴影越亮而高光越暗；反之，阴影越暗而高光越亮。

步骤 2 选择【显示更多选项】，展开对话框，显示更多的参数，以便进行更细致的调整，如图 4-56 所示。

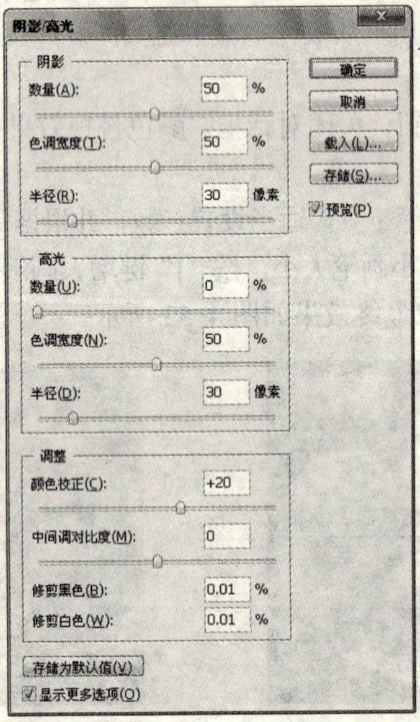

图 4-56 展开对话框

其余主要参数的作用如下。

- 【色调宽度】：控制阴影或高光区域的色调调整范围。数值越小，能够调整的范围越小。对于【阴影】栏的【色调宽度】，其数值越小，调整将限定在较暗的区域。对于【高光】栏的【色调宽度】，其数值越小，调整将限定在较亮的区域。

- 【半径】：控制应用阴影或高光的效果范围。实际上用来确定某一像素属于阴影区域还是高光区域。数值越大，将会在较大的区域内调整；反之，将会在较小的区域内调整。若数值足够大，所做的调整将用于整个图像。
- 【色彩校正】：微调彩色图像中被改变区域的颜色。例如，向右拖动【阴影】栏的【数量】滑块时，将在原图像比较暗的区域中显示出颜色；此时，调整【色彩校正】的值，可以改变这些颜色的饱和度。一般而言，增大【色彩校正】的值，可以产生更饱和的色彩；降低【色彩校正】的值，将产生更低饱和度的色彩。
- 【中间调对比度】：调整中间调区域的对比度。向左拖动滑块，降低对比度；向右拖动滑块，增加对比度。也可以在右端的框内输入数值，负值用于降低原图像中间调区域的对比度，正值将增加原图像中间调区域的对比度。
- 【黑色剪辑】与【白色剪辑】：确定有多少阴影和高光区域将被剪辑到图像中新的极端阴影（色阶为 0）和极端高光（色阶为 255）中去。数值越大，图像的对比度越高。若剪辑值过大，将导致阴影和高光区域细节的明显丢失。

步骤 3 本例的参数设置如图 4-57 所示。单击【确定】按钮，关闭对话框。图像调整效果如图 4-58 所示。

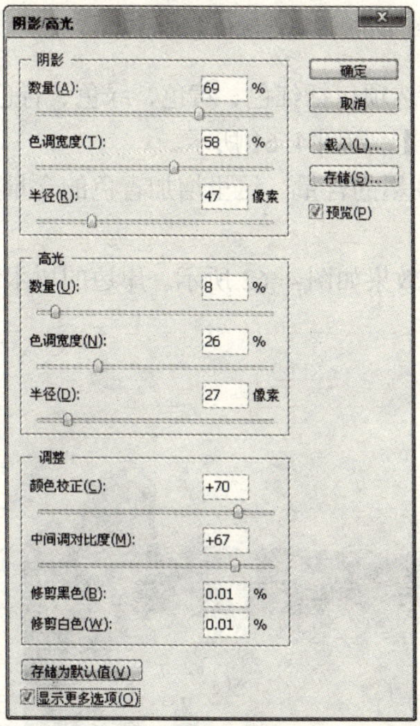

图 4-57 本例参数设置

图 4-58 图像调整效果

4.5.8 可选颜色

“可选颜色”命令用于调整图像中各主要颜色的印刷色的含量。它在改变某种主要颜色时，不会影响到其他主要颜色的表现。用法如下。

步骤 1 打开“实例 04\夕阳（阴影-高光）.JPG”，如图 4-58 所示。这是经过“阴影-高光”命令调整过的图像，效果还不太理想。

步骤 2 显示【信息】面板，如图 4-59 所示（从其面板菜单中选择【面板选项】命令，利用打开的【信息面板选项】对话框可以设置【信息】面板的信息显示内容）。

步骤 3 鼠标光标在“夕阳（阴影-高光）.JPG”图像中移动，从信息面板可以检测到画面上每一点的 CMYK 含量。结果发现岸边的树木及其倒影区域的黄色（Y）含量最高。

步骤 4 选择菜单命令【图像】|【调整】|【可选颜色】，打开【可选颜色】对话框，如图 4-60 所示。

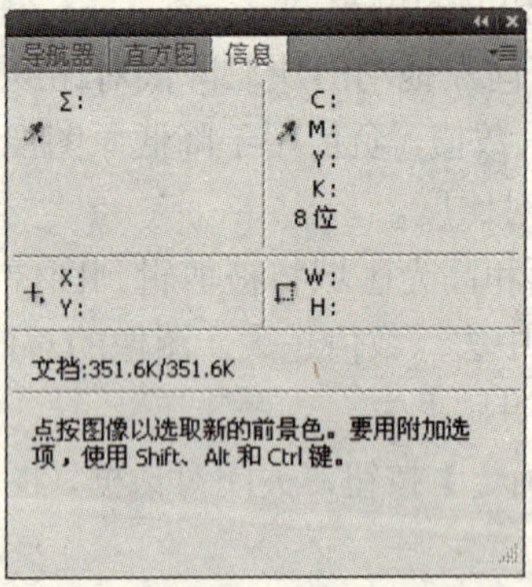

图 4-59 信息面板

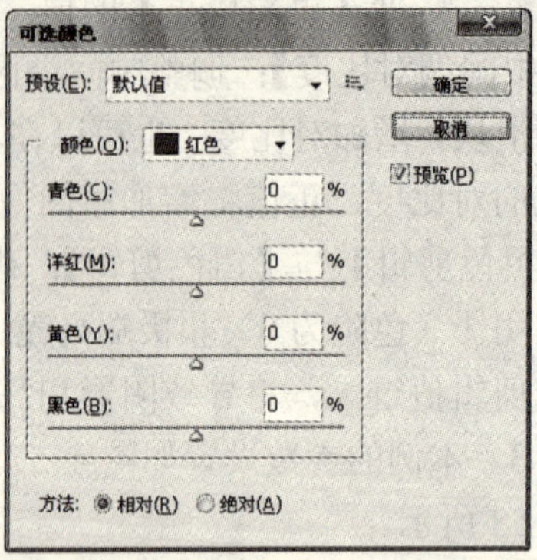

图 4-60 【可选颜色】对话框

步骤 5 从【颜色】下拉列表中选择要调整的颜色（选项包括红色、黄色、绿色、青色、蓝色、洋红、白色、中性色和黑色等）。这里选择【黄色】，如图 4-61 所示。

步骤 6 通过拖动各个滑块，修改所选颜色中四色油墨的含量。这里增加青色的含量，减少洋红的含量，如图 4-61 所示。

步骤 7 单击【确定】按钮，关闭对话框。图像调整效果如图 4-62 所示。岸边的树木绿意正浓。

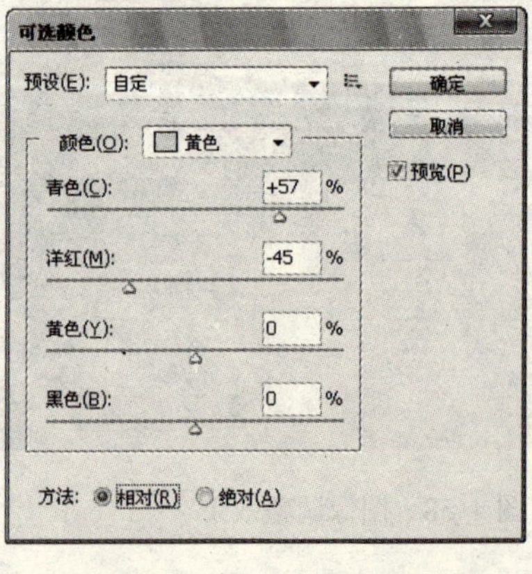

图 4-61 设置对话框参数

图 4-62 图像调整结果

提示： 在【可选颜色】对话框的底部，有两种油墨含量的增减方法。

- 【相对】：按照总量的百分比增减所选颜色中青色、洋红、黄色或黑色的含量。
- 【绝对】：按绝对数值增减所选颜色中青色、洋红、黄色或黑色的含量。

4.5.9　照片滤镜

将带颜色的滤镜放置在照相机的镜头前，能够调整穿过镜头使胶卷曝光的光线的色温与颜色平衡。“照片滤镜”就是 Photoshop 对这一技术的模拟。其用法如下。

步骤 1　打开素材图像“实例 04\人物素材 03.jpg”，如图 4-63 所示。

步骤 2　选择菜单命令【图像】|【调整】|【照片滤镜】，打开【照片滤镜】对话框，如图 4-64 所示。各项参数作用如下。

图 4-63　素材图像

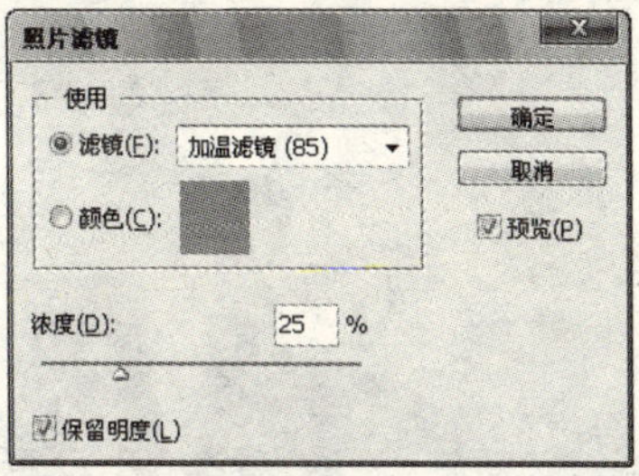

图 4-64　【照片滤镜】对话框

- 【滤镜】：从下拉列表中可以选择预置的颜色滤镜。
- 【颜色】：单击右侧颜色块，打开拾色器，自定义照片滤镜的颜色。
- 【浓度】：左右拖移滑块，可以控制照片滤镜应用于图像的颜色数量。
- 【保留明度】：勾选该项，可以使图像在调整后保持亮度不变。

步骤 3　本例中对话框参数设置如图 4-65 所示。其中照片滤镜的颜色为#00ccff，图像效果如图 4-66 所示。

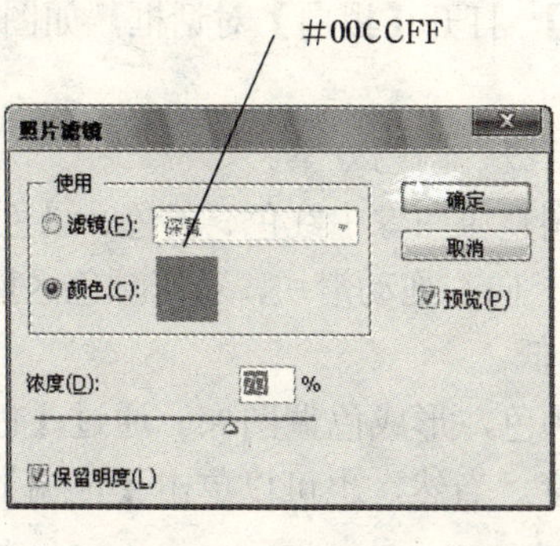

图 4-65　本例参数设置

图 4-66　图像调整效果

4.5.10 去色

“去色”命令可以将彩色图像中每个像素的饱和度值设置为 0，只保持亮度值不变；这可以在不改变颜色模式的情况下把彩色图像转变成灰度图像。

为了突出表现某个人物或事物，可以使用该命令将其背景部分的饱和度去除而变成灰度图像。这种手法在平面设计中是经常用到的。举例如下。

步骤 1 打开素材图像“实例 04\舞动.psd”，并选择“背景灯光”层，如图 4-67 所示。

步骤 2 选择菜单命令【图像】|【调整】|【去色】(该命令不打开对话框)。“背景灯光”层变成灰度效果，图像整体效果如图 4-68 所示。舞者在灰色背景下显得格外醒目。

图 4-67 素材图像

图 4-68 去色效果

4.5.11 黑白

“黑白”命令可以在不改变图像颜色模式的情况下将彩色图像转换为灰度图像或色调图像的效果，并且在转换过程中可以控制各主要颜色在转换后的明暗度。举例如下。

步骤 1 打开素材图像“实例 04\聆听.jpg”，如图 4-69 所示。

步骤 2 选择菜单命令【图像】|【调整】|【黑白】，打开【黑白】对话框，如图 4-70 所示。各项参数作用如下。

- 【预设】：从该下拉列表中可以选择预置的“黑白”调色方案。
- 各主要颜色滑块：左右拖动各滑块，分别可以调整原图像中红色、黄色、绿色、青色、蓝色和洋红等 6 种主要颜色在转换后的灰度值。向右拖动滑块，对应颜色区域的亮度提高，向左拖动滑块，对应颜色区域的亮度降低。
- 【色调】：勾选该项，可以在灰度图像上叠加颜色，形成色调图像。通过【色相】和【饱和度】滑动条可以修改该颜色的色相与彩度。当然，也可以单击【色调】右侧的颜色块，打开拾色器，自定义叠加颜色。

图 4-69　素材图像

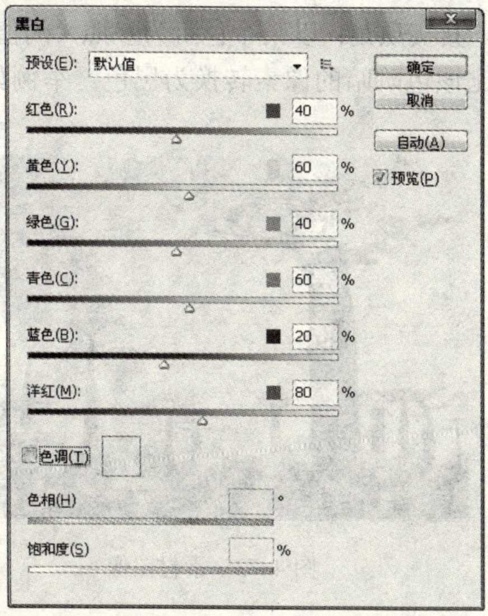

图 4-70 【黑白】对话框

步骤 3　本例中对话框参数设置如图 4-71 所示。图像效果如图 4-72 所示。

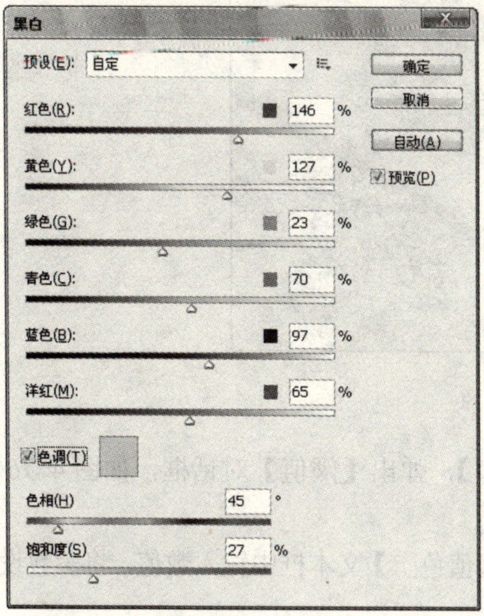

图 4-71　本例参数设置

图 4-72　色调图像效果

4.5.12　反相

“反相”命令可以反转图像中每个像素点的颜色，获得负片效果。该命令对图像的调整是可逆的。举例如下。

步骤 1　打开素材图像“实例 04\树.jpg”，如图 4-73 所示。

步骤 2　选择菜单命令【图像】|【调整】|【反相】（该命令不打开对话框）。图像反相后的效果如图 4-74 所示。

4.5.13　阈值

“阈值”命令可将灰度或彩色图像转换为高对比度的黑白图像，是制作黑白插画的有效方法。其实质是：以某个色阶为参照（阈值），图像中所有比该色阶亮的像素转换为白色；而所有比该色阶暗的像素转换为黑色。举例如下。

图 4-73 素材图像

图 4-74 反相效果

步骤 1 打开素材图像“实例 04\插画.jpg”，如图 4-75 所示。

图 4-75 素材图像

步骤 2 选择菜单命令【图像】|【调整】|【阈值】，弹出【阈值】对话框，如图 4-76 所示。对话框中显示出当前图像亮度等级的直方图。

步骤 3 拖动直方图下面的三角滑块或直接在【阈值色阶】文本框中输入数值，将参数设置为 177 左右。

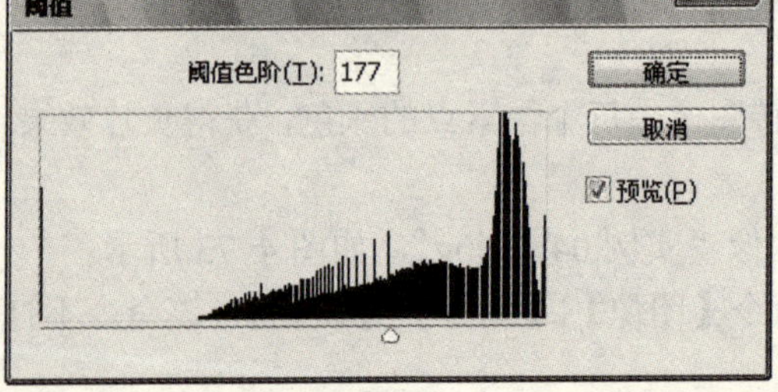

图 4-76 【阈值】对话框

步骤 4 单击【确定】按钮，关闭对话框。图像效果如图 4-77 所示。

图 4-77 图像调整效果

4.6 综合实例

4.6.1 色彩调整（一）

对素材图像“实例 04\落日.jpg”（如图 4-78 所示）进行色彩调整，处理成如图 4-79 所示的月夜美景（请参考“实例 04\落日（色彩调整 1）.jpg”）。

图 4-78 素材图像

图 4-79 月夜效果

主要技术看点：“黑白”、“曲线”和“可选颜色”命令。

步骤 1 打开“实例 04\落日.JPG”。

步骤 2 使用“黑白”命令将素材图像调整成暗蓝色调图像（在灰度图像上叠加暗蓝色，并适当提高“红”色和“黄”色对应区域的亮度）。参数设置如图 4-80 所示，调整效果如图 4-81 所示。

步骤 3 使用“椭圆选框工具”选择图中的圆形区域，如图 4-82 所示。

步骤 4 使用“曲线”命令调整选区内图像。参数设置如图 4-83 所示（选“蓝”色通道，将色调曲线右端点下移。这样可减少适量的蓝色成分，得到淡黄色月亮），调整效果如图 4-84 所示。

步骤 5 使用“可选颜色”命令调整选区内的青色。参数设置如图 4-85 所示，单击【确定】按钮，月亮中的树枝剪影变得清楚一些了。

步骤 6 取消选区，保存图像。

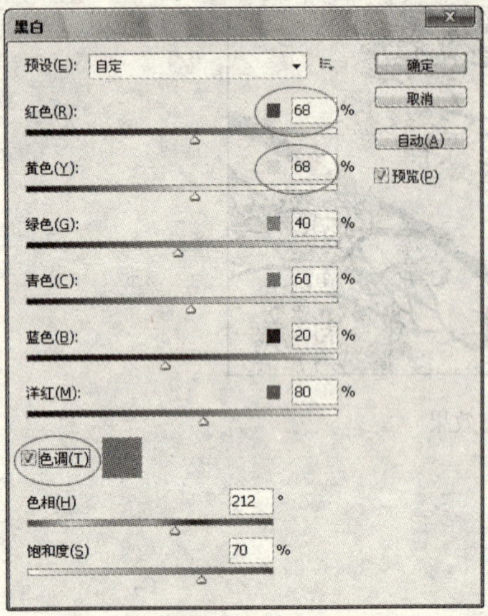

图 4-80 设置“黑白”对话框参数

图 4-81 色调图像效果

图 4-82 创建选区

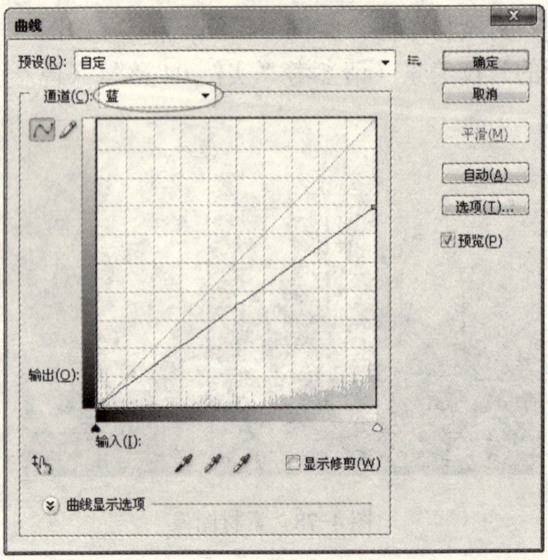

图 4-83 设置“曲线”对话框参数

图 4-84 “曲线”调整效果

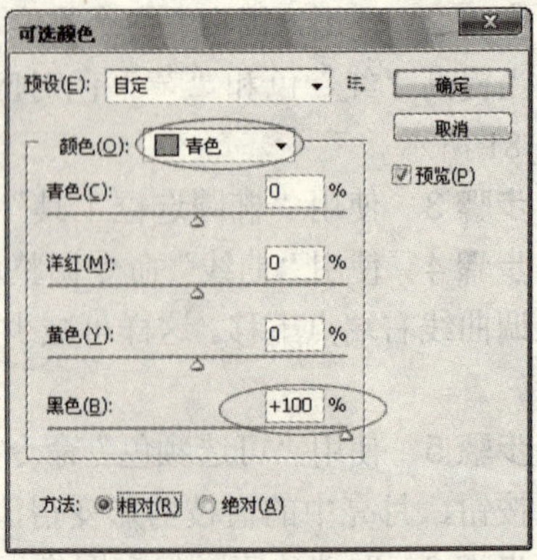

图 4-85 设置“曲线”对话框参数

4.6.2 色彩调整（二）

对素材图像“实例 04\落日 2.jpg”（如图 4-86 所示）进行色彩调整，处理成如图 4-87 所示的效果（请参考“实例 04\落日（色彩调整 2）.jpg”）。

图 4-86 素材图像

图 4-87 最终效果

主要技术看点：“反相”、“色阶”或“曲线”命令。

步骤 1 打开“实例 04\落日 2.JPG”。

步骤 2 选择菜单命令【图像】|【调整】|【反相】，得到如图 4-88 所示的效果。

步骤 3 使用“椭圆选框工具”选择图中的圆形区域，如图 4-89 所示。

图 4-88 反相效果

图 4-89 创建选区

步骤 4 选择菜单命令【图像】|【调整】|【色阶】，打开【色阶】对话框。

步骤 5 首先选择“红”色通道，将输出色阶的黑色滑块向右拖移一定距离，如图 4-90 所示（相当于提高红色通道中灰度图像的亮度）。这样可在选区内增加较多的红色成分，如图 4-91 所示（选区内图像的黑色部分变成红色）。

步骤 6 再选择“绿”色通道，设置输入色阶与输出色阶的参数如图 4-92 所示（相当于提高绿色通道中灰度图像的亮度）。这样可在选区内同时增加较多的绿色成分，如图 4-93 所示（选区内图像的红色部分混入绿色后，变成黄色）。

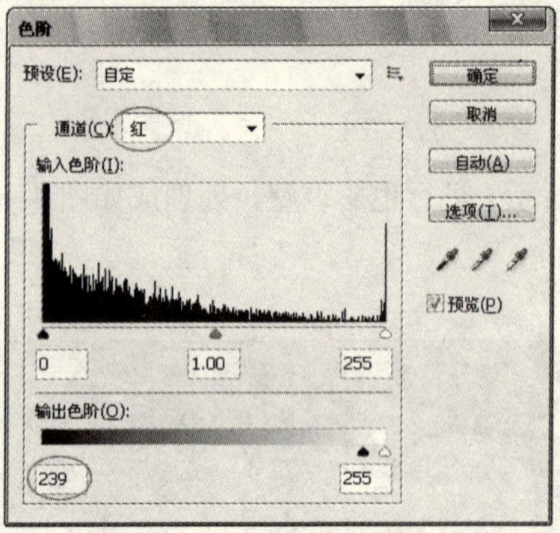

图 4-90 调整红色通道

图 4-91 红色通道修改后的图像效果

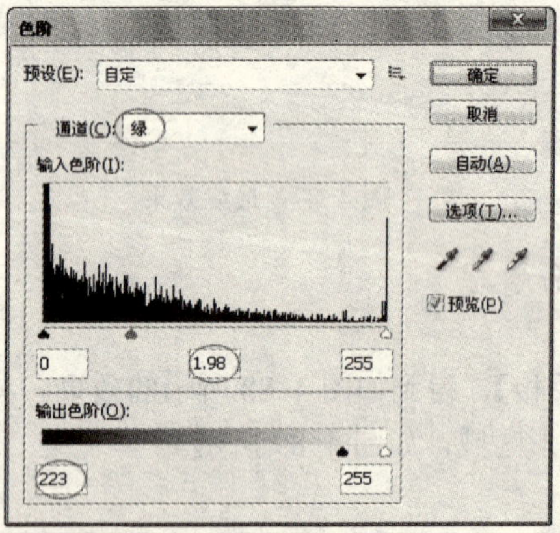

图 4-92 调整绿色通道

图 4-93 绿色通道修改后的图像效果

步骤 7 单击【确定】按钮，关闭【色阶】对话框。取消选区，保存图像。

4.7 小结

本章主要介绍了以下内容。

- 色彩的基本知识。介绍了三原色、颜色的三要素、颜色的对比度和色调等色彩基本概念。
- 颜色模式及其相互转换。颜色模式是 Photoshop 用于组织图像颜色信息的方式。要求了解各种颜色模式的不同用途，并掌握其相互转换的方法。透明背景图像的输出是颜色模式转换的一个实际应用。
- 色彩调整。这是本章重点。讲述了“色阶”、“曲线”、“色相/饱和度”、“亮度/对比度”和“可选颜色”等多种颜色调整方法。应在实践的基础上尽量多掌握一些颜色调整的方法，多多益善。

4.8 习题

一、选择题

1. 关于图像的色彩模式，不正确的说法是__________。

A. RGB 颜色模式是大多数显示器所采用的颜色模式

B. CMYK 颜色模式由青（C）、洋红（M）、黄（Y）和黑（K）组成，主要用于彩色印刷领域

C. 位图模式的图像由黑、白两色组成，而灰度模式则由 256 级灰度颜色组成

D. HSB 模式是 Photoshop 的标准颜色模式，也是 RGB 模式向 CMYK 模式转换的中间模式

2. 以下说法不正确的是＿＿＿＿＿＿。

A. 当把图像转换为另一种颜色模式时，图像中的颜色值将被永久性地更改

B. 尽可能在图像的原颜色模式下把图像编辑处理好，最后再进行模式转换

C. 在转换模式之前请务必保存包含所有图层的原图像的副本，以便在日后必要时还能够打开图像的原版本进行编辑

D. 当颜色模式更改后，图层混合模式之间的颜色相互作用并未被更改。因此，在转换之前没有必要拼合图像的所有图层

3. 以下说法正确的是＿＿＿＿＿＿。

A. “色阶”命令主要从暗调、中间调和高光三个方面校正图像的色调范围和色彩平衡

B. 使用“色阶”命令调整图像不如使用“曲线”命令那样精确，很难产生较好的视觉效果

C. 使用“曲线”命令可以调整图像中 0～255 色调范围内任何一点的颜色。因此在色调曲线上能够添加任意多个控制点

D. 使用“亮度/对比度”命令可以对图像的不同色调范围分别进行快速而简单的调整

4. 以下说法正确的是＿＿＿＿＿＿。

A. 执行“去色”命令之后，彩色图像中每个像素的饱和度值被设置为 0，只保持亮度值不变；此时彩色图像将转变成灰度模式的图像

B. “反相”命令可以反转图像中每个像素点的颜色

C. “替换颜色”命令可以根据指定的颜色在图像的相关区域创建一个临时性的蒙版，然后通过调整色相、饱和度和亮度把蒙版区域的颜色替换掉

D. “阴影/高光”命令主要用于调整图像的明暗度，使整幅图像都变亮或变暗

二、填空题

1. 自然界中的颜色可分为＿＿＿＿＿和＿＿＿＿＿两大类。

2. 光的三原色是＿＿＿、＿＿＿、＿＿＿；颜料的三原色是＿＿＿、＿＿＿、＿＿＿。

3. 颜色的三要素是指＿＿＿＿＿、＿＿＿＿＿和＿＿＿＿＿。

4. 颜色的对比是指从两种或两种以上的色彩中比较出明显的差别来。这种差别主要表现在＿＿＿＿＿差别、＿＿＿＿＿差别、＿＿＿＿＿差别、＿＿＿＿＿差别和＿＿＿＿＿差别等方面。差别的程度用对比度来表示。

5. 在将彩色图像（如 RGB 模式、CMYK 模式、Lab 模式的图像等）转换为位图图像或双色调图像时，必须先转换为＿＿＿＿＿图像，然后才能作进一步的转换。

6. 在 Photoshop CS 4 中，支持透明色的文件格式有两种，分别是＿＿＿＿＿格式和＿＿＿＿＿格式；其中＿＿＿＿＿格式仅支持 256 色，＿＿＿＿＿格式支持真彩色。

三、操作题

1．利用色彩调整命令和素材图像“练习\老树.jpg”（如图 4-94 所示）制作如图 4-95 所示的黑白画效果。

图 4-94　素材图像

图 4-95　黑白插画

2．利用色彩调整命令和素材图像“练习\硬笔书法（原稿）.jpg”（如图 4-96 所示）制作如图 4-97 所示的效果。

提示：可使用反相、阈值等色彩调整命令进行调整。

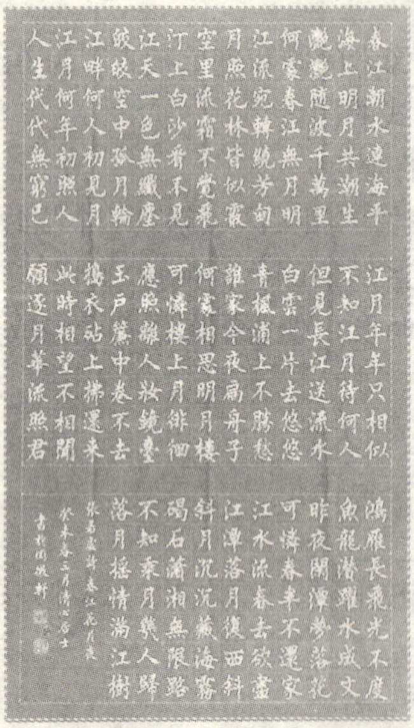

图 4-96　素材图像

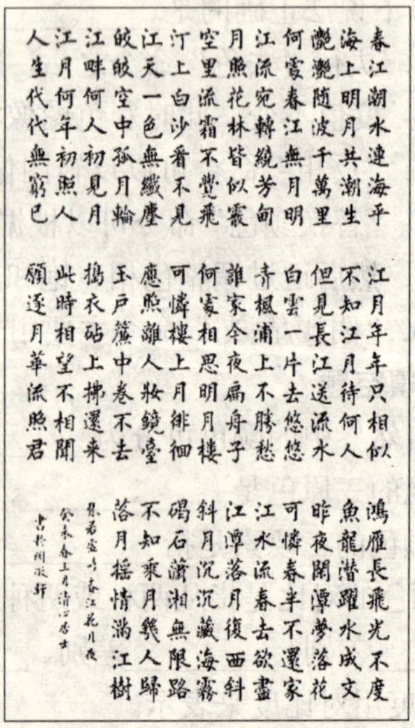

图 4-97　调整后效果

3．调整素材图像“练习\小树林.jpg”（如图 4-98 所示）的颜色，使画面更明亮，更清晰，彩度更高，如图 4-99 所示。

提示：可综合使用色阶、曲线、色相/饱和度、可选颜色等进行调整。调整后的效果可参考“练习\小树林（调色）.jpg”。

图4-98　素材图像

图4-99　调整后效果（参考）

第5章 滤　　镜

滤镜是 Photoshop 的一种特效工具，种类繁多，功能强大。滤镜操作方便，却可以使图像瞬间产生各种令人惊叹的特殊效果。其工作原理是：以特定的方式使像素产生位移，数量发生变化，或改变颜色值等，从而使图像出现各种各样的神奇效果。

滤镜的一般操作过程如下。

（1）选择要应用滤镜的图层、蒙版或通道。局部使用滤镜时，需要创建相应的选区。

（2）选择【滤镜】菜单下的有关滤镜命令。

（3）若弹出相应【滤镜】对话框，则需设置参数。然后单击【确定】按钮，将滤镜应用于目标图像。

（4）按 Ctrl+F 键，可重复使用上次滤镜（抽出、液化、消失点、图案生成器等除外）。

举例说明如下。

步骤 1　打开素材图像“实例 05\水仙 01.psd”，选择背景层，如图 5-1 所示。

图 5-1　选择目标图像

步骤 2　选择菜单命令【滤镜】|【渲染】|【镜头光晕】，打开【镜头光晕】对话框，参数设置如图 5-2 所示（在对话框的图像预览区的任意位置单击，可确定镜头光晕的位置）。

步骤 3　单击【确定】按钮，关闭滤镜对话框。滤镜效果如图 5-3 所示。

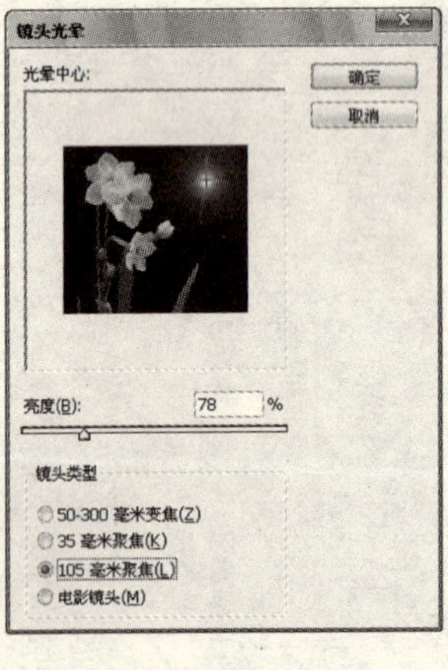

图 5-2　设置滤镜参数

图 5-3　滤镜效果

步骤 4　按 Ctrl+F 键，或选择【滤镜】菜单顶部的命令，重复使用上一次的滤镜。滤镜效果得到加强，如图 5-4 所示。

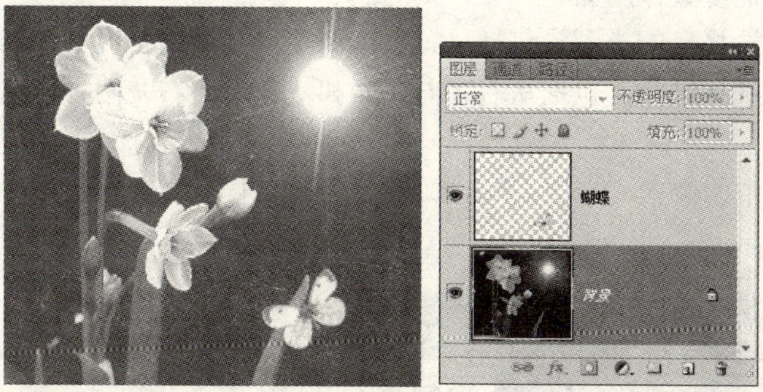

图 5-4　重复使用上一次滤镜

5.1　Photoshop CS4 常规滤镜

Photoshop CS4 提供了 13 个常规滤镜组，分别是风格化、模糊、扭曲、渲染、杂色、纹理、锐化、画笔描边、素描、艺术效果、像素化、视频、其他。每个滤镜组都包含若干滤镜，共一百多个。

5.1.1　风格化滤镜组

风格化滤镜组通过置换像素和查找并增加图像的对比度，产生印象派或其他画派风格的绘画效果。下面以“实例 05\水仙 02.jpg”为素材图像（如图 5-5 所示），介绍其中主要滤镜的用法。

1. 风

通过在图像中创建细小的水平线，产生不同类型的风的效果。参数设置及滤镜效果如图 5-6 所示。

图 5-5　素材图像

图 5-6　风滤镜的参数设置及效果

在【风】对话框中，当图像预览窗中不能显示全部图像内容时，鼠标在预览窗口中拖动（指针呈状），可将隐藏的图像拖移出来。单击图像预览窗下面的或按钮，可放大或缩小预览图像。其他参数作用如下。

【方法】：用于选择风的类型，包括风、大风和飓风三种，强度依次增大。

【方向】：用于选择风向，包括从右（向左）和从左（向右）两种方向。

2. 扩散

用于搅乱图像中的像素，产生在湿的画纸上绘画所形成的油墨扩散效果。参数设置及滤镜效果如图 5-7 所示。

图 5-7 扩散滤镜的参数设置及效果

【正常】：使图像中所有的像素都随机移动，形成扩散效果。

【变暗优先】：用较暗的像素替换较亮的像素。

【变亮优先】：用较亮的像素替换较暗的像素。

【各向异性】：图像中亮度不同的像素在各个方向上相互渗透，形成模糊效果。

3. 浮雕效果

用于将图像的填充色转换为灰色，并使用原填充色描绘图像中的边缘像素，产生在石板上雕刻的效果。参数设置及滤镜效果如图 5-8 所示。

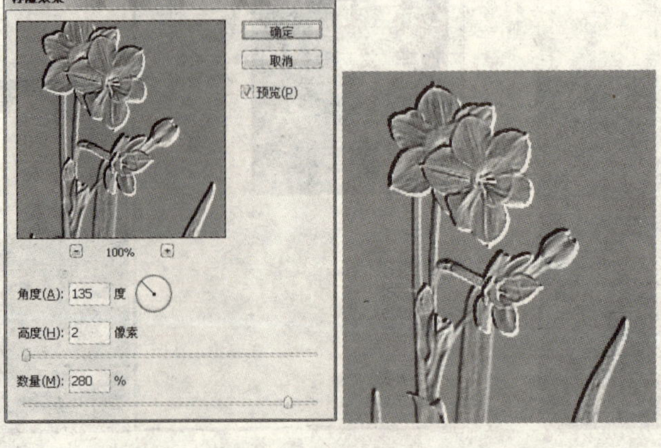

图 5-8 浮雕效果滤镜的参数设置及效果

【角度】：控制画面的受光方向。取值范围为-360°～360°。

【高度】：控制浮雕效果的凸凹程度，取值范围为1～100之间的整数。

【数量】：控制滤镜的作用范围及浮雕效果的颜色值变化。取值范围为1%～500%。

除了风、扩散和浮雕效果滤镜外，风格化滤镜组还包括查找边缘、等高线、拼贴、曝光过度、凸出和照亮边缘等滤镜。

5.1.2 模糊滤镜组

模糊滤镜组通过降低对比度产生模糊效果，消除或减弱杂色，使图像显得比较柔和。

1. 动感模糊

用于以特定的方向和强度对图像进行模糊，产生类似于运动对象的残影效果。多用于为静态物体营造运动的速度感。

以素材图像“实例 05\白天鹅.jpg”（如图 5-9 所示）为例，动感模糊滤镜的参数设置及滤镜效果如图 5-10 所示。

图 5-9 素材图像

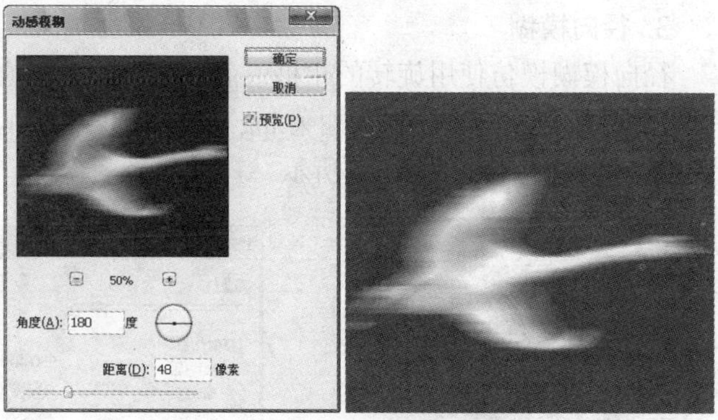

图 5-10 动感模糊滤镜的参数设置及效果

【角度】：设置动感模糊的方向，取值范围为-360°～360°。

【距离】：设置动感模糊的强度，取值范围为1～999。数值越大越模糊。

2. 高斯模糊

通过设置模糊半径，控制图像的模糊程度。模糊“半径”的取值范围为0.1～250，数值越大，图像越模糊。

打开素材图像 “实例 05 \别墅.psd”，选择背景层，如图 5-11 所示。

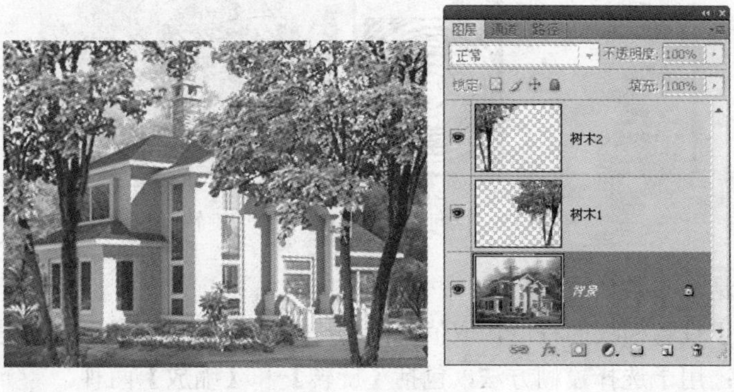

图 5-11 素材图像

添加高斯模糊滤镜，其参数设置及滤镜效果如图 5-12 所示。画面中的房屋模糊了，好像离我们远了一些。

图 5-12　高斯模糊滤镜的参数设置及图像效果

3. 径向模糊

径向模糊模仿使用旋转的相机或前后移动的相机拍摄所产生的模糊效果。

以素材图像“实例 05\大丽菊.jpg”（如图 5-13 所示）为例，径向模糊滤镜的参数设置及滤镜效果如图 5-14、图 5-15 所示。

图 5-13　素材图像

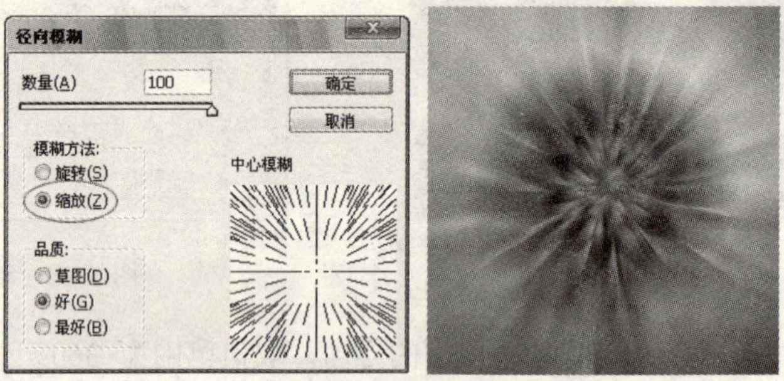

图 5-14　径向模糊滤镜用法一（缩放）

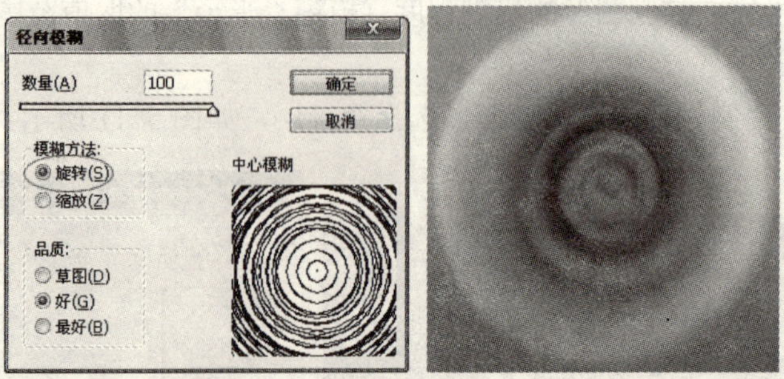

图 5-15　径向模糊滤镜用法二（旋转）

径向模糊对话框参数如下。

【数量】：用于设置模糊的程度，取值范围是 1～100。数值越大，模糊程度越大。

【模糊方法】：用于选择模糊方法，包括【旋转】和【缩放】两种。

【品质】：用于选择模糊效果的品质，包括【草图】、【好】和【最好】三种。

【中心模糊】：通过在模糊中心预览框内单击鼠标，改变模糊的中心位置。

4. 特殊模糊

特殊模糊通过半径、阈值等参数控制模糊的范围，对图像进行精确地模糊。其对话框参数如下。

【半径】：设置滤镜搜索要模糊的不同像素的距离。

【阈值】：设置像素值的差别达到何种程度时才将其消除。

【品质】：选择模糊品质，包括【低】、【中】和【高】三种。

【模式】：选择特殊模糊的形式，包括【正常】、【仅限边缘】和【叠加边缘】三种。

- 【正常】：对整个图像应用模式。
- 【仅限于边】：仅为边缘应用模式。在对比度显著之处生成黑白混合的边缘。
- 【叠加边缘】：在颜色转变的边缘应用模式，但仅在对比度显著之处生成白边。

以素材图像“实例 05\人物素材 4.jpg”（如图 5-16 所示）为例，特殊模糊滤镜的参数设置如图 5-17 所示，滤镜效果如图 5-18 所示。

图 5-16　素材图像

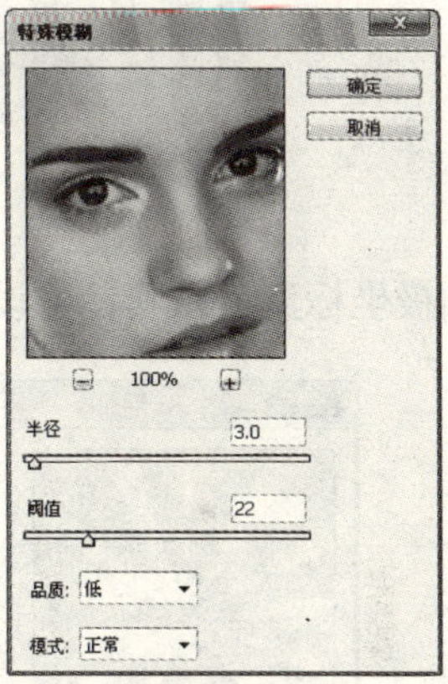

图 5-17　特殊模糊滤镜的参数设置

在本例中，由于未创建选区，整个图像都被模糊了。最后可使用历史记录画笔工具在人物的头发、眼睛、眉毛和背景等处涂抹，恢复到模糊前的状态。还可以使用涂抹工具在皮肤上颜色过渡不自然的地方适当涂抹以均合颜色。这样既美化了皮肤，又保持了整个场景的清晰感，是人物美化处理常用的方法，如图 5-19 所示。

图 5-18　特殊模糊滤镜效果

图 5-19　还原部分图像

除了动感模糊、高斯模糊、径向模糊和特殊模糊滤镜外，模糊滤镜组还包括镜头模糊、表面模糊、方框模糊、模糊、进一步模糊、平均和形状模糊等滤镜。

5.1.3 扭曲滤镜组

扭曲滤镜组通过对图像进行几何扭曲，创建各种变形效果。在该组滤镜中，玻璃、海洋波纹和扩散亮光滤镜是通过一个称为滤镜库的滤镜插件来设置参数的。

1. 极坐标

“极坐标”用于将图像从直角坐标系转换到极坐标系，或从极坐标系转换到直角坐标系。

打开素材图像“实例 05\礼物.psd”，选择背景层，如图 5-20 所示。

图 5-20 素材图像

添加极坐标滤镜，其参数设置及滤镜效果如图 5-21 和图 5-22 所示。

图 5-21 从平面坐标到极坐标

图 5-22 从极坐标到平面坐标

2. 水波

模仿水面上的环形水波效果，一般应用于图像局部。

打开素材图像“实例 05\人物素材 05.jpg”，创建如图 5-23 所示的矩形选区。设置水波滤镜的参数如图 5-24 所示，滤镜效果如图 5-25 所示（选区已取消）。

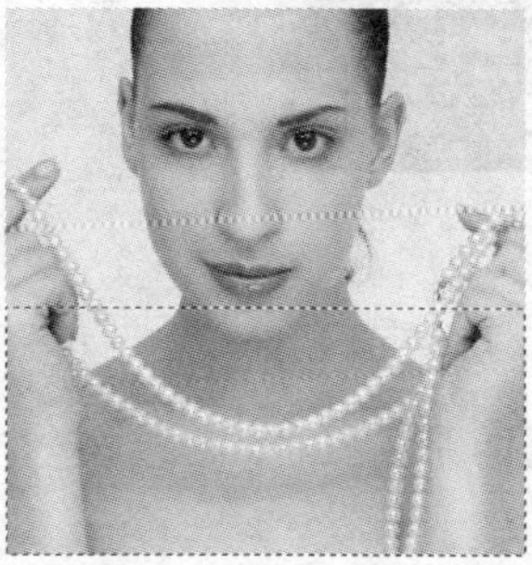

图 5-23　创建选区

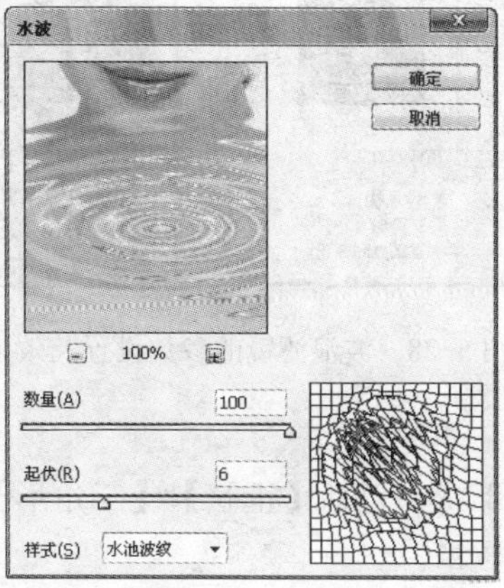

图 5-24　参数设置

图 5-25　滤镜效果

水波滤镜的参数如下。

【数量】：设置波纹的数量。取值范围为-100～100。

【起伏】：设置水波的波长和振幅。

【样式】：用于选择水波的类型，包括围绕中心、从中心向外和水池波纹三种。

3. 波纹

“波纹”用于模仿水面上的波纹效果。以素材图像“实例 05\吊兰.jpg”（如图 5-26 所示）为例，波纹滤镜的参数设置及滤镜效果如图 5-27 所示。

图 5-26　素材图像

图 5-27　波纹滤镜的参数设置及效果

【数量】：设置波纹的数量（-999～+999）。绝对值越大，波纹数量越多。

【大小】：选择波纹的大小类型，包括【小】、【中】和【大】三种。

4. 波浪

“波浪”用于模仿各种形式的波浪效果。仍以素材图像“实例 05\吊兰.jpg”为例，波浪滤镜的参数设置及滤镜效果如图 5-28 所示。

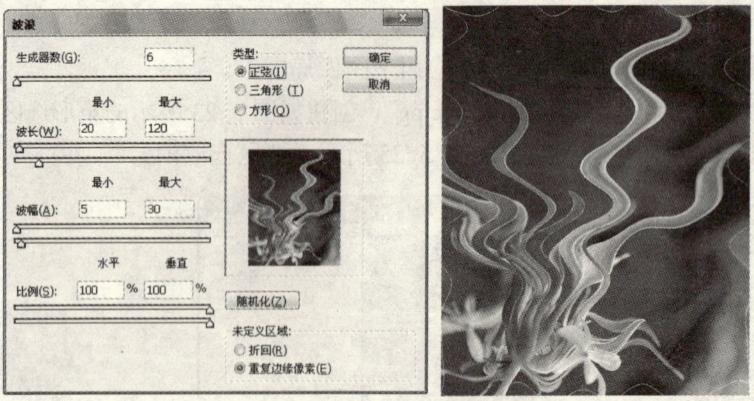

图 5-28 波浪滤镜的参数设置及效果

波浪滤镜的参数如下。

【类型】：用于选择波浪的形状，包括【正弦】、【三角形】和【方形】三种。

【生成器数】：设置波浪的数量。

【波长】：设置波长的最小值和最大值。

【波幅】：设置波浪振幅的最小值和最大值。

【比例】：设置图像在水平和竖直方向扭曲变形的缩放比例。

【随机化】：单击该按钮，将根据上述参数随机产生波浪效果。

【未定义区域】：用扭曲边缘的像素填充溢出图像的区域。

5. 切变

“切变”使图像产生曲线效果的扭曲变形。以素材图像“实例 05\建筑.jpg”（如图 5-29 所示）为例，切变滤镜的参数设置及滤镜效果如图 5-30 所示。

在【切变】对话框的曲线方框内，直接拖动线条；或先在线条上单击增加节点，再拖动节点，都可以改变曲线的形状。单击【默认】按钮，曲线将恢复为默认的直线形状。其他参数作用如下。

【折回】：用图像的对边内容填充溢出图像的区域。

【重复边缘像素】：用扭曲边缘的像素填充溢出图像的区域。

图 5-29 素材图像

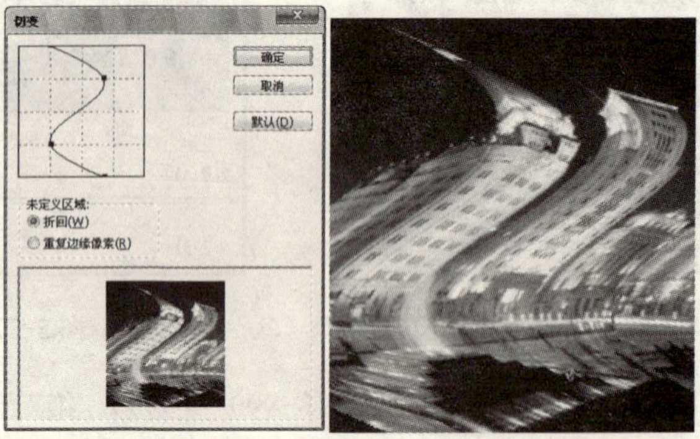

图 5-30 切变滤镜的参数设置及效果

6. 球面化

“球面化”使图像产生类似球体或圆柱体的凸出或凹陷效果。仍以“实例 05\建筑.jpg”

（如图 5-29 所示）为例，球面化滤镜的参数设置及滤镜效果如图 5-31 所示。

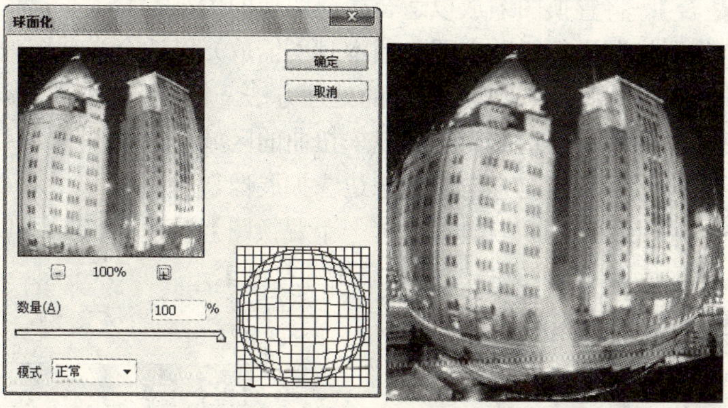

图 5-31 球面化滤镜的参数设置及效果

球面化滤镜的参数如下。

【数量】：控制球面变形的程度。取值范围为-100%～+100%。正值凸出，负值凹陷。绝对值越大，变形越明显。

【模式】：用于选择变形方式，包括【正常】、【水平优先】和【垂直优先】三种。

➮【正常】：从垂直和水平两个方向挤压对象，图像中央呈现球面隆起或凹陷效果。

➮【水平优先】：仅在水平方向挤压图像，图像呈现竖直圆柱形隆起或凹陷效果。

➮【垂直优先】：仅在垂直方向挤压图像，图像呈现水平圆柱形隆起或凹陷效果。

7. 置换

根据置换图上像素的明暗程度对所作用的目标图像实施变形。置换图上越暗的地方，作用到目标图像后，目标图像上对应位置的像素向右下方的位移越大。置换图上越亮的地方，目标图像上对应位置的像素向左上方的位移越大。所谓“置换图”是指*.psd 类型的图像文件。其用法举例如下。

步骤 1 打开“实例 05\水果 01.jpg”，如图 5-32 所示。

步骤 2 选择菜单命令【滤镜】|【扭曲】|【置换】，打开【置换】对话框，设置参数如图 5-33 所示。

图 5-32 素材图像

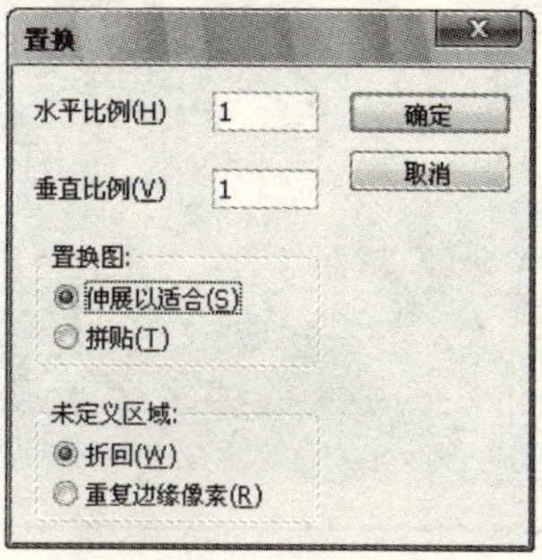

图 5-33 【置换】对话框

置换滤镜对话框中各参数如下。

【水平比例】：设置置换图在水平方向的缩放比例。

【垂直比例】：设置置换图在垂直方向的缩放比例。

【置换图】：当置换图与当前图像的大小不符时，选择置换图适合当前图像的方式。

- 【伸展以适合】：将置换图缩放以适合当前图像的大小。
- 【拼贴】：将置换图进行拼贴（置换图本身不缩放）以适合当前图像的大小。

【未定义区域】：选择图像中未变形区域的处理方法。包括折回和重复边缘像素两种。

- 【折回】：用图像中另一边的内容填充未扭曲的区域。
- 【重复边缘像素】：按指定方向沿图像边缘扩展像素的颜色。

步骤 3　单击【确定】按钮，打开【选择一个置换图】对话框，选择“实例 05\ 黑白渐变.PSD”（如图 5-34 所示）作为置换文件，单击【打开】。

结果水果图像被置换，如图 5-35 所示。

图 5-34　置换图

图 5-35　置换结果

8. 玻璃

“玻璃”用于模仿透过不同类型的玻璃观看图像的效果。在 Photoshop CS4 中，玻璃滤镜仅对 RGB 颜色、灰度和双色调模式的图像有效。玻璃滤镜是通过滤镜库插件来设置参数的，如图 5-36 所示。玻璃滤镜参数区的各参数如下。

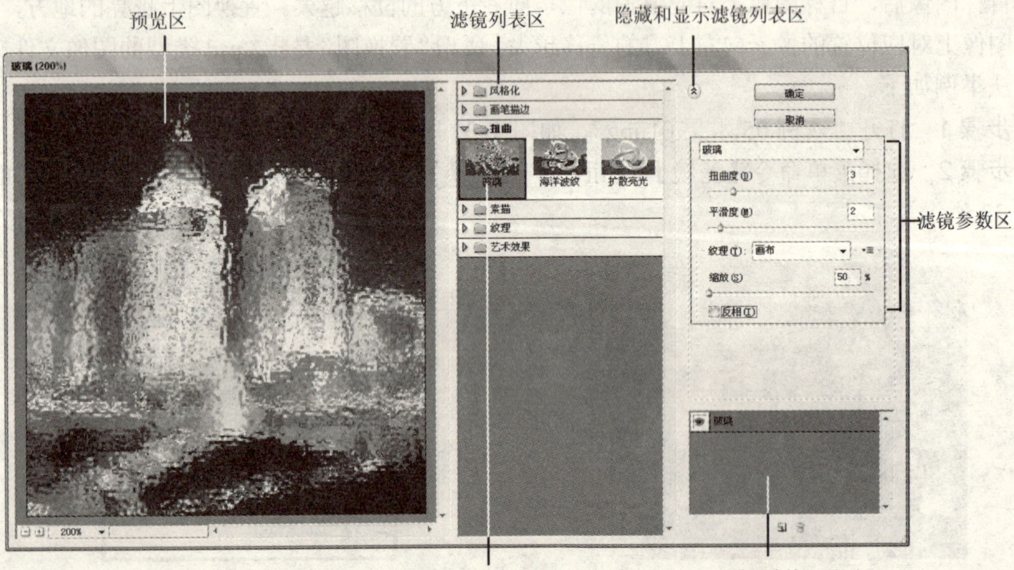

图 5-36　通过滤镜库插件设置玻璃滤镜参数

【扭曲度】：控制图像的变形程度。

【平滑度】：控制滤镜效果的平滑程度。

【纹理】：选择一种预设的纹理类型或载入自定义的纹理类型（*.psd 类型的文件）。

【缩放】：控制纹理的缩放比例。

【反相】：使玻璃效果的凸部与凹部对换。

仍以“实例 05\建筑.jpg”（如图 5-29 所示）为例，预设纹理的玻璃滤镜效果如图 5-37、图 5-38、图 5-39 和图 5-40 所示。

图 5-37 块状

图 5-38 画布

图 5-39 磨砂

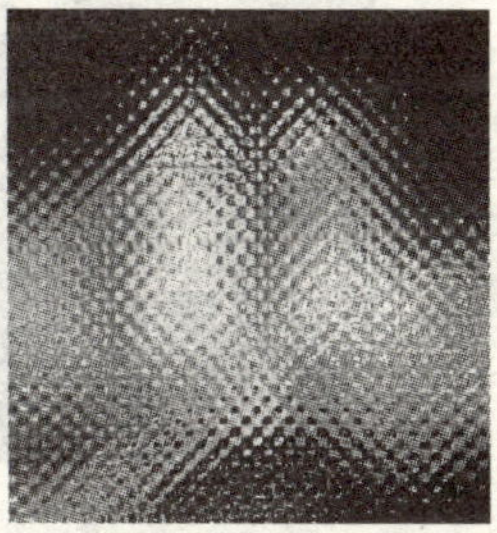

图 5-40 小镜头

在【玻璃】滤镜对话框中，单击【纹理】下拉菜单右侧的按钮 ≡，从弹出的菜单中选择【载入纹理】，打开【载入纹理】对话框，选择素材图像“实例 05 \纹理.PSD”（如图 5-41 所示），得到如图 5-42 所示的效果。

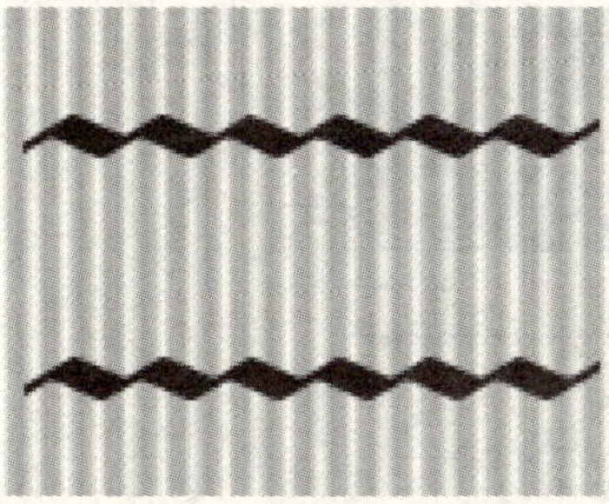

图 5-41 纹理.PSD

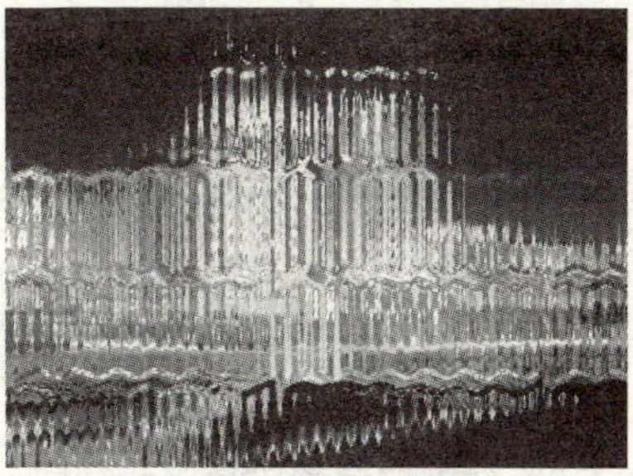

图 5-42 载入纹理的玻璃滤镜效果

除了上述滤镜外，扭曲滤镜组还包括旋转扭曲、海洋波纹、扩散亮光、挤压等滤镜。

5.1.4 渲染滤镜组

渲染滤镜组在图像上产生云彩、纤维、镜头光晕和光照等效果。其中镜头光晕和光照效果等滤镜仅对 RGB 图像有效。

1. 镜头光晕

“镜头光晕”模仿像机拍摄时因亮光照射到镜头上而在相片中产生的折射效果。

本章开始已经领略过该滤镜的基本用法。以下进一步学习如何将光晕精确定位于图像的某一点上。

步骤 1 打开素材图像“实例 05\小镇.jpg”，如图 5-43 所示。

步骤 2 显示【信息】面板，从其面板菜单中选择【面板选项】命令，打开【信息面板选项】对话框。将鼠标坐标的标尺单位设置为“像素”，如图 5-44 所示。单击【确定】按钮。

步骤 3 光标移到素材图像上路灯最上面的灯泡中心位置。从信息面板上读取此时的鼠标位置坐标大致为（266，110），如图 5-45 所示。记下该数值。

图 5-43 素材图像

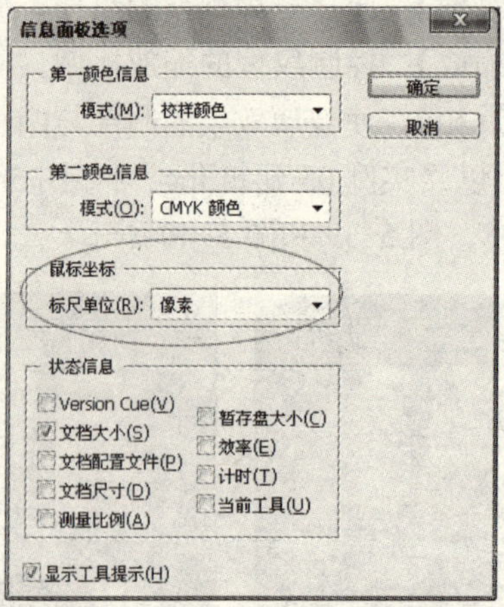

图 5-44 修改信息面板选项

步骤 4 选择菜单命令【滤镜】|【渲染】|【镜头光晕】，打开【镜头光晕】对话框，参数设置如图 5-46 所示。

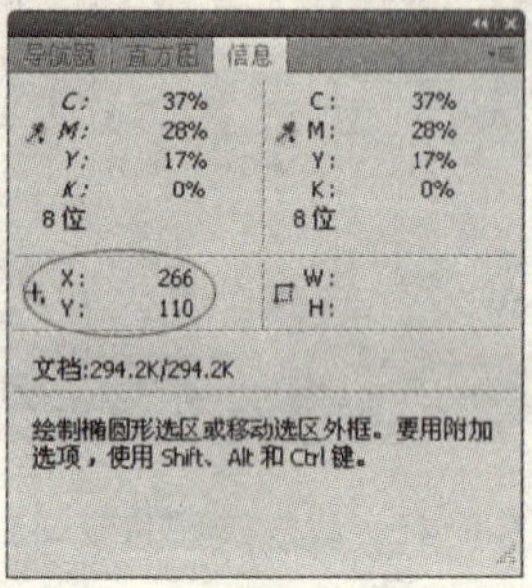

图 5-45 读取指定位置的坐标

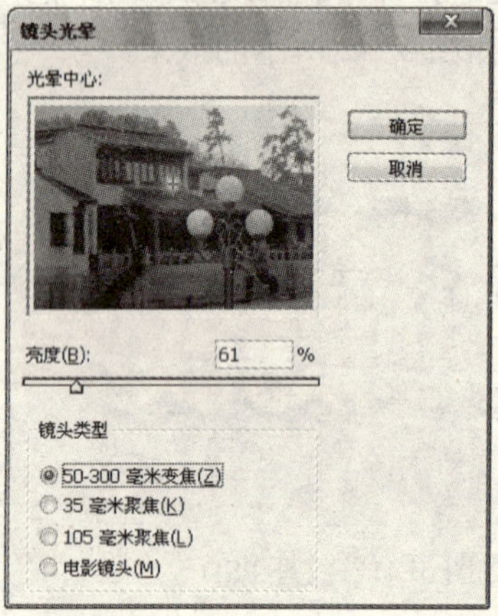

图 5-46 【镜头光晕】对话框

步骤 5 按 Alt 键在对话框的滤镜效果预览区单击，弹出【精确光晕中心】对话框，输入步骤 3 记下的坐标值。单击【确定】按钮，返回【镜头光晕】对话框。

步骤 6 单击【确定】按钮，关闭【镜头光晕】对话框。滤镜效果如图 5-48 所示。

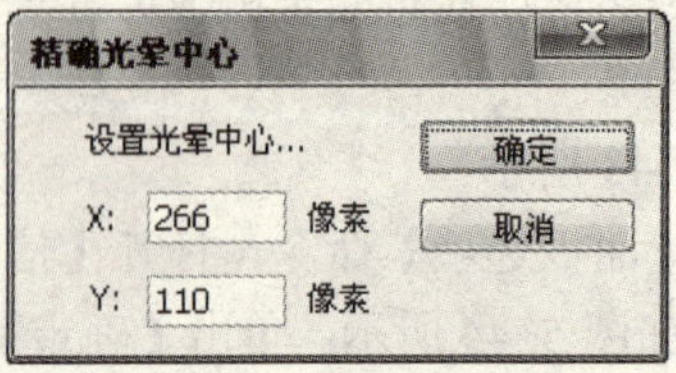

图 5-47 输入光晕的精确坐标

图 5-48 添加滤镜后的图像

步骤 7　用同样的方法为其他两只灯泡加上亮光，如图 5-49 所示。

图 5-49　图像最终效果

2. 光照效果

在 RGB 图像上模拟各种光照效果。以“实例 05\孔雀舞.jpg”（如图 5-50 所示）为例，【光照效果】滤镜的参数设置及滤镜效果如图 5-51 所示。

图 5-50　素材图像

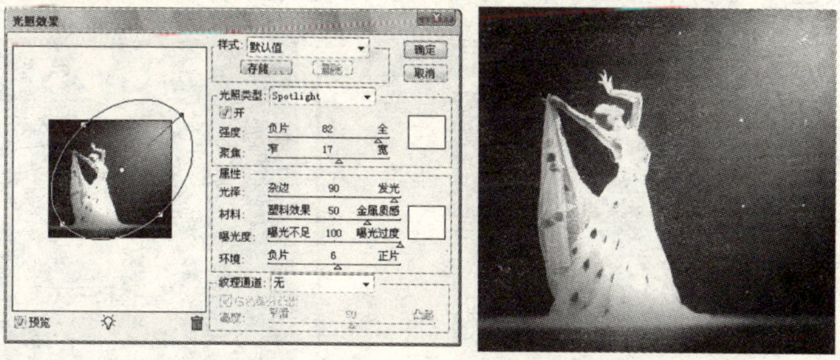

图 5-51　【光照效果】滤镜的参数设置及效果

光照效果滤镜对话框参数如下。

【样式】：用于选择光源的不同风格。

【光照类型】：用于选择不同的光照类型，包括【平行光】、【全光源】和【点光源】三种。

【开】：控制光源的开关。

【强度】：控制光照强度。取值范围为-100～100。数值越大，光线越强。取负值时，光源不仅不发光，还吸收光。单击右侧颜色框可以选择光照颜色。

【聚焦】：控制主光区与衰减光区的大小。数值越大，主光区面积越大，而衰减光区越小。该选项仅适用于点光源。

【光泽】：控制受光对象表面反射光的多少。数值越大，越明亮。

【材料】：设置反射率的高低。塑料反射光的颜色，金属反射对象的颜色。

【曝光度】：取值范围为-100～100。正值增加光照，负值减少光照。

【环境】：控制环境光的强弱。数值越大，环境光越强。单击右侧颜色框可以选择环境光的颜色。

【纹理通道】：设置纹理填充的颜色通道。选择【无】，不产生纹理效果。

【白色部分凸起】：勾选该项，将通道图像的亮区作为凸出纹理；否则将暗区作为凸出纹理。

【高度】：控制纹理的高度。数值越大，纹理越凸出。

按钮：将按钮拖放到光照效果预览区可增加新光照。通过拖动光照的控制手柄，可调整光照的位置、方向和强度等特性。

按钮：将光照控制手柄中央的小圆圈拖动到按钮上可删除光照（最后一个光照无法删除）。

3. 云彩

从前景色和背景色之间随机获取像素的颜色值，生成柔和的云彩图案，将原图像取代。按 Alt 键选择云彩滤镜，可生成色彩分明的云彩图案。与其他滤镜不同的是，云彩滤镜可以作用在不包含任何像素的透明图层上。

4. 分层云彩

从前景色和背景色之间随机获取像素的颜色值，生成云彩图案，并将云彩图案和原图像混合。最终效果相当于将云彩滤镜产生的图案以差值混合模式叠加在原图像上。

5. 纤维

使用前景色和背景色创建编织纤维的外观效果，取代原图像。若选择合适的前景色和背景色，可制作木纹效果。【纤维】滤镜的参数设置及滤镜效果如图 5-52 所示。

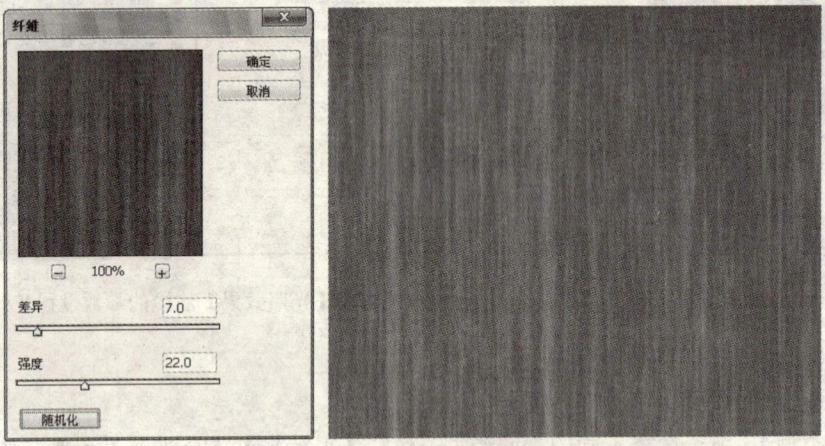

图 5-52 纤维滤镜的参数设置及效果

【差异】：控制纤维条纹的长短。值越小，对比度越小，条纹越长；值越大，对比度越大，条纹越短，且颜色分布变化越多。

【强度】：控制纤维的硬度。低强度产生展开的纤维；高强度产生拉紧的丝状纤维。

【随机化】：单击该按钮可随机更改纤维的外观；可多次单击直到获得满意的效果。

5.1.5 杂色滤镜组

杂色滤镜组可以在图像上添加杂色，创建颗粒状的纹理效果；还能够减弱或移除图像中的瑕疵，如灰尘和划痕等。

“添加杂色”将随机像素应用于图像，生成杂点效果，可以使模糊或经过明显修饰的图像看起来更真实。以下举例说明其用法。

步骤 1 打开素材图像“实例 05\兰花.jpg”，如图 5-53 所示。

步骤 2 新建图层 1，填充黑色，如图 5-54 所示。

图 5-53　素材图像

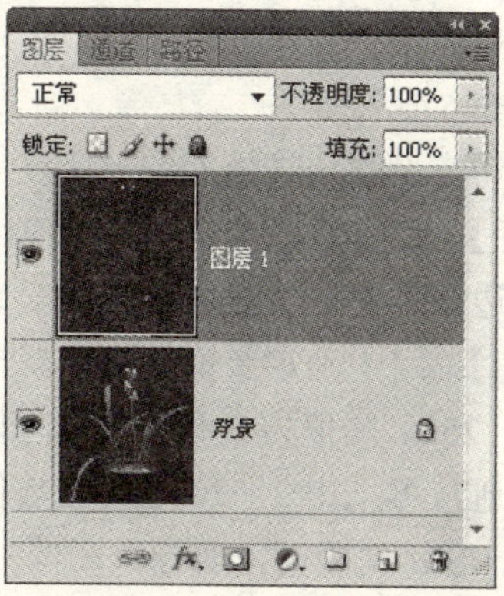

图 5-54　新建图层

步骤 3　在图层 1 上应用“添加杂色”滤镜，参数设置如图 5-55 所示。

步骤 4　将图层 1 的图层混合模式设置为颜色减淡。结果图像效果如图 5-56 所示，形成了类似下雪的效果。

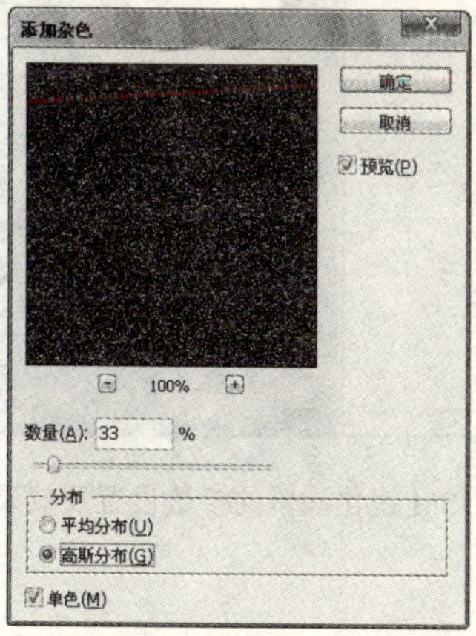

图 5-55 【添加杂色】对话框

图 5-56　最终图像效果

添加杂色滤镜对话框的参数如下。

【数量】：控制杂点数量。数值越大，杂点越多。

【平均分布】：使用随机数值分布杂色的颜色值以获得细微效果。

【高斯分布】：沿高斯曲线分布杂色的颜色值以获得斑点状的效果。

【单色】：勾选该项，可生成单色杂点；否则，生成彩色杂点。

除了添加杂色滤镜外，该组还包括减少杂色、蒙尘与划痕、去斑和中间值等滤镜。

5.1.6　锐化滤镜组

锐化滤镜组通过增加相邻像素的对比度，特别是加强对画面中边缘的定义，使图像变得更加清晰。

1. USM 锐化

USM 锐化滤镜锐化图像时并不检测图像中的边缘，而是按指定的阈值查找值不同于周围像素的像素，并按指定的数量增加这些像素的对比度，以达到锐化图像的目的。

以“实例 05\水仙 02.jpg”（如图 5-57 所示）为例，【USM 锐化】滤镜的参数设置及滤镜效果如图 5-57 所示。

【数量】：设置边缘像素的对比度。数值越大，边缘像素的对比度越大，锐化越明显。

【半径】：设置边缘像素周围受锐化影响的像素数量。取值范围为 0.1～250。数值越大，受影响的边缘越宽，锐化效果越明显。通常取 1～2 之间的数值时锐化效果比较理想。

【阈值】：用于确定要锐化的像素与周围像素的对比度至少相差多少时，才被锐化。取值范围为 0～255。阈值为 0 时将锐化图像中的所有像素，而阈值较高时仅锐化具有明显差异边缘像素。通常可采用 2～20 之间的数值。

使用 USM 滤镜时，若导致图像中亮色过于饱和，可在锐化前将图像转换为 Lab 模式，然后仅对图像的 L 通道应用滤镜。这样即可锐化图像，又不至于改变图像的颜色。

另外，在【USM 锐化】滤镜对话框的预览窗内，按下鼠标左键不放，可查看到图像未锐化时的效果。

图 5-57　素材图像

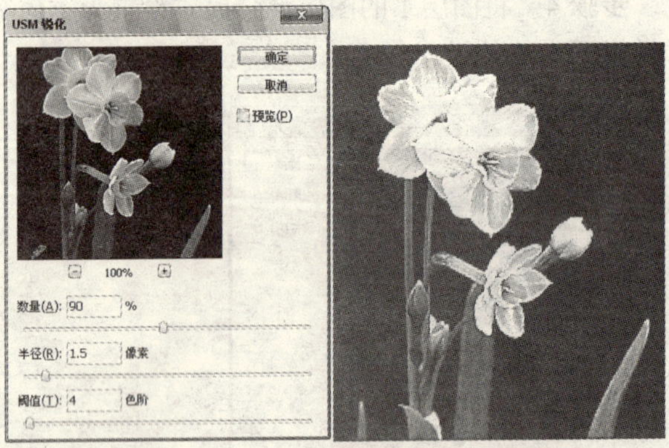

图 5-58　USM 锐化滤镜的参数设置及效果

2. 智能锐化

智能锐化滤镜可以根据特定的算法对图像进行锐化，还可以进一步调整阴影和高光区域的锐化量。仍以“实例 05\水仙 02.jpg”为例，【智能锐化】滤镜的对话框如图 5-59 所示。参数如下。

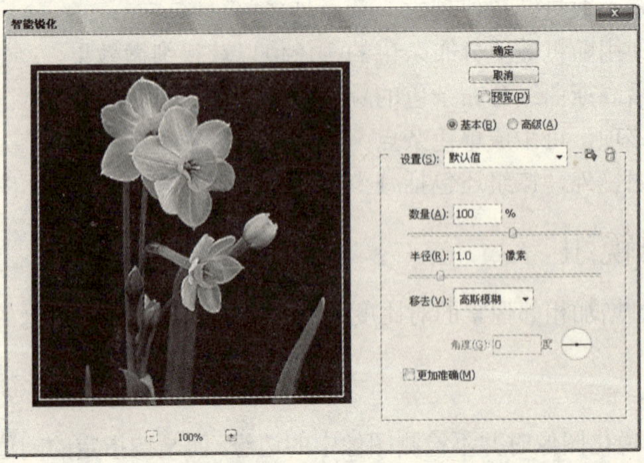

图 5-59 【智能锐化】滤镜对话框

【数量】：设置锐化量。数值越大，效果越明显。

【半径】：设置边缘像素周围受锐化影响的像素数量。数值越大，受影响的边缘越宽，锐化效果越明显。

【移去】：用于选择锐化算法，包括【高斯模糊】、【镜头模糊】和【动感模糊】三种算法。其中【高斯模糊】是 USM 锐化滤镜采用的算法。

【角度】：设置像素运动的方向（仅对动感模糊锐化算法有效）。

【更加准确】：勾选该项，可以更准确地锐化图像。

在【智能锐化】滤镜对话框中选择【高级】单选项，可切换到高级设置，进一步控制阴影和高光区域的锐化量，如图 5-60 所示。

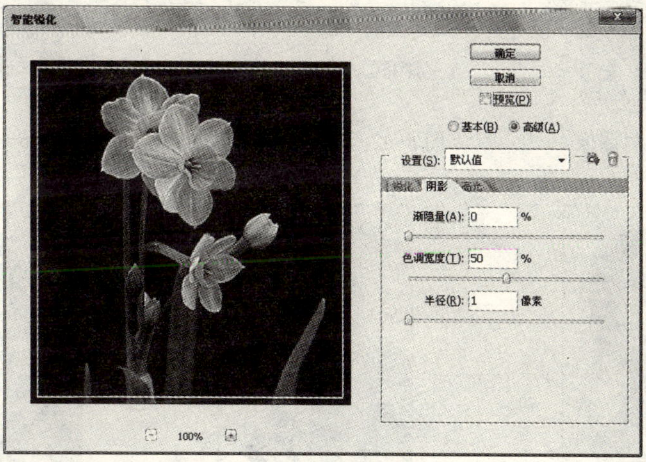

图 5-60　智能锐化的高级设置

【渐隐量】：调整阴影或高光区域的锐化量。数值越大，锐化程度越低。

【色调宽度】：控制阴影或高光区域的色调修改范围。数值越大，修改范围越大。

【半径】：定义阴影或高光区域的大小。通过半径的取值，可以确定某一像素是否属于阴影或高光区域的范围。

除了 USM 锐化滤镜和智能锐化滤镜外，锐化滤镜组还包括锐化、进一步锐化和锐化边缘等滤镜。

5.1.7　纹理滤镜组

在图像表面形成多种纹理，使图像表面具有深度感或物质感，形成某种组织结构的外观效果。该组滤镜包括龟裂缝、颗粒、马赛克拼贴、拼缀图、染色玻璃和纹理化 6 种滤镜，都是通过滤镜库使用的。这里主要介绍纹理化滤镜的用法。

步骤 1　打开素材图像"实例 05\人物素材 06.jpg"，如图 5-61 所示。

步骤 2　选择菜单命令【滤镜】|【纹理】|【纹理化】，打开滤镜库对话框。纹理化滤镜的参数区如图 5-62 所示。各参数如下。

【纹理】：选择预设纹理或单击右侧的▶按钮载入自定义纹理（*.psd 类型的文件）。

【缩放】：控制纹理的缩放比例。

【凸现】：设置纹理的凸显程度。数值越大，纹理起伏越大。

【光照】：设置画面的受光方向。从下拉菜单中可以选择 8 种光源方向。

【反相】：勾选该项，将获得一个反向光照效果。

步骤 3　在【纹理】下拉菜单中选择不同的预设纹理类型，滤镜效果分别如图 5-63、图 5-64、图 5-65 和图 5-66 所示。

图 5-61　素材图像

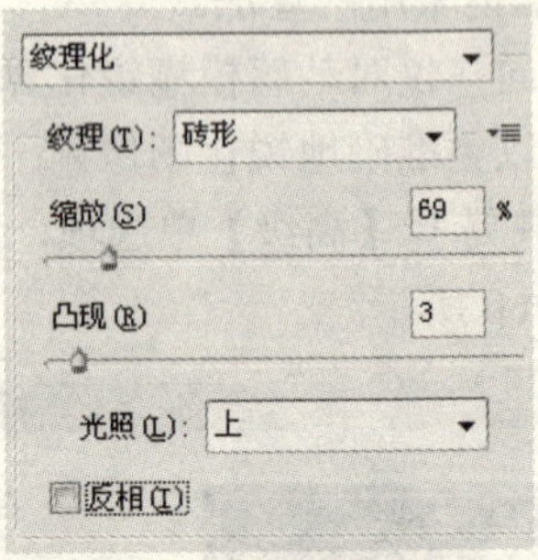

图 5-62　纹理化滤镜参数

图 5-63　砖形纹理

图 5-64　粗麻布纹理

图 5-65　画布纹理

图 5-66　砂岩纹理

步骤 4　单击【确定】按钮，关闭滤镜库对话框。将纹理效果应用到图像上。

步骤 5　打开素材图像“实例 05\人体艺术.jpg”，使用“快速选择工具”创建如图 5-67 所示的选区。

步骤 6　添加纹理化滤镜。在滤镜库对话框中，单击【纹理】下拉菜单右侧的按钮，载入纹理“实例 05 \图案 01.PSD”，适当设置参数，得到如图 5-68 所示的效果（已取消选区）。

图 5-67　创建选区

图 5-68　载入纹理

步骤 7　单击【确定】按钮，关闭滤镜库对话框。

5.1.8 画笔描边滤镜组

“画笔描边滤镜组”使用不同类型的画笔和油墨对图像进行描边，形成多种风格的绘画效果，包括成角的线条、墨水轮廓、喷溅、喷色描边、强化的边缘、深色线条、烟灰墨和阴影线共 8 种滤镜。该组所有滤镜都是通过滤镜库使用的。

以“实例 05\荷花 01.jpg”为例，各滤镜的效果如图 5-69 所示。

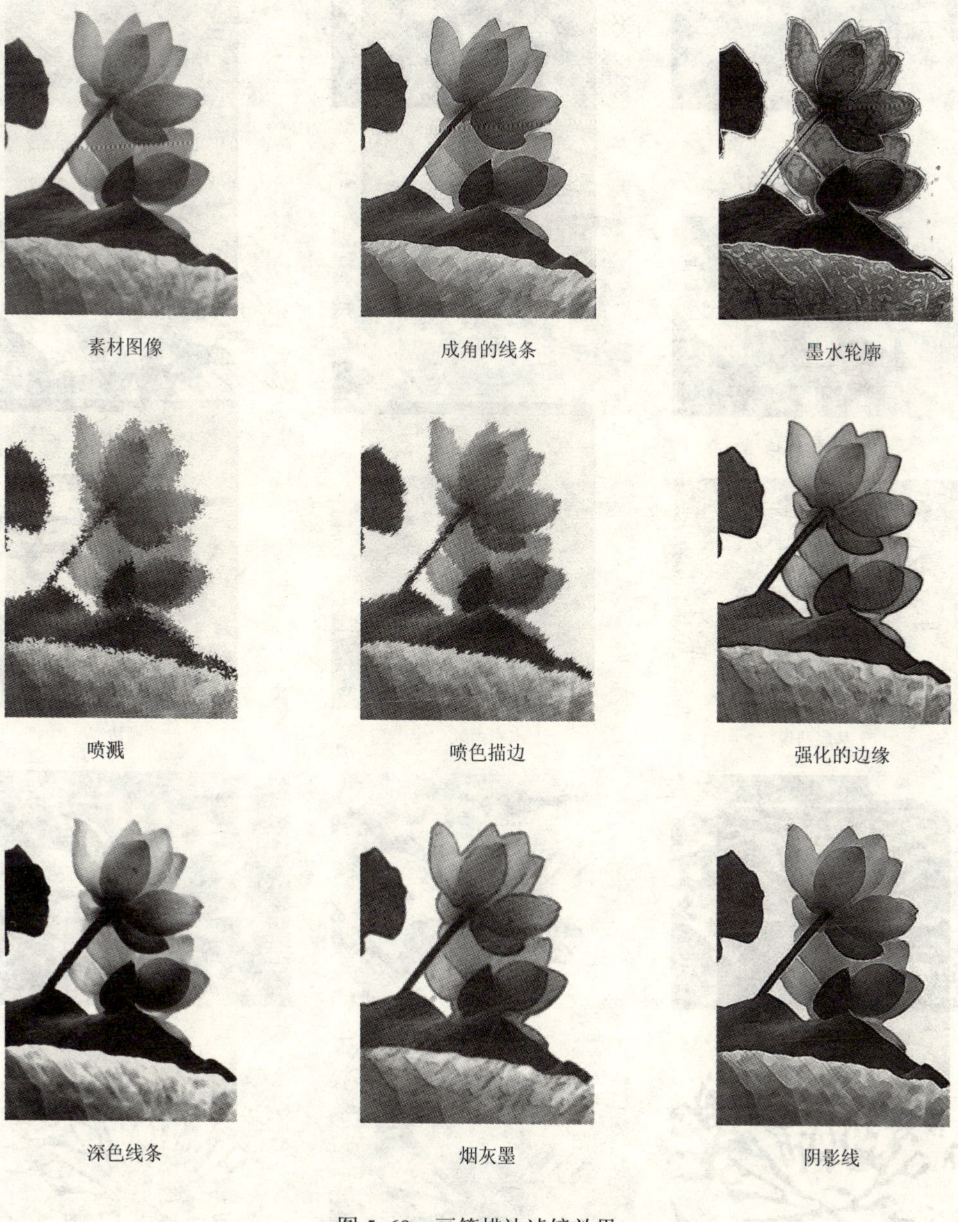

图 5-69 画笔描边滤镜效果

5.1.9 素描滤镜组

“素描滤镜组”用于创建速写等多种绘画效果。重绘图像时大多使用前景色和背景色。该组滤镜包括半调图案、便条纸、粉笔和炭笔、铬黄、绘图笔、基底凸现、水彩画纸、撕边、塑料效果、炭笔、炭精笔、图章、网状和影印共 14 种。组内所有滤镜都是通过滤镜库使用的。

以“实例 05\睡莲.jpg”为例，各滤镜的效果如图 5-70 所示。

图 5-70 素描滤镜效果

5.1.10　像素化滤镜组

“像素化滤镜组”使图像单位区域内颜色值相近的像素结成单色色块，形成点状、晶格、彩块等多种特效。该组滤镜包括彩块化、彩色半调、点状化、晶格化、马赛克、碎片和铜版雕刻共 7 种。

以“实例 05\睡莲.jpg”为例，各滤镜的效果如图 5-71 所示。

图 5-71　像素化滤镜效果

5.1.11　艺术效果滤镜组

“艺术效果滤镜组”模仿在自然或传统的介质上进行绘画的效果。将该组滤镜应用到数字相片上，可以创建多种类似绘画的艺术效果。该组滤镜包括壁画、彩色铅笔、粗糙蜡笔、底纹效果、调色刀、干画笔、海报边缘、海绵、绘画涂抹、胶片颗粒、木刻、霓虹灯光、水彩、塑料包装和涂抹棒共 15 种。组内所有滤镜都是通过滤镜库使用的。

以“实例 05\油画.jpg”为例，各滤镜的效果如图 5-72 所示。

图 5-72 艺术效果滤镜效果

5.1.12 其他滤镜组

其他滤镜组主要用于快速调整图像的色彩反差和色值，在图像中移位选区，自定义滤镜等。

1. 高反差保留

“高反差保留”用于在图像中有强烈颜色变化的地方按指定的半径保留边缘细节，并去除颜色变化平缓的其余部分，即过滤掉图像中的低频细节。其作用与高斯模糊滤镜恰好相反。

以下举例说明“高反差保留”滤镜的使用方法。

步骤 1 打开素材图像“实例 05\人物素材 08.jpg”，如图 5-73 所示。

步骤 2 选择菜单命令【滤镜】|【其他】|【高反差保留】，打开【高反差保留】对话框。参数设置及滤镜效果如图 5-74 所示。

“高反差保留”滤镜在一定程度上突出了图像的边缘轮廓。其对话框参数作用如下。

【半径】：指定边缘附近要保留的边缘细节的范围。数值越大，范围越大；否则，范围越小。当半径值很小时，仅保留边缘像素。

步骤 3 单击【确定】按钮，关闭滤镜对话框。将滤镜效果应用到图像上。

图 5-73 原图

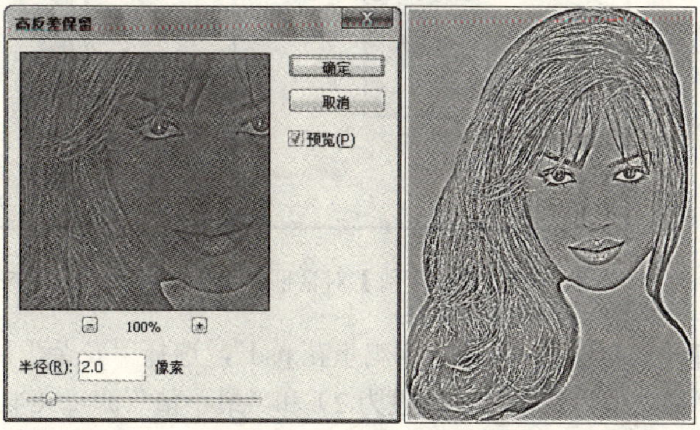

图 5-74 参数设置及滤镜效果

步骤 4 使用菜单命令【图像】|【调整】|【阈值】对滤镜作用后的图像继续处理，将“阈值色阶”设置为 115，得到如图 5-75 所示的线描画效果。

图 5-76 是将素材图像“实例 05\人物素材 08.jpg”直接使用“阈值”命令调色得到的效果。可见前者边缘细节更丰富。

图 5-75 线描画效果（一）

图 5-76 线描画效果（二）

2. 最大值

“最大值”用于扩展图像的亮部区域，缩小暗部区域。该滤镜对于修改蒙版非常有用，其对话框如图 5-77 所示。

【半径】：针对图像中的单个像素，在指定半径范围内，用周围像素的最大亮度值替换当前像素的亮度值。

3. 最小值

与“最大值”滤镜相反，“最小值”用于扩展图像的暗部区域，缩小亮部区域。对于修改蒙版同样非常有用，其对话框如图 5-78 所示。

【半径】：针对图像中的单个像素，在指定半径范围内，用周围像素的最小亮度值替换当前像素的亮度值。

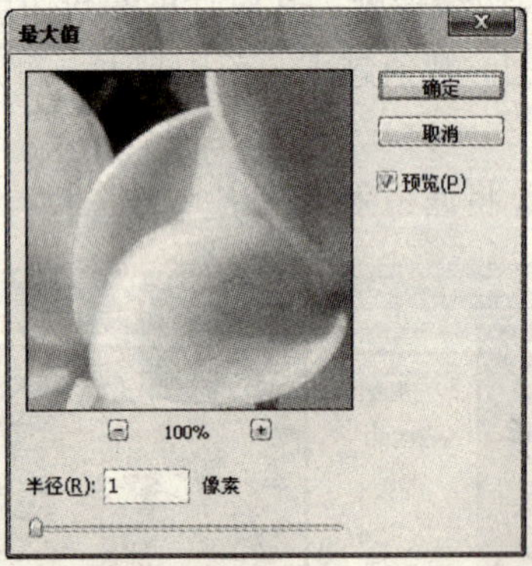

图 5-77 【最大值】对话框

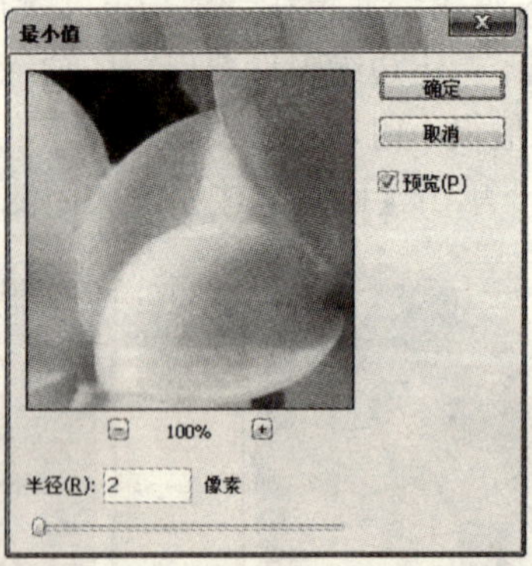

图 5-78 【最小值】对话框

打开素材图像“实例 05\鸡蛋花.psd”，选择“花朵”层的图层缩预图，如图 5-79 所示。应用“最大值”滤镜（半径设为 2）和“最小值”滤镜（半径设为 2）后的效果分别如图 5-80 和图 5-81 所示。

图 5-79 素材图像

图 5-80 “最大值”滤镜效果

图 5-81 “最小值”滤镜效果

下面再举一个“最小值”滤镜应用的例子。

步骤 1　打开素材图像“实例 05\人物素材 08.jpg”，如图 5-73 所示。

步骤 2　选择菜单命令【图像】|【调整】|【去色】，得到灰度图像效果。

步骤 3　复制背景层，得到背景副本层。将背景副本层的图层混合模式设置为“颜色减淡”，得到如图 5-82 所示的线描画效果。

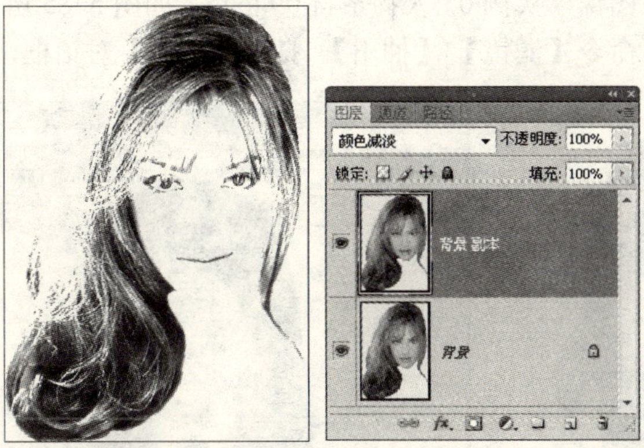

图 5-82　线描画效果（三）

步骤 4　确保背景副本层为当前层。选择菜单命令【图像】|【调整】|【反相】，得到如图 5-83 所示的图像效果。

步骤 5　对反相后的背景副本层添加“最小值”滤镜，【半径】设置为 1，得到如图 5-84 所示的线描画效果。

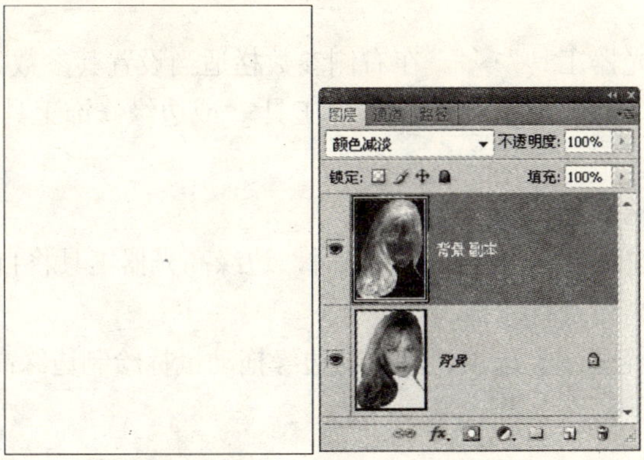

图 5-83　反相后的图像

图 5-84　线描画效果（四）

除了上述滤镜外，其他滤镜组还包括位移滤镜和自定滤镜，用于在图像中移位选区，自定义滤镜等。

5.2　Photoshop CS4 滤镜插件

5.2.1　抽出滤镜

抽出滤镜是一种比较高级的对象选取方法，适合选择毛发等边缘细微、复杂或无法确定的对象，无须花费太多的操作就可以将对象从背景中分离出来。抽出后的对象放在新背景上不会产生色晕杂边，其边缘上源于周围背景颜色的像素在抽出时已被删除。

使用抽出滤镜抽取对象的过程如下：使用高光颜色标记对象边缘→定义抽出对象的内部→预览抽出效果→修补抽出效果→抽出对象。

下面以选择人物发丝为例，介绍抽出滤镜的使用方法。

步骤 1 打开素材图像“实例 05\人物素材 09.jpg”，如图 5-85 所示。

步骤 2 选择菜单命令【滤镜】|【抽出】，打开【抽出】对话框，如图 5-86 所示。

图 5-85 素材图像

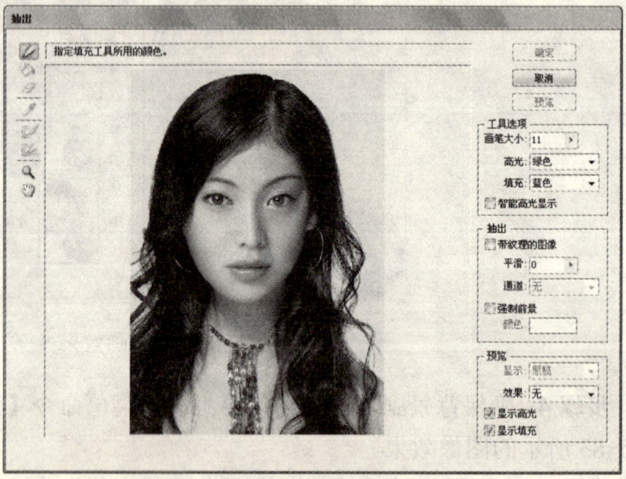

图 5-86 【抽出】对话框

步骤 3 高光标记抽出对象的边缘。

在对话框左侧工具栏选择“边缘高光器工具”。在右侧参数栏适当设置其参数。

【画笔大小】：指定边缘高光器工具、橡皮擦工具、清除工具或边缘修饰工具的画笔大小。

【高光】：选择边缘高光器工具的涂抹颜色。

【智能高光显示】：勾选该项，在待选对象的边缘描绘高光时，边缘高光器工具将自动调整笔触大小，用刚好覆盖住对象边缘的高光进行涂抹。

设置画笔大小为 20，勾选【智能高光显示】选项。沿人物边缘拖动鼠标绘制边缘高光，使其刚好覆盖住人物边缘，如图 5-87 所示。

在绘制高光边缘时，应注意以下几点。

- 在选择【智能高光显示】选项后描绘高光边界时，应将圆形画笔的中心定位于对象的边界线上进行高光涂抹（即画笔一半在对象上，一半在背景上）。
- 对于本例中溶入背景的细微的、模糊的发丝，应使用高光全部覆盖。
- 将图像适当放大后进行高光涂抹，可创建比较精确的抽出边缘。抽出效果会更好。
- 借助橡皮擦工具可以擦除多余的高光。
- 一般来说，绘制的高光线条应该闭合。若待选对象与图像边界相接（如本例中人物的左下方、右下方和底部边界），则相接部分最好不要用高光覆盖。

步骤 4 定义抽出对象的内部。

选择填充工具，在右侧参数栏通过【填充】下拉菜单选择填充颜色，在高光边界内单击填充色，如图 5-88 所示。

被填充颜色覆盖的区域为要抽出的区域，其他区域将被删除。若高光边界外的区域也被填充色覆盖，说明高光边界没有完全封闭，应使用边缘高光器工具修补边界缺口，使其封闭后重新填充颜色。

边缘高光色和填充色只是一种指示性颜色，对抽出结果没有影响。选色的原则是要明显区别于抽取对象的颜色和背景的颜色，这样标记比较清楚，有利于操作。

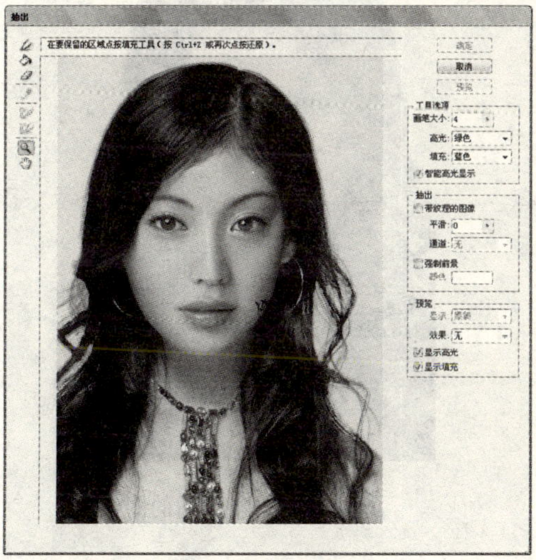

图 5-87　绘制高光边缘

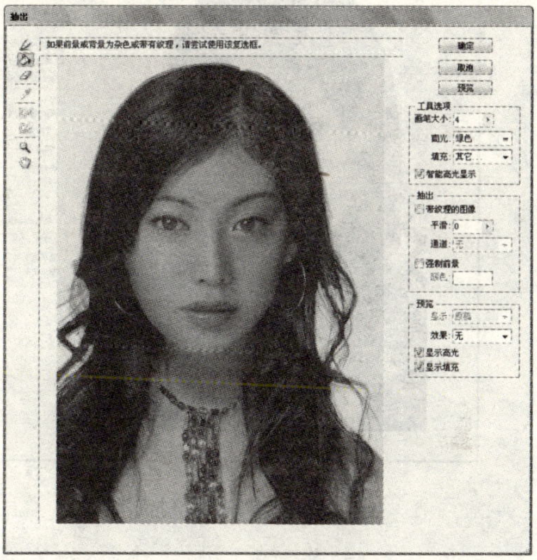

图 5-88　填充高光边缘内部区域

步骤 5　预览抽出效果。

单击【预览】按钮预览抽出效果，如图 5-89 所示。

提示：在预览抽出结果前，可根据需要在右侧参数栏适当设置【抽出】栏参数。

- 【带纹理的图像】：若前景或背景含有大量的纹理，勾选该项，抽出效果会更好。
- 【平滑】：指定抽出对象的平滑度。值越大，对象抽出后边缘的柔化程度越高。通常，为避免不必要的边缘模糊处理，最好取 0 或较小的平滑值。如果抽出结果中有明显的人工痕迹，可增加平滑值以去除或减弱人工痕迹。
- 【通道】：选择某个 Alpha 通道，可基于存储在该通道中的选区创建边缘高光。
- 【强制前景】：勾选该项，并使用高光覆盖待抽出对象的全部。使用吸管工具在待抽出对象上拾取颜色（或通过【颜色】框自定颜色），系统将基于该颜色对图像进行抽出。该选项适合抽取边缘复杂，颜色变化不大的图像。

提示：预览到抽出结果后，接着可在【预览】栏设置预览模式。

- 【显示】：用于选择在对话框的预览窗内，是显示原图像还是显示抽出结果。
- 【效果】：选择某种颜色的杂边或蒙版。可在该颜色背景上或蒙版状态下预览抽出结果。要显示透明背景，应选择“无”。
- 【显示高光】：勾选该项，将在预览窗内显示高光边缘。
- 【显示填充】：勾选该项，将在预览窗内显示填充色。

步骤 6　修补抽出结果。

使用清除工具擦除抽出结果中多余的背景痕迹；按住 Alt 键，使用该工具可以恢复被删除的图像。使用边缘修饰工具可锐化抽出结果的边缘。

步骤 7 抽出对象。

完成上述操作后，单击【确定】按钮，关闭【抽出】对话框，回到图像窗口。人物已从背景中分离出来，如图 5-90 所示。

图 5-89 预览抽出效果

图 5-90 抽出后的图像

步骤 8 添加背景。

将素材图像“实例 05\幕布.jpg”的背景层复制过来，放在人物图层的下面。结果发现人物的发丝上带着一些浅色，与红色背景很不协调。

步骤 9 修改人物图层。

选择“画笔工具”，在选项栏上选择合适大小的软边界画笔，设置画笔模式为“变暗”。选择人物图层，使用与发丝周围明度相当的红色涂抹发丝（尽量不要涂到发丝外面去），使浅色变成红色。这样人物与背景就协调了，如图 5-91 所示。

图 5-91 人物图层的后期处理

提示：基本工具的【模式】与图层混合模式的对应项类似。如果对象抽出后放在浅色背景上，而发丝带深色杂色，可使用【变亮】模式涂抹。

提示：使用通道选取本例中的人物能够获得更好的效果。请参考本书通道相关章节的例子。

5.2.2 液化滤镜

液化滤镜可以对图像进行推、拉、旋转、镜像、收缩和膨胀等随意变形，这种变形可以是细微的，也可以是非常剧烈的，这使得该滤镜成为 Photoshop 修饰图像和创建艺术效果的强大工具。

打开素材图像“实例 05\人物素材 11.jpg”。选择菜单命令【滤镜】|【液化】，打开【液化】对话框，如图 5-92 所示。

图 5-92 【液化】对话框

1. 工具箱

“向前变形工具”：拖动时向前推送像素。

“重建工具”：以涂抹的方式恢复变形，或使用新的方法重新进行变形。

“顺时针旋转扭曲工具”：单击或拖动鼠标时，顺时针旋转像素。按住 Alt 键操作，可以使像素逆时针旋转。

“褶皱工具”：单击或拖动鼠标使像素向画笔中心收缩。

“膨胀工具”：单击或拖动鼠标使像素从画笔中心向外移动，形成膨胀效果。

“左推工具”：使像素向垂直于鼠标拖动的方向移动挤压。具体来说，向上拖动鼠标像素向左移动；向下拖动鼠标像素向右移动；向左拖动鼠标像素向下移动；向右拖动鼠标像素向上移动；围绕对象顺时针拖动鼠标将使对象尺寸增大，围绕对象逆时针拖动鼠标将使对象尺寸减小。按住 Alt 键操作，像素移动方向相反。

“镜像工具”：将像素复制到画笔拖动区域。拖动鼠标时可以反射与拖动方向垂直区域的图像。通常情况下，在冻结了要反射的区域后进行操作，可产生更好的效果。

“湍流工具”：通过拖动鼠标使像素位移，产生平滑弯曲变形，类似于波纹效果。多用于创建火焰、云彩、波浪等效果。

“冻结蒙版工具”：在需要保护的区域拖动鼠标，可冻结该区域图像（被蒙版遮盖），以免除或减弱对该区域图像的破坏。冻结程度取决于当前的画笔压力，压力越大，冻结程度越高。当画笔压力取最大值 100 时，表示完全冻结。

“解冻蒙版工具”：可擦除冻结区域的蒙版，以解除冻结。画笔压力对该工具的影响与冻结蒙版工具类似。

2. 工具选项栏

【画笔大小】：设置工具箱中对应工具的画笔大小。

【画笔密度】：设置变形工具变形图像的速度。减小画笔压力更容易控制变形程度。

【画笔压力】：控制图像在画笔边界区域的变形程度。值越大，变形程度越明显。

【画笔速率】：控制变形的速度。值越大，变形速度越快。

【湍流抖动】：控制湍流工具混杂像素的复杂程度。

【重建模式】：控制重建工具以何种方式重建变形区域的图像。

【光笔压力】：勾选该项，可使用数位板的压力值调整图像变形程度。

使用上述变形工具，并设置工具选项栏参数，对图像中的人物进行变形。

- 使用“顺时针旋转扭曲工具”，适当设置画笔大小，对头发进行顺时针或逆时针（按 Alt 键）弯曲变形。
- 使用“向前变形工具”，适当设置画笔大小，向上拖移眉毛局部，使其更平滑。为了防止眼睛同时变形，事先应使用“冻结蒙版工具”将眼睛全部冻结。
- 类似地，嘴的变形同样归功于“向前变形工具”。
- 使用“褶皱工具”，适当设置画笔大小和画笔压力，分别在左右两侧眼睛中心单击，稍微缩小眼睛。

操作完成后，单击【确定】按钮，关闭【液化】对话框。将变形效果应用到图像上，如图 5-93 所示。

图 5-93 液化变形前（左图）后（右图）的图像

5.2.3　消失点滤镜

消失点滤镜可以帮助用户在编辑包含透视效果的图像时，保持正确的透视方向。以下举例说明。

步骤 1　打开素材图像“实例 05\油画 02.jpg”（如图 5-94 所示），按 Ctrl+A 键全选图像，按 Ctrl+C 键复制图像。

步骤 2　打开“实例 05\室内效果.jpg”（如图 5-95 所示），新建图层 1。

图 5-94　油画 02

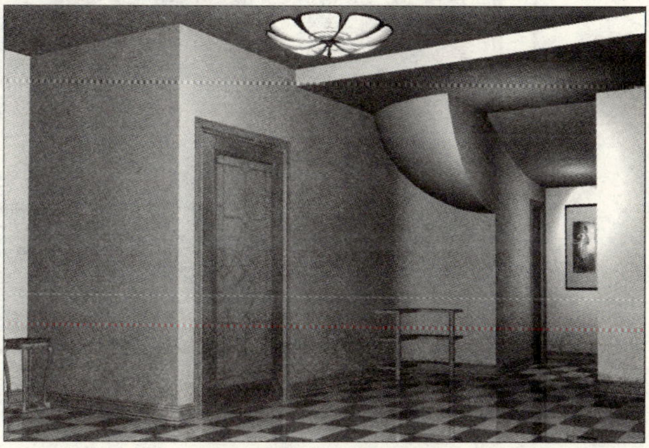

图 5-95　室内效果

步骤 3　选择菜单【滤镜】|【消失点】，打开【消失点】对话框，如图 5-96 所示。

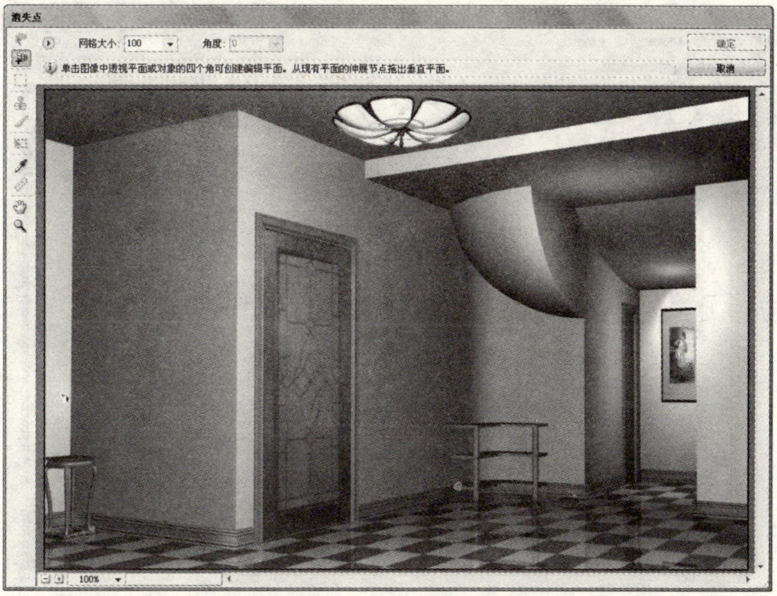

图 5-96　【消失点】对话框

步骤 4　选择“创建平面工具”。依次单击确定平面的 4 个点，在门左侧墙壁上创建如图 5-97 所示的平面。如果平面显示为红色或黄色，说明平面四个角的节点位置有问题，应使用“编辑平面工具”移动平面上的控制点进行调整（编辑平面工具用于选择、移动、缩放和编辑平面）。

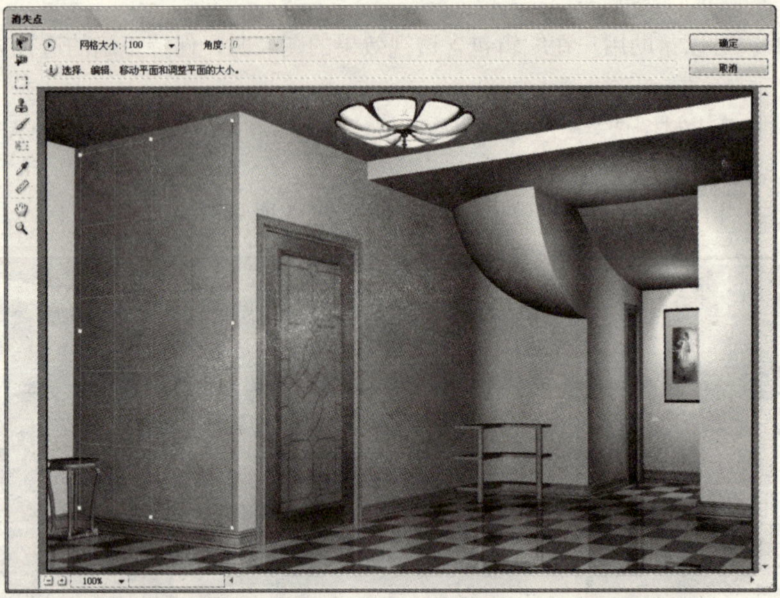

图 5-97　创建和编辑平面

步骤 5　按 Ctrl+V 键粘贴步骤 1 中复制的图像，形成浮动选区。使用“变换工具”（类似“自由变换”命令，用于移动、缩放和旋转浮动选区内的图像）缩小图像，并将图像移动到上述平面范围内，使其呈现出透视效果。适当调整图像的宽度与高度，如图 5-98 所示。

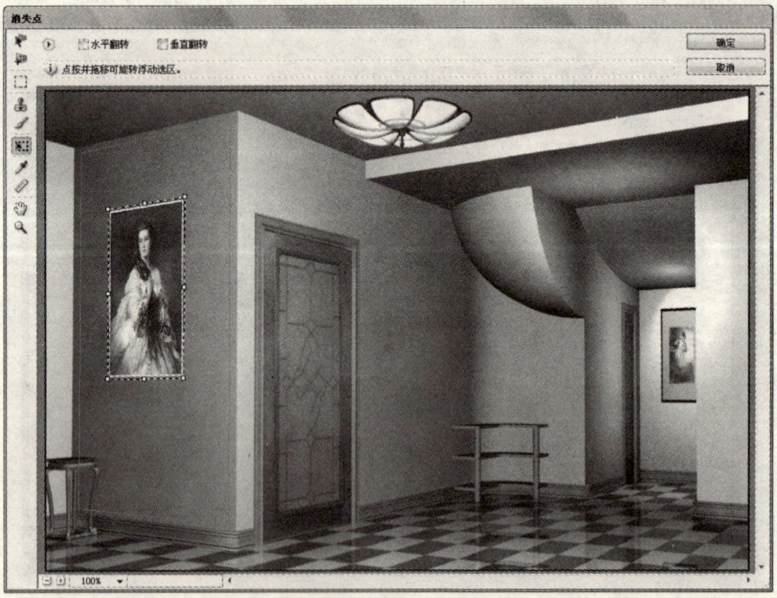

图 5-98　调整透视图像

步骤 6　单击【确定】按钮，关闭【消失点】对话框。将滤镜效果应用于图像。

步骤 7　使用同样的方法将素材图像“实例 05\油画 03.jpg”中的画面按透视效果置于门右侧的墙壁上，如图 5-99 所示。

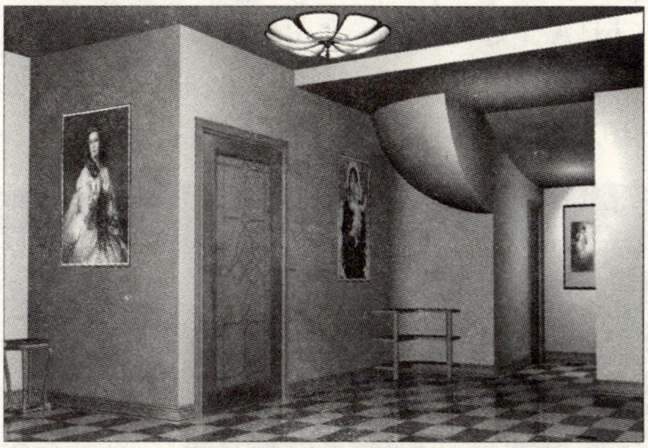

图 5-99　滤镜最终效果

5.3　综合案例

5.3.1　制作放射效果文字

主要技术看点：高斯模糊滤镜，极坐标滤镜，风滤镜；描边，对齐选区，旋转画布等。

步骤 1　新建一个 600×300 像素，72 像素/英寸，RGB 颜色模式的图像。将背景层填充为黑色。

步骤 2　使用横排蒙版文字工具书写文字“ecnu.edu.cn”，字体为 Arial Black，大小 60 pt，如图 5-100 所示。

图 5-100　创建文字选区

步骤 3　新建图层 1。将前景色设为白色。使用菜单命令【编辑】|【描边】在图层 1 上为文字选区描边，描边宽度为两个像素，位置居中，取消选区，如图 5-101 所示。

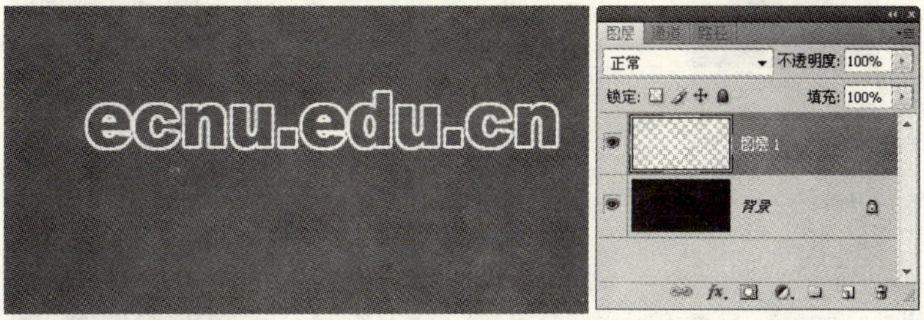

图 5-101　描边文字选区

步骤 4 按组合键 Ctrl+A 全选图像。确保图层 1 为当前层。依次选择菜单命令【图层】|【将图层与选区对齐】|【垂直居中】和【水平居中】，将图层 1 上的“描边文字”对齐到图像窗口的中央，如图 5-102 所示。

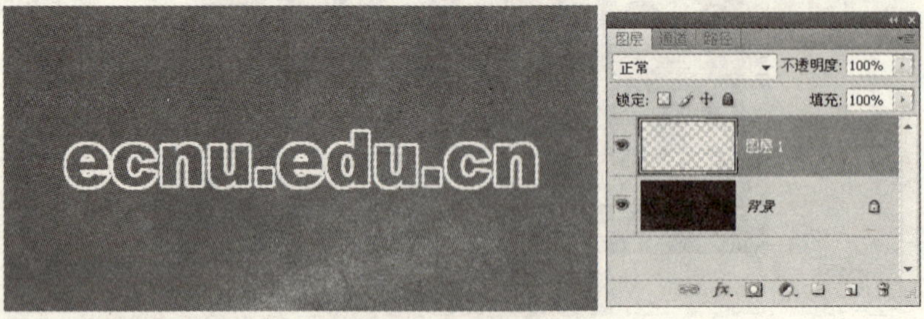

图 5-102 对齐描边文字

步骤 5 取消选区，合并所有图层。添加“高斯模糊”滤镜，【半径】设置为 1（使“描边文字”轻微模糊，以便最终的放射效果更逼真）。

步骤 6 选择菜单命令【滤镜】|【扭曲】|【极坐标】，在【极坐标】对话框中选择【极坐标到平面坐标】选项。单击【确定】按钮。此时图像效果如图 5-103 所示。

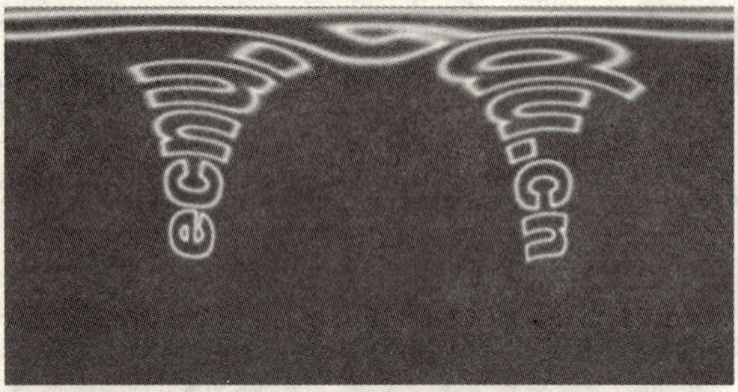

图 5-103 添加极坐标滤镜

步骤 7 选择菜单命令【图像】|【图像旋转】|【90 度（逆时针）】。

步骤 8 选择菜单命令【滤镜】|【风格化】|【风】，弹出【风】对话框，参数设置如图 5-104 所示。单击【确定】按钮，图像效果如图 5-105 所示。

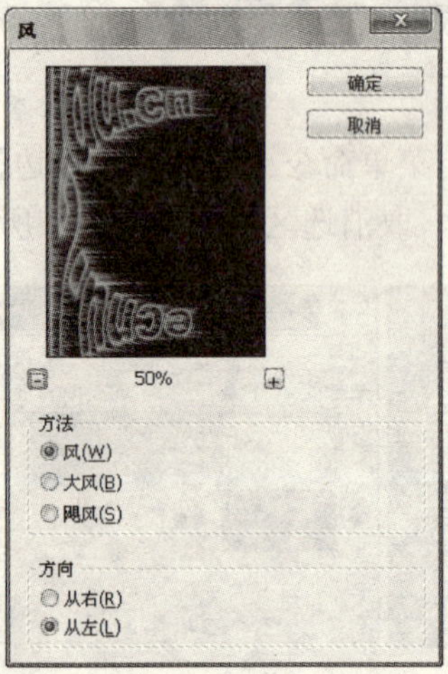

图 5-104 设置“风”滤镜参数

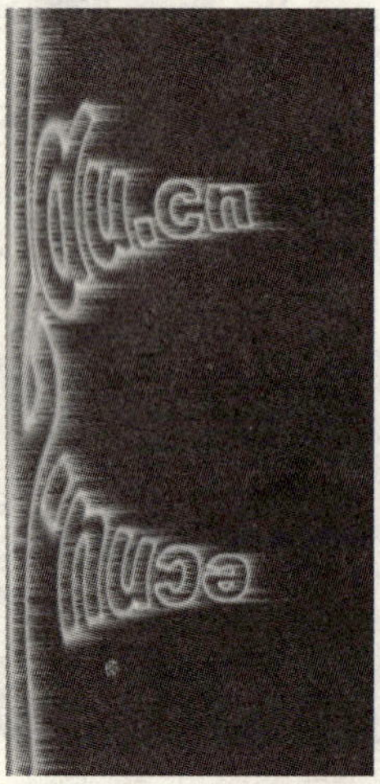

图 5-105 添加风滤镜后的图像

步骤 9　按 Ctrl + F 键重复使用“风”滤镜 1 次。这可以使最终的放射效果更强烈些。

步骤 10　选择菜单命令【图像】|【图像旋转】|【90 度（顺时针）】，如图 5-106 所示。

步骤 11　再次选择菜单命令【滤镜】|【扭曲】|【极坐标】，在【极坐标】对话框中选择【平面坐标到极坐标】选项。单击【确定】按钮。图像最终效果如图 5-107 所示。

图 5-106　使图像顺时针旋转 90 度

图 5-107　文字放射效果

提示：本例的操作步骤可做下述调整，而最终效果保持不变：

- 在步骤 7 中对画布进行顺时针 90 度旋转；
- 步骤 8 中风滤镜对话框的【方向】更改为【从右】。
- 在步骤 10 中对画布进行逆时针 90 度旋转。

5.3.2　更换服饰

主要技术看点：置换滤镜、选区的创建与修补、图层混合模式（正片叠底、颜色）、色阶调整。

步骤 1　打开素材图像“实例 05\人物素材 12.jpg”。

步骤 2　使用“快速选择工具”选择人物的衣服。再用“套索工具”耐心修补选区，将要更换的衣服精确选中（在修补衣服与头发接界的选区时，应适当设置羽化参数），如图 5-108 所示。

步骤 3　按 Ctrl + J 键，将选区内的图像复制到新生成的图层 1 上。同时选区自动取消，如图 5-109 所示。

图 5-108　选择要更换的衣服

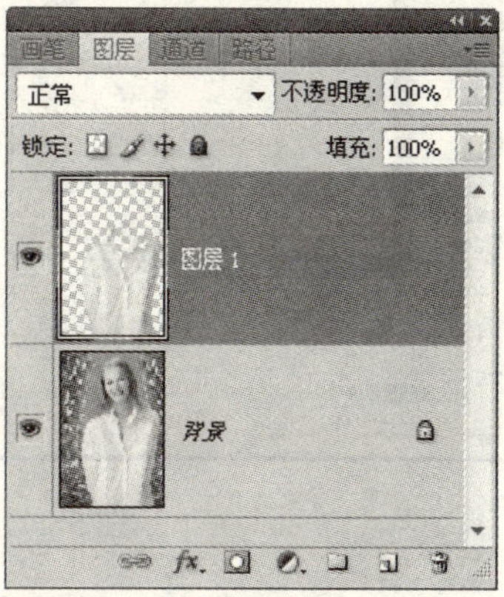

图 5-109　复制选区图像

步骤 4　打开素材图像“实例 05 \方格布.jpg”，按 Ctrl + A 键全选背景层图像。再按

Ctrl + C 键，复制选区内的图像。

步骤 5 切换到“人物素材 12”图像窗口。按 Ctrl + V 键，将方格布图像粘贴过来，生成图层 2。使用“移动工具”调整图层 2 的位置如图 5-110 所示。使其完全遮盖住下面图层中要更换的衣服。

图 5-110 将方格布图像复制过来

步骤 6 将图层 2 的混合模式更改为“正片叠底”。结果原来衣服上的折皱和阴影通过方格布显示出来，但不太明显。

步骤 7 选择图层 1，使用菜单【图像】|【调整】下的【色阶】或【曲线】命令适当增加对比度，使得衣服上的折皱和阴影更加明显，如图 5-111 所示。

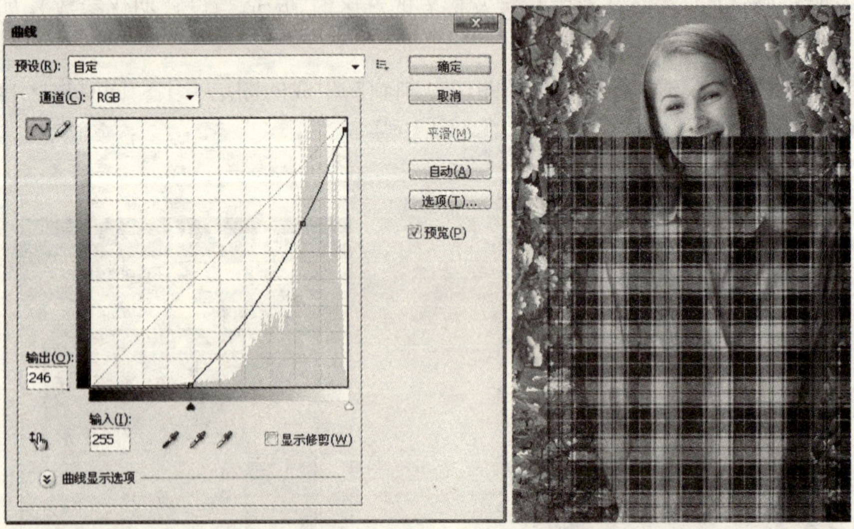

图 5-111 增加图层 1 的对比度

步骤 8 确保图层 1 为当前层。从【图层】面板菜单中选择【复制图层】命令。弹出【复制图层】对话框，参数设置如图 5-112 所示。单击【确定】按钮，生成如图 5-113 所示的新文件。将该文件以“衣服折皱.psd”为名保存起来（注意是 PSD 格式）。

图 5-112 【复制图层】对话框

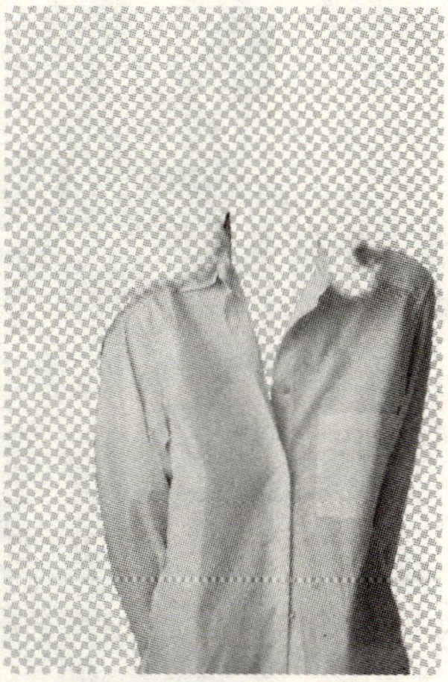

图 5-113　新建文件

步骤 9　切换到“人物素材 12”图像窗口。选择图层 2。选择菜单命令【滤镜】|【扭曲】|【置换】，打开【置换】对话框。参数设置如图 5-114 所示。

步骤 10　单击【确定】按钮，选择步骤 8 中保存的置换图文件“衣服折皱.psd”，打开后，方格布上的花纹被扭曲。

步骤 11　复制图层 2 两次，得到图层 2 副本和图层 2 副本 2。

步骤 12　将图层 2 副本和图层 2 副本 2 隐藏，以备后用。此时的图像效果和图层面板如图 5-115 所示。

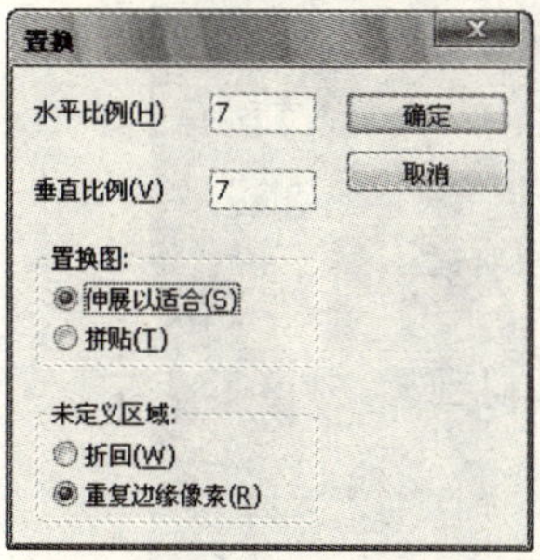

图 5-114　设置置换参数

图 5-115　隐藏备用图层

步骤 13　按住 Ctrl 键，同时在【图层】面板上单击图层 1 的缩览图，选择该层的不透明区域。

步骤 14　选择图层 2。选择菜单命令【选择】|【反向】，将选区反转。按 Del 键删除图层 2 选区内的像素。按 Ctrl+D 键取消选区，如图 5-116 所示。

此时，两个袖子上的方格走向还不太合适。以下使用两个备用层对左右袖子分别做进一步处理。

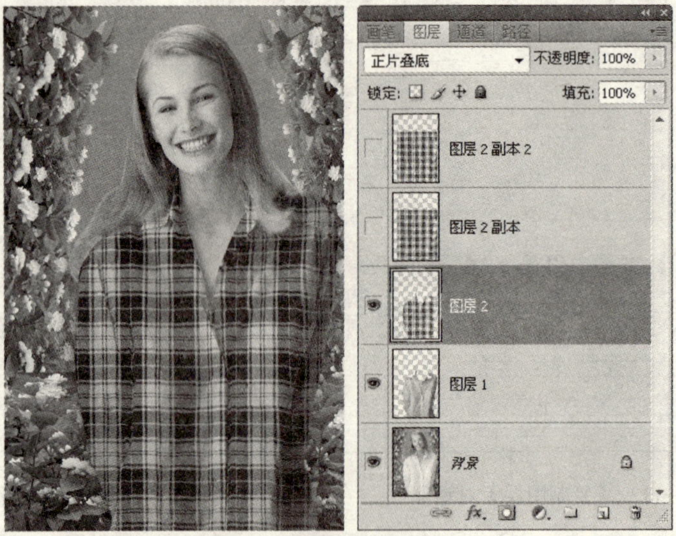

图 5-116 删除多余的像素

步骤 15 显示并选择图层 2 副本，隐藏图层 2 与图层 2 副本 2。使用菜单命令【编辑】|【自由变换】将图层 2 副本上的方格布逆时针旋转 8° 左右，如图 5-117 所示。

步骤 16 显示并选择图层 2 副本 2，隐藏图层 2 与图层 2 副本。使用菜单命令【编辑】|【自由变换】将图层 2 副本 2 上的方格布顺时针旋转 10° 左右，如图 5-118 所示。

图 5-117 逆时针旋转图层 2 副本

图 5-118 顺时针旋转图层 2 副本 2

步骤 17 同时隐藏图层 2 、图层 2 副本和图层 2 副本 2。使用“选择工具”选择上衣左侧的袖子，如图 5-119 所示。

步骤 18 显示并选择图层 2。按 Del 键删除选区内的像素。

步骤 19 选择菜单命令【选择】|【反向】，将选区反转。显示并选择图层 2 副本。按 Del 键选区内的像素。取消选区。如图 5-120 所示。

图 5-119　选择左侧袖子

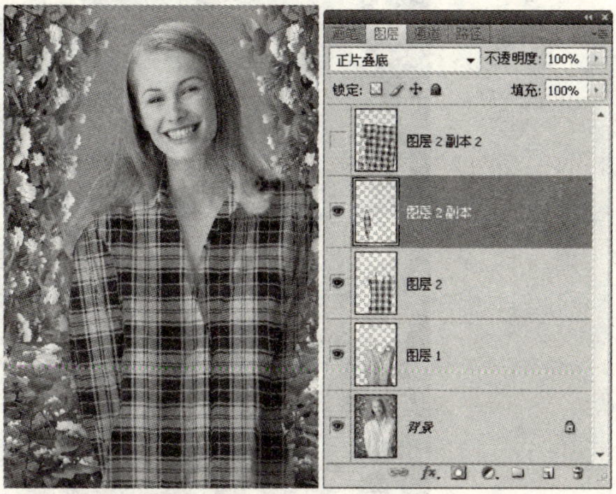

图 5-120　改造左侧袖子的方格走向

步骤 20　同时隐藏图层 2 和图层 2 副本 2。使用“选择工具”选择上衣右侧的袖子，如图 5-121 所示。

步骤 21　显示并选择图层 2。按 Del 键删除选区内的像素。

步骤 22　选择菜单命令【选择】|【反向】，将选区反转。显示并选择图层 2 副本 2。按 Del 键选区内的像素，取消选区，如图 5-122 所示。

图 5-121　选择右侧袖子

图 5-122　改造右侧袖子的方格走向

步骤 23　合并图层 2 副本 2、图层 2 副本与图层 2。将合并后的图层更名为“方格布”。

步骤 24　复制“方格布”层，得到“方格布 副本”层。将“方格布 副本”层的混合模式更改为“颜色”。这样方格布上衣的颜色更接近原来方格布素材的颜色，如图 5-123 所示。

步骤 25　衣服更换后，如果衣服上的皱纹不太明显，将对图像的最终效果产生比较大的影响。

步骤 26　保存图像。

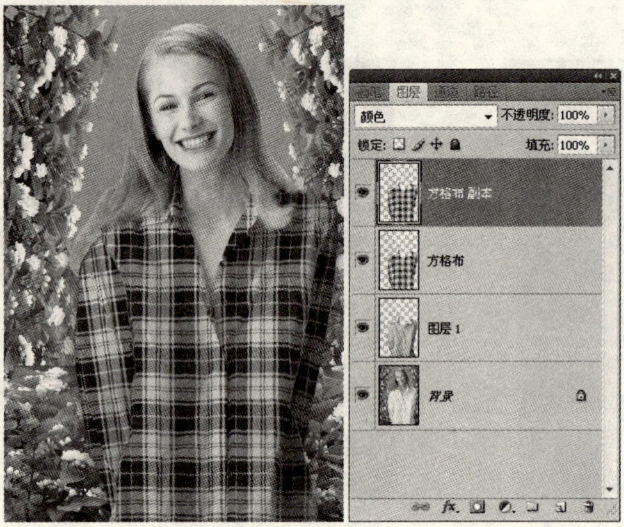

图 5-123 矫正方格上衣的颜色

5.4 滤镜使用注意事项

在使用滤镜时，以下几点值得注意。

（1）使用滤镜后，不要进行其他任何操作，选择菜单【编辑】|【渐隐××】（其中××代表刚刚使用的滤镜名称），弹出如图 5-124 所示的【渐隐】对话框。

- 【不透明度】：设置滤镜的作用强度。100%代表调整前的滤镜最初效果。
- 【模式】：设置滤镜的作用模式。默认为“正常”。

单击【确定】按钮，可根据上述参数设置弱化或改变滤镜效果。

（2）在文本层、形状层等包含矢量元素的图层上使用滤镜时，将弹出类似图 5-125 所示的提示框。单击【确定】可栅格化图层，并在图层上应用滤镜。单击【取消】，则撤销操作。

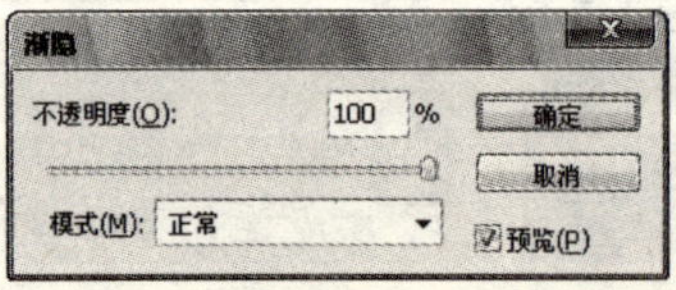

图 5-124 【渐隐】对话框

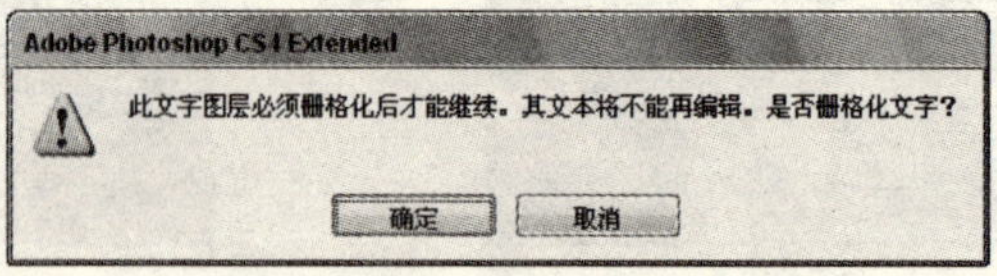

图 5-125 栅格化图层提示框

（3）有些滤镜要占用大量内存。比如，在高分辨率的大图像上应用滤镜时，机器的反应比较慢。在这种情况下，采用以下方法可提高计算机的性能。

- 先在小部分图像上试验滤镜效果，并记下最终参数设置，再将同样设置的滤镜应用到整个图像。
- 在添加滤镜之前，运行【编辑】|【清理】菜单下的命令，可释放内存。
- 退出其他应用程序，将更多的内存分配给 Photoshop。

（4）所有滤镜都不能应用于位图或索引颜色模式的图像。有些滤镜仅对 RGB 颜色模式的图像起作用。上述因颜色模式问题不能使用滤镜时，可适当转换图像的颜色模式；添加滤镜后，再将颜色模式转换回来。

（5）所有滤镜都可以应用于 8 位图像。只有一部分滤镜能够应用于 16 位图像。要在 16 位图像上添加不能使用的滤镜，可将 16 位图像转为 8 位图像（这种转换可能会影响图像的实际色彩效果）。

（6）在对选区使用滤镜时，若事先将选区适当羽化，则应用滤镜后，滤镜效果可自然融入选区周围的图像中。

5.5　外挂滤镜简介

前面章节介绍的滤镜为 Photoshop 的自带滤镜，或称内置滤镜。还有一类滤镜，种类非常多，是由 Adobe 公司之外的第三方厂商开发的，称为外挂滤镜。这类滤镜安装好之后，出现在 Photoshop 滤镜菜单的底部，和内置滤镜一样使用。关于外挂滤镜的安装应注意以下几点。

- 安装前一定要退出 Photoshop 程序窗口。
- 大多 Photoshop 外挂滤镜软件都带有安装程序，运行安装程序，按提示进行安装即可。
- 在安装过程中要求选择外挂滤镜的安装路径时，一定要选择 Photoshop 安装路径下的 Plug-Ins 文件夹，即外挂滤镜的安装路径为“…Photoshop CS4 \ Plug-Ins”。
- 有些外挂滤镜没有安装程序，而是一些扩展名为 8BF 的滤镜文件。对于这类外挂滤镜，直接将滤镜文件复制到“…Photoshop CS4 \ Plug-Ins”文件夹下即可使用。

5.6　小结

本章主要讲述了以下内容：

- Photoshop CS4 常规滤镜。以典型应用为例，介绍了各主要常规滤镜的基本用法。
- Photoshop CS4 滤镜插件。通过具体例子，介绍了抽出、液化和消失点滤镜的基本用法。
- 综合实例。介绍了一些典型滤镜的实际应用。
- 滤镜使用注意事项。介绍了滤镜使用时的一些注意要点。应给予重视。
- 外挂滤镜。是与 Photoshop 的内置滤镜相对而言的，由 Adobe 公司之外的第三方厂商开发的滤镜。注意外挂滤镜安装方法。

5.7　习题

一、选择题

1．按快捷键________，可以将上一次使用的滤镜快速应用到图像中，而无须再进行参数设置（滤镜参数与上一次相同）。

A．Ctrl + F　　B．Alt + Ctrl + Z　　C．Ctrl + Y　　D．Ctrl + Z

2．滤镜命令执行完毕后，使用【编辑】菜单下的【________】命令，可以调整滤镜效果的作用程度及混合模式。

A．撤销　　B．重复　　C．返回　　D．渐隐

3．外挂滤镜务必安装或复制在 Photoshop 安装路径下的________文件夹中才能生效。

A．Required　　B．Presets　　C．Plug-Ins　　D．Samples

4. 在应用某些滤镜时需要占用大量的内存，特别是将这些滤镜应用到高分辨率的图像时。在这种情况下，为了提高计算机的性能，以下说法不正确的是________。

A．首先在一小部分图像上试验滤镜效果，记下参数设置，再将同样设置的滤镜应用到整个图像上

B．可分别在每个图层上应用滤镜

C．在运行滤镜之前可首先使用菜单命令【编辑】|【清理】中的命令释放内存

D．应尽量退出其他应用程序，以便将更多的内存分配给 Photoshop 使用

5．以下不属于【液化】对话框中的工具的是________。

A．冻结蒙版工具　　B．向前变形工具

C．边缘高光器工具　　D．镜像工具

6．以下不属于【抽出】对话框中的工具的是________。

A．冻结蒙版工具　　B．边缘修饰工具

C．边缘高光器工具　　D．清除工具

7．以下不属于滤镜作用对象的是________。

A．图层　　B．路径　　C．蒙版　　D．通道

二、填空题

1．滤镜实际上是使图像中的________产生位移或颜色值发生变化等，从而使图像产生各种各样的特效。

2．在包含矢量元素的图层（如文本层、形状层等）上使用滤镜前，应首先对该层进行________化。

3．任何滤镜都不能应用于________和________颜色模式的图像。

三、操作题

1．使用“练习\人物素材 E-01.jpg”（如图 5-126 所示）制作如图 5-127 所示的艺术镜框效果。

图 5-126　素材图像

图 5-127　艺术镜框效果

操作提示：

（1）打开素材图像，新建图层 1。

（2）创建矩形选区。在图层 1 的选区内填充白色。

（3）反转选区，填充黑色。

（4）取消选区。对图层 1 使用玻璃滤镜（纹理：小镜头）。

（5）新建图层 2，填充棕褐色（颜色值# e49b64）。

（6）在图层 2 上添加杂色滤镜（数量 12，高斯分布，单色）。

（7）继续在图层 2 上添加动感模糊滤镜（角度 90，距离 999）。

（8）用魔棒工具（容差 20，不选“连续”）选择图层 1 上的白色区域。

（9）选择图层 2，按 Del 键删除选区内像素。取消选区。添加斜面与浮雕样式。

（10）将图层 1 的混合模式改为“正片叠底”

2. 利用“切变”滤镜对素材图像“练习\胶片效果.jpg”（如图 5-128 所示）中的“胶片”层进行扭曲变形，制作如图 5-129 所示的效果。

图 5-128　素材图像

图 5-129　弯曲效果

操作提示：

（1）打开素材图像，使用菜单命令【图像】|【图像旋转】|【90 度（顺时针）】旋转图像，如图 5-130 所示。

（2）确保选择“胶片”层。使用菜单命令【滤镜】|【扭曲】|【切变】对该图层进行扭曲变形。参数设置如图 5-131 所示。

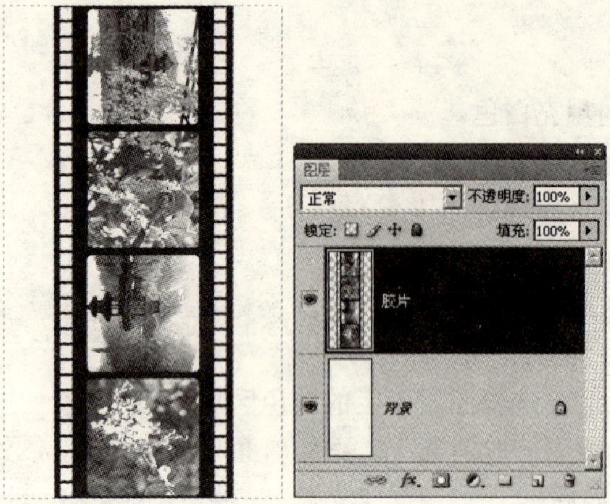

图 5-130 旋转图像

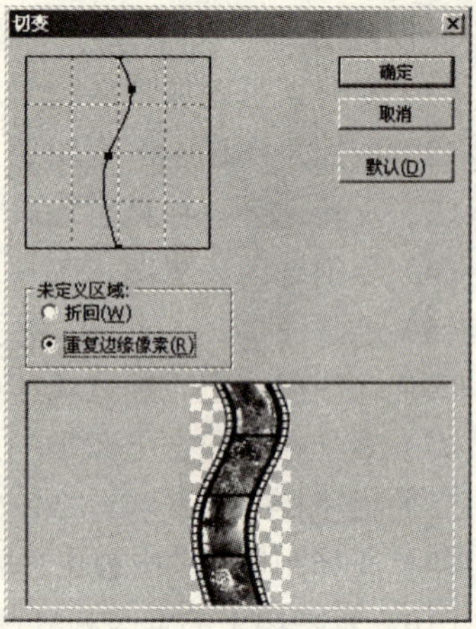

图 5-131 设置“切变”滤镜参数

（3）使用菜单命令【图像】|【图像旋转】|【90 度（逆时针）】旋转图像。

（4）在“胶片”层添加“投影”图层样式，并适当设置参数。

3．将素材图像“练习\故乡.jpg”（如图 5-132 所示）处理成如图 5-133 所示的折皱纸效果（效果参考“练习\故乡（置换滤镜）.jpg”）。

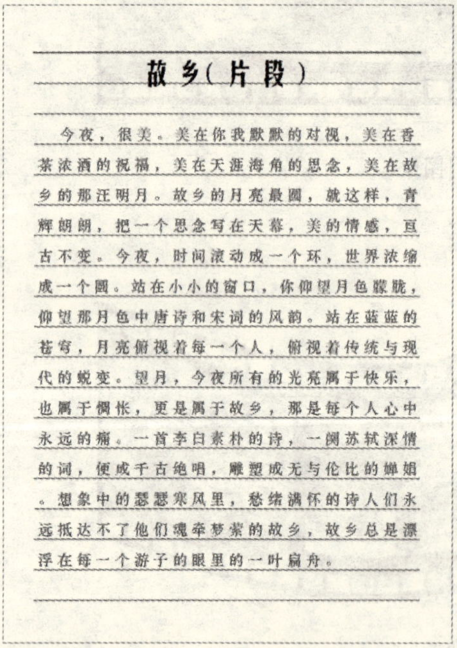

故乡(片段)

今夜，很美。美在你我默默的对视，美在香
茶浓酒的祝福，美在天涯海角的思念，美在故
乡的那汪明月。故乡的月亮最圆，就这样，青
辉朗朗，把一个思念写在天幕，美的情感，亘
古不变。今夜，时间滚动成一个环，世界浓缩
成一个圆。站在小小的窗口，你仰望月色朦胧，
仰望那月色中唐诗和宋词的风韵。站在蓝蓝的
苍穹，月亮俯视着每一个人，俯视着传统与现
代的蜕变。望月，今夜所有的光亮属于快乐，
也属于惆怅，更是属于故乡，那是每个人心中
永远的痛。一首李白素朴的诗，一阕苏轼深情
的词，便成千古绝唱，雕塑成无与伦比的婵娟
。想象中的瑟瑟寒风里，愁绪满怀的诗人们永
远抵达不了他们魂牵梦萦的故乡，故乡总是漂
浮在每一个游子的眼里的一叶扁舟。

图 5-132 素材图像

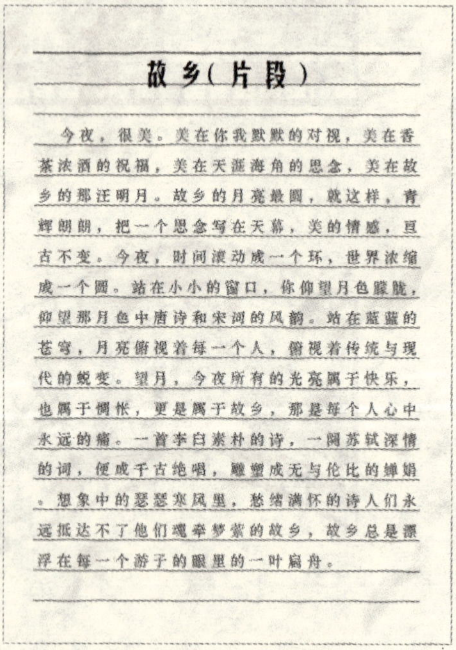

故乡(片段)

今夜，很美。美在你我默默的对视，美在香
茶浓酒的祝福，美在天涯海角的思念，美在故
乡的那汪明月。故乡的月亮最圆，就这样，青
辉朗朗，把一个思念写在天幕，美的情感，亘
古不变。今夜，时间滚动成一个环，世界浓缩
成一个圆。站在小小的窗口，你仰望月色朦胧，
仰望那月色中唐诗和宋词的风韵。站在蓝蓝的
苍穹，月亮俯视着每一个人，俯视着传统与现
代的蜕变。望月，今夜所有的光亮属于快乐，
也属于惆怅，更是属于故乡，那是每个人心中
永远的痛。一首李白素朴的诗，一阕苏轼深情
的词，便成千古绝唱，雕塑成无与伦比的婵娟
。想象中的瑟瑟寒风里，愁绪满怀的诗人们永
远抵达不了他们魂牵梦萦的故乡，故乡总是漂
浮在每一个游子的眼里的一叶扁舟。

图 5-133 折皱的信纸

操作提示：

（1）打开素材图像，将背景层转换为普通层（图层 0）。

（2）新建图层 1。将前景色和背景色分别设置为黑色与白色。

（3）在图层 1 上添加云彩滤镜 1 次，分层云彩滤镜 2 次。

（4）继续在图层 1 上添加浮雕效果滤镜（角度-45，高度 1，数量 200）。

（5）继续在图层1上添加高斯模糊滤镜（半径为3）。

（6）使用复制图层命令将图层1上的图像保存为PSD格式的文件。

（7）在图层面板上将图层1拖移到图层0的下面。

（8）将图层0的混合模式设置为叠加。

（9）在图层0上添加置换滤镜（置换图文件即步骤6中存储的PSD文件）。

第6章 蒙 版

“蒙版”一词来源于传统的绘画和摄影领域。为了选择画面的一部分进行编辑，画家常常使用硬纸片或塑料板制作一个蒙版，按需要挖空蒙版的部分区域，然后将蒙版覆盖在画面上，描绘和修改显示的画面，同时保护被“蒙版”遮盖的其他区域。同样，为了对照片底片进行局部曝光，摄影师在冲洗底片之前，将蒙版按需要进行部分挖空，然后将蒙版放在底片与感光纸之间，结果只有蒙版挖空部分的底片被感光。在上述两种情况下，蒙版对于被遮住的部分画面或底片，起到了保护作用。

实际上，使用选择工具创建的选区就是一个临时性的蒙版，用户只能对选区内的图像进行编辑，选区外的图像被保护起来，禁止修改。只是选区一旦取消，蒙版也就不存在了。

蒙版是 Photoshop 的一个非常重要的工具，其主要作用是创建和编辑选区、控制图层的显示区域和显示程度。

值得注意的是，不仅 Photoshop，其他计算机设计软件，比如 Flash、FireWorks、Premiere 和 CorelDRAW 等都含有蒙版工具或在某些工具中使用了蒙版的原理。可见，蒙版的使用还是比较广泛的。

根据用途和存在形式的不同，蒙版分为快速蒙版、图层蒙版、剪贴蒙版和矢量蒙版等几种。

6.1 快速蒙版

6.1.1 使用快速蒙版创建复杂选区

快速蒙版主要用于创建和编辑选区，基本用法如下。

步骤 1 打开素材图像“实例 06/小狗.jpg”，如图 6-1 所示。

步骤 2 单击工具箱底部的“以快速蒙版模式编辑”按钮◙，进入快速蒙版编辑状态。

步骤 3 适当放大图像（200%左右）。选择“画笔工具”，选择合适的画笔大小，硬度和不透明度都设置为 100%。将【前景色】设置为黑色。

步骤 4 用画笔工具在小狗身上涂抹（尽量不要涂到边缘和边缘外部）。默认设置下，涂抹出来的是 50%透明度的红色，表示被蒙版覆盖（这种用不透明的黑色创建的快速蒙版表示不透明的选区）。

步骤 5 如果不小心涂到小狗的边缘或边缘外部，可以改用白色画笔将超出范围的红色涂抹掉（用不透明的白色涂抹可以清除蒙版）。

步骤 6 （西文输入法状态下）不断按键盘上的“[”或“]”键，根据需要改变画笔的大小（在范围较小的区域内涂抹时，应适当减小画笔），最终将小狗除了毛茸茸的边缘以外的部分全部用红色蒙版覆盖住（包括鼻子和嘴巴），如图 6-2 所示。

图 6-1　素材图像

图 6-2　用蒙版覆盖小狗的边缘内部

步骤 7　选择柔边画笔（硬度为 0%），选择合适的画笔大小，不透明度设置为 100%。将【前景色】设置为黑色。

步骤 8　使用“画笔工具”涂抹小狗边缘毛茸茸的区域（如果涂抹到边缘外部，改用白色画笔涂抹掉），必要时可以进一步放大图像，也可以适当减小画笔的大小。最终将小狗的边缘也用蒙版全部覆盖（用灰色或半透明的黑色创建的快速蒙版表示半透明的选区，所以此处柔边画笔的模糊边缘涂抹创建的选区是半透明的），如图 6-3 所示。

步骤 9　对于小狗的胡须、睫毛等边缘伸出来的一根根毛发，可用小的（2 像素）黑色柔边画笔进行涂抹覆盖。涂抹比较模糊的毛发时可适当降低画笔的不透明度，如图 6-4 所示。

图 6-3　用蒙版进一步覆盖小狗边缘

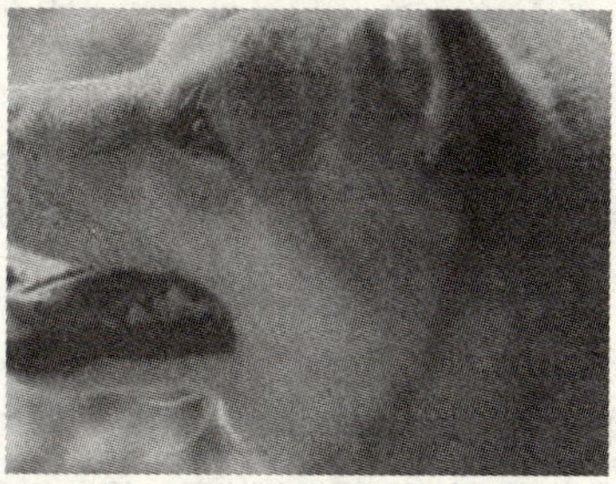

图 6-4　用小画笔涂抹一根根的毛发

步骤 10　小狗被快速蒙版全部覆盖后，单击工具箱底部的“以标准模式编辑”按钮，返回标准编辑状态。结果在默认设置下，快速蒙版以外的区域转化为选区，如图 6-5 所示。

步骤 11　选择菜单命令【选择】|【反向】，将选区反转。按 Ctrl+C 键复制选区内的图像。

步骤 12　打开素材图像“实例 06\草原.jpg”，按 Ctrl+V 键将小狗粘贴过来，如图 6-6 所示。结果发现，小狗的边缘还带着少许绿色杂色。

图 6-5　返回标准编辑模式

图 6-6　更换背景

步骤 13　按住 Ctrl 键同时单击图层 1 的缩览图，载入小狗选区。将【前景色】设置为白色。选择合适大小的柔边画笔（25 像素左右），设置画笔的【不透明度】为 20%左右，设置画笔的【模式】为“变亮”。在包含绿色杂色的小狗边缘涂抹，使之变亮，直到融入草原背景为止。

步骤 14 取消选区，如果发现局部边缘还有绿色杂色，按步骤 13 的方法重新载入选区进行处理。

步骤 15 经步骤 13 和步骤 14 处理后，若发现小狗的胡须、睫毛等边缘伸出的单根毛发太粗了，可放大局部图像后使用橡皮擦工具（硬边画笔，1 个像素大小）将其擦除得细一些。

步骤 16 对于上述修补小狗边缘杂色的处理过程，如果借助即将学习到的图层蒙版工具会更方便。

图 6-7 快速蒙版抠图最终效果

步骤 17 以“草原上的小狗.psd”为名保存图像（本例最终处理效果可参考“实例 06/草原上的小狗.psd”，如图 6-7 所示）。

快速蒙版是创建复杂选区的最佳工具，能够以涂抹描绘的方式选择精度要求较高的物体。在快速蒙版编辑模式下，用黑色绘制蒙版可以创建不透明的选区，用白色绘制蒙版可以减小或清除选区，用灰色绘制蒙版可以创建半透明的选区（比如选择昆虫的翅膀），灰度越深，选区越不透明。

6.1.2 修改快速蒙版选项

双击工具箱底部的“以快速蒙版模式编辑”按钮或“以标准模式编辑”按钮，打开【快速蒙版选项】对话框，如图 6-8 所示。

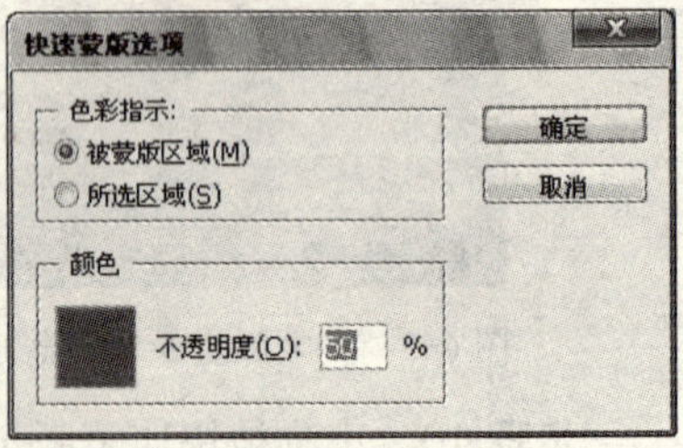

图 6-8 【快速蒙版选项】对话框

该对话框中各参数用法如下。

- 【被蒙版区域】：选择该项，工具箱上的“以标准模式编辑”按钮显示为。同时，在图像中用黑色描绘的蒙版区域表示选区外部，而用白色描绘的区域表示选区。
- 【所选区域】：选择该项，工具箱上的“以标准模式编辑”按钮显示为。同时，在图像中用黑色描绘的蒙版区域表示选区，而用白色描绘的区域表示选区外部。
- 颜色框■：用于选择快速蒙版在图像中的指示颜色（默认红色）。
- 【不透明度】：设置快速蒙版指示颜色的不透明度，取值范围为 0%～100%。

快速蒙版的指示颜色和不透明度的设置仅仅影响快速蒙版的外观，对其作用不产生任何影响。设置的目的一般是为了使快速蒙版与图像的颜色对比更加分明，以更加方便快速蒙版的创建与编辑。比如在 6.1.1 节，快速蒙版使用默认的红色就不太合适，因为小狗伸出来的舌头是红色的，因此在编辑过程中就不容易确认红色的舌头到底有没有被红色的蒙版完全覆盖。此时应改用其他颜色的快速蒙版（如蓝色等）。

6.2 图层蒙版

图层蒙版是创建图层特效的重要工具，其作用是在不破坏图层的情况下，控制对应图层的显示区域和显隐程度。图层蒙版本身是 8 位（即 256 色）灰度图像，其中黑色表示图层的对应区域完全透明，白色表示完全不透明，灰色表示半透明，透明程度由灰度的深浅来确定。Photoshop 允许使用所有的绘画与填充工具、图像修整工具以及相关的菜单命令对图层蒙版进行编辑和修改。

6.2.1　图层蒙版基本操作

本节的操作素材请参考“实例 06/梦想.psd”。

1. 添加图层蒙版

选择要添加蒙版的图层（背景层和全部锁定的图层除外），采用下述方法之一添加图层蒙版。

（1）在【图层】面板上单击“添加图层蒙版”按钮，或选择菜单命令【图层】|【图层蒙版】|【显示全部】，可以为当前图层创建一个白色的蒙版（图层缩览图右边的附加缩览图表示图层蒙版），如图 6-9 所示。白色蒙版表示显示对应图层的全部内容。

（2）按住 Alt 键单击【图层】面板上的“添加图层蒙版”按钮，或选择菜单命令【图层】|【图层蒙版】|【隐藏全部】，可以为当前图层创建一个黑色的蒙版，如图 6-10 所示。黑色蒙版表示隐藏对应图层的全部内容。

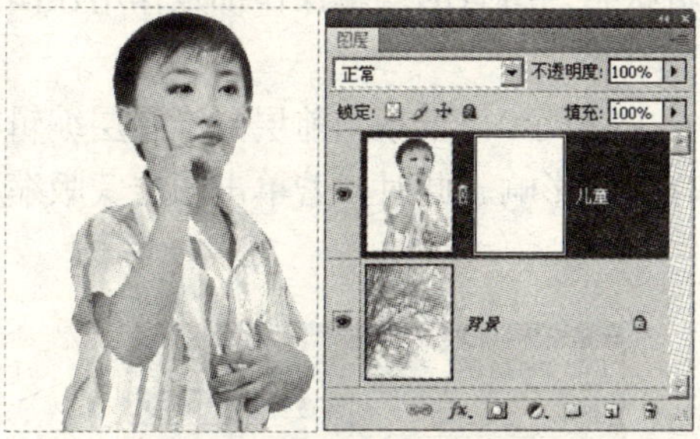

图 6-9　显示全部的蒙版

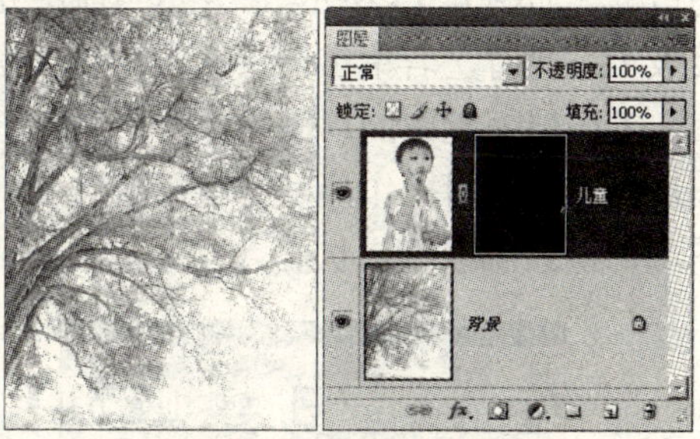

图 6-10　隐藏全部的蒙版

（3）在存在选区的情况下（如图 6-11 所示，选择人物），单击【图层】面板上的“添加图层蒙版”按钮，或选择菜单【图层】|【图层蒙版】|【显示选区】，将基于当前选区创建图层蒙版，如图 6-12 所示；此时，选区内的蒙版填充白色，选区外的蒙版填充黑色。按 Alt 键单击【图层】面板上的“添加图层蒙版”按钮，或选择菜单【图层】|【图层蒙版】|【隐藏选区】，所产生的图层蒙版恰恰相反。

图 6-11　存在选区的图像

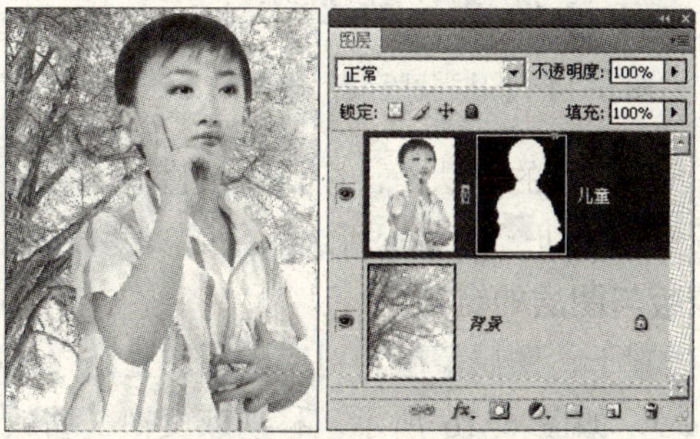

图 6-12　显示选区的蒙版

2. 删除图层蒙版

在【图层】面板上，单击图层蒙版的缩览图将其选中，执行下列操作之一删除图层蒙版。

（1）单击【图层】面板上的“删除”按钮，弹出如图 6-13 所示的提示框。单击【应用】按钮，将删除图层蒙版，同时蒙版效果被应用在图层上（图层被破坏）。单击【删除】按钮，则在删除图层蒙版后，蒙版效果不会应用到图层上，图层保持完好无损。

（2）选择菜单命令【图层】|【图层蒙版】|【删除】，直接将图层蒙版删除，蒙版效果不会应用到图层上。

（3）选择菜单命令【图层】|【图层蒙版】|【应用】，直接将图层蒙版删除，同时蒙版效果应用到图层上。

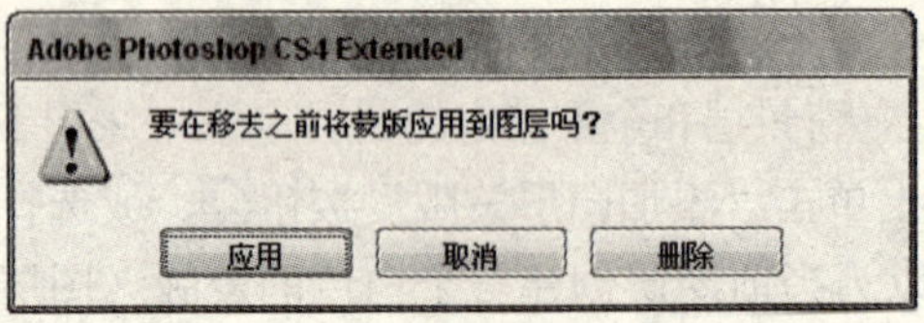

图 6-13 删除蒙版提示框

3. 在蒙版编辑状态与图层编辑状态之间切换

在【图层】面板上选择添加了图层蒙版的图层后，若图层蒙版缩览图的周围显示有白色亮边框（如图 6-14 所示），表示当前层处于蒙版编辑状态，所有的编辑操作都是作用在图层蒙版上。此时，若单击图层缩览图可切换到图层编辑状态。

若图层缩览图的周围显示有白色亮边框（如图 6-15 所示），表示当前层处于图层编辑状态，所有的编辑操作都是作用在图层上，对蒙版没有任何影响。此时，若单击图层蒙版缩览图可切换到蒙版编辑状态。

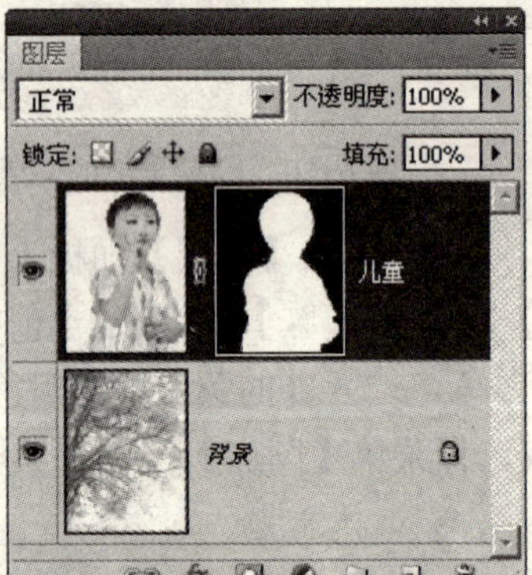

图 6-14 图层蒙版编辑状态

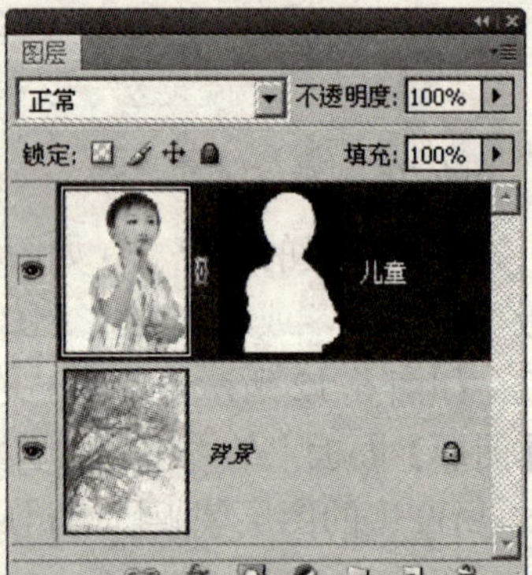

图 6-15 图层编辑状态

还有一种辨别的方法是，在默认设置下，当图层处于蒙版编辑状态时，工具箱上的“前景色/背景色”按钮仅显示所选颜色的灰度值。

4. 蒙版与图层的链接

默认设置下，图层蒙版与对应的图层是链接的（图层缩览图和图层蒙版缩览图之间存在链接图标），如图 6-16 所示。移动或变换（缩放、旋转、扭曲等）其中的一方，另一方会产生相应的变动。

单击图层缩览图和图层蒙版缩览图之间的链接图标，取消链接关系（图标消失），此时移动或变换其中的任何一方，另一方不会受到影响，如图 6-17 所示。再次在图层缩览图和图层蒙版缩览图之间单击，可恢复链接关系。

图 6-16 和图 6-17 所示的分别是链接状态下和取消链接关系后，在图层编辑状态下，对人物图层进行移动和缩放后的效果。

图 6-16　链接状态下变换图层

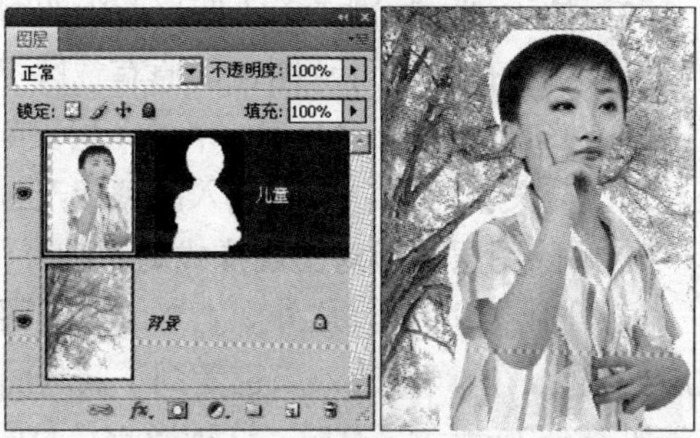

图 6-17　取消链接后变换图层

5. 启用和停用图层蒙版

按住 Shift 键，在【图层】面板上单击图层蒙版的缩览图，可停用图层蒙版（图层蒙版的缩览图上出现红色 “×” 号标志）。此时，图层蒙版对图层不再有任何作用，就像根本不存在一样，如图 6-18 所示。

按住 Shift 键，在已经停用的图层蒙版的缩览图上单击，红色“×”号标志消失，图层蒙版重新被启用。

也可以在选择图层蒙版后，通过选择菜单【图层】|【图层蒙版】下的【停用】和【启用】命令，来停用和启用图层蒙版。

6. 在图像窗口查看图层蒙版

有时为了确切了解图层蒙版中遮罩区域的颜色分布及边缘的羽化程度，可以按住 Alt 键在【图层】面板上单击图层蒙版的缩览图，这时图像窗口中显示的就是图层蒙版的灰度图像，如图 6-19 所示。要在图像窗口中恢复显示图像，可以按住 Alt 键再次单击图层蒙版的缩览图。

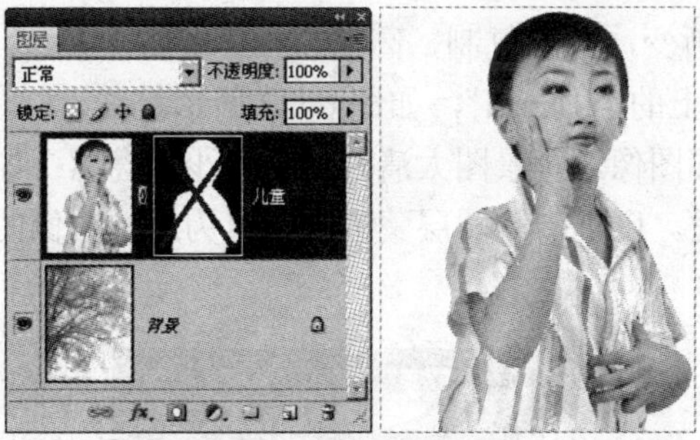

图 6-18　停用图层蒙版

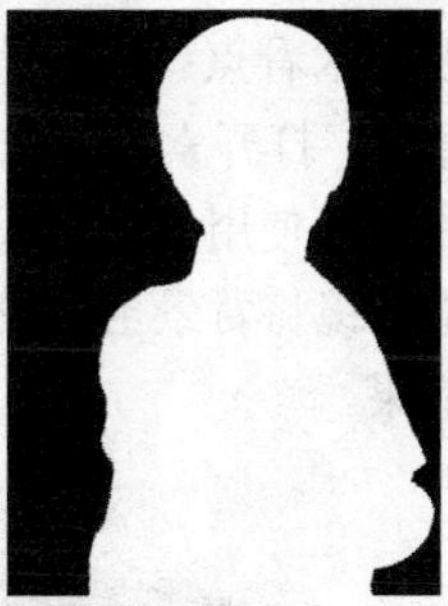

图 6-19　查看蒙版灰度图

7. 将图层蒙版转换为选区

实际上，图层蒙版中所承载的就是一个固化的（或者说永久的）选区。其中白色表示选区，灰色表示透明的选区（透明程度与灰度的深浅有关）。该选区控制着对应图层的显示区域和透明程度。

在【图层】面板上，通过以下操作，随时可以将图层蒙版中的选区临时显示在图像窗口中，并与图像中现有的选区进行运算。

（1）按住 Ctrl 键，单击图层蒙版的缩览图，可以在图像窗口中载入蒙版选区，该选区将取代图像中的原有选区。

（2）按 Ctrl+Shift 键，单击图层蒙版的缩览图；或从图层蒙版的右键菜单中选择【添加蒙版到选区】命令，可将载入的蒙版选区与图像中的原有选区进行并集运算。

（3）按 Ctrl+Alt 键，单击图层蒙版的缩览图；或从图层蒙版的右键菜单中选择【从选区中减去蒙版】命令，可从图像的原有选区中减去载入的蒙版选区。

（4）按 Ctrl+Shift+Alt 键，单击图层蒙版的缩览图；或从图层蒙版的右键菜单中选择【蒙版与选区交叉】命令，可将载入的蒙版选区与图像中的原有选区进行交集运算。

8. 解除图层蒙版对图层样式的影响

虽然图层蒙版仅仅从外观上影响对应图层的内容显示，但在带有图层蒙版的图层上添加图层样式时，所产生的效果也受到了蒙版的影响，就好像图层上被遮罩的内容根本不存在一样，如图 6-20 所示。有时，这种影响是负面的。要解除图层蒙版对图层样式的影响，可选择菜单命令【图层】|【图层样式】|【混合选项】，打开图层样式的【混合选项】对话框，在【高级混合】栏中勾选【图层蒙版隐藏效果】即可，如图 6-21 所示。

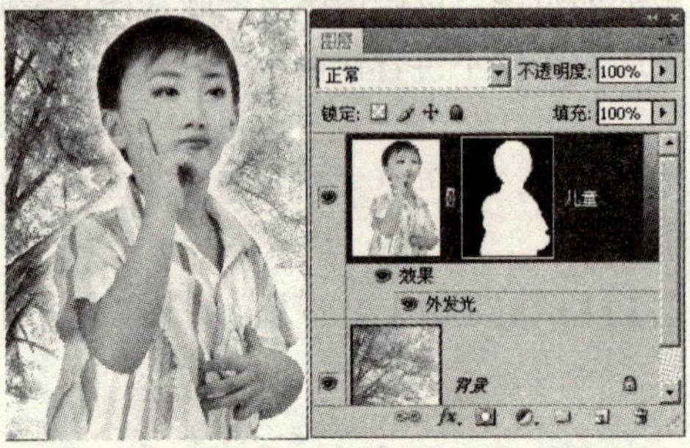

图 6-20 图层蒙版对图层样式的影响

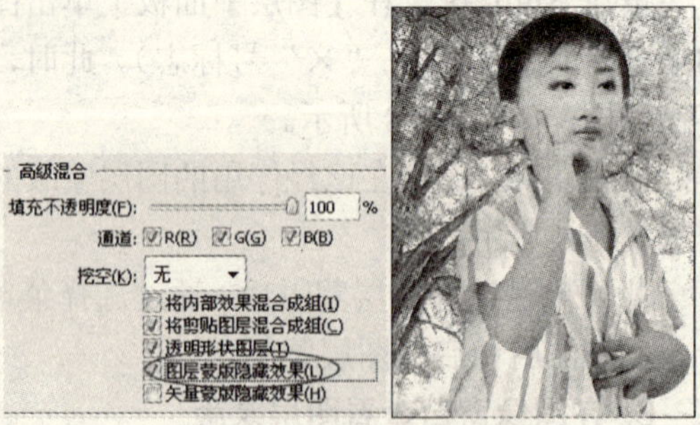

图 6-21 解除蒙版的影响

6.2.2 图层蒙版应用实例 1 制作景深效果

主要技术看点：图层蒙版，黑白线性渐变，图层复制，高斯模糊滤镜等。

步骤 1 打开素材图像“实例 06\草原上的小狗.psd”，如图 6-22 所示。

这是前面使用快速蒙版抠图合成的一幅图像。背景图太清楚了，缺少距离感；如果使用高斯模糊滤镜将背景全部模糊，也不太合适。以下借助图层蒙版等工具为这幅图像的背景制作景深效果。

图 6-22 素材图像

步骤 2　复制背景层，得到背景副本层。在背景副本层上添加高斯模糊滤镜（模糊半径 1.5）。

步骤 3　确保背景副本层为当前层。在图层面板上单击“添加图层蒙版”按钮，为背景副本层添加一个显示全部的图层蒙版。如图 6-23 所示。

图 6-23　添加图层蒙版

步骤 4　将【前景色】设置为黑色，【背景色】设置为白色。确保背景副本层处于蒙版编辑状态。选择“线性渐变工具”，在图像窗口的垂直方向自下而上做一个由黑色到白色的线性渐变（该渐变出现在图层蒙版上）。渐变的起点在图像的底边上，终点控制在大树主干的上下中点附近（小狗鼻子以下），如图 6-24 所示。

图 6-24　在蒙版上添加线性渐变

步骤 5　保存图像。

经过上述处理，草原背景出现了景深效果，近处的草地是清楚的，越远越模糊。这样，图像的层次感强了，内容更真实了。

6.2.3　图层蒙版应用实例 2　图像自然对接效果的处理

主要技术看点：图层蒙版，黑白线性渐变，图层复制，图层对齐，载入图层选区，变换选区等。

步骤 1　打开素材图像“实例 06 \瀑布.jpg”。使用菜单命令【图像】|【画布大小】将画布由原来的 400×300 像素扩大到 400×454 像素，扩充区域出现在新图像的顶部（扩充区域的颜色任选），如图 6-25 所示。

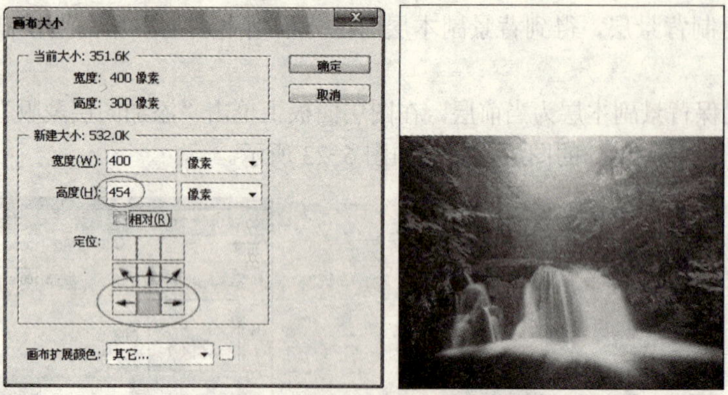

图 6-25　调整“瀑布”的画布大小

步骤 2　打开素材图像“实例 06\云雾.jpg”。按 Ctrl+A 键全选图像，按 Ctrl+C 键复制图像。

步骤3　切换到“瀑布”图像窗口，按 Ctrl+V 键粘贴图像，如图 6-26 所示。

图 6-26　在不同图像间复制图层

步骤 4　将图层 1 与背景层链接起来，并选中背景层。选择“移动工具”，依次单击选项栏上的“顶边对齐”按钮和“水平居中对齐”按钮，将图层 1 中的图像对齐到图像窗口的顶部中间，如图 6-27 所示。

步骤 5　取消图层 1 与背景层的链接关系，并选择图层 1。在【图层】面板上单击“添加图层蒙版”按钮，为图层 1 添加一个显示全部的图层蒙版，如图 6-28 所示。

图 6-27　对齐图层

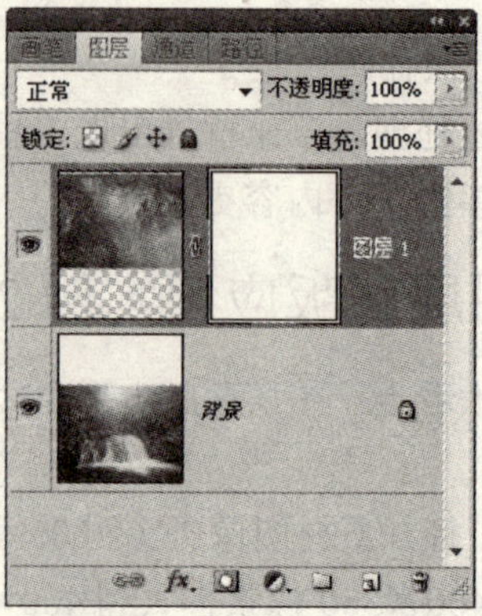

图 6-28　添加图层蒙版

步骤6　按住 Ctrl 键，在【图层】面板上单击图层 1 的缩览图，载入该层中像素的选区。

步骤7　隐藏图层 1，使用菜单命令【选择】|【变换选区】，将选区的上边界调整到如图 6-29 所示的位置（原瀑布图像的上边界）。

图 6-29　创建选区

步骤8　重新显示图层 1，并确保图层 1 为当前层并处于蒙版编辑状态。

步骤9　将【前景色】设置为白色，【背景色】设置为黑色。按住 Shift 键，使用“线性渐变工具”（采用默认设置），沿垂直方向从选区的上边界到选区的下边界做一个由白色到黑色的直线渐变（切记渐变的起点与终点不要超出选区的上下边界）。

步骤10　取消选区，图像最终效果及图层面板如图 6-30 所示。

步骤11　保存图像。

图 6-30　在蒙版的选区内创建直线渐变

6.2.4　图层蒙版应用实例 3　消除图层样式的负面影响

主要技术看点：图层蒙版，预设图层样式，解除图层蒙版对图层样式的负面影响，变换选区，复制图层，载入图层选区等。

步骤1　新建图像（600×450 像素，RGB 颜色模式，72 像素/英寸，白色背景）。

步骤 2 新建图层 1。使用“椭圆选框工具”创建如图 6-31 所示的圆形选区（羽化值 0）。

步骤 3 使用“油漆桶工具”在图层 1 的选区内填充黑色（或白色之外的其他任何颜色）。

步骤 4 选择菜单命令【选择】|【变换选区】，显示选区变换控制框。按住 Alt+Shift 键，拖动四个角的控制块。（中心不变成比例）缩小选区。按 Enter 键确认变换。

步骤 5 按 Del 键删除选区内像素，并取消选区，如图 6-32 所示。

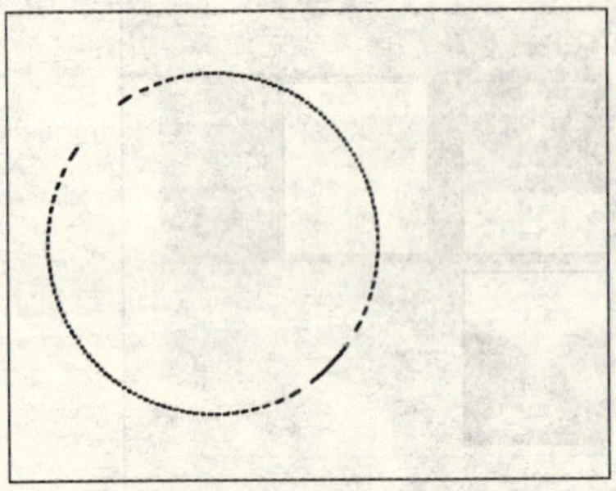

图 6-31 创建圆形选区

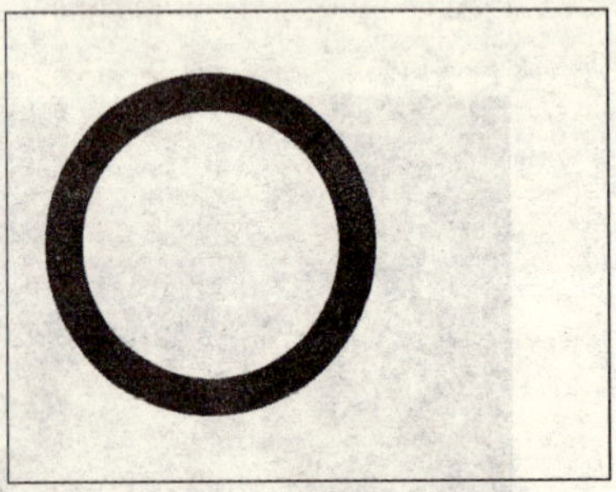

图 6-32 创建平面圆环效果

步骤 6 复制图层 1，得到图层 1 副本。将图层 1 副本向右移动到如图 6-33 所示的位置。

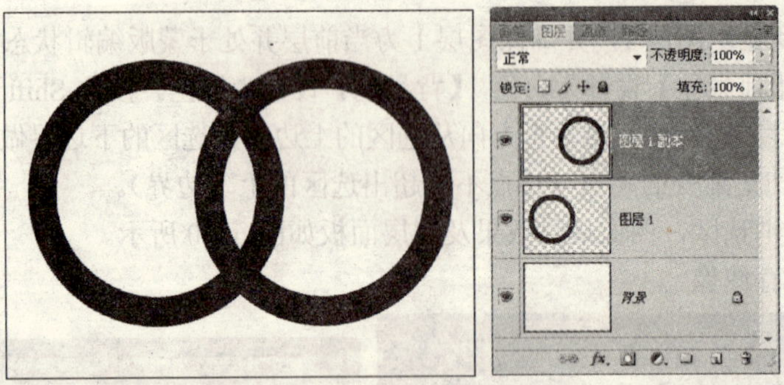

图 6-33 创建圆环副本

步骤 7 显示【样式】面板，从面板菜单中选择【Web 样式】，并以 Web 样式取代样式面板上原来的样式，如图 6-34 所示。

步骤 8 选择图层 1。在【样式】面板上单击“光面铬合金”样式按钮（第 20 个样式），将该复合样式应用到图层 1。用同样的办法将“水银”样式应用到图层 1 副本，如图 6-35 所示。

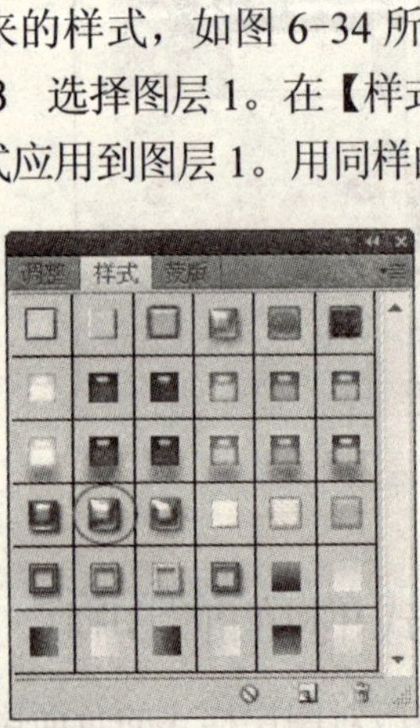

图 6-34 Web 样式

图 6-35 在圆环上添加 Web 样式

步骤 9 选择图层 1 副本，单击图层面板底部的“添加图层蒙版”按钮，为图层 1 副本添加图层蒙版。

步骤 10　按住 Ctrl 键单击图层 1 的缩览图，载入左侧圆环的选区（注意此时选择的还是图层 1 副本的蒙版），如图 6-36 所示。

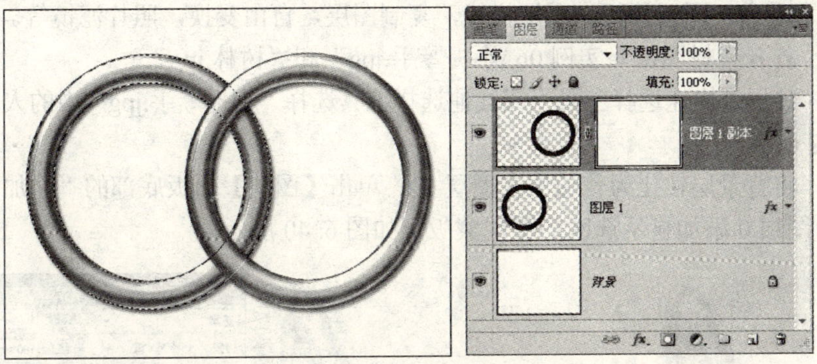

图 6-36　载入图层 1 的像素选区

步骤 11　将【前景色】设置为黑色。选择“画笔工具”，使用硬边画笔在两个圆环的上方交叉口处涂抹，直到上面的圆环（右侧圆环）在此交叉口处的颜色全部消失为止。观察【图层】面板，黑色出现在图层 1 副本的蒙版上。取消选区，如图 6-37 所示。

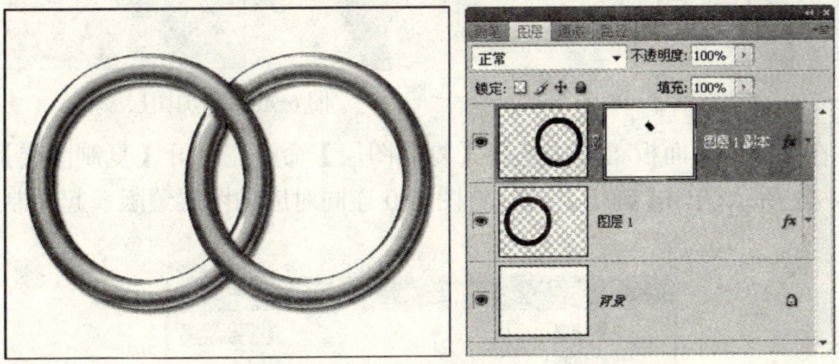

图 6-37　载入图层 1 的像素选区

右侧圆环被“擦除”处的边缘出现了图层效果，这是我们不希望看到的。下面想办法将其清除。

步骤 12　在【图层】面板上双击图层 1 副本的缩览图，打开图层样式的【混合选项】对话框。勾选【图层蒙版隐藏效果】选项，单击【确定】按钮。此时，右侧圆环被擦除部分边缘的图层效果消失，如图 6-38 所示。

图 6-38　消除图层样式的负面影响

步骤 13 保存图像。

6.2.5 图层蒙版应用实例 4 使用图层蒙版抠选图像

主要技术看点：图层蒙版，图层样式，复制图层，自由变换，照片滤镜等。

步骤 1 打开素材图像“实例 06\小提琴手.jpg”和“树林.jpg”。

步骤 2 使用“快速选择工具”或其他选择工具选择“小提琴手.jpg”中的人物（不必太精确），如图 6-39 所示。

步骤 3 将背景层转化为普通层（图层 0）。单击【图层】面板底部的“添加图层蒙版”按钮，为图层 0 添加显示选区的图层蒙版，如图 6-40 所示。

图 6-39 创建选区

图 6-40 添加图层蒙版

步骤 4 在【图层】面板菜单中选择【复制图层】命令，打开【复制图层】对话框，参数设置如图 6-41 所示，单击【确定】按钮（将图层 0 连同对应的图层蒙版一起复制到“树林.jpg”图像中）。

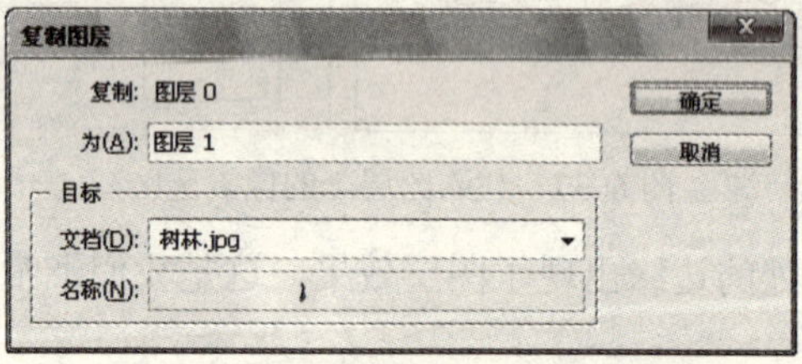

图 6-41 复制图层

步骤 5 切换到“树林.jpg”的图像窗口，使用【编辑】|【自由变换】命令将人物图层适当成比例缩小并调整位置和角度，如图 6-42 所示。

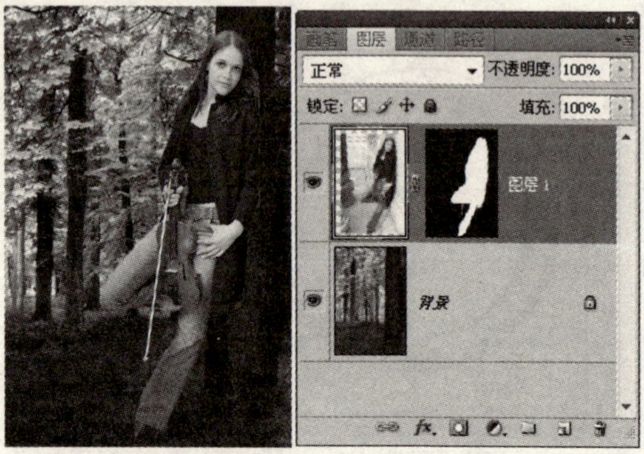

图 6-42 调整人物的大小和位置

仔细观察不难发现，人物周围有一些从原图像携带过来的浅色毛边，还有的地方选择不完整，大大影响了图像的合成效果。

步骤 6　将【前景色】设置为黑色，【背景色】设置为白色。确保图层 1 处于蒙版编辑状态。选择画笔工具，设置合适大小的软边画笔（5 像素左右），用黑色画笔将人物周围的浅色毛边涂抹掉，如图 6-43 所示。

图 6-43　清除多选的浅色杂边

步骤 7　如果不小心“擦除”了不该“擦除”的像素，可将前景色与背景色对调，然后使用白色画笔涂抹，将多“擦除”的部分恢复。对于选择不完整的地方，同样可以使用白色画笔恢复。

步骤 8　使用 1 像素大小的黑色硬边画笔在皮鞋底部涂抹，将绿色显示出来（使得看上去好像皮鞋踩在草丛里一样），如图 6-44 所示。

步骤 9　对于后面几根散乱的发丝，可以使用 1 像素大小的黑色硬边画笔，并适当降低画笔的不透明度，将发丝间的背景色擦除或减弱。全部修补好的图像如图 6-45 所示。

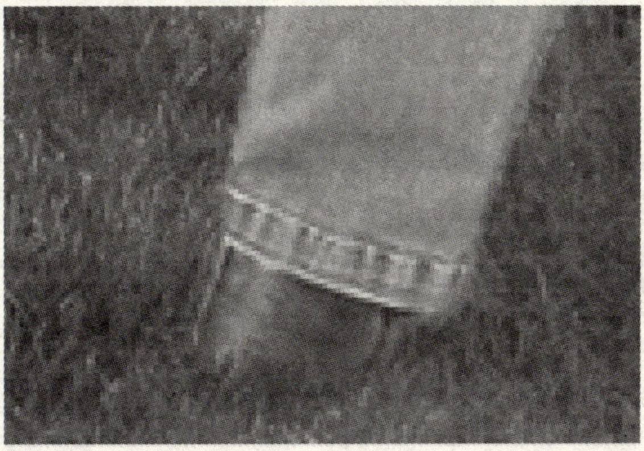

图 6-44　将皮鞋处的小草显示出来

图 6-45　修补后的图像

步骤 10　在【图层】面板上单击图层 1 的图层缩览图，切换到图层编辑状态。选择菜单

命令【图像】|【调整】|【照片滤镜】，打开【照片滤镜】对话框，参数设置如图 6-46 所示（其中自定义颜色的颜色值为#66cc33）。单击【确定】按钮。此时人物蒙上了一层绿色，与背景更协调了。

步骤 11 为图层 1 添加投影样式，参数设置如图 6-47 所示。图像最终合成效果如图 6-48 所示。

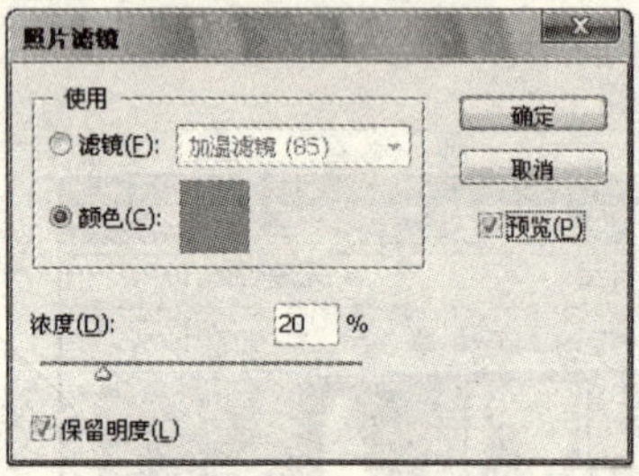

图 6-46 调整人物的颜色

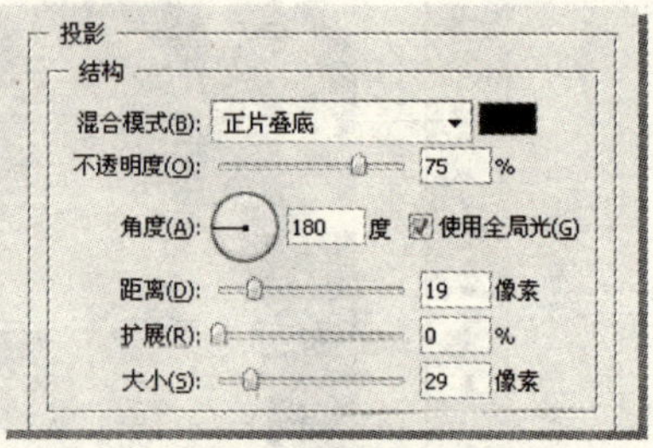

图 6-47 添加投影样式

图 6-48 图像最终合成效果

6.3 剪贴蒙版

剪贴蒙版可以通过一个称为基底图层的图层控制其上面一个或多个内容图层的显示区域和显隐程度。剪贴蒙版不仅是 Photoshop 合成图像的主要技术之一，还常用于遮罩动画的制作。

6.3.1 创建和释放剪贴蒙版

以下举例说明剪贴蒙版的创建方法。

步骤 1 打开素材图像“实例 06\村落.jpg”，按 Ctrl+A 键全选图像，按 Ctrl+C 键复制图像。

步骤 2 打开素材图像“实例 06\水墨鲤鱼.psd”，如图 6-49 所示。选择“水墨”层，按 Ctrl+V 键，结果将“村落”图像粘贴在“水墨”层上面的图层 1 中，如图 6-50 所示。

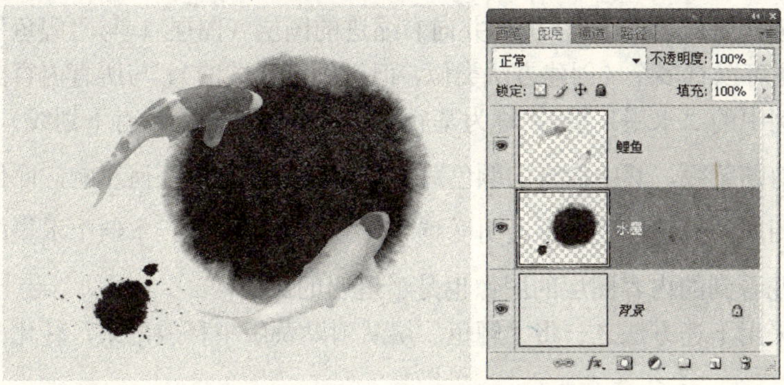

图 6-49　素材图像“水墨鲤鱼”

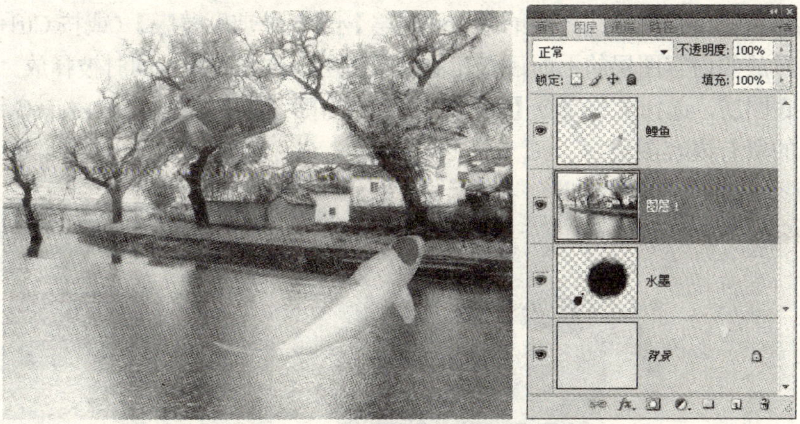

图 6-50　粘贴图层

步骤 3　采用下述方法之一为图层 1 创建剪贴蒙版。

（1）按住 Alt 键，在【图层】面板上将光标移到图层 1 与“水墨”层的分隔线上（此时光标显示为形状），单击。

（2）选择图层 1，选择菜单命令【图层】|【创建剪贴蒙版】（或按 Ctrl+Alt+G 键）。

采用类似的方法为“鲤鱼”层创建剪贴蒙版，结果如图 6-51 所示。

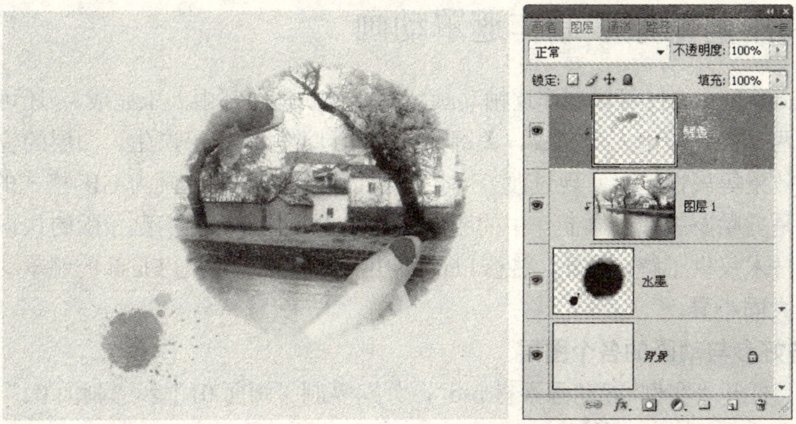

图 6-51　创建剪贴蒙版

剪贴蒙版创建完成后，带有图标并向右缩进的图层（图层 1 与“鲤鱼”层）称为内容图层，内容图层可以有多个（创建方法类似，但必须是连续的）。与所有内容图层下面相临的一个图层（本例中的“水墨”层），称为基底图层（图层名称上带有下划线）。基底图层充当了内容图层的剪贴蒙版，其中像素的颜色对剪贴蒙版的效果无任何影响，而像素的不透明度却控制着内容图层的显示程度。不透明度越高，显示程度越高。本例中水墨的边缘是半透明的，结果从这儿看到的内容图层的图像也是半透明的。

步骤 4 采用下述方法之一将“鲤鱼”层从剪贴蒙版中释放出来，转化为普通图层，如图 6-52 所示。

（1）按住 Alt 键，在【图层】面板上将光标移到“鲤鱼”层与图层 1 的分隔线上（此时光标显示为形状），单击。

（2）选择“鲤鱼”层，选择菜单命令【图层】|【释放剪贴蒙版】（或按 Ctrl+Alt+G 键）。

如果被释放的内容图层的上面还有其他内容图层，这些图层也同时被释放。若选择剪贴蒙版中的基底图层，选择菜单命令【图层】|【释放剪贴蒙版】（或按 Ctrl+Alt+G 键），可释放该基底图层的所有内容图层。

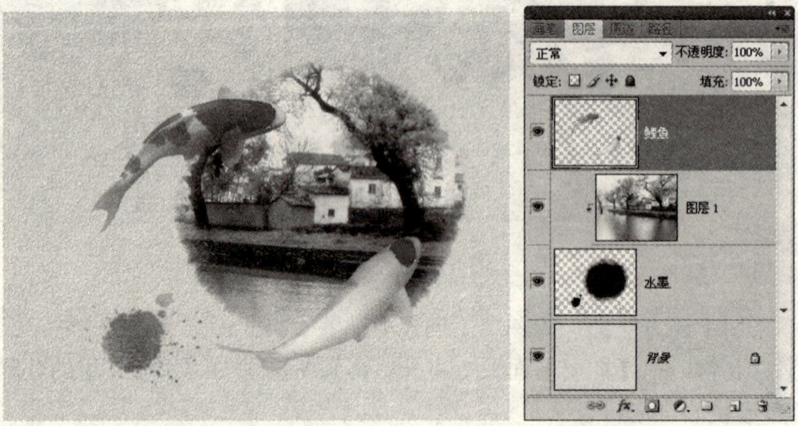

图 6-52 释放剪贴蒙版

6.3.2 利用剪贴蒙版制作遮罩动画

利用 Photoshop 不仅可以制作逐帧动画（每一个帧画面都由人工完成），还可以制作补间动画（首尾两个关键帧由人工完成，关键帧之间的过渡帧由电脑产生。图层的位置、透明度和图层样式效果等属性可以实现过渡）。利用 Photoshop 制作的动画为 GIF 格式的动画。以下实例讲解的是剪贴蒙版在动画制作中的应用。目的主要是加深对剪贴蒙版的认识；其中用到的动画制作技术仅供了解。另外，熟悉 Flash 的用户可以将本例与 Flash 的遮罩动画联系起来学习，二者大同小异。

1. 准备好参与动画的各个图层

步骤 1 打开“实例 06\动画素材.psd”，分别复制“画面 01”和“画面 02”层，并调整图层的排列顺序如图 6-53 所示。

图 6-53 复制图层

步骤 2 新建一个 500×394 像素、72 像素/英寸（与“动画素材.psd”一致）、RGB 颜色模式、透明背景的图像。

步骤 3 将新建图像的图层填充任何一种颜色，并水平向右移动到如图 6-54 所示的位置。

步骤 4 使用“铅笔工具”，选用不同的画笔大小，配合 Shift 键在图像的透明区域绘制如图 6-55 所示的竖直线。

图 6-54 水平向右移动图层

图 6-55 绘制竖直线

步骤 5 在【图层】面板菜单中选择【复制图层】命令，打开【复制图层】对话框，参数设置如图 6-56 所示（将图层复制到“动画素材.psd”中）。单击【确定】按钮。

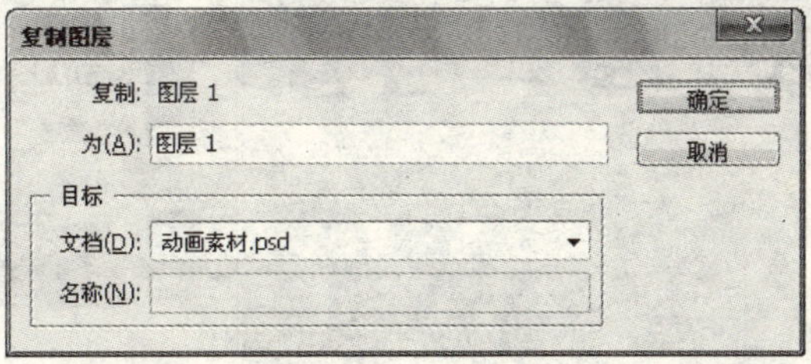

图 6-56 复制图层

步骤 6 切换到“动画素材.psd”的窗口，将生成的新图层更名为“艺术蒙版”，置于“画面 01”和“画面 02”层之间，如图 6-57 所示。

步骤 7 将“艺术蒙版”层与“画面 01”层建立链接，并选择“画面 01”层。选择菜单命令【图层】|【对齐】|【右边】，将“艺术蒙版”层与“画面 01”层对齐。取消图层链接。

步骤 8 复制“艺术蒙版”层，得到“艺术蒙版 副本”层。将“艺术蒙版 副本”层置于“画面 01 副本”和“画面 02 副本”层之间。

步骤 9 选择“艺术蒙版 副本”层，选择菜单命令【编辑】|【变换】|【水平翻转】。

步骤 10 将“艺术蒙版 副本”层与“画面 01”层建立链接，并选择“画面 01”层。选择菜单命令【图层】|【对齐】|【左边】。取消图层链接。此时的图层面板如图 6-58 所示。

提示： 在步骤 7 与步骤 10 的对齐操作中，为了观察“艺术蒙版”层和“艺术蒙版 副本”层的变化，可在对齐前暂时隐藏上面的图层。

步骤 11 按住 Alt 键，分别在“画面 02”层和“画面 01 副本”层缩览图底部的图层分隔线上单击，创建剪贴蒙版，如图 6-59 所示。

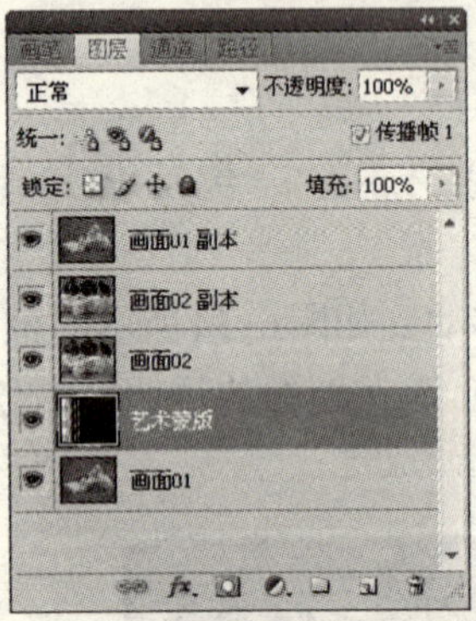

图 6-57 复制图层

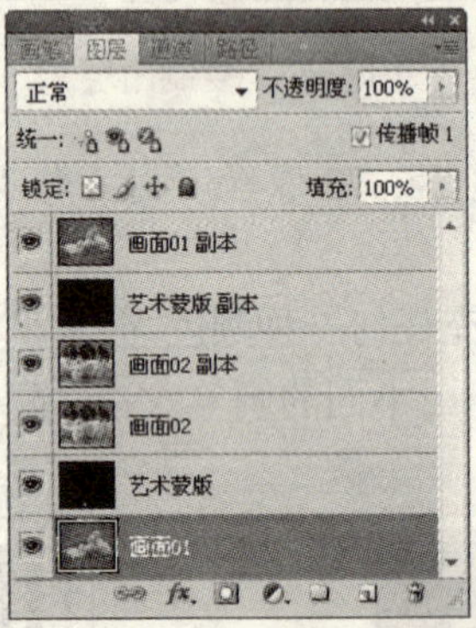

图 6-58 对齐图层

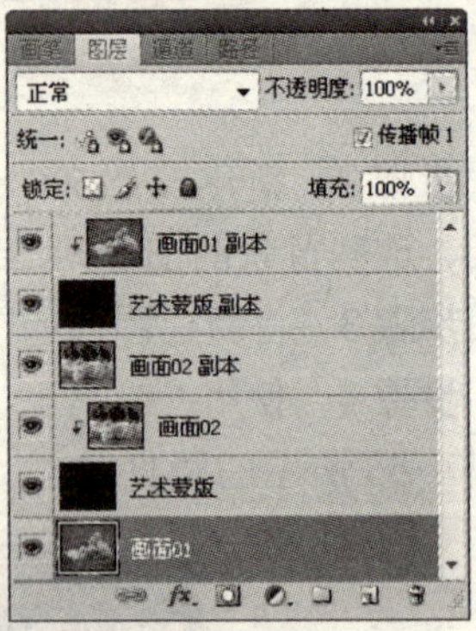

图 6-59 创建剪贴蒙版

2. 制作动画

步骤 1 选择菜单命令【窗口】|【动画】，显示【动画（帧）】面板（使用动画面板菜单中的“转换为时间轴”或“转换为帧动画”命令可改变【动画】面板的显示模式）。

步骤 2 在图层面板上隐藏上面三个图层，在【动画（帧）】面板底部单击“复制所选帧”按钮，从当前帧复制出第 2 帧，如图 6-60 所示。

图 6-60 复制帧

步骤 3 隐藏“画面 02”层。选择“艺术蒙版”层，使用移动工具将该层像素水平向右移动，直至全部像素移出图像窗口右边界。显示所有被隐藏的图层。

步骤 4　单击【动画（帧）】面板上的“复制所选帧”按钮，从当前第 2 帧复制出第 3 帧。

步骤 5　隐藏“画面 01 副本”层，选择“艺术蒙版 副本”层，使用移动工具将该层像素水平向左移动，直至全部像素移出图像窗口的左边界。显示“画面 01 副本”层，如图 6-61 所示。

图 6-61　移动第 3 帧所对应的“艺术蒙版 副本”层的位置

步骤 6　在【动画（帧）】面板上选择第 1 帧，并单击面板上的“过渡动画帧”按钮，设置过渡动画参数，如图 6-62 所示。单击【确定】按钮。结果在原来的第 1 帧和第 2 帧之间插入 20 个过渡帧。

步骤 7　在【动画（帧）】面板上选择第 22 帧，单击“过渡动画帧”按钮，在【过渡】对话框中设置同样的动画参数。单击【确定】按钮。

步骤 8　在【动画（帧）】面板菜单中选择【选择全部帧】命令。单击任意 1 帧所对应的 10 秒▾ 按钮（如图 6-63 所示），在打开的菜单中选择【无延迟】命令。这样所有帧的延迟时间都被设置为 0 秒。

步骤 9　在【动画（帧）】面板上单击任意 1 帧，取消所有帧的选择状态。

步骤 10　单击第 1 帧对应的 0 秒▾ 按钮，在打开的菜单中选择延迟时间为 2 秒。同样设置第 22 帧的延迟时间为 2 秒。

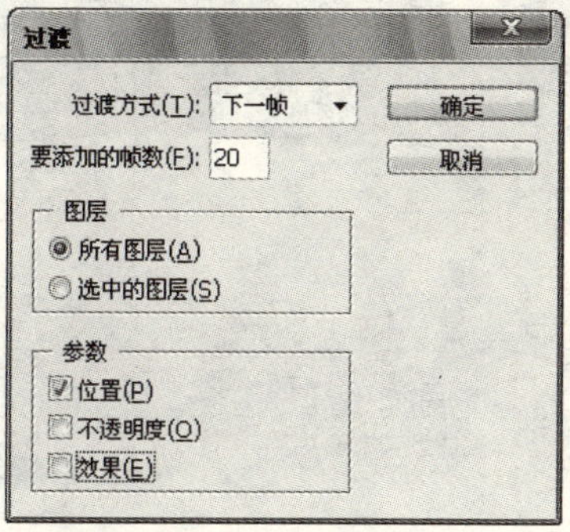

图 6-62　设置过渡动画参数

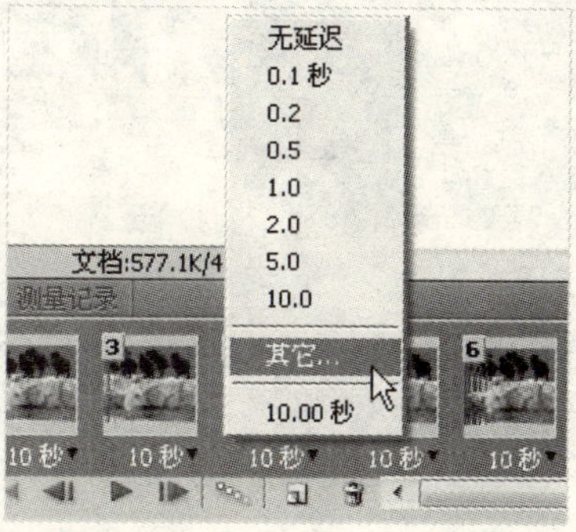

图 6-63　设置延迟时间

3. 输出动画

步骤 1 单击【动画（帧）】面板上的播放按钮▶，预览动画效果。

步骤 2 单击【动画（帧）】面板上的停止按钮■，停止播放动画。选择菜单【文件】|【存储为 Web 和设备所用格式】，打开【存储为 Web 和设备所用格式】对话框，参数设置如图 6-64 所示。

图 6-64 设置文件格式及优化选项

步骤 3 单击【存储】按钮，弹出【将优化结果存储为】对话框，选择存储位置，输入动画文件名，设置保存类型为“仅限图像（*.gif）”。

步骤 4 单击【保存】按钮，若弹出【“Adobe 存储为 Web 和设备所用格式”警告】提示框，单击【确定】。至此 GIF 动画输出完毕。

步骤 5 使用菜单命令【文件】|【存储为】将动画源文件存储为“画面切换.psd”。

如图 6-65 所示为动画中的两幅截图（可使用 Internet Explorer、ACDSee、Windows 图片与传真查看器等工具打开“实例 06\画面切换.gif”观看动画效果）。

图 6-65 画面切换效果

6.4　矢量蒙版

矢量蒙版的作用是在图层上创建边界清晰的图形。这种图形便于修改和维护，特别是不管缩放多少倍都依然能够保持清晰平滑的边界。克服了位图缩放后模糊变形的弱点，对于作品的打印输出至关重要。

1. 添加矢量蒙版

以下举例说明矢量蒙版的添加方法。

步骤 1　打开素材图像“实例 06\镜框.psd”，选择要添加矢量蒙版的图层“木纹”层。

步骤 2　采用下述方法之一为“木纹”层添加矢量蒙版。

（1）按住 Ctrl 键，在图层面板上单击“添加图层蒙版”按钮；或者选择菜单命令【图层】|【矢量蒙版】|【显示全部】，可以为当前图层创建显示全部内容的白色矢量蒙版，如图 6-66 所示。

图 6-66　创建显示全部的矢量蒙版

（2）按 Ctrl+Alt 键，在【图层】面板上单击“添加图层蒙版”按钮；或者选择菜单命令【图层】|【矢量蒙版】|【隐藏全部】，可以为当前图层创建隐藏全部内容的灰色矢量蒙版，如图 6-67 所示。

图 6-67　创建隐藏全部的矢量蒙版

（3）在【路径】面板上选择某个路径（本例单击选择“镜框”路径，如图 6-68（a）所

示），按 Ctrl 键在图层面板上单击“添加图层蒙版”按钮；或者选择菜单命令【图层】|【矢量蒙版】|【当前路径】，可以为当前图层创建基于路径的矢量蒙版，如图 6-68（b）所示。

（a） （b）

图 6-68 基于路径的矢量蒙版

与图层蒙版类似，背景层和全部锁定的图层不能直接添加矢量蒙版，只有将背景层转化为普通层或取消图层的全部锁定后，才能添加矢量蒙版。

2. 编辑矢量蒙版

对矢量蒙版的编辑实际上就是对矢量蒙版中路径的编辑。在【图层】面板上选择带有矢量蒙版的图层后，即可在图像窗口中对矢量蒙版中的路径进行编辑（关于路径的创建与编辑，请参阅第 8 章）。

3. 删除矢量蒙版

与“删除图层蒙版”类似。请参考 6.2.1 节中的对应内容。

4. 停用或启用矢量蒙版

与“停用和启用图层蒙版”类似。请参阅 6.2.1 节中的对应内容。

5. 将矢量蒙版转化为图层蒙版

选择包含矢量蒙版的图层，选择菜单命令【图层】|【栅格化】|【矢量蒙版】，即可将矢量蒙版转化为图层蒙版。

6.5 几种与蒙版相关的图层

6.5.1 调整层

调整层是一种带有图层蒙版或矢量蒙版的特殊图层，可以在不破坏图像原始数据的情况下对其下面的图层进行颜色调整，属于典型的非破坏性编辑方式。使用调整层的另一个好处是，在任何时候都可以修改颜色调整的参数。

调整层像一层透明的纸一样，它本身不包含任何像素，不会遮盖其下面图层中的图像，却承载着对其下面图层的颜色调整参数。通过调整层上的蒙版还能够控制颜色调整的作用范围和强弱。调整层的使用范围很广；但美中不足的是，仍有少数几个颜色调整命令不能借助调整层来实现。

以下举例说明调整层的基本用法。

步骤 1 打开“实例 06\中国画册.psd”，选择“国画梅花”层。如图 6-69 所示。

图 6-69　打开素材图像

步骤 2　选择菜单命令【图层】|【新建调整图层】|【可选颜色】，打开【新建图层】对话框，参数设置如图 6-70 所示。

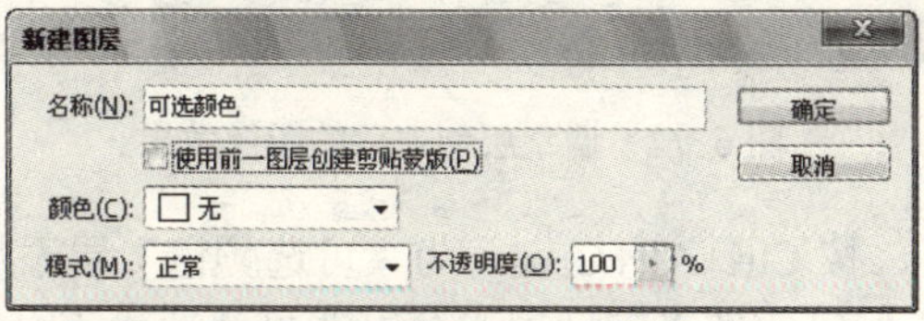

图 6-70　设置【新建图层】对话框参数

该对话框各选项功能如下。

- 【使用前一图层创建剪贴蒙版】：将下一图层作为基底图层创建剪贴蒙版，使得颜色调整的作用范围仅限于下一图层（即基底图层）的像素区域，否则，将作用于调整层下面的所有图层。
- 【模式】：为调整层选择图层混合模式，以获得不同的颜色调整效果。也可以在调整层创建完毕后直接在【图层】面板上为其选择混合模式。
- 【不透明度】：设置调整层的不透明度，以控制颜色调整的作用强度。也可以在调整层创建完毕后直接在【图层】面板上设置。

步骤 3　单击【确定】按钮，打开【可选颜色】对话框。参数设置如图 6-71 所示（分别对“洋红”和“红色”进行设置）。

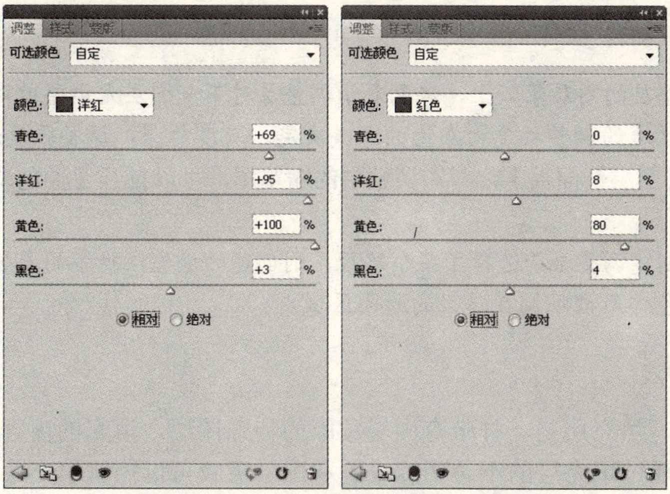

图 6-71　设置【可选颜色】对话框参数

提示：也可以直接在【图层】面板上单击“新建填充或调整图层”按钮 ◐，从弹出菜单中选择颜色调整命令。

步骤 4 参数设置完成后，关闭【可选颜色】对话框，即可创建一个带有图层蒙版的调整层（本来有些粉红色的梅花变成大红色了），如图 6-72 所示。

图 6-72 调整层创建后的图像效果

步骤 5 选择调整层，按 Ctrl+Alt+G 键，为“可选颜色”层添加剪贴蒙版。这样可将调色作用限制在“国画梅花”层的像素区域，避免对背景层造成不必要的影响。

步骤 6 确保调整层处于蒙版编辑状态。将前景色设为黑色。使用画笔工具在梅花花瓣上涂抹，结果画笔经过之处的梅花又变成粉红色了（如图 6-73 所示）。如果使用灰色涂抹，则可以减弱梅花上的大红色。

图 6-73 编辑调整层的蒙版

提示：在调整层的图层蒙版上，黑色表示调整层对下一图层无调整效果；白色表示调整效果最强；灰色区域的调整程度由灰色的深浅决定，灰度越深，调整强度越大。

步骤 7 在【图层】面板上，双击调整层的缩览图，可以打开【颜色调整】对话框，重新设置调整参数。

提示：若在创建调整层前选择了某个路径，则创建的调整层携带的是矢量蒙版。调整层对下层图像的调色作用被限制在路径的封闭区域内。

6.5.2 填充层

默认设置下，填充层是一种带有图层蒙版的特殊图层，填充的内容包括纯色、渐变色和图案三种。通过填充层的不透明度设置和图层蒙版可以控制填充效果的强弱和填充范围。

与调整层类似，也可以基于某个路径创建带有矢量蒙版的填充层，填充内容被限制在相应路径的封闭区域内。

下面以“图案填充”为例介绍填充层的基本用法。

步骤1 打开素材图像“实例06\古书封面.psd”，选择“封面”层，如图6-74所示。

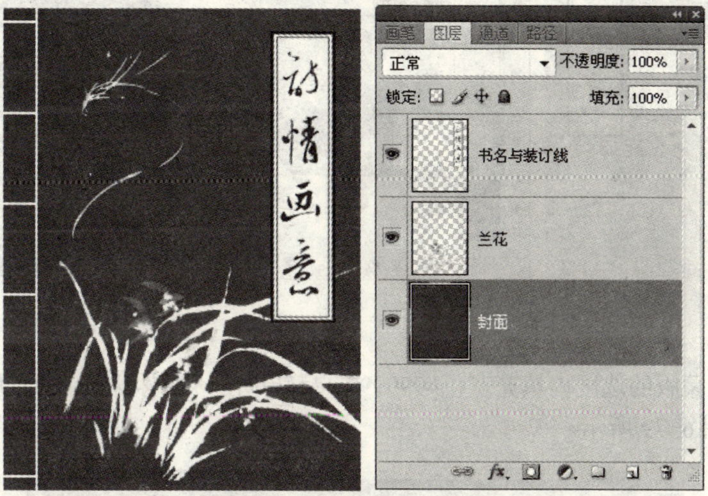

图6-74 打开素材图像

步骤2 在【图层】面板上单击“新建填充或调整图层”按钮，从弹出的菜单中选择【图案】(或调用菜单命令【图层】|【新建填充图层】|【图案】)，打开【图案填充】对话框。单击左侧的图案选择按钮，弹出图案选择面板，如图6-75所示。

步骤3 单击图案选择面板右上角的按钮，打开面板菜单。从中载入【外部图案30】，并取代原来的默认图案。

步骤4 选择“外部图案30”中的第一个图案，并设置【图案填充】对话框的【缩放】参数为30%（如图6-76所示）。单击【确定】按钮。

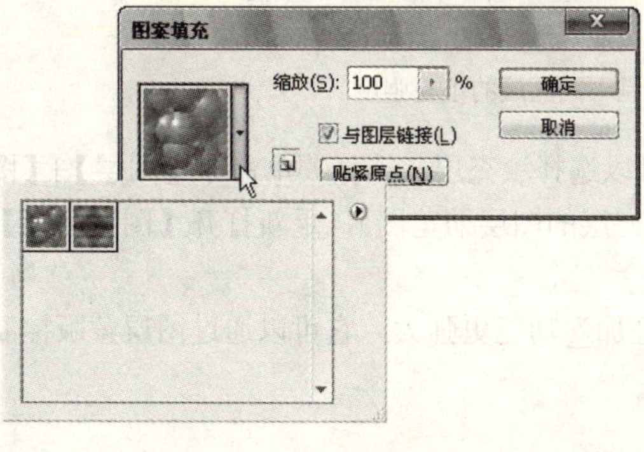

图6-75 打开图案选择面板

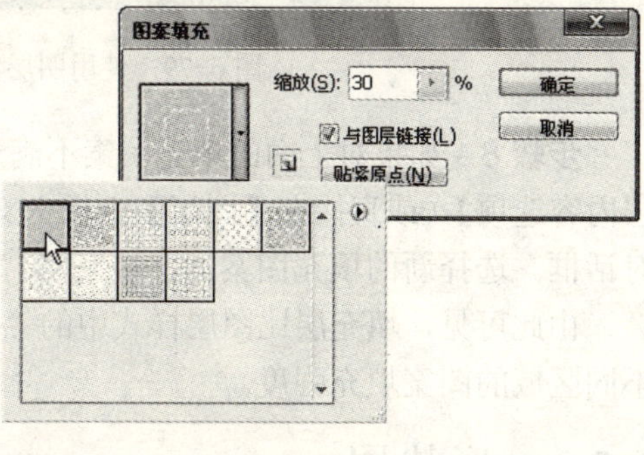

图6-76 设置【图案填充】对话框参数

步骤5 结果在“封面”层的上面生成了“图案填充1”层。将“图案填充1”层的混合模式设置为“亮光”，如图6-77所示。

步骤6 创建如图6-78所示的矩形选区（羽化值0）。单击“图案填充1”层的图层蒙版，使该层处于蒙版编辑状态。

图 6-77　设置填充层参数

图 6-78　建立选区

步骤 7　在蒙版的选区内填充灰色#999999；反转选区，填充浅一点的灰色#cccccc，取消选区，结果如图 6-79 所示。

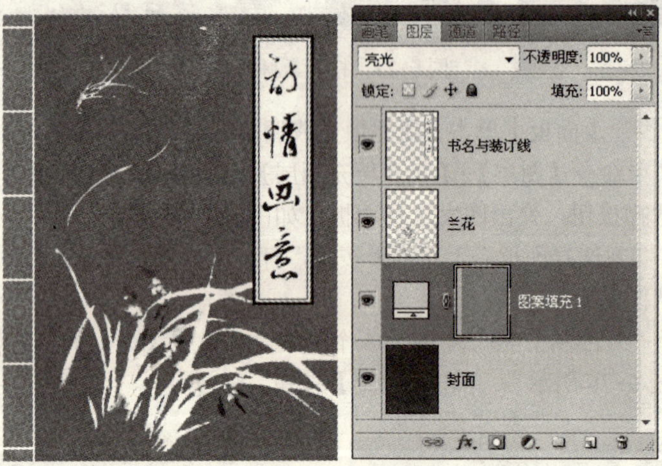

图 6-79　使用图层蒙版控制不同区域的填充强度

步骤 8　如果对上面的填充图案不满意，可以选择填充层，选择菜单命令【图层】|【图层内容选项】（或直接在【图层】面板上双击填充层的图层缩览图），重新打开【图案填充】对话框。选择新的填充图案。

由此可见，填充层比图层样式中的“图案叠加”功能更强大，它可以通过图层蒙版控制不同区域的图案填充强度。

6.5.3　形状层

形状层是由形状工具、钢笔工具或自由钢笔工具创建的一种特殊的图层（创建时应在选项栏上选中“形状图层”按钮）。形状层实质上是带有矢量蒙版的填充层，其中矢量蒙版用来存放定义形状的路径，而形状的填充色存放在图层中，如图 6-80 所示。

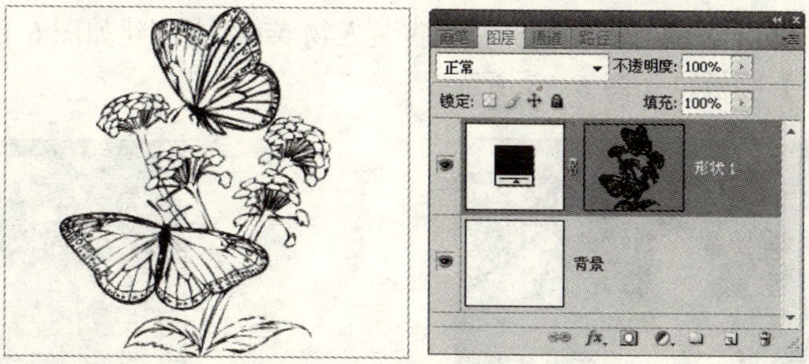

图 6-80　形状图层的组成

6.5.4　矢量蒙版和填充层、调整层综合实例

利用素材图像“实例 06 \古装人物.psd”和“砖.jpg”设计制作如图 6-81 所示的效果（最终效果请参考“实例 06 \笛韵.jpg”）。

主要技术看点：矢量蒙版，剪贴蒙版，填充层，调整层，定义图案，图层样式（图案叠加、斜面和浮雕）等。

图 6-81　笛韵图

步骤 1　打开素材图像“实例 06\砖.jpg”。创建如图 6-82 所示的矩形选区（羽化值 0）。

步骤 2　使用菜单命令【编辑】|【定义图案】将选区内图像定义为图案，命名为“砖”。关闭图像“实例 06\砖.jpg”。

步骤 3　打开素材图像“实例 06\古装人物.psd”。选择“自定形状工具”，在选项栏左侧选择“路径”按钮，打开默认的形状面板，单击选择“窄边圆形边框”形状，如图 6-83 所示。

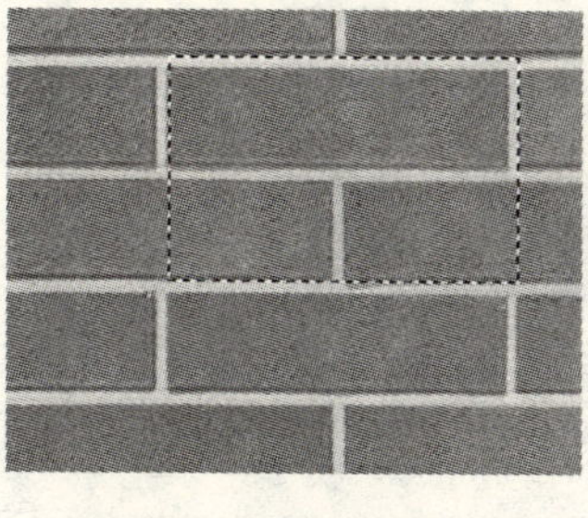

图 6-82　创建矩形选区

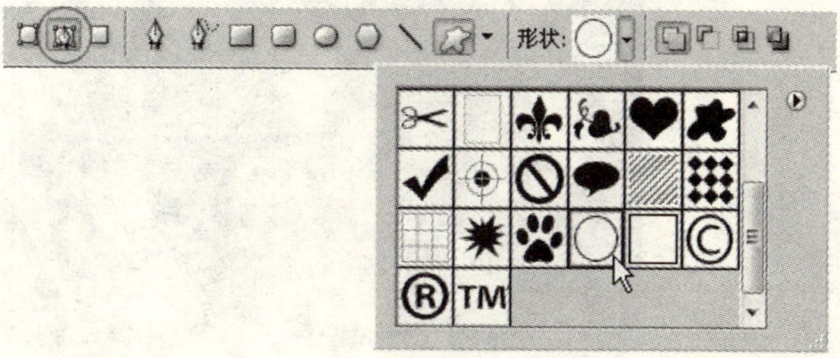

图 6-83　选择形状

步骤 4 按住 Shift 键同时拖移鼠标在“古装人物.psd”中创建如图 6-84 所示的“双环”路径。显示【路径】面板，如图 6-85 所示。

图 6-84 创建路径

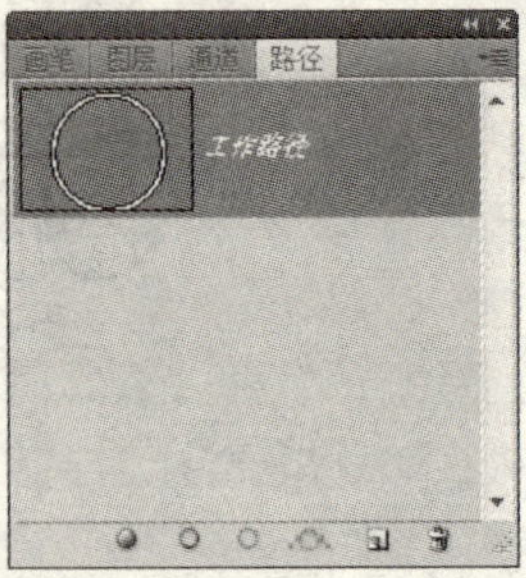

图 6-85 路径面板

步骤 5 从【路径】面板菜单中选择【存储路径】命令，打开【存储路径】对话框，输入路径名称“圆环”，单击【确定】按钮。

步骤 6 从【路径】面板菜单中选择【复制路径】命令，打开【复制路径】对话框，输入路径名称“圆”，单击【确定】按钮。此时的【路径】面板如图 6-86 所示。

步骤 7 在【路径】面板上选择路径“圆”，此时该路径显示在图像窗口中。选择“直接选择工具”，在图像窗口的路径上单击，显示路径上的锚点。单击外环上的某个锚点，按 Del 键删除。按这种方式继续删除外环上的其他锚点，直到整个外环消失，如图 6-87 所示。

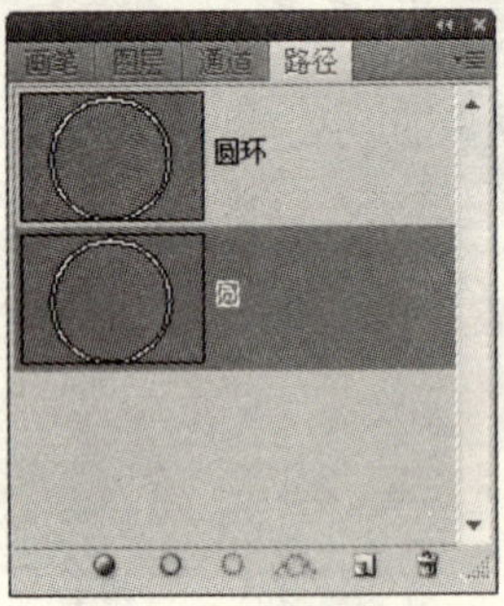

图 6-86 存储与复制路径

图 6-87 删除外环

步骤 8 在【路径】面板上选择路径“圆”。显示【图层】面板，选择“古装人物”层。

步骤 9 按 Ctrl 键在【图层】面板上单击按钮；为“古装人物”层创建基于路径的矢量蒙版，如图 6-88 所示。

图 6-88 创建矢量蒙版

步骤 10　新建图层，命名为“砖墙”，并填充白色，置于图层面板的最底部。

步骤 11　为“砖墙”层添加图层样式“图案叠加”，参数设置如图 6-89 所示。此时的图像效果和【图层】面板如图 6-90 所示。

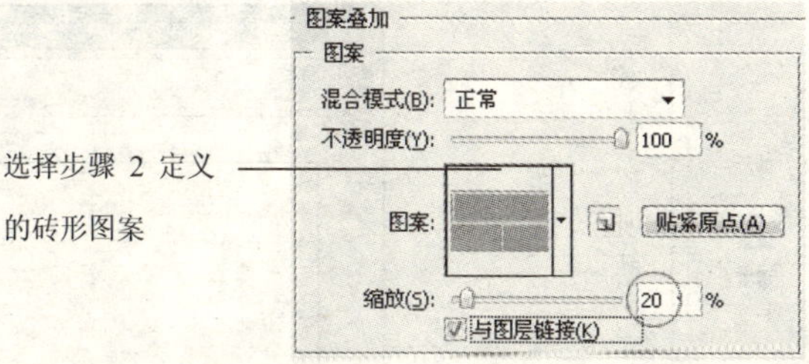

图 6-89　设置图案叠加样式参数

步骤 12　在【路径】面板上选择路径“圆环”。显示【图层】面板，选择“古装人物”层。在【图层】面板上单击“新建填充或调整图层”按钮 ，从弹出的菜单中选择【纯色】，在打开的拾色器中选择颜色# bbc3d7。单击【确定】按钮。结果生成“颜色填充 1”层，如图 6-91 所示。

图 6-90　添加图案叠加样式后的图像

图 6-91　创建单色填充层

步骤 13　为“颜色填充 1”层添加图层样式“斜面和浮雕”，参数设置如图 6-92 所示。

步骤 14 在【图层】面板上选择“竹子芭蕉”层。单击“新建填充或调整图层”按钮 ，从弹出的菜单中选择【曲线】，在打开的【曲线】对话框中设置参数，如图 6-93 所示。关闭对话框，结果生成“曲线 1”层。

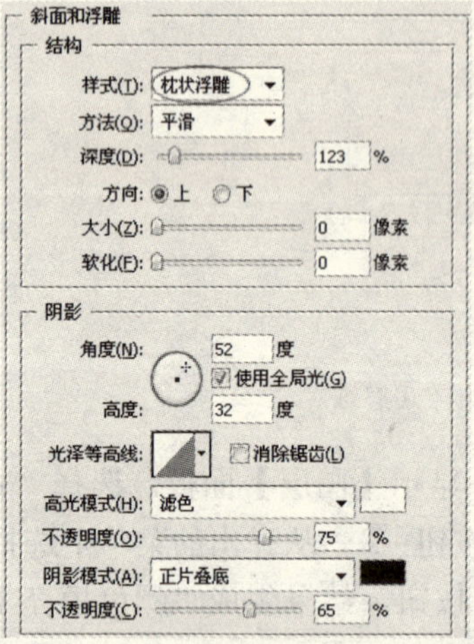

图 6-92 设置斜面和浮雕样式参数

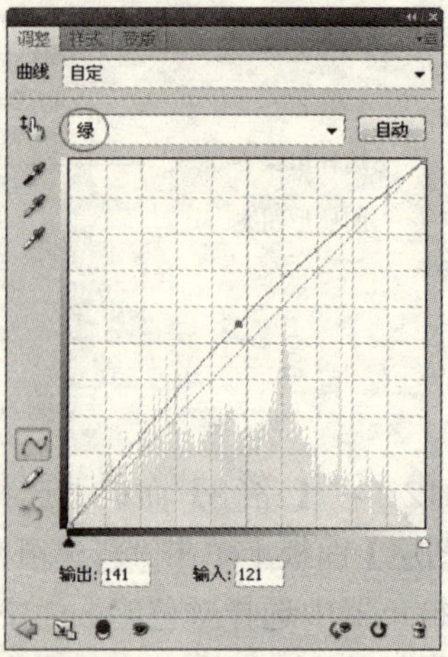

图 6-93 设置调整层参数

步骤 15 选择“曲线 1”层。按 Ctrl+Alt+G 键，添加剪贴蒙版，使“曲线 1”层的颜色调整作用限制在“竹子芭蕉”层的像素范围内。图像最终效果及图层结构如图 6-94 所示。

步骤 16 存储文件。

图 6-94 图像最终效果及图层面板组成

6.6 小结

本章主要讲述了以下内容。

- 快速蒙版。主要用于创建和编辑选区，是 Photoshop 抠图的重要工具。
- 图层蒙版。用于控制图层显示范围和显隐程度，并保护相应的图层免遭破坏。可用于抠选图像和创建图层特效。

- 剪贴蒙版。以不同于图层蒙版的方式控制图层的显示范围和显隐程度，或控制调整层和填充层的作用范围、作用强度。6.3.2 节利用蒙版制作遮罩动画的操作比较复杂，可只作了解；作者真正的目的是想让读者通过该案例进一步理解蒙版的作用与实质。
- 矢量蒙版。用于在图层上创建边界清晰的图形。
- 几种与蒙版有关的图层。包括调整层、填充层和形状层等。
  - ✓ 调整层是一种带有图层蒙版或矢量蒙版的特殊图层，可以在不破坏图像原始数据的情况下进行颜色调整，而且任何时候都可以修改颜色调整参数。通过调整层上的蒙版可以控制调整层的作用范围和强度。
  - ✓ 填充层是一种带有图层蒙版或矢量蒙版的特殊图层，填充的内容包括纯色、渐变色和图案三种。
  - ✓ 形状层实际上是一种带有矢量蒙版的填充层。

6.7　习题

一、选择题

1．以下关于蒙版的说法，不正确的是__________。

A．剪贴蒙版用于控制图层的显示范围，或控制调整层和填充层的作用范围、作用强度

B．快速蒙版主要用来创建和编辑选区

C．图层蒙版用来控制图层中不同区域的图像的显隐状况

D．要想使图层蒙版不起作用，唯一的办法就是将其删除

2．以下关于蒙版的说法，不正确的是__________。

A．在 Photoshop 中，图层蒙版是以 8 位（256 阶）彩色图像形式存储的

B．在 Photoshop 中，可以使用所有的绘画与填充工具、图像修整工具以及相关的菜单命令对图层蒙版进行编辑和修改

C．可使用相关的菜单命令将选区作为蒙版存储在 Alpha 通道中

D．选区实际上就是一个临时性的蒙版

3．将蒙版与图层建立链接的作用是__________。

A．可将蒙版与图层进行对齐

B．可将蒙版与图层同时进行编辑

C．可将蒙版与图层一起移动和变换

D．可将蒙版与图层一起删除

4．以下关于矢量蒙版的说法，不正确的是__________。

A．使用矢量蒙版可以在图层上创建边界清晰的图形

B．图层蒙版不能转换为矢量蒙版；同样，矢量蒙版也不能转换为图层蒙版

C．对矢量蒙版的编辑实际上是对矢量蒙版中路径的编辑

D．使用矢量蒙版创建的图形易于修改，特别是缩放后图形的边界依然保持清晰平滑

二、填空题

1．根据用途和存在形式的不同，蒙版可分为__________、__________、__________和矢量蒙版等几种。

2．在图层蒙版上，________表示透明；________表示不透明；灰色表示________，透明的程度由灰色的深浅决定。

3．在编辑带有图层蒙版的图层时，存在______编辑状态和______编辑状态两种情况。

4．调整层是一种特殊的图层，通过它可以对图像进行________调整，但不会破坏原始图像数据。

5．默认设置下，填充层也是一种带有蒙版的图层。填充层上的内容可以是________、________或________。

6．形状层实际上是带有________的________层。

三、操作题

使用蒙版工具选择素材图像“练习\昆虫.jpg”（如图 6-95 所示）中的小虫，与素材图像“练习\菊花.jpg”（如图 6-96 所示）合成如图 6-97 所示的效果。

图 6-95　素材图像“昆虫”

图 6-96　素材图像“菊花”

图 6-97　合成图像

操作提示：

（1）使用磁性套索等工具选择昆虫除触角和腿之外的部位。

（2）进入快速蒙版编辑模式，使用画笔涂抹加选昆虫的触角和腿。

（3）将背景层转化为普通层。添加显示选区的图层蒙版，修整选区。

（4）将整个图层（连同图层蒙版）复制到“菊花”图像中。

（5）缩放、旋转小虫，调整小虫的位置。

第 7 章　通　　道

通道是 Photoshop 最重要、最核心的技术之一，也是 Photoshop 最难理解和把握的内容。只有攻克了这道难关，才能真正掌握 Photoshop 技术的精髓。

7.1　通道概述

简而言之，通道就是存储图像颜色信息或选区信息的一种载体。用户可以将选区存放在通道的灰度图像中；并可以对这种灰度图像做进一步处理，创建更加复杂的选区。

Photoshop 的通道包括颜色通道、Alpha 通道、专色通道和蒙版通道等多种类型。其中使用频率最高的是颜色通道和 Alpha 通道。

打开图像时，Photoshop 根据图像的颜色模式和颜色分布等信息，自动创建颜色通道。在 RGB、CMYK 和 Lab 颜色模式的图像中，不同的颜色分量分别存放于不同的颜色通道。在通道面板顶部列出的是复合通道，由各颜色分量通道混合而成，其中的彩色图像就是在图像窗口中显示的图像。如图 7-1 所示是某个 RGB 图像的颜色通道。

图 7-1　RGB 图像的颜色通道

图像的颜色模式决定了颜色通道的数量。比如，RGB 颜色模式的图像包含红（R）、绿（G）、蓝（B）三个单色通道和一个用于编辑图像的复合通道；CMYK 图像包含青（C）、洋红（M）、黄（Y）、黑（K）四个单色通道和一个复合通道；Lab 图像包含明度通道、a 颜色通道、b 颜色通道和一个复合通道；而灰度、位图、双色调和索引颜色模式的图像都只有一个颜色通道。

除了 Photoshop 自动生成的颜色通道外，用户还可以根据需要，在图像中自主创建 Alpha 通道和专色通道。其中，Alpha 通道用于存放和编辑选区，专色通道则用于存放印刷中的专色。例如，在 RGB 图像中，最多可添加 53 个 Alpha 通道或专色通道。只有位图模式的图像例外，不能额外添加通道。

本章内容重点介绍颜色通道和 Alpha 通道的原理和实际应用。

7.2 认识颜色通道与 Alpha 通道

7.2.1 颜色通道

颜色通道用于存储图像中的颜色信息——颜色的含量与分布。以下以 RGB 图像为例进行说明。

步骤 1 打开素材图像“实例 07\百合.JPG”，如图 7-2 所示。显示【通道】面板，单击选择蓝色通道，如图 7-3 所示。

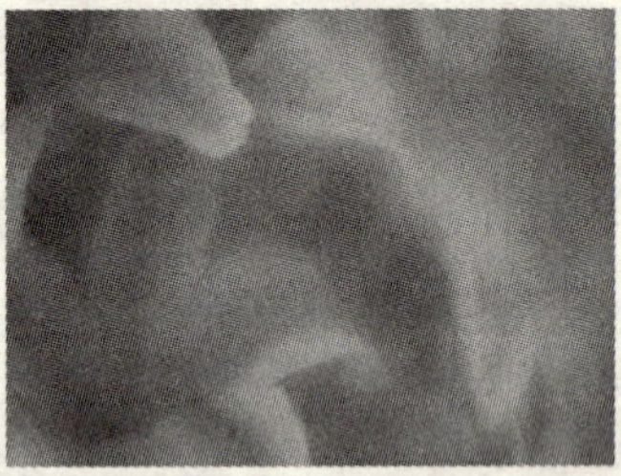

图 7-2 素材图像

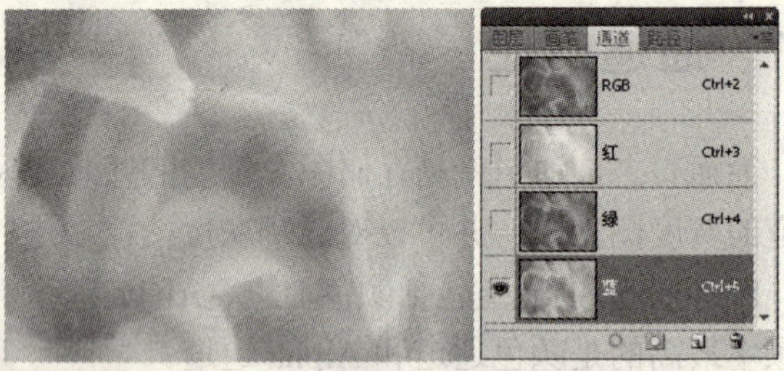

图 7-3 蓝色通道的灰度图像

从图像窗口中查看蓝色通道的灰度图像。亮度越高，表示彩色图像对应区域的蓝色含量越高；亮度越低的区域表示蓝色含量越低；黑色区域表示不含蓝色，白色区域表示蓝色含量最高，达到饱和。由此可知，修改颜色通道的亮度将势必改变图像的颜色。

步骤 2 在【通道】面板上单击选择红色通道，同时单击复合通道（RGB 通道）左侧的灰色方框，显示眼睛图标，如图 7-4 所示。这样可以在编辑红色通道的同时，从图像窗口查看彩色图像的变化情况。

步骤 3 选择菜单命令【图像】|【调整】|【亮度/对比度】，参数设置如图 7-5 所示，单击【确定】按钮。

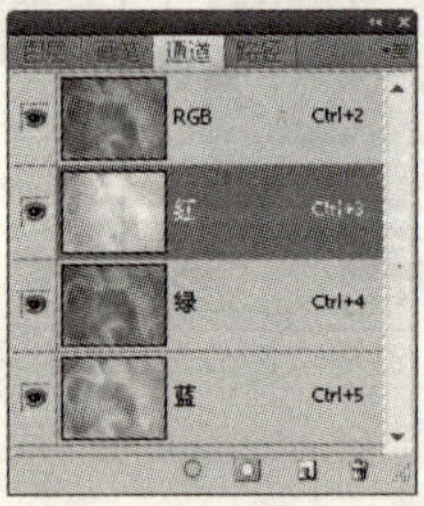

图 7-4 选择绿色通道

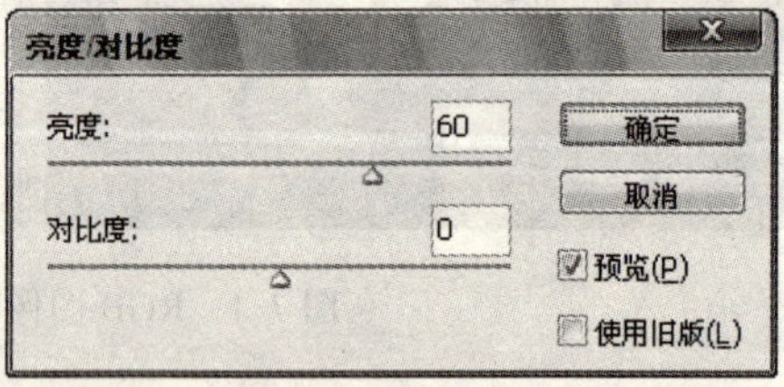

图 7-5 提高亮度

提高红色通道的亮度，等于在彩色图像中增加红色的混入量，图像变化如图 7-6 所示。

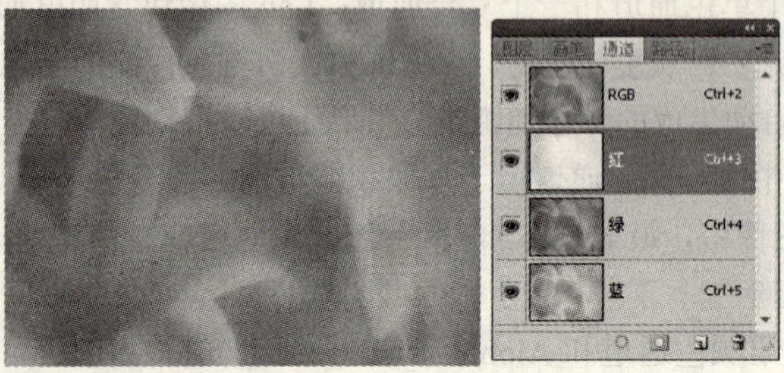

图 7-6 提高图像中的红色含量

步骤 4　将前景色设为黑色。在通道面板上单击选择蓝色通道，按 Alt+Backspace 键，在蓝色通道上填充黑色。这相当于将彩色图像中的蓝色成分全部清除，整个图像仅由红色和绿色混合而成，如图 7-7 所示。

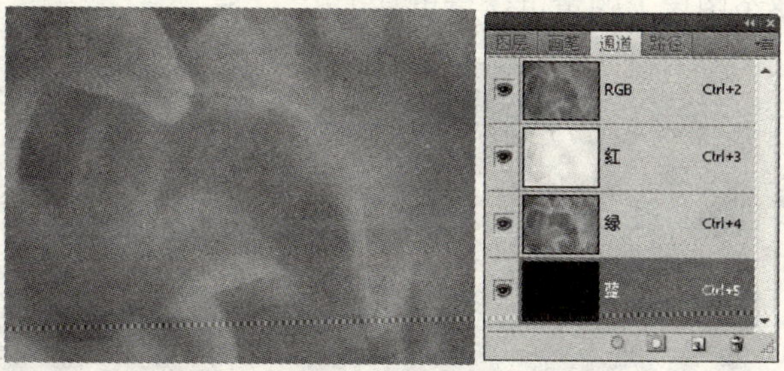

图 7-7　全部清除图像中的蓝色成分

由此可见，通过调整颜色通道的亮度，可校正色偏，或制作具有特殊色调效果的图像。

步骤 5　选择绿色通道，选择菜单【滤镜】|【纹理】|【纹理化】，参数设置如图 7-8 所示，单击【确定】按钮。图像变化如图 7-9 所示。

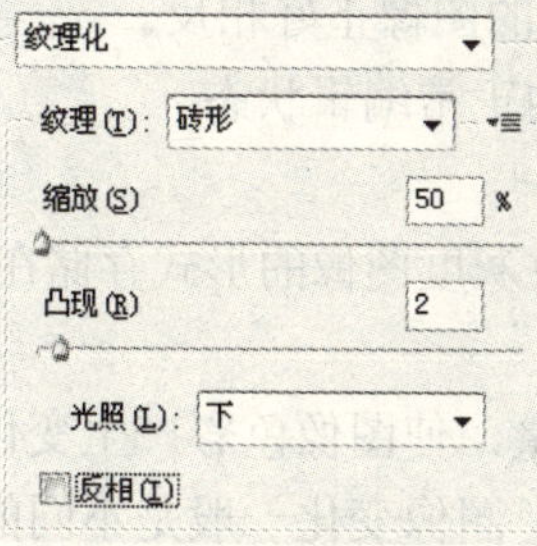

图 7-8　设置纹理滤镜

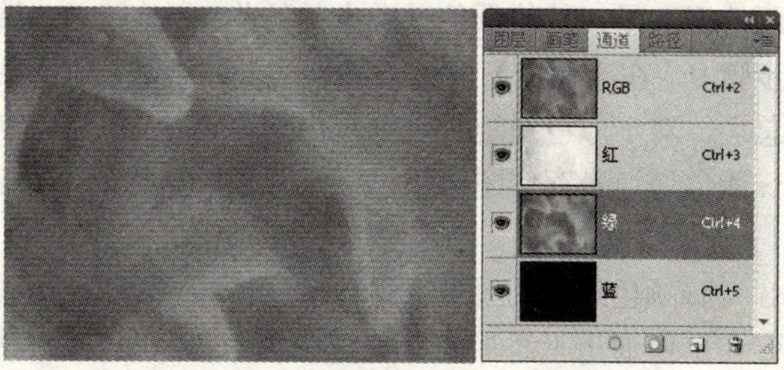

图 7-9　在绿色通道上添加滤镜

滤镜效果主要出现在彩色图像中绿色含量较高的区域。如果将滤镜效果添加在其他颜色通道上，图像的变化肯定是不同的。

步骤 6　在【通道】面板上单击选择复合通道，返回图像的正常编辑状态。

上述对颜色通道的分析是针对 RGB 颜色模式的图像而言的。对于其他颜色模式的图像，情况就不同了。

步骤 7　打开 CMYK 颜色模式的素材图像“实例 07\向日葵.jpg”（如图 7-10 所示）。在【通道】面板上单击选择黄色通道，如图 7-11 所示。

图 7-10　素材图像

图 7-11　查看黄色通道

对应于黄色成分含量比较高的向日葵花朵区域，黄色通道的灰度图像所显示的信息却恰恰相反，亮度反而最低。

步骤 8 将前景色设为黑色。按 Alt+Backspace 键，在黄色通道上填充黑色。结果图像变化如图 7-12 所示。整个图像上的黄色含量更高了。

图 7-12 将黄色通道填充黑色

实际上，对于 CMYK 颜色模式的图像来说，降低黄色通道的亮度，等于在彩色图像中提高黄色的混入量。其他颜色通道也是如此。这与 RGB 颜色模式的图像正好相反。

步骤 9 在【通道】面板上单击选择复合通道，返回图像的正常编辑状态。

总之，对于颜色通道，可以得出如下结论，

- 颜色通道是存储图像颜色信息的载体，默认设置下以 8 位灰度图像的形式存储在【通道】面板上。
- 调整颜色通道的亮度，可以改变图像中各原色成分的含量，使图像色彩产生变化。
- 在单色通道上添加滤镜，与在整个彩色图像上添加滤镜，图像变化一般是不同的。

7.2.2 Alpha 通道

Alpha 通道用于将选区存储在灰度图像中。在默认设置下，Alpha 通道中的白色代表选区，黑色表示未被选择的区域；灰色表示部分被选择的区域，即透明的选区。以下举例说明。

步骤 1 打开素材图像"实例 07\夜幕降临.psd"，如图 7-13 所示。

步骤 2 显示【通道】面板。单击选择 Alpha1 通道（如图 7-14 所示）。在图像窗口中查看 Alpha1 通道的灰度图。

图 7-13 素材图像

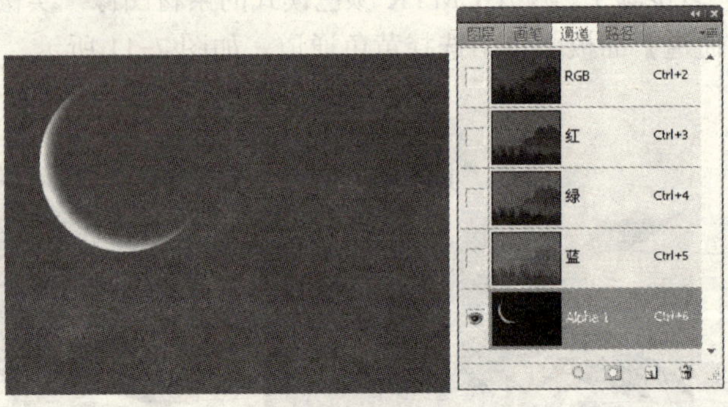

图 7-14 查看 Alpha 通道

步骤 3　按住 Ctrl 键，在【通道】面板上单击 Alpha1 通道的缩览图，载入 Alpha1 通道中存储的选区。单击选择复合通道，并切换到图层面板，如图 7-15 所示。

图 7-15　载入 Alpha 通道选区

步骤 4　将前景色设置为浅黄色# ffffcc；新建图层 1；按 Alt+Backspace 键，填充图层 1 的选区；取消选区；如图 7-16 所示。

图 7-16　应用 Alpha 通道选区

用白色涂抹 Alpha 通道，或增加 Alpha 通道的亮度，可扩展选区的范围；用黑色涂抹或降低亮度，则缩小选区的范围。Alpha 通道也是编辑选区的重要场所。

7.3　通道基本操作

7.3.1　选择通道

在【通道】面板上，采用鼠标单击的方式可以选择任何一个通道。按 Shift 键单击可以加选多个通道。

按 Ctrl+数字键可快速选择通道。以 RGB 图像为例，按 Ctrl+3 键选择红色通道，按 Ctrl+4 键选择绿色通道，按 Ctrl+5 键选择蓝色通道，按 Ctrl+6 键选择蓝色通道下面第一个 Alpha 通道或专色通道，按 Ctrl+7 键选择第二个 Alpha 通道或专色通道，依次类推；按 Ctrl+2 键则选择复合通道。因此，不必切换到【通道】面板即可选择所需的通道。

7.3.2　显示与隐藏通道

在【通道】面板上，通过单击通道缩览图左侧的眼睛图标可以隐藏或显示通道。在查看多个颜色通道时，图像窗口显示这些通道的彩色混合效果，如图 7-17 所示。

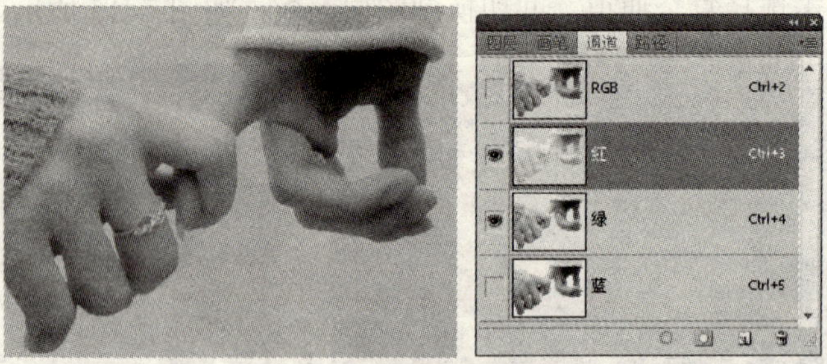

图 7-17　查看多个单色通道的彩色混合效果

在显示复合通道时，所有单色通道或分量通道自动显示。另一方面，只要显示了所有的单色通道和分量通道，复合通道也将自动显示。

7.3.3　创建 Alpha 通道

根据不同的情况，创建 Alpha 通道的方式有多种。

1．创建空白 Alpha 通道

采用下列方法之一可创建空白 Alpha 通道。

① 在【通道】面板上单击“新建通道”按钮，使用默认设置创建一个 Alpha 通道。

② 按住 Alt 键单击“新建通道”按钮，或在【通道】面板菜单中选择【新建通道】命令，打开【新建通道】对话框，如图 7-18 所示。输入通道名称，设置其他参数，单击【确定】按钮。

新建的空白 Alpha 通道如图 7-19 所示。

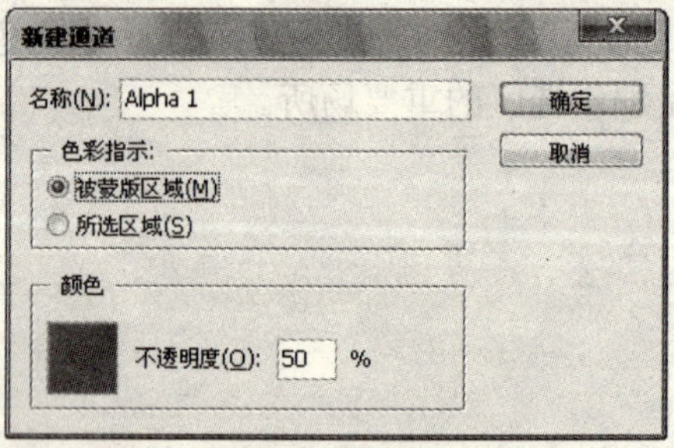

图 7-18　【新建通道】对话框

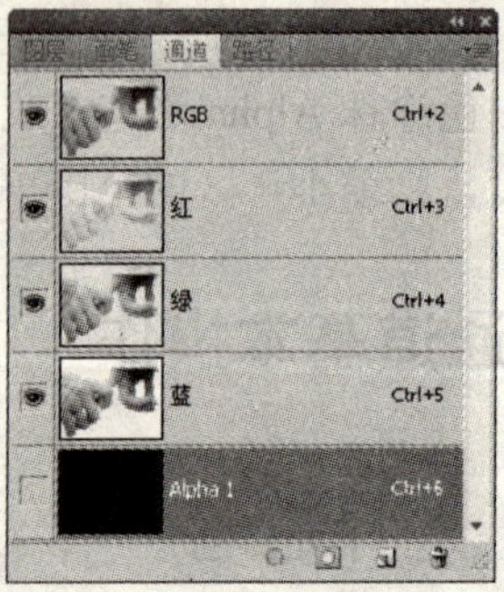

图 7-19　新建的空白 Alpha 通道

2．从颜色通道创建 Alpha 通道

在【通道】面板上，将单色通道拖移到“新建通道”按钮上，可以得到颜色通道的副本。此类通道虽然是颜色通道的副本，但二者之间除了灰度图像相同外，没有任何其他的联系，也属于 Alpha 通道，其中一般包含着比较复杂的选区。

此类 Alpha 通道多用于通道抠图，一般做法是：首先寻找一个合适的颜色通道；然后复制颜色通道得到副本通道；最后对副本通道中的灰度图像作进一步修改，以获得精确的选区。由于直接修改颜色通道将影响整个图像的颜色，因此不宜直接对颜色通道进行编辑修改。

3. 从选区创建 Alpha 通道

使用菜单命令【选择】|【存储选区】可以将图像中的现有选区存储在新生成的 Alpha 通道中，以备后用。

4. 从蒙版创建 Alpha 通道

当图像处于快速蒙版编辑模式，或选择了包含图层蒙版的图层时，【通道】面板上将增加一个对应名称的临时蒙版通道。一旦退出快速蒙版编辑模式或转而选择其他不包含图层蒙版的图层后，这种临时显示的蒙版通道也就消失了。若将蒙版通道拖移到“新建通道”按钮上，可以得到一个相应名称的“蒙版 副本”通道，“永久”储存在【通道】面板上。这类蒙版 副本通道也属于 Alpha 通道。以下举例说明。

步骤 1　打开素材图像“实例 07\中国画册（调整层）.psd”，选择包含图层蒙版的调整层，如图 7-20 所示。

图 7-20　选择包含图层蒙版的调整层

步骤 2　显示【通道】面板，如图 7-21 所示。

步骤 3　将“黑白 1 蒙版”临时通道拖移到“新建通道”按钮上，得到“黑白 1 蒙版副本”Alpha 通道，如图 7-22 所示。

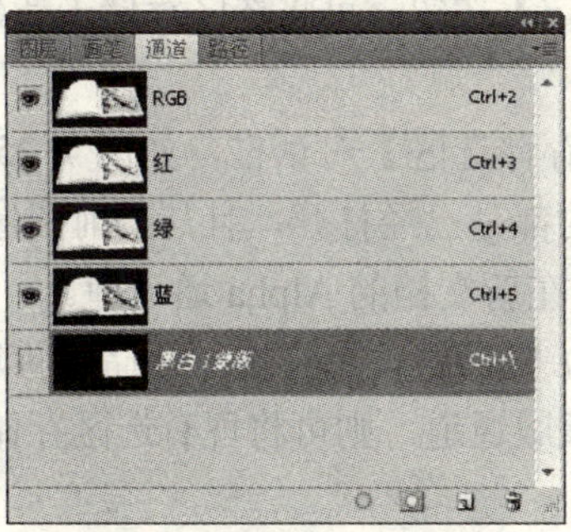

图 7-21　查看临时蒙版通道

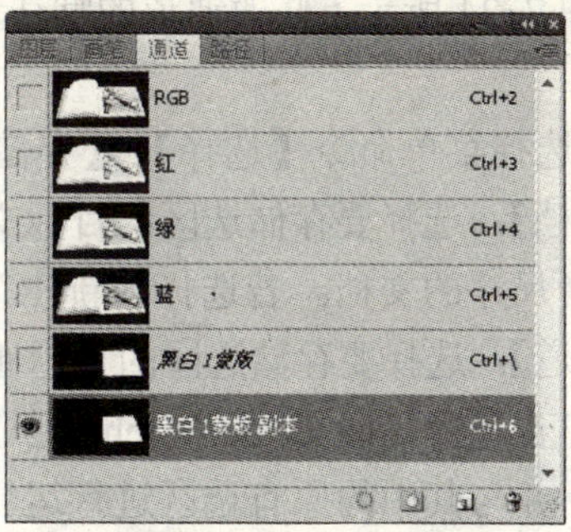

图 7-22　复制临时蒙版通道

7.3.4　复制通道

复制通道的常用方法有以下几种。

① 在【通道】面板上，将要复制的通道拖移到“新建通道”按钮上，得到该通道的副本通道。

② 选择要复制的通道，从【通道】面板菜单中选择【复制通道】命令，打开【复制通道】

对话框，如图 7-23 所示。在【为】文本框内输入通道名称，在【文档】下拉列表中选择目标文件，单击【确定】按钮。

在【文档】下拉列表中若选择其他文件（已经打开并且与当前文件具有相同的像素尺寸的文件），可将通道复制到其他文件。若选择“新建”，可将通道复制到新建文件（一个仅包含单个通道的多通道图像）。

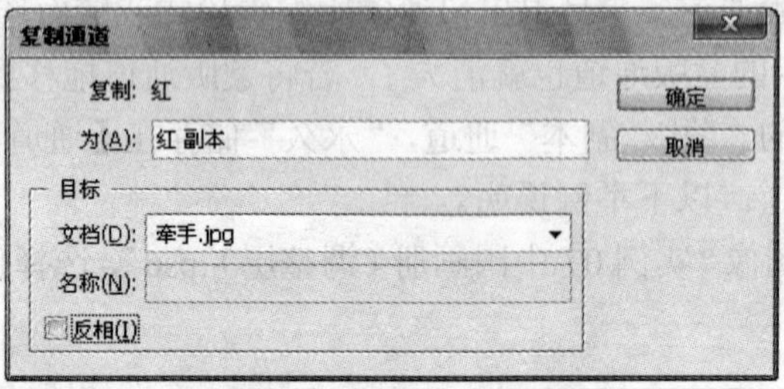

图 7-23 【复制通道】对话框

③ 在浮动方式图像窗口布局下，将当前图像的某一通道拖移到其他图像的窗口中，也可以实现通道在不同图像间的复制。在这种方式下，参与操作的两个图像的像素尺寸可以不相同。

7.3.5 存储选区

“存储选区”命令用于将现有选区存储在 Alpha 通道中，以实现选区的多次重复利用；还可以在通道中以更加灵活的方式编辑选区。存储选区的常用方法有以下几种。

① 在【通道】面板上单击“存储选区”按钮，以默认设置将选区存储于新建 Alpha 通道中。

② 按住 Alt 键，在【通道】面板上单击“存储选区”按钮，打开【新建通道】对话框，如图 7-24 所示。修改通道的默认设置，单击【确定】按钮。可将选区存储于新建 Alpha 通道中。

③ 选择菜单命令【选择】|【存储选区】，打开【存储选区】对话框，如图 7-25 所示。

【文档】：选择要存储选区的目标文档。其中列出的都是已经打开，且与当前图像具有相同的像素尺寸的文档。若选择“新建”，可将选区存储在新文档的 Alpha 通道中。

【通道】：选择要存储选区的目标通道。默认选项为“新建”，可将选区存储在新建 Alpha 通道中。若选择目标文档的 Alpha 通道、专色通道或蒙版通道，则可将现有选区存储于上述通道中，并与其中的原有选区进行运算。

【名称】：在“通道”选项中选择“新建”时，输入新通道的名称。

【操作】：将选区存储于已有 Alpha 通道、专色通道或蒙版通道时，选择现有选区与通道中原有选区的运算关系，包括以下四种运算。

- 【替换通道】：用当前选区替换通道中的原有选区。
- 【添加到通道】：将当前选区添加到通道的原有选区。
- 【从通道中减去】：从通道的原有选区减去当前选区。
- 【与通道交叉】：将当前选区与通道的原有选区进行交叉运算。

参数设置完成后，单击【确定】按钮。

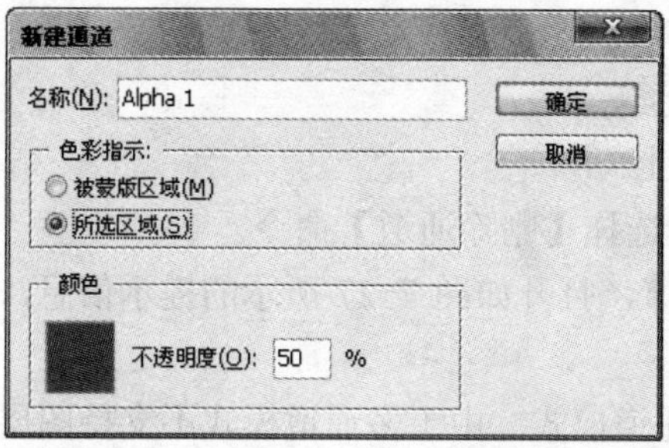

图 7-24 【新建通道】对话框

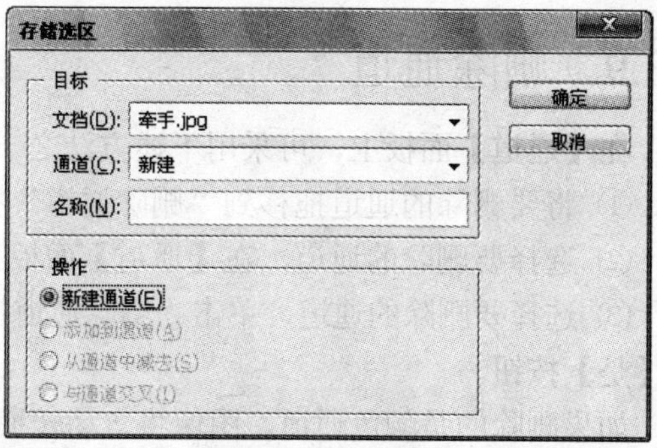

图 7-25 【存储选区】对话框

7.3.6 载入选区

载入选区与存储选区的作用相反。可采用下述方法之一，载入存储于通道中的选区。

① 在【通道】面板上，选择要载入选区的通道，单击“载入选区”按钮◌。若操作前图像中存在选区，则载入的选区将取代原有选区。

② 在【通道】面板上，按住 Ctrl 键，单击要载入选区的通道的缩览图。若操作前图像中存在选区，则载入的选区将取代原有选区。

③ 在图像中存在选区时，按住 Ctrl+Shift 键，单击要载入选区的通道的缩览图，载入的选区将添加到原有选区中；按住 Ctrl + Alt 键，单击要载入选区的通道的缩览图，可从原有选区中减去载入的选区；按住 Ctrl + Shift + Alt 键，单击要载入选区的通道的缩览图，可将载入的选区与原有选区进行交集运算。

④ 使用菜单命令【选择】|【载入选区】也可以载入通道中的选区。如果当前图像中已存在选区，则载入的选区还可以与现有选区进行并、差、交集运算。

7.3.7 修改 Alpha 通道选项

选择要更改选项的 Alpha 通道，在【通道】面板菜单中选择【通道选项】命令；或直接双击 Alpha 通道的缩览图，打开【通道选项】对话框，如图 7-26 所示。

【名称】：设置当前 Alpha 通道的名称。

【色彩指示】：设置当前 Alpha 通道中选区的颜色表示方式。“被蒙版区域”以白色表示选区，黑色表示未被选择的区域。“所选区域”的表示方式正好相反。

【颜色】：设置当前 Alpha 通道在图像窗口中的指示颜色。

【不透明度】：设置当前 Alpha 通道在图像窗口中指示颜色的不透明度。

设置好对话框参数，单击【确定】按钮。

7.3.8 重命名 Alpha 通道

在【通道】面板上双击 Alpha 通道的名称，进入名称编辑状态，输入新的名称，按 Enter 键或在名称编辑框外单击。

利用【通道选项】对话框也可以更改 Alpha 通道的名称。

Photoshop 禁止对颜色通道重新命名。

7.3.9 删除通道

在【通道】面板上，可采用下述方法之一删除通道。

① 将要删除的通道拖移到“删除通道”按钮🗑上。

② 选择要删除的通道，在【通道】面板菜单中选择【删除通道】命令。

③ 选择要删除的通道，单击“删除通道”按钮🗑，打开如图 7-27 所示的提示信息，单击【是】按钮。

如果删除的是颜色通道，图像将自动转换为多通道模式。由于多通道模式不支持图层，图像中所有的可见图层将合并为一个图层（隐藏层被丢弃）。

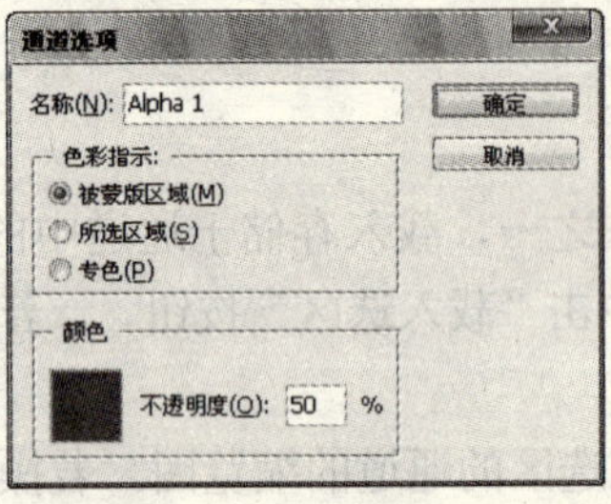

图 7-26 【通道选项】对话框

图 7-27 删除通道提示信息框

7.3.10 分离与合并通道

分离与合并通道操作有着重要的应用。例如，存储图像时，许多文件格式不支持 Alpha 通道和专色通道，这时可将 Alpha 通道和专色通道从图像中分离出来，单独存储为灰度图像。在必要的时候，再将它们合并到原有图像中。另外，将图像的各个通道分离出来单独保存，也可以有效地减少单个文件所占用的磁盘空间，便于移动存储。

1. 合并通道

合并通道操作可以将多个灰度图像分别作为各个单色通道合并成彩色图像。参与合并操作的图像必须具有相同的像素大小，且为灰度模式。以下举例说明。

步骤 1 打开素材文件夹“实例 07”下的灰度图像“遐思.jpg”、“赛车.jpg”与“肥皂泡.jpg”，如图 7-28 所示。

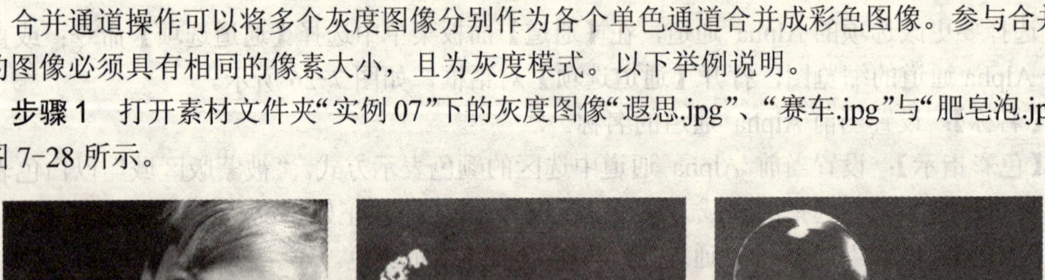

遐思　　赛车　　肥皂泡.

图 7-28 打开参与合并的灰度图像

步骤 2 在【通道】面板菜单中选择【合并通道】命令，打开【合并通道】对话框。从【模式】下拉列表中选择最终合并图像的颜色模式；在【通道】文本框中输入所需通道的数目。

本例参数设置如图 7-29 所示。

步骤 3　单击【确定】按钮，弹出【合并 RGB 通道】对话框，要求为新图像的每个单色通道选择灰度图像。本例参数设置如图 7-30 所示。

图 7-29　【合并通道】对话框

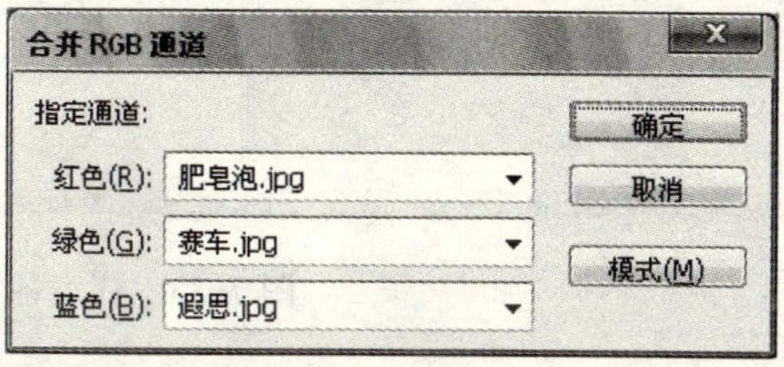

图 7-30　为单色通道选择灰度图像

步骤 4　单击【确定】按钮，合并成彩色图像，同时三个灰度图像自动关闭。合并后的 RGB 图像如图 7-31 所示。

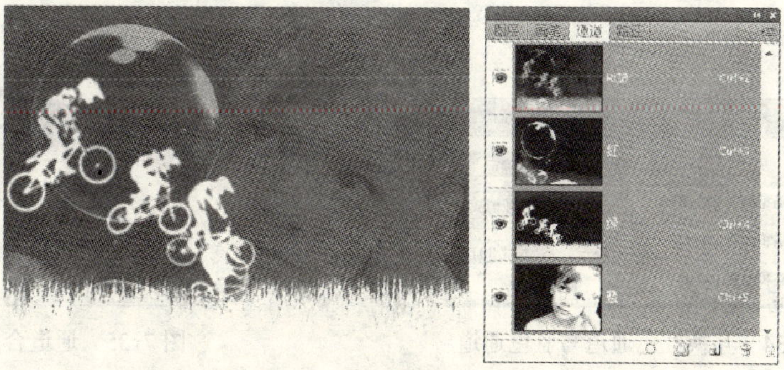

图 7-31　合成图像效果

2．分离通道

分离通道操作就是将图像的各个单色通道、Alpha 通道和专色通道依次从文档中分离出来，形成各自独立的灰度图像（每个灰度图像代表原图像的一个单色通道）。通道分离后，原图像文件自动关闭。在每个灰度图像名称的后面标有原图像通道的英文缩写。

值得注意的是，对于 RGB、CMYK、Lab 等颜色模式的图像，当图像中只有一个图层并且是背景层的时候，才能进行通道分离。分离通道的操作举例如下。

步骤 1　打开素材图像“实例 07\猫和金鱼.jpg”，如图 7-32 所示。

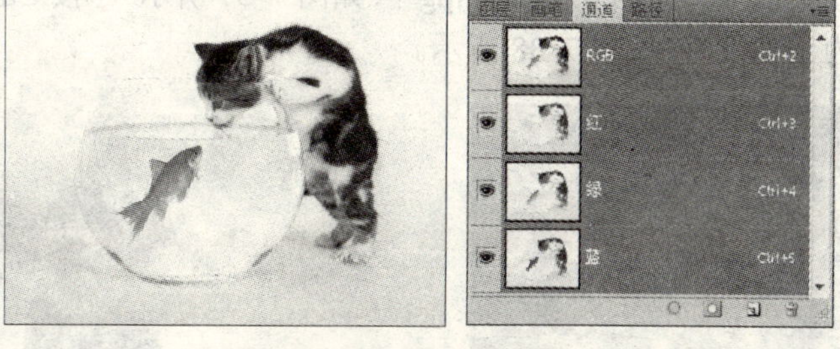

图 7-32　素材图像

步骤 2　在【通道】面板菜单中选择【分离通道】命令，将该图像的 3 个单色通道分离出来，如图 7-33 所示。

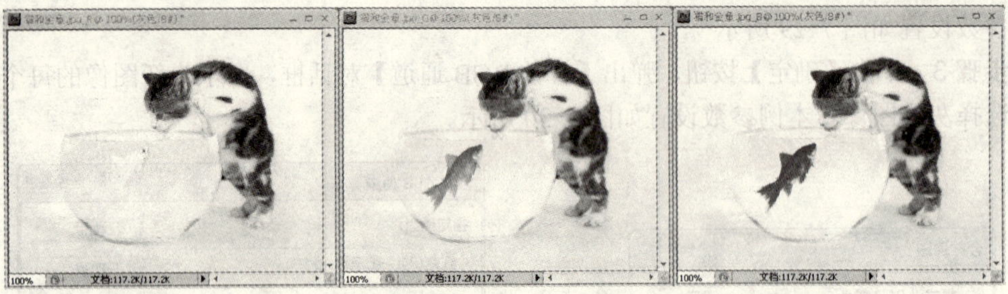

图 7-33 代表各单色通道的灰度图像

不难理解的是，如果将彩色图像分离出来的代表各单色通道的灰度图像重新进行通道合并，依旧合并成同样颜色模式的图像，当改变灰度图像的合并顺序时，将得到不同的合并结果。

例如，将图像“猫和金鱼.jpg”分离出来的 3 个灰度图像重新合并为 RGB 颜色模式的图像，若将通道合并顺序设置为如图 7-34 所示（将红色通道与蓝色通道互换），则合并结果如图 7-35 所示。

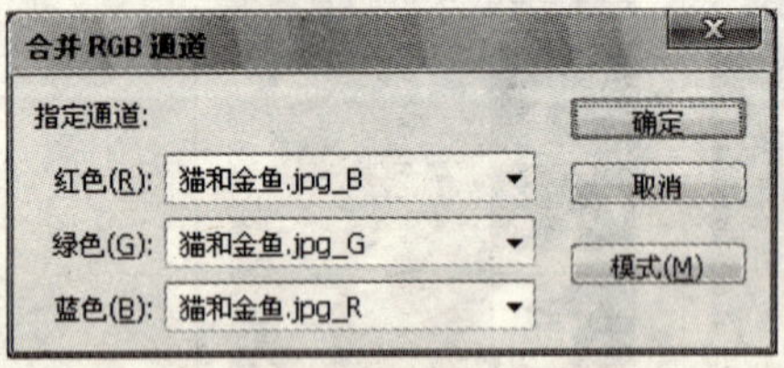

图 7-34 互换红色通道与蓝色通道

图 7-35 通道合成结果

7.4 通道应用综合实例

7.4.1 通道抠选白云

主要技术看点：复制通道，编辑通道，载入通道选区，图层蒙版修补选区，色阶调色，图层复制等。

步骤 1 打开素材图像“实例 07 \舞蹈.jpg”（如图 7-36 所示）。按 Ctrl+A 键全选图像，按组合键 Ctrl+C 复制图像。

步骤 2 打开素材图像“实例 07 \仙境.jpg”（如图 7-37 所示）。按 Ctrl+V 键粘贴图像，生成图层 1，改名为“仙女”，如图 7-38 所示。

图 7-36 素材图片“舞蹈”

图 7-37 素材图片“仙境”

图 7-38　粘贴图层，更名图层

步骤 3　使用磁性套索工具选择图中的所有演员（选择时可适当放大图像。注意减掉演员之间的所有空档区域），如图 7-39 所示。

图 7-39　选择舞蹈演员

步骤 4　选择“仙女”层。单击【图层】面板底部的“添加图层蒙版”按钮，为“仙女”层添加显示选区的图层蒙版。

步骤 5　使用【编辑】|【自由变换】命令适当缩小“仙女”层中的人物；使用移动工具调整人物的位置，如图 7-40 所示。

步骤 6　仔细观察不难发现，人物周围有一些从原图像携带过来的深色边界，还有的地方选择不完整，大大影响了图像的合成效果。

图 7-40　添加图层蒙版

步骤 7 将前景色设置为黑色，背景色设置为白色。确保“仙女”层处于蒙版编辑状态。选择画笔工具，设置合适大小的软边画笔（3 像素左右），用黑色画笔将人物周围的浅色毛边涂抹掉。如果不小心“擦除”了不该“擦除”的像素，可将前景色与背景色对调，然后使用白色画笔涂抹，将多“擦除”的部分恢复。对于选择不完整的地方，同样可以使用白色画笔恢复。

步骤 8 打开素材图像“实例 07 \白云.jpg”。显示【通道】面板。查看各个单色通道，发现红色通道中的白云与周围蓝天背景的明暗对比度最高。

步骤 9 复制红色通道，得到“红 副本”通道（如图 7-41 所示）。选择菜单【图像】|【调整】|【色阶】，打开【色阶】对话框，对“红 副本”通道中的灰度图像进行调整。参数设置如图 7-42 所示。单击【确定】按钮。

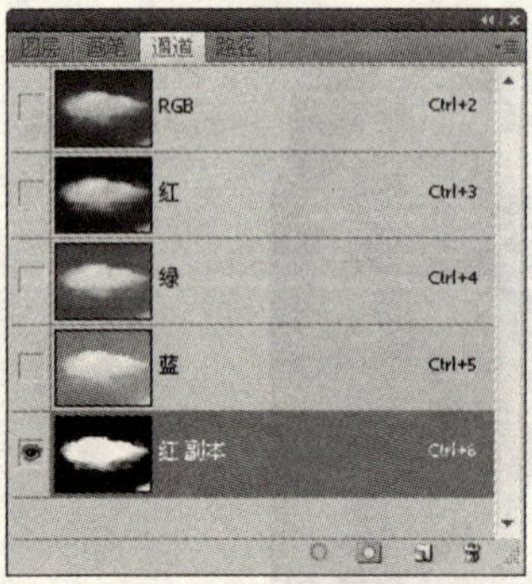

图 7-41 复制通道

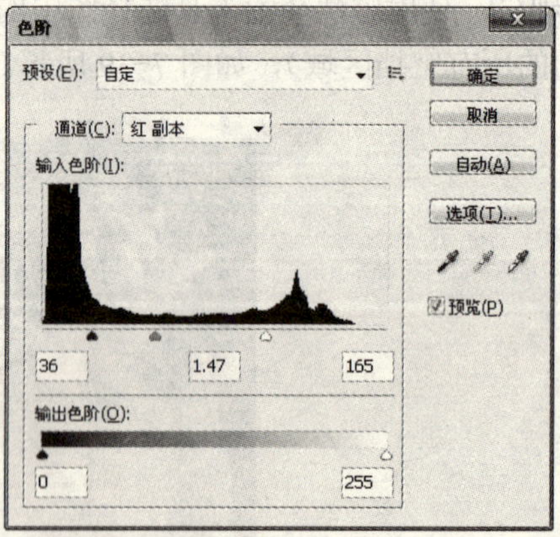

图 7-42 调整通道灰度图像的对比度

步骤 10 使用黑色软边画笔将“红副本”通道右下角的白色涂抹掉（对通道的编辑修改也是在图像窗口中进行的）。“红副本”通道的最终编辑效果如图 7-43 所示。

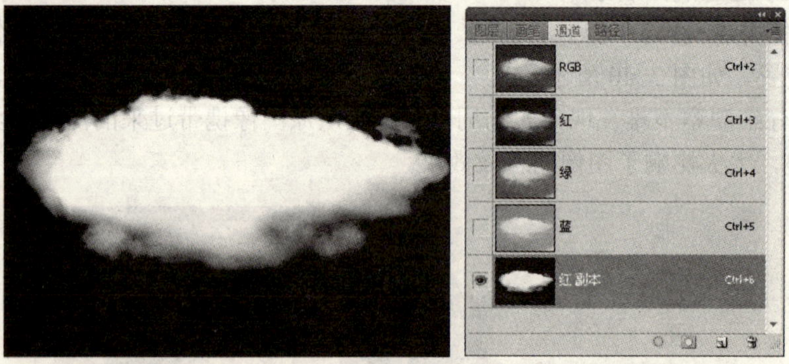

图 7-43 “红副本”通道的最终效果

步骤 11 按 Ctrl 键在【通道】面板上单击“红副本”通道的缩览图，载入通道选区。按组合键 Ctrl+2 选择复合通道。

步骤 12 按 Ctrl+C 键复制背景层选区内的白云。切换到“仙境”图像，按 Ctrl+V 键粘贴图像，生成图层 1，改名为“白云”，并将白云移动到如图 7-44 所示的位置。

图 7-44　粘贴和移动图层

步骤 13　为“白云”层添加图层蒙版。使用黑色软边画笔（大小为 70 像素左右，不透明度为 10%左右）涂抹白云的周围边缘（特别是顶部边缘），使深色适当变浅，并有透明效果，如图 7-45 所示。

图 7-45　使用图层蒙版处理白云边界

步骤 14　将最终合成图像以“仙女下凡.jpg”为文件名进行保存（请参考“实例 07\仙女下凡.PSD）。

7.4.2　通道抠选毛发

主要技术看点：复制通道，编辑通道，载入通道选区，图层蒙版修补选区，色阶调色，图层复制等。

步骤 1　打开素材图像“实例 07 \素材人物 01.jpg”（如图 7-46 所示）。按 Ctrl+A 键全选图像，按 Ctrl+C 键复制图像。

步骤 2　依次按 Ctrl+3 键、Ctrl+4 键和 Ctrl+5 键，观察图像的红、绿、蓝三个颜色通道，发现蓝色通道中人物与背景的对比度较大，如图 7-47 所示。

图 7-46　素材图像

图 7-47　蓝色通道

步骤 3 显示通道面板，复制蓝色通道，得到“蓝 副本”通道。

步骤 4 选择菜单命令【图像】|【调整】|【色阶】，打开【色阶】对话框，对“蓝 副本”通道中的灰度图像进行调整。参数设置如图 7-48 所示。单击【确定】按钮。

步骤 5 将前景色设为黑色。选择画笔工具，选用合适的画笔大小，将人物周围背景上的亮色区域全部涂抹成黑色（注意不要涂抹到衣帽外围的绒毛），如图 7-49 所示。

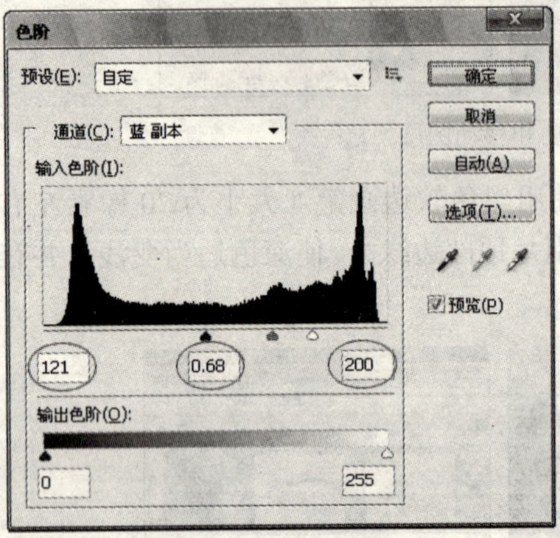

图 7-48 调整色阶

图 7-49 将背景涂抹成黑色

步骤 6 同样将人物上的暗色区域全部涂抹成白色（注意不要涂抹到衣帽外围的绒毛），如图 7-50 所示。

步骤 7 按 Ctrl+2 键选择复合通道。使用磁性套锁工具选择人物头顶上的衣帽和雉鸡翎，如图 7-51 所示。

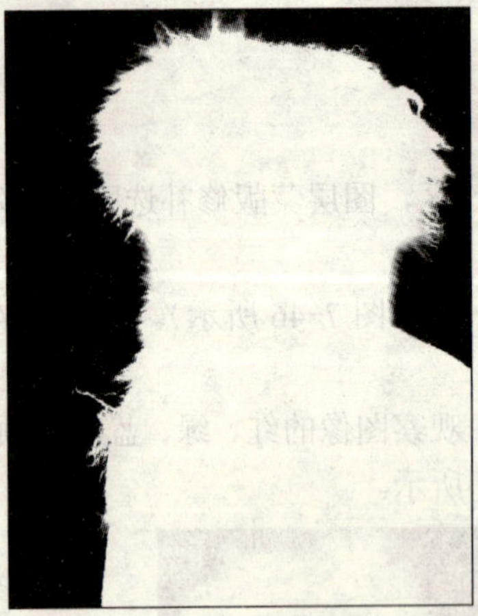

图 7-50 用白色涂抹待选对象内部

图 7-51 选择头顶上的衣帽

步骤 8 按住 Ctrl+Shift 键的同时在【通道】面板上单击“蓝 副本”通道的缩览图，将通道选区添加到当前选区。

步骤 9 显示【图层】面板，将背景层转化为普通层，命名为“人物”。

步骤 10 在【图层】面板上单击“添加图层蒙版”按钮，为“人物”层添加显示选区的图层蒙版，如图 7-52 所示。

图 7-52 添加显示选区的图层蒙版

步骤 11 打开素材图像“实例 07 \田野.jpg”。

步骤 12 切换到“素材人物 01.jpg”。在【图层】面板菜单中选择【复制图层】命令，打开【复制图层】对话框。参数设置如图 7-53 所示，单击【确定】按钮（将“人物”层连同图层蒙版一起复制到“田野.jpg”图像中）。

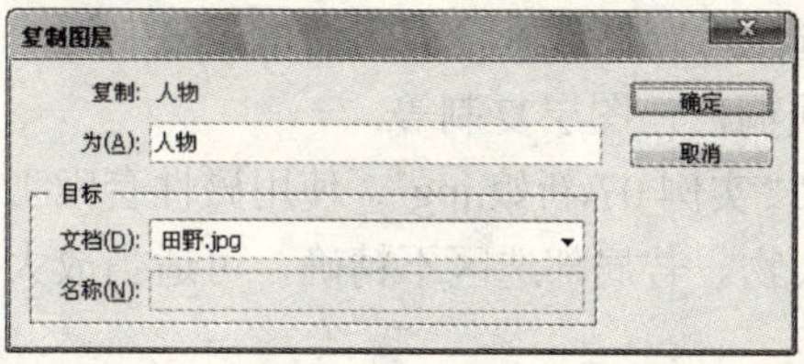

图 7-53 复制图层

步骤 13 切换到“田野.jpg”的图像窗口。调整人物的位置，如图 7-54 所示。

图 7-54 调整人物的位置

步骤 14 将前景色设置为黑色，背景色设置为白色。确保“人物”层处于蒙版编辑状态。选择画笔工具，设置合适大小的软边画笔，适当降低画笔的不透明度（10%左右）。用黑色在人物周围的深色边缘上涂抹，使其渐渐变得透明，最大限度地融入到田野背景中。

步骤 15 如果不小心“擦除”了不该“擦除”的像素，可将前景色与背景色对调，然后使用白色画笔涂抹，将多“擦除”的部分恢复。对于选择不完整的地方，同样可以使用白色画笔恢复。图像最终效果如图 7-55 所示（请参考“实例 07\抠选毛发.PSD)。

图 7-55 最终抠图效果

7.4.3 通道抠选婚纱

主要技术看点：创建选区，存储选区，编辑通道，复制通道，载入通道选区，快速蒙版修补选区，色阶调色，曲线调色，图层复制等。

步骤 1 打开素材图像“实例 07\新娘.jpg”。使用磁性套索工具选择除透明婚纱和下垂的两绺弯曲的头发外的整个人物。若局部选区不精确，可适当放大图像后使用套索工具等进行修补，如图 7-56 所示。

步骤 2 将前景色和背景色分别设置为黑色与白色。进入快速蒙版编辑模式。使用画笔工具修补选区，并将两绺弯曲的头发也加选进来（必要时可适当放大图像到 600%左右，减小画笔大小到 1～2 个像素），如图 7-57 所示。

图 7-56 建立选区

图 7-57 修补选区

步骤 3 退出快速蒙版编辑模式。修补后的选区如图 7-58 所示。

步骤 4　在【通道】面板上单击“存储选区”按钮，将选区存储于 Alpha1 通道，如图 7-59 所示。按 Ctrl+D 键取消选区。

图 7-58　修补后的选区

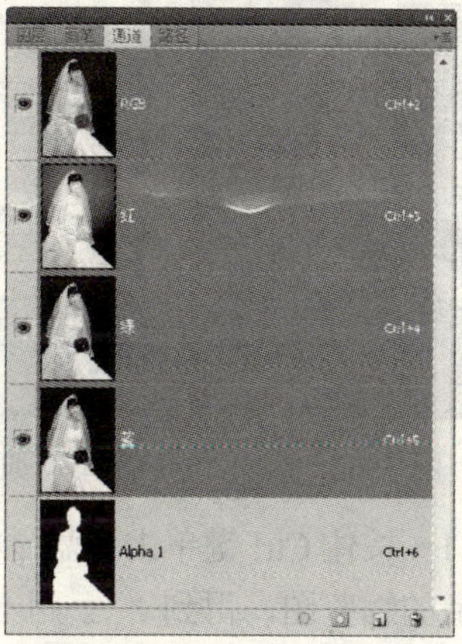

图 7-59　存储选区

步骤 5　用磁性套索等工具选择透明婚纱。其中与背景接触的边界应尽量精确选取，与人物接触的边界可以粗略选取（但要包括透明婚纱的所有部分），如图 7-60 所示。

步骤 6　使用快速蒙版修补与背景接触的婚纱选区边界。

步骤 7　按住 Ctrl+Alt 键的同时在【通道】面板上单击 Alpha1 通道的缩览图，将当前选区减去与 Alpha1 通道选区相交叉的部分。计算后的选区如图 7-61 所示。

图 7-60　初步选取婚纱

图 7-61　进行选区运算

步骤 8　复制蓝色通道，得到“蓝 副本”通道。选择菜单命令【选择】|【反向】，将婚纱选区反转。

步骤 9　将前景色设置为黑色，确保“蓝 副本”通道处于选择状态，按 Alt+Del 键将选区填充黑色，再次反转选区，如图 7-62 所示。

步骤 10　确保“蓝 副本”通道处于选择状态。选择菜单命令【图像】|【调整】|【色阶】，打开【色阶】对话框，对“蓝 副本”通道中的灰度图像进行调整。参数设置如图 7-63 所示。单击【确定】按钮。取消选区。

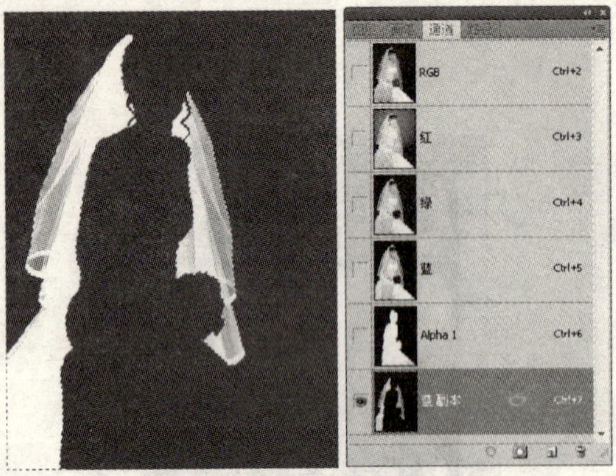

图 7-62　编辑“蓝 副本”通道

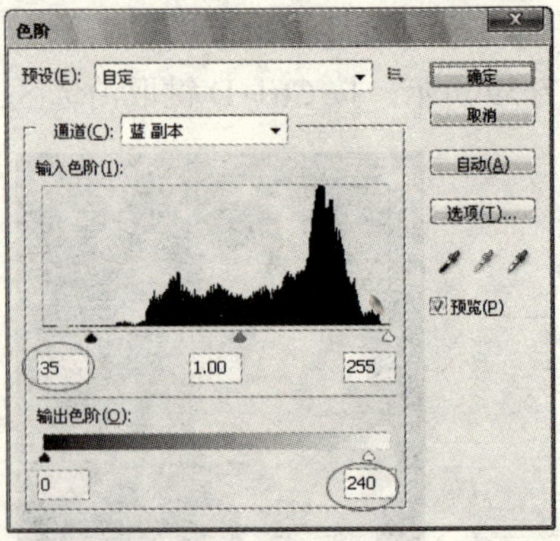

图 7-63　调整色阶

步骤 11　按住 Ctrl 键单击“蓝 副本”通道的缩览图，载入选区。再按住 Ctrl+Shift 键单击 Alpha 1 通道的缩览图，得到“蓝 副本”通道和 Alpha 1 通道的选区的并集，如图 7-64 所示。

步骤 12　按 Ctrl+2 键选择复合通道。显示【图层】面板。按 Ctrl+J 键将背景层选区内的图像复制到图层 1，如图 7-65 所示。

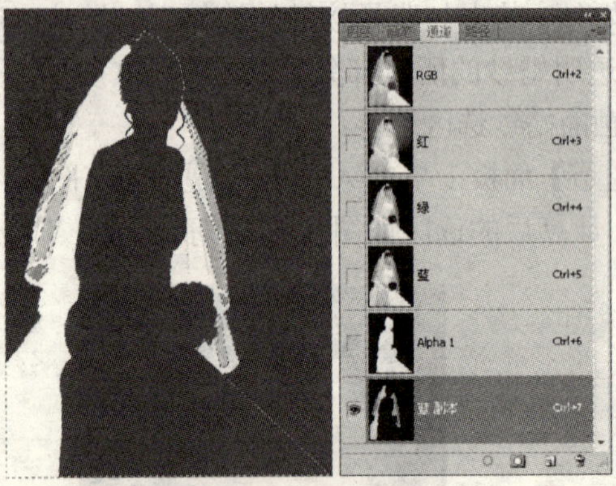

图 7-64　载入通道选区

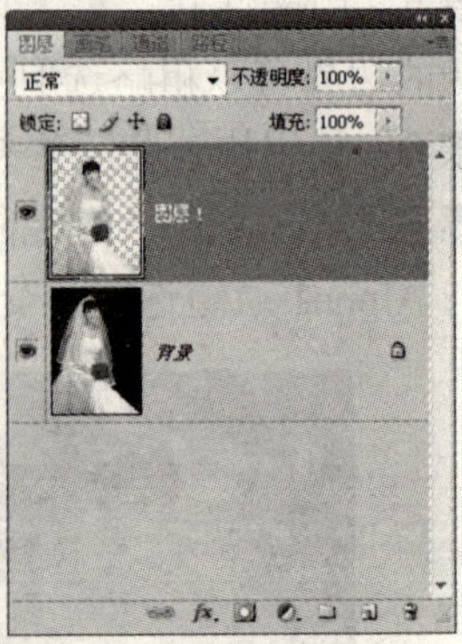

图 7-65　分离选区图像

步骤 13　打开素材图像“实例 07\绿树.jpg”。按 Ctrl+A 键全选图像，按 Ctrl+C 键复制图像。

步骤 14　切换到“新娘.jpg”图像，按 Ctrl+V 键粘贴图像，得到图层 2，将图层 2 拖移到背景层与图层 1 的之间，如图 7-66 所示。结果发现婚纱比较暗淡，并且将原图像上的暗红色带过来一些。

图 7-66　添加背景图像

步骤 15　切换到【通道】面板。按住 Ctrl 键单击“蓝副本”通道的缩览图，重新载入婚纱选区。

步骤 16　切换到【图层】面板，选择图层 1。选择菜单命令【图像】|【调整】|【曲线】，打开【曲线】对话框，参数设置如图 7-67 所示。单击【确定】按钮。

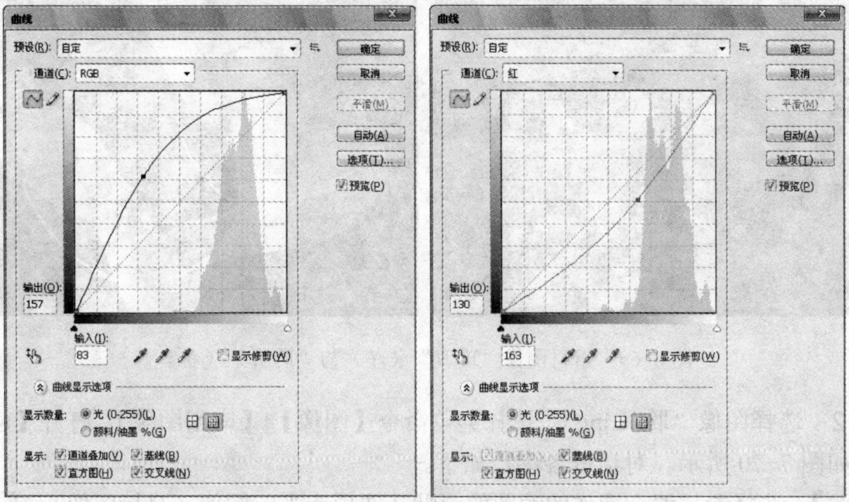

图 7-67　调整混合通道与红色通道

步骤 17　取消选区。图像最终效果如图 7-68 所示。

步骤 18　保存图像。

图 7-68　图像最终合成效果

7.5　通道高级应用

7.5.1　应用图像

“应用图像”命令可以将源图像和目标图像的通道与图层、通道与通道进行混合，通过一定的混合模式，制作特殊的合成效果。参与合成的两个图像文件必须同时打开，并具有相同的像素大小。以下举例说明。

步骤 1 打开具有相同像素大小的素材图像“实例 07\玫瑰.jpg”和“聆听.jpg”，如图 7-69 所示。

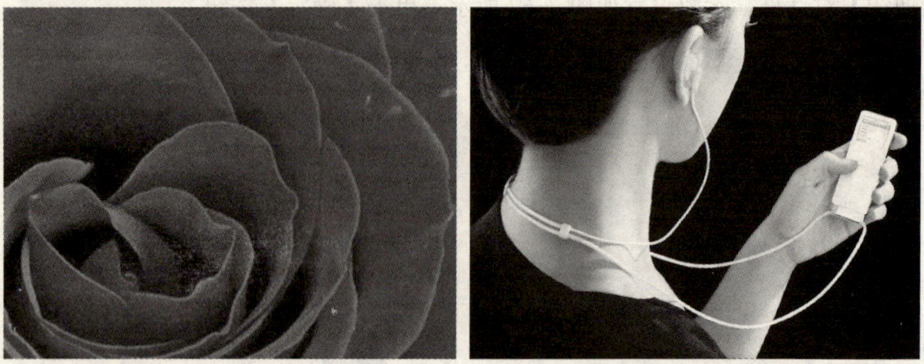

图 6-69 素材图像“玫瑰”（左）与“聆听”（右）

步骤 2 选择图像“聆听.jpg”。选择菜单命令【图像】|【应用图像】，打开【应用图像】对话框，如图 7-70 所示。对话框各参数如下。

- 【源】：选择参与混合操作的源图像。默认选项为当前图像（目标图像）。在该下拉列表中列出的都是已经打开，且与当前图像具有相同的像素大小的文档。
- 【图层】：选择参与混合的源图像的某一图层（源图层）。当源图像存在多个图层时，可选择其中某个图层与目标图像的当前图层进行混合；若要使用源图像的所有图层进行混合，可在列表中选择“合并图层”（当源图像只有一个背景层时，该选项不出现）。
- 【通道】：选择参与混合的源图层的某个颜色通道或 Alpha 通道（源通道）。若选择 Alpha 通道，则在上面的【图层】列表中选择哪个图层就无关紧要了。勾选右侧的【反相】，可使用源通道的负片进行混合。
- 【混合】：设置源通道与目标图层（或通道）的混合方式（在选择“应用图像”命令前，也可以选择目标图像的某个单色通道或 Alpha 通道与源图像进行混合）。
- 【不透明度】：设置混合的强度。数值越大，混合效果越强。
- 【保留透明区域】：勾选该项，混合效果仅应用到目标图层（即当前图像的被选图层）的不透明区域。若目标对象为背景层或通道，该选项无法使用。

步骤 3 在本例中，将对话框的上述参数设置如图 7-71 所示。此时的图像效果如图 7-72 所示。若将如图 7-71 所示的对话框中的混合模式设置为“减去”（其他参数不变），则图像合成效果如图 7-73 所示。

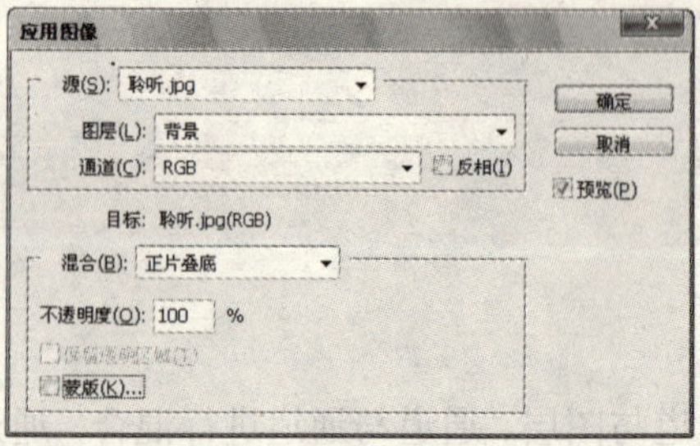

图 7-70 【应用图像】对话框

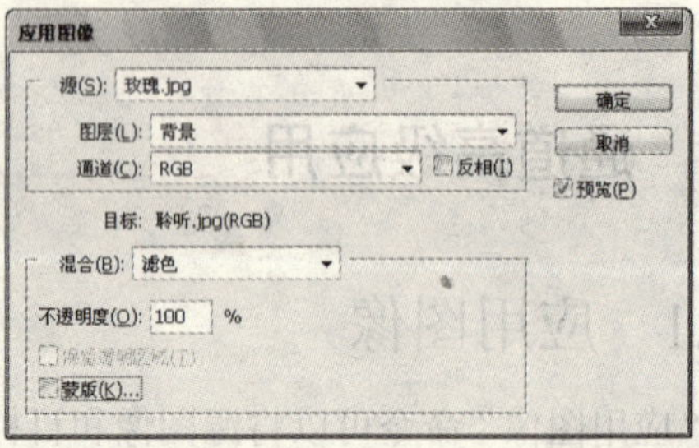

图 7-71 设置对话框参数

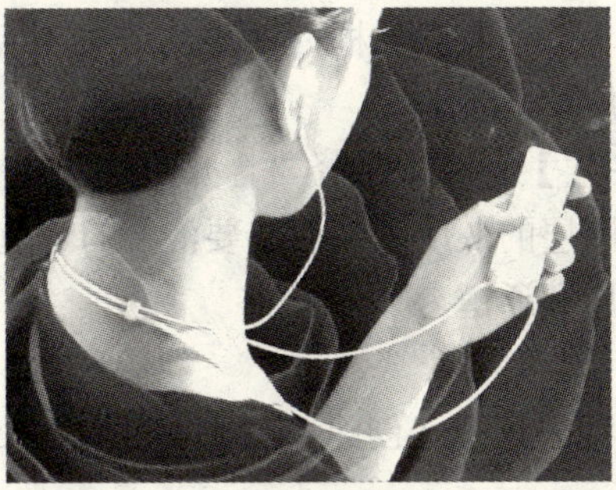

图 7-72　以滤色模式混合

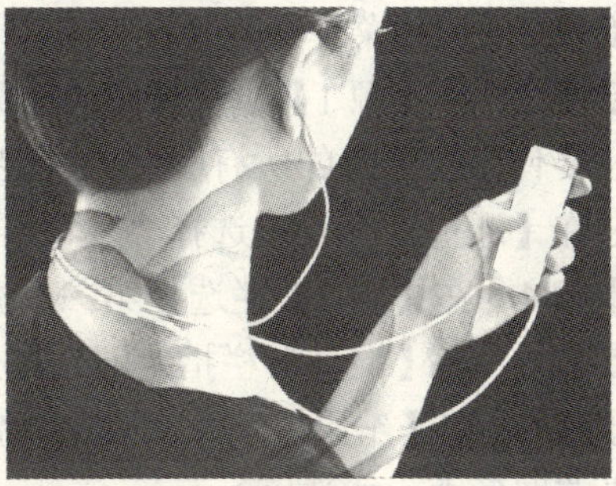

图 7-73　以减去模式混合

步骤 4　在【应用图像】对话框中勾选【蒙版】选项，扩展对话框。扩展参数包括三个下拉列表和一个复选框，用于在当前的混合效果上添加一个蒙版，以控制混合效果的显隐区域。若勾选后面的【反相】选项，则使用所选通道的负片作为蒙版。

步骤 5　设置扩展对话框参数，如图 7-74 所示。图像合成效果如图 7-75 所示。

步骤 6　参数设置完成后，单击【确定】按钮，关闭对话框。

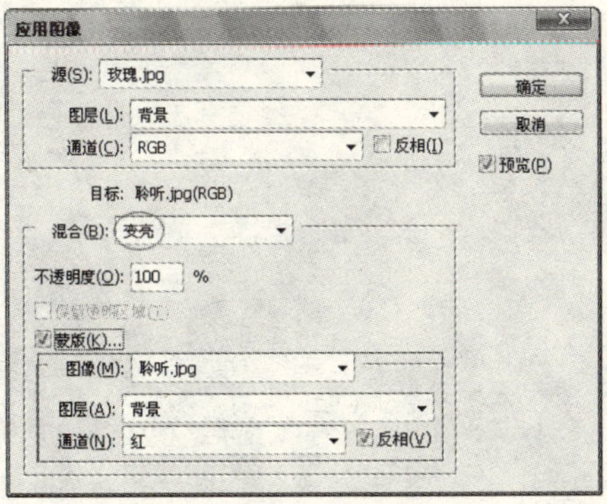

图 7-74　设置扩展对话框参数

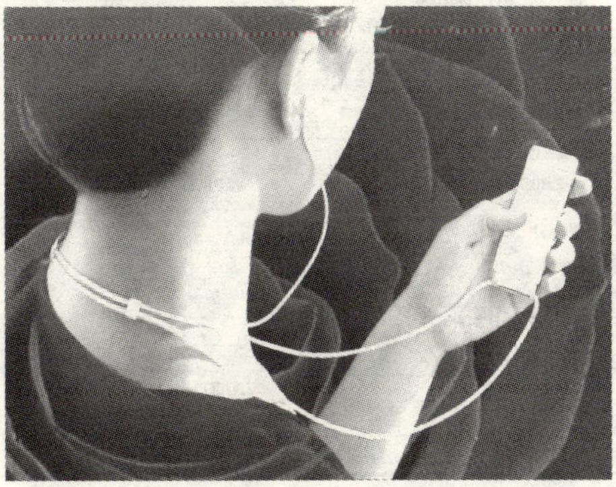

图 7-75　启用蒙版选项

7.5.2　计算

“计算”命令可以将来自不同图像的两个通道进行混合，并将混合的结果存储到新文档、新通道或直接转换为当前图像的选区。参与“计算”的各源图像文件必须同时打开，并具有相同的像素大小。以下举例说明。

步骤 1　打开素材图像“实例 07\百合.jpg”与“素材人物 02.jpg”，如图 7-76 所示。

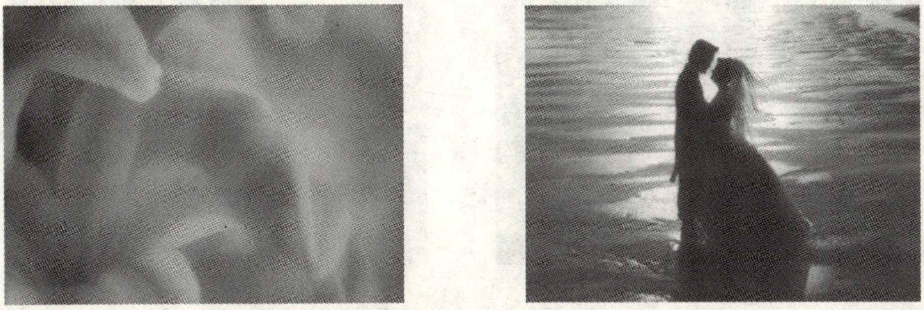

图 7-76　素材图像“百合”（左）与“人物”（右）

步骤 2 选择菜单命令【图像】|【计算】，打开【计算】对话框，如图 7-77 所示。

步骤 3 在【源 1】栏选择第一个源图像及其图层和通道。

- 要使用源图像的所有图层进行混合，可在【图层】列表中选择“合并图层”。
- 在【通道】列表中选择“灰色”，将使用所选图层的灰度图像作为要混合的通道。

步骤 4 在【源 2】栏选择第二个源图像及其图层和通道。

步骤 5 在【混合】栏指定混合模式、混合强度及蒙版。

步骤 6 在【结果】下拉列表中指定混合结果的存放途径（创建新图像、新通道还是直接在当前图像中生成选区）。

- 【新建文档】：将计算结果存放到多通道颜色模式的新图像。
- 【新建通道】：将计算结果存放到当前图像的一个新建 Alpha 通道中。
- 【选区】：将计算结果直接转换为当前图像的选区。

在本例中，对话框参数设置如图 7-77 所示，单击【确定】按钮，生成多通道模式的新图像，如图 7-78 所示。

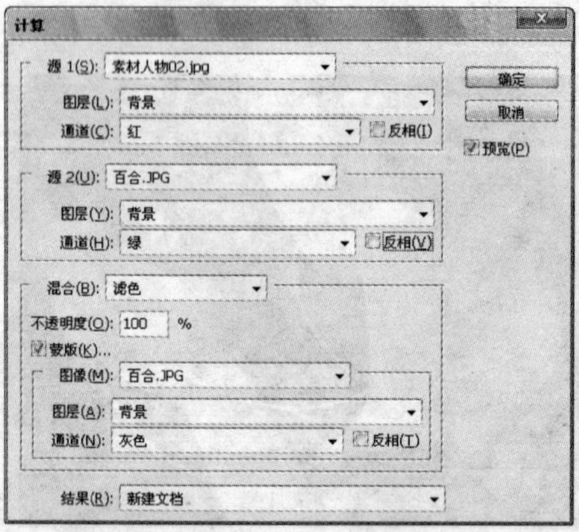

图 7-77 设置“计算”参数

图 7-78 “计算”结果

至此，“计算”命令的使用方法介绍完毕。以下再将本例延伸一下。

步骤 7 将多通道模式的新图像先转化为灰度模式，再转化为双色调模式，可得到如图 7-79 所示的蓝色调和紫色调图像效果。

步骤 8 将色调图像转化为 RGB 颜色模式，并以 JPG 格式进行保存。

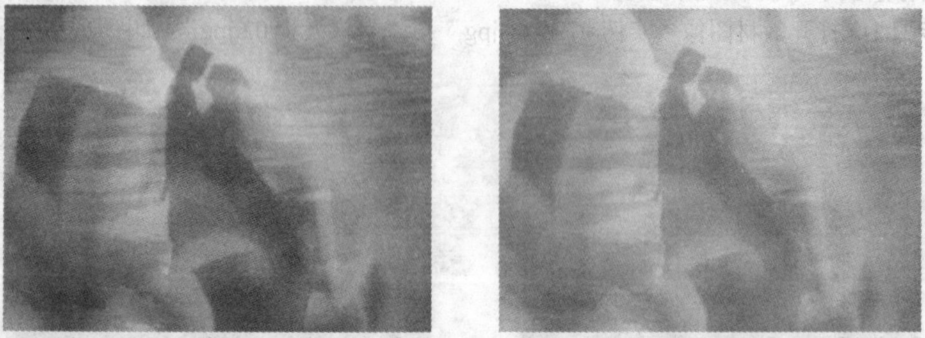

单色调（# 3333FF） 单色调（# CC33FF）

图 7-79 进一步制作色调图像

7.6 小结

本章主要讲述了以下内容：

- 通道的基本概念。通道是存储颜色信息或选区信息的 8 位灰度图像。分为颜色通道、Alpha 通道、蒙版通道和专色通道等。
- 通道基本操作。主要包括选择通道、显示与隐藏通道、新建通道、复制通道、存储选区与载入选区、重命名通道、删除通道、修改通道选项、分离与合并通道等。
- 通道的应用。介绍了使用通道抠选白云、毛发等细微对象和婚纱、玻璃器皿等半透明对象的基本方法。
- 通道的高级应用。介绍了“应用图像”和“计算”命令的使用方法。

通过本章和前面相关章节的学习不难得出结论：选区、蒙版和 Alpha 通道三者的关系非常密切，其相互转化关系如图 7-80 所示。

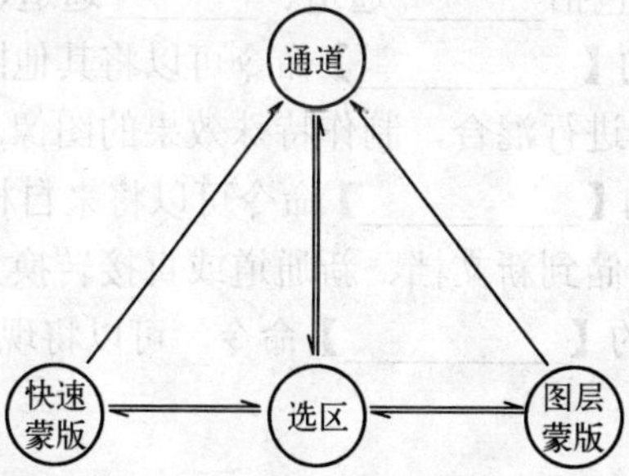

图 7-80　选区、蒙版与通道的转化关系

- Alpha 通道是选区的载体，可以将其中的选区载入到图像中。
- 快速蒙版用于创建和编辑选区；图层蒙版用于控制图层的显示。按 Ctrl 键单击图层蒙版的缩览图可载入其中的选区。另外，通过复制快速蒙版通道和图层蒙版通道，可将快速蒙版和图层蒙版转化为 Alpha 通道。
- 选区可以看作是一种临时性的蒙版，用户只能修改选区内的像素，选区外的像素被保护起来；一旦取消选区，这种所谓的临时蒙版也就不存在了。要实现选区的多次重复使用，可以将选区存储在 Alpha 通道中。另外，可以基于选区创建图层蒙版。

7.7 习题

一、选择题

1．图像中颜色通道的多少由图像的__________决定。

A．图层个数　　B．颜色模式　　C．图像大小　　D．色彩种类

2．对于 RGB、CMYK 和 Lab 等颜色模式的图像，当图像满足下列________条件时才能进行通道分离。

A．没有 Alpha 通道　　B．有背景层

C．除背景层之外无其他图层　　D．仅有一个图层

3．以下对通道叙述错误的是________。

A．通道用于存储颜色信息和选区信息

B．可以在通道面板上创建颜色通道、Alpha 通道和专色通道

C．Alpha 通道一般用于存储选区和编辑选区

D．Alpha 通道与蒙版和选区有着密切的关系

4．以下从 Alpha 通道载入选区的叙述错误的是________。

A．按 Ctrl+Shift 键，单击通道缩览图，可将载入的选区添加到图像的原有选区

B．按 Ctrl+Alt 键，单击通道缩览图，可从图像的原有选区减去载入的通道选区

C．按 Ctrl+Shift+Alt 键，单击通道缩览图，可将载入的选区与原有选区进行交集运算

D．按 Ctrl 键单击通道缩览图，可将载入的选区添加到图像的原有选区

二、填空题

1．通道是存储不同类型信息的 8 位灰度图像。它分为________通道、________通道、蒙版通道和专色通道等几种，分别用来存放图像中的________信息、________信息和专色信息。

2．RGB 图像的颜色通道包括________通道、________通道、________通道和复合通道。

3．使用【图像】菜单下的【__________】命令可以将其他图像的图层和通道（源）与当前图像的图层和通道（目标）进行混合，制作特殊效果的图像。

4．使用【图像】菜单下的【__________】命令可以将来自相同或不同源图像的两个通道进行混合，并将混合的结果存储到新文档、新通道或直接转换为当前图像的选区。

5．通过【选择】菜单下的【__________】命令，可以将现有选区存储到 Alpha 通道中，从而实现选区的多次复用。

第8章 路　　径

8.1 路径的基本概念

Photoshop 的路径造型功能非常强大，几乎可以与 CorelDRAW 等矢量绘图大师相媲美。在 Photoshop 中，路径是由钢笔工具、自由钢笔工具或形状工具创建的矢量图形，是用数学方式定义的直线和曲线。路径所占用的存储空间较小，可以作为图像信息的一部分，保存在 PSD、JPG、DCS、EPS、PDF 和 TIFF 等格式的文件中。

路径是 Photoshop 用来创建和选择对象的重要工具之一，适合创建和选择边界弯曲并且局部比较平滑的对象，比如人物的脸部曲线、花瓣、树叶、心形等。路径的组成及各部分名称如图 8-1 所示。

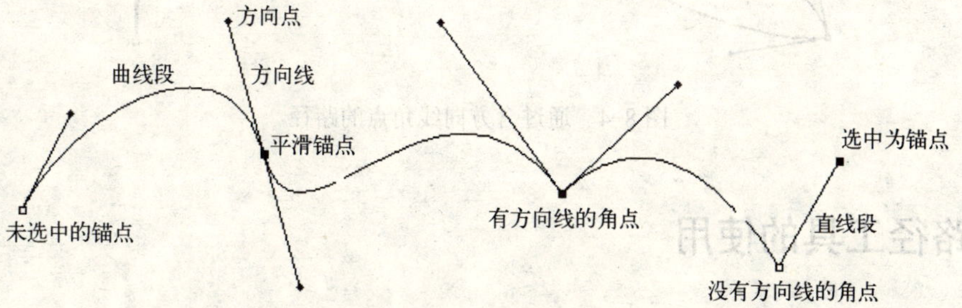

图 8-1　路径的组成图

连接路径上各线段的点叫作锚点（或称节点）。锚点分两类：平滑锚点和角点（或称拐点、尖突点）。角点又分为含方向线的角点和不含方向线的角点两种。与其他相关软件（CorelDRAW、3DS MAX 等）类似，Photoshop 是通过调整方向线（或称控制线）的长度与方向来改变路径曲线的形状的。

1. 平滑锚点

不论锚点两侧的方向线的长度和方向如何改变，平滑锚点两侧的方向线始终保持在同一方向上。通过这类锚点的路径是光滑的，但平滑锚点两侧的方向线的长度却不一定相等，如图 8-2 所示。

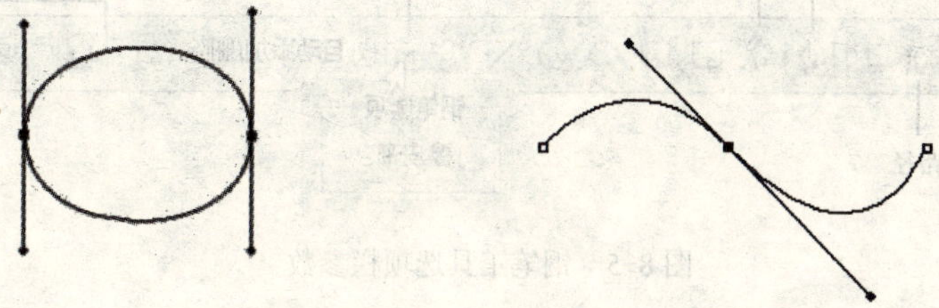

图 8-2　通过平滑锚点的路径

与 CorelDRAW、3DS MAX 等矢量软件不同的是，Photoshop 中没有对称平滑点的概念。这类点两侧的方向线不仅保持在同一方向上，而且长度相等。

2．不含方向线的角点

此类锚点不含方向线，所以不能通过调整方向线来改变通过此类锚点的路径的形状。如果路径上与这类锚点相邻的锚点也是没有方向线的锚点，则二者之间的连线为直线路径；否则为曲线路径，如图 8-3 左边的两个锚点所示。

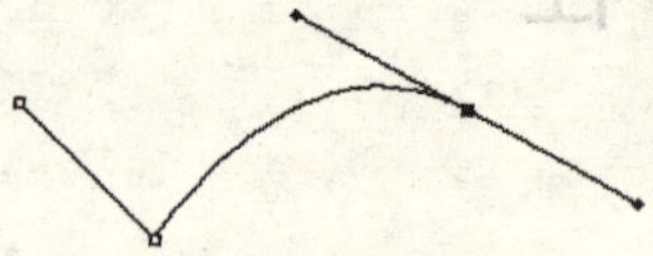

图 8-3 通过无方向线角点的路径

3．含方向线的角点

此类角点含方向线，但两侧方向线不在同一方向上，或者只含一条方向线。可以通过调整该类锚点单侧的方向线，来改变同一侧路径的形状。路径在该类锚点处形成尖突或拐角，如图 8-4 所示。

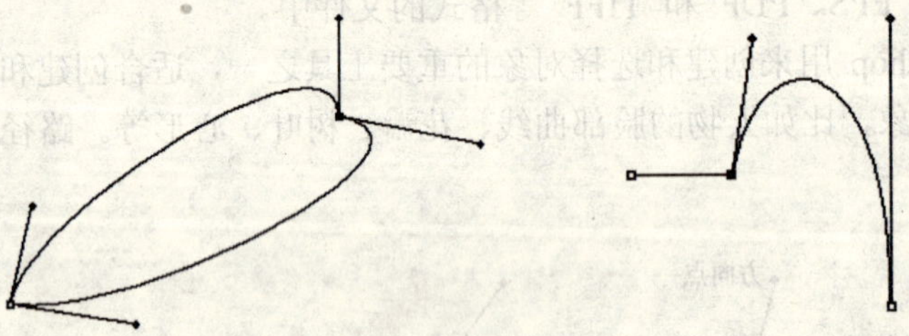

图 8-4 通过含方向线角点的路径

8.2 路径工具的使用

路径工具包括钢笔工具、自由钢笔工具、添加锚点工具、删除锚点工具、转换点工具、直接选择工具和路径选择工具。其中钢笔工具和自由钢笔工具主要用于创建路径；而添加锚点工具、删除锚点工具、转换点工具、直接选择工具和路径选择工具则用于路径的编辑与调整。另外，形状工具组也是创建路径的重要工具，第 2 章已经提到过。

8.2.1 钢笔工具

1．使用钢笔工具创建路径

钢笔工具主要用于创建路径。在工具箱上选择“钢笔工具”，其选项栏参数如图 8-5 所示。

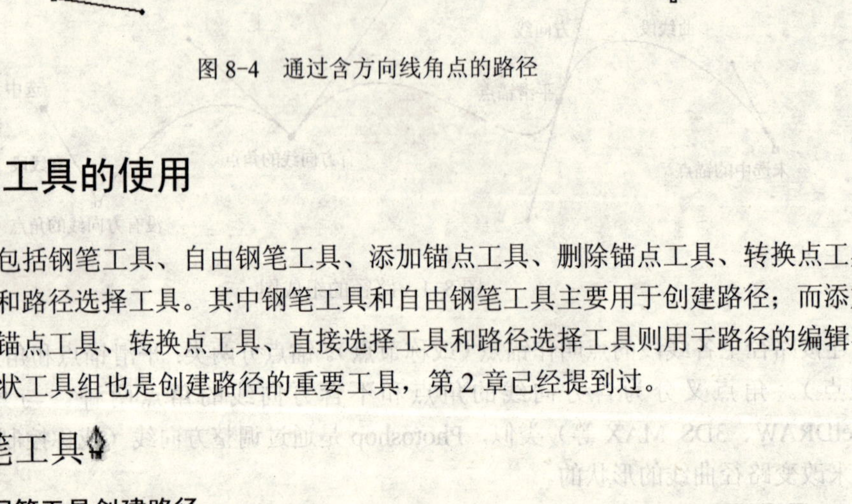

图 8-5 钢笔工具选项栏参数

按钮：创建形状图层。

- 按钮：创建路径。
- 按钮：切换到自由钢笔工具。
- 【橡皮带】复选框：单击选项栏上的“几何选项”按钮，打开“几何选项”面板（如图 8-5 所示）。勾选【橡皮带】，则使用钢笔工具创建路径时，在最后生成的锚点和光标所在位置之间出现一条临时连线，以协助确定下一个锚点。
- 【自动添加/删除】复选框：勾选该项，将钢笔工具移到路径上（此时钢笔工具临时转换为增加锚点工具），单击，可在路径上增加一个锚点；将钢笔工具移到路径的锚点上（此时钢笔工具临时转换为删除锚点工具），单击，可删除该锚点。
- 按钮组：用于路径的运算。其中，“添加到路径区域”按钮用于将新创建的路径区域添加到已有的路径区域中；“从路径区域减去”按钮用于从已有的路径区域中减去与新创建的路径区域的重叠区域；“交叉路径区域”按钮用于将新创建的路径区域与已有的路径区域进行交集运算；“重叠路径区域除外”按钮用于从新创建的路径区域和已有的路径区域的并集区域中排除重叠的区域。

使用钢笔工具创建路径的方法如下。

步骤 1　在工具箱上选择钢笔工具，在选项栏上选中“路径”按钮。

步骤 2　创建直线路径。要点如下。

- 在图像中单击，生成第一个锚点；移动光标再次单击，生成第二个锚点，同时前后两个锚点之间由直线路径连接起来。依此下去，形成折线路径。
- 要结束路径，可按住 Ctrl 键在路径外单击，形成开放路径，如图 8-6 所示。要创建闭合路径，只要将光标定位在第一个锚点上（此时指针旁出现一个小圆圈）单击，如图 8-7 所示。
- 在创建直线路径时，按住 Shift 键，可沿水平、竖直或 45° 角倍数的方向绘制路径。
- 构成直线路径的锚点不含方向线，又称直线角点。

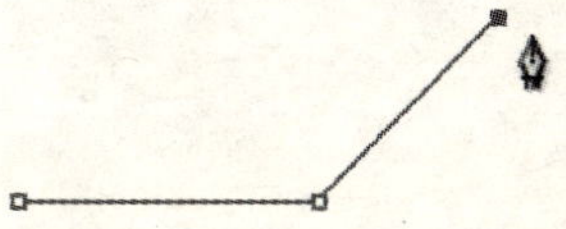

图 8-6　折线开放路径

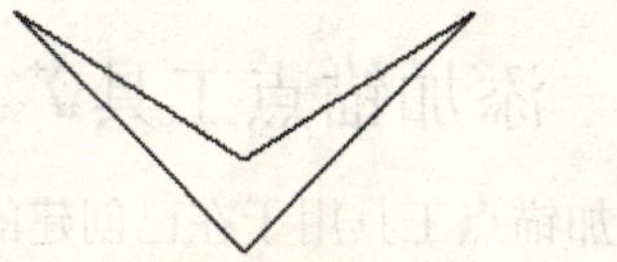

图 8-7　折线闭合路径

步骤 3　创建曲线路径。要点如下。

- 在确定路径的锚点时，若按下左键拖动鼠标，则前后两个锚点由曲线路径连接起来。若前后两个锚点的拖移方向相同，则形成 S 型路径（如图 8-8 所示）；若拖移方向相反，则形成 U 型路径（如图 8-9 所示）。

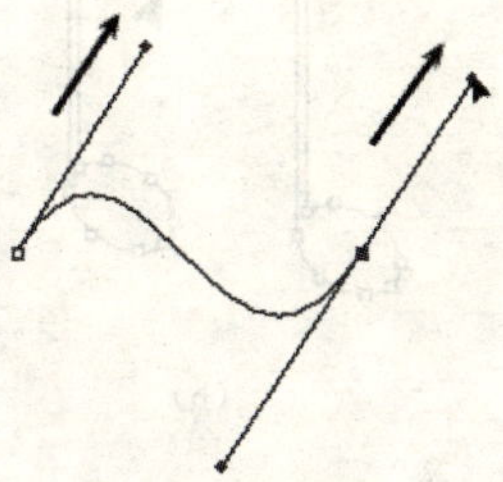

图 8-8　S 型路径

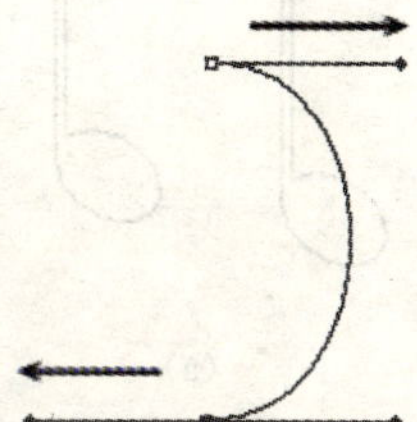

图 8-9　U 型路径

⇘ 结束创建曲线路径的方法与直线路径相同。

在实际路径的创建中，平滑锚点与角点锚点往往同时使用，如图 8-10 所示。

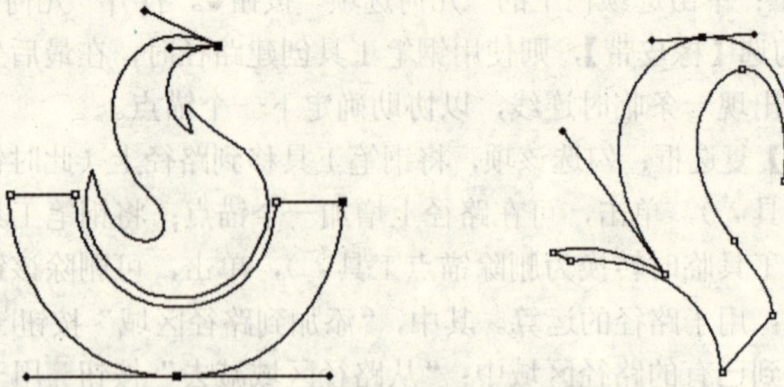

图 8-10 实际应用中路径上的锚点

8.2.2 自由钢笔工具

自由钢笔工具与铅笔工具的操作方式类似，可以用手绘的方式创建路径。Photoshop 将根据所绘路径的形状在路径的适当位置自动添加锚点。

自由钢笔工具的用法如下。

步骤 1 选择“自由钢笔工具”，在选项栏上选择“路径”按钮。

步骤 2 在图像中按下左键拖动鼠标，路径尾随着光标自动生成。释放鼠标按键，可结束路径的绘制。

步骤 3 若要继续在现有路径上绘制路径，可将指针定位在路径的端点上（此时光标变成形状），并拖动鼠标。

步骤 4 要创建封闭的路径，只要拖动鼠标回到路径的初始点（此时光标旁出现一个小圆圈；若绘制路径时中间间断过，则出现连接标志），松开鼠标按键。

8.2.3 添加锚点工具

添加锚点工具用于在已创建的路径上添加锚点。

选择“添加锚点工具”，将光标移到路径上要添加锚点的地方，此时光标变成形状（如图 8-11（a）所示），单击即可添加一个锚点。使用这种方式添加锚点不会改变路径的形状。

如果在选择添加锚点工具后，将光标移到路径上按下左键拖动，则不仅可以添加锚点，还可以将所添加锚点的方向线拖出来，从而改变路径局部的形状（如图 8-11（b）所示）。

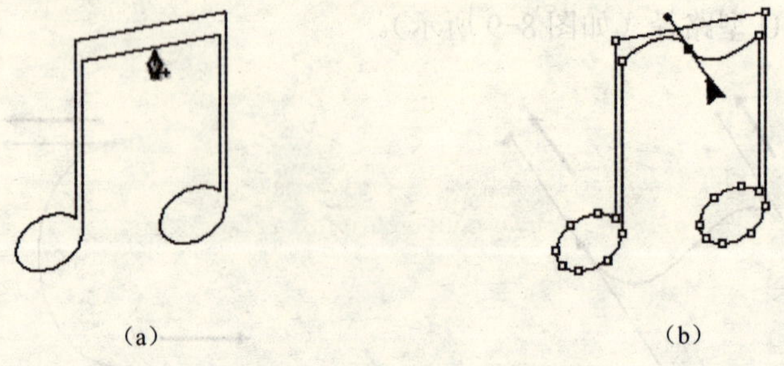

（a） （b）

图 8-11 在路径上添加锚点

8.2.4　删除锚点工具

删除锚点工具用于在已创建的路径上删除锚点。

选择"删除锚点工具"，将光标移到路径上要删除的锚点上，此时光标变成形状（如图 8-12（a）所示），单击即可将锚点删除。删除锚点后，路径的形状将重新调整以适合其余的锚点（如图 8-12（b）所示）。

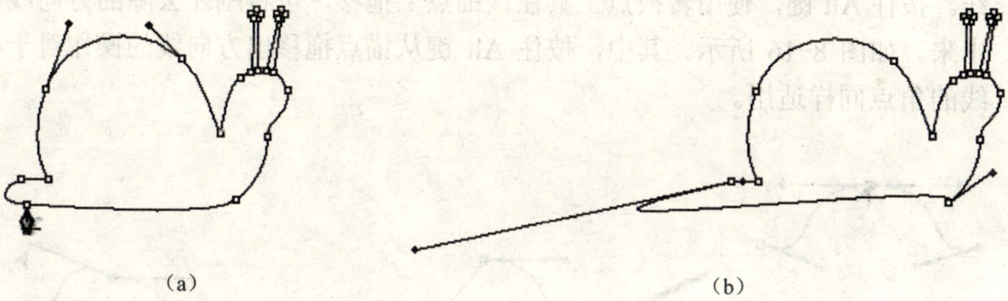

图 8-12　在路径上删除锚点

在使用直接选择工具在锚点上单击将其选中后（此时锚点显示为实心小方块），按 Del 键也可以删除锚点。但使用这种方式删除锚点后，锚点两侧的路径线段也被删除。

8.2.5　转换点工具

使用转换点工具可以转换锚点的类型，从而改变通过该锚点的局部路径的形状。其使用要点如下。

- 使用转换点工具单击平滑锚点或有方向线的角点，可将锚点转化为不含方向线的角点，如图 8-13 和图 8-14 所示。

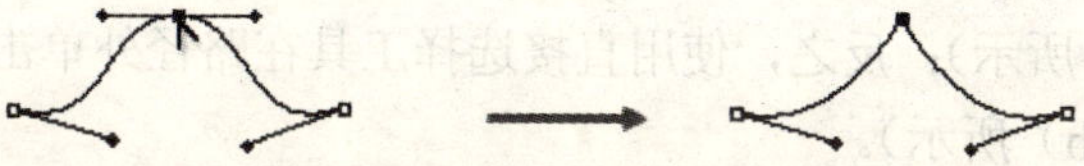

图 8-13　将平滑锚点转化为不含方向线的角点

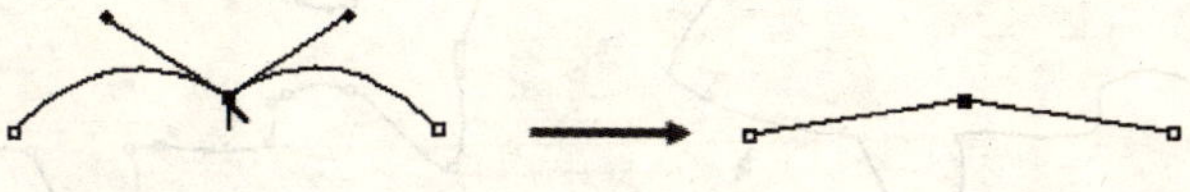

图 8-14　将含方向线的角点转化为不含方向线的角点

- 使用转换点工具拖移不含方向线的角点，可将锚点转化为平滑锚点。继续拖移方向点，又将平滑锚点转化为有方向线的角点（如图 8-15 所示），通过改变单侧方向线的长度和方向，可以调整同侧路径的形状。

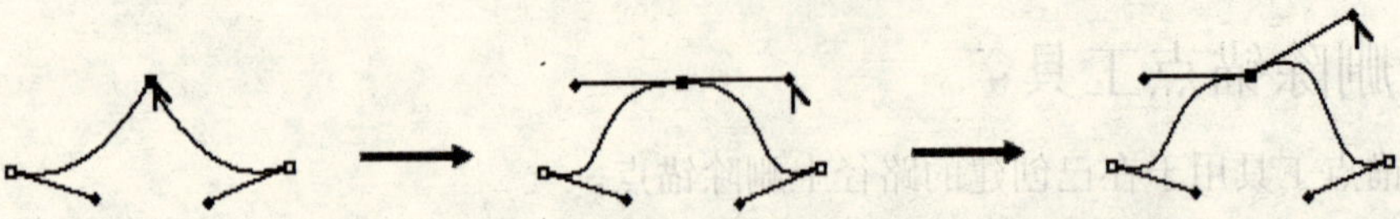

图 8-15 将不含方向线的角点转化为平滑点和含方向线的角点

- 按住 Alt 键，使用转换点工具在含双侧方向线的锚点上单击，可去除锚点的单侧方向线。按住 Alt 键，使用转换点工具在该锚点上拖移，可将刚才去除的方向线重新拖移出来。如图 8-16 所示。其中，按住 Alt 键从锚点拖移出方向线的操作对于不含方向线的角点同样适用。

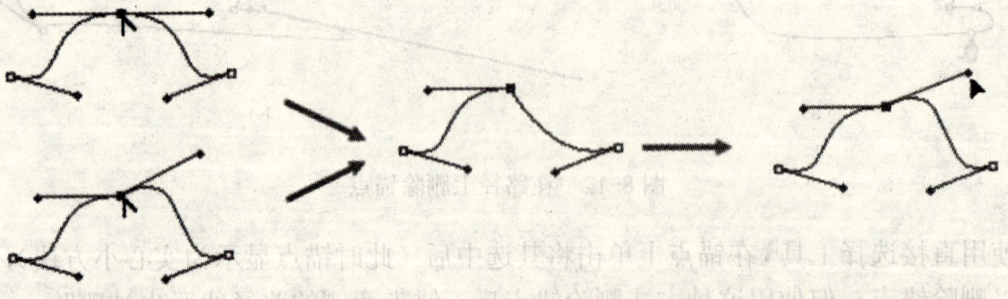

图 8-16 控制锚点的单侧方向线

8.2.6 直接选择工具

直接选择工具的作用有：显示和隐藏锚点，选择和移动锚点，显示锚点上的方向线，调整方向线以改变路径形状，选择和移动部分路径，选择和移动整个路径等。

1. 显示和隐藏锚点

当路径上的锚点被隐藏时，使用直接选择工具在路径上单击，可以显示该路径上的所有锚点（如图 8-17（a）所示）；反之，使用直接选择工具在路径外单击，可以隐藏路径上的所有锚点（如图 8-17（b）所示）。

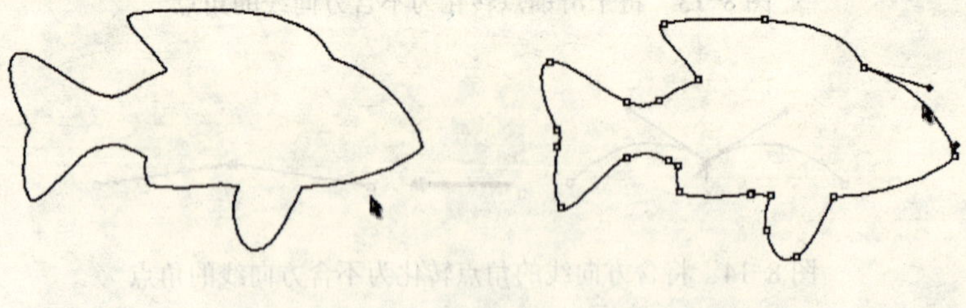

(a) (b)

图 8-17 隐藏和显示锚点的路径

2. 选择和移动锚点

路径上的锚点被显示后，使用直接选择工具在锚点上单击，可以选中该锚点（锚点由空心方块变成实心方块）。如果选中的锚点含有方向线，则锚点上的方向线也同时显示出来，如图 8-18（a）所示。使用直接选择工具拖动锚点，可移动锚点的位置，如图 8-18（b）所示。

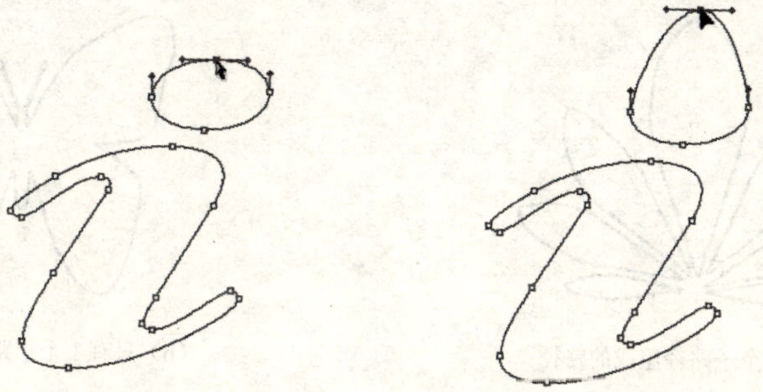

（a） （b）

图 8-18 选择和移动锚点

3. 调整方向线

锚点的方向线显示后，使用直接选择工具拖动方向点可改变方向线的长度和方向，从而改变通过该锚点的路径局部的形状。但是，无论是使用直接选择工具移动锚点，还是移动方向点，都不会改变锚点的类型；这一点与转换点工具不同。

4. 选择和移动多个锚点

按住 Shift 键，使用直接选择工具单击要选择的锚点，可选择多个锚点；另外，也可以使用直接选择工具框选多个锚点。如图 8-19（a）所示。此时，拖移选中的锚点，通过这些锚点的相关路径会随着一起移动。

当路径上所有锚点均被选中时，整个路径被选中。如图 8-19（b）所示。此时，使用直接选择工具可拖动整个路径。

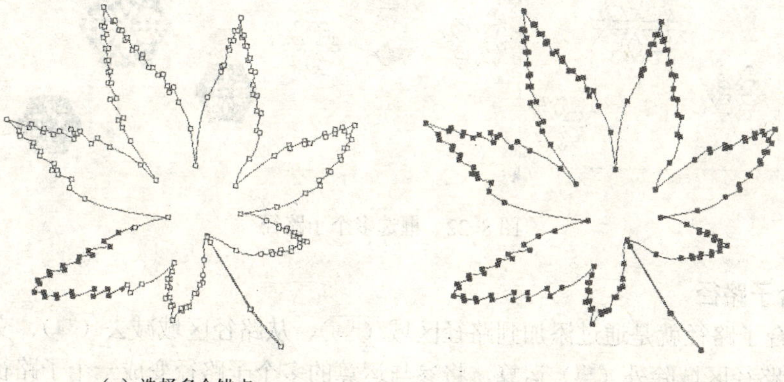

（a）选择多个锚点 （b）选择所有锚点

图 8-19 选择多个锚点

8.2.7 路径选择工具

在介绍路径选择工具之前，先介绍与该工具密切相关的子路径（或称路径组件）的概念。一个路径中如果有多个组成部分，各部分彼此孤立（与其他部分分离，且能够单独选择），则每一个组成部分都是一个子路径。通常情况下，路径是子路径的集合。但也有一些场合，一个路径中只有一个子路径，如图 8-20 所示。

（a）由 7 个子路径组成的路径　　（b）只有 1 个子路径组成的路径

图 8-20　路径选择工具的选项栏

路径选择工具的作用有：选择路径，移动路径，组合路径，对齐路径，分布路径等。路径选择工具的选项栏如图 8-21 所示。

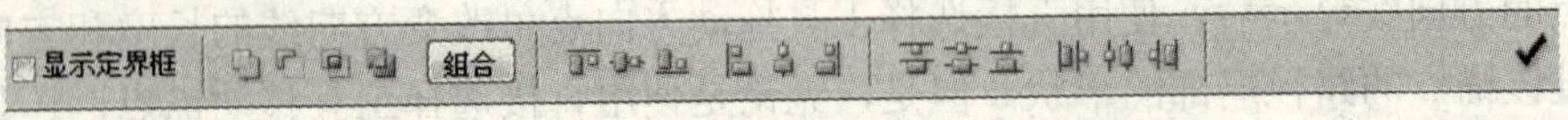

图 8-21　路径选择工具的选项栏

1. 选择和移动路径

使用路径选择工具在路径上单击可选择路径的一个子路径，选中的子路径锚点显示，且为实心小方块。按住 Shift 键可单击加选其他子路径。也可以采用框选的方式，选择多个子路径（如图 8-22 所示）。使用路径选择工具拖动已选择的子路径，可移动子路径的位置。

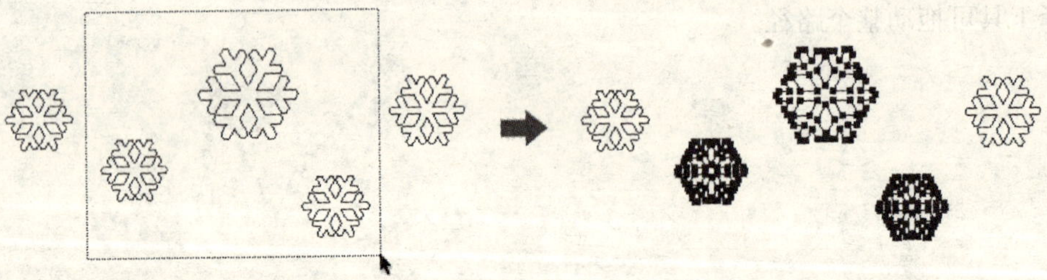

图 8-22　框选多个子路径

2. 组合子路径

所谓组合子路径就是通过添加到路径区域（ ）、从路径区域减去（ ）、交叉路径区域（ ）或重叠路径区域除外（ ）运算，将参与运算的多个子路径变成一个子路径。操作方法举例如下。

步骤 1　使用形状工具绘制包含一个圆形子路径和一个方形子路径的路径（圆形与方形子路径有重叠区域）。

步骤 2　选择“路径选择工具”，并使用该工具选择其中的方形子路径。

步骤 3　在选项栏上单击选择一种运算方式按钮（ 、 、 或 ）。

步骤 4　单击选项栏上的组合按钮，结果如图 8-23 所示。

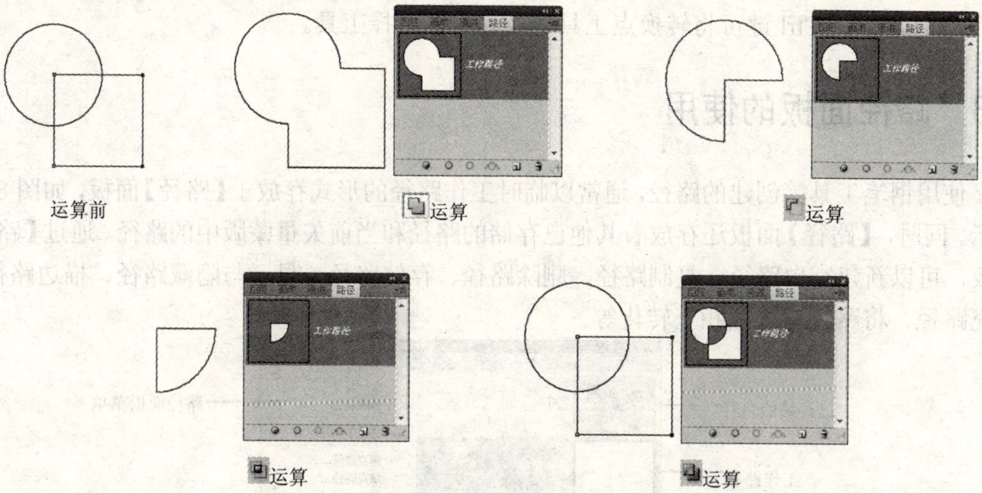

图 8-23　子路径的组合

在上述操作中，除了从路径区域减去（ ）运算的组合结果与事先子路径的选择（选择哪一个或哪几个子路径）有关，其余三种运算的组合结果与组合前的子路径选择均无关。

3．对齐与分布子路径

“子路径的对齐与分布”和“图层的对齐与分布”类似。操作方法如下。

步骤 1　选择“路径选择工具” ，选择要参与对齐或分布操作的子路径。

步骤 2　单击选项栏上的“对齐”或“分布”按钮，如图 8-24 所示。

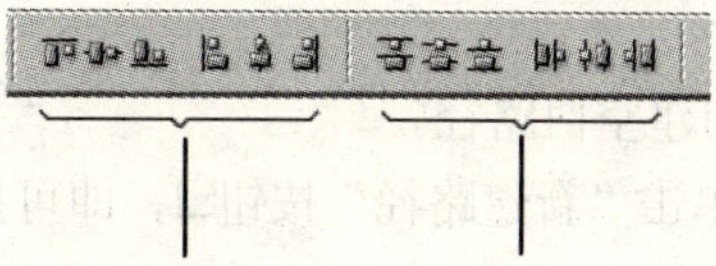

图 8-24　对齐和分布按钮组

4．变换路径

路径的变换与图层或选区的变换类似。操作方法如下。

步骤 1　选择“路径选择工具” ，选择要进行变换的路径或子路径（如果不选择子路径，就是对包含所有子路径的整个路径进行变换）。

步骤 2　使用【编辑】|【自由变换路径】菜单或【编辑】|【变换路径】菜单组进行变换（注意选项栏参数）。

在路径工具的使用中，还有一些可以提高操作效率的技巧值得注意。

- 在使用钢笔工具时，按住 Ctrl 键将光标移到路径上，则钢笔工具切换到直接选择工具；按住 Alt 键将光标移到路径的锚点上，则钢笔工具切换到转换点工具。
- 在使用直接选择工具时，按住 Ctrl 键可切换到路径选择工具；按住 Ctrl+Alt 键，将光标移到路径的锚点上，可切换到转换点工具。
- 在使用路径选择工具时，按住 Ctrl 键可切换到直接选择工具。
- 在使用转换点工具时，将光标移到路径上，可切换到直接选择工具；当光标在锚点上时，按住 Ctrl 键可将转换点工具切换到直接选择工具。

8.3 路径面板的使用

使用钢笔工具等创建的路径，通常以临时工作路径的形式存放于【路径】面板，如图 8-25 所示。同时，【路径】面板还存放着其他已存储的路径和当前矢量蒙版中的路径。通过【路径】面板，可以新建空白路径、复制路径、删除路径、存储路径、显示与隐藏路径、描边路径、填充路径、将路径与选区相互转化等。

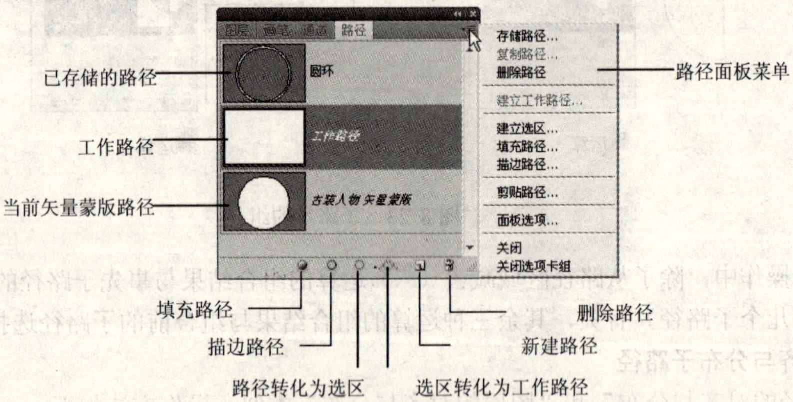

图 8-25 【路径】面板

8.3.1 新建空白路径

可以使用下述方法之一创建空白路径。

① 在【路径】面板上，单击“新建路径”按钮，即可按默认的名称创建一个新的空白路径。

② 在【路径】面板上，确保没有选择工作路径。从【路径】面板菜单中选择【新建路径】命令，弹出【新建路径】对话框（如图 8-26 所示），输入路径名称，单击【确定】按钮，即可按指定的名称创建一个新的空白路径。

图 8-26 【新建路径】对话框

使用钢笔工具等在图像中创建路径时，如果在【路径】面板上没有选择任何路径，则路径创建在新生成的工作路径中，如图 8-27 所示。若事先存在工作路径，则新的工作路径将取代原有的工作路径。如果在【路径】面板上选择某个路径（包括空白路径、工作路径等）后，使用钢笔工具等在图像中创建路径，则新路径作为一个子路径生成在事先选择的路径中，如图 8-28 所示。

图 8-27 新建工作路径

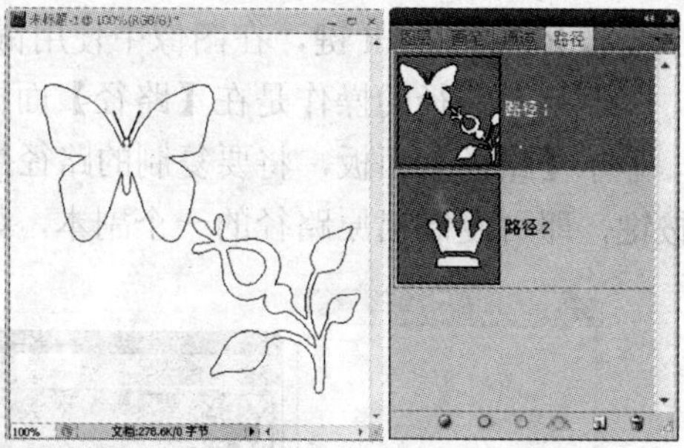

图 8-28 在原有路径中创建子路径

8.3.2 存储路径

工作路径是一种临时路径，在任何情况下，只能有一个工作路径存在。在工作路径没有被选择的情况下，使用钢笔工具、自由钢笔工具或形状工具等创建路径时，新生成的工作路径会把原有的工作路径取代。所以，为了防止工作路径丢失，必须存储工作路径。

在【路径】面板上，可采用下列方法之一存储工作路径。

① 将工作路径拖动到“新建路径”按扭上，当按扭反白显示时，松开左键，即可以默认名称存储工作路径。

② 在工作路径上双击；或选择工作路径，在【路径】面板菜单中选择【存储路径】命令，打开【存储路径】对话框，输入路径名称（如图 8-29 所示），单击【确定】按钮。

图 8-29 【存储路径】对话框

另外，在【图层】面板中选择含有矢量蒙版的图层时，矢量蒙版中的路径也显示在【路径】面板中。一旦切换到其他图层，上述矢量蒙版路径就会从【路径】面板中消失。所以，矢量蒙版路径也可视为一种临时路径。其存储方法与工作路径相同。

8.3.3 修改路径的名称

在【路径】面板上双击已存储的路径的名称，进入名称编辑状态，输入新的名称，按 Enter 键，或在编辑框外单击即可。

若双击工作路径或矢量蒙版路径的名称，则弹出【存储路径】对话框，按 8.3.2 节介绍的方法输入路径名称，单击【确定】按钮即可。

8.3.4 复制路径

1. 在同一图像内部复制路径

在同一图像内部复制路径包括复制子路径和复制整个路径两种情况。

复制子路径的操作是在图像中进行的，操作方法如下。

步骤 1 选择“路径选择工具”。

步骤 2 按住 Alt 键，在图像中使用鼠标拖移要复制的路径，如图 8-30 所示。

复制整个路径的操作是在【路径】面板上进行的，操作方法如下。

显示【路径】面板，将要复制的路径拖移到面板底部的“新建路径”按钮上，松开鼠标按键，即可复制出原路径的一个副本，如图 8-31 所示。

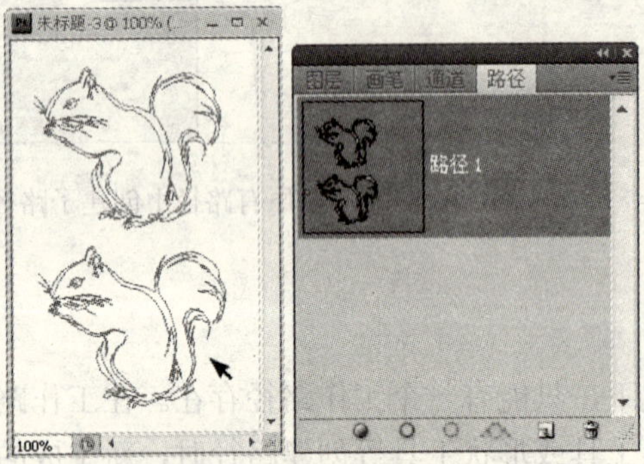

图 8-30 复制子路径

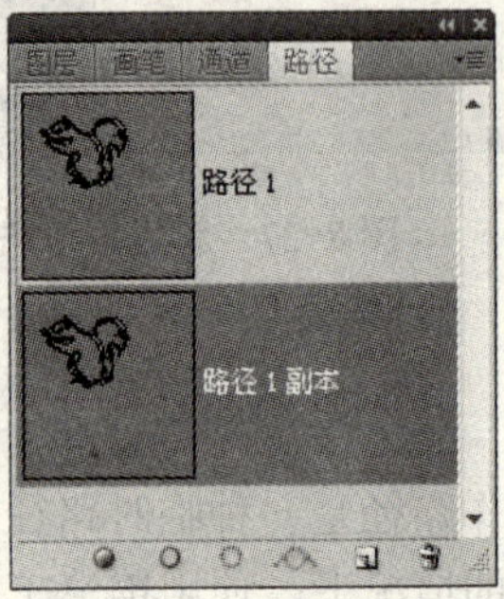

图 8-31 复制整个路径

2. 在不同图像间复制路径

在不同图像间复制路径的方法如下：在当前图像窗口中使用“路径选择工具”选择要复制的路径或子路径，选择菜单命令【编辑】|【拷贝】（或按 Ctrl+C 键）。切换到目标图像窗口，选择菜单命令【编辑】|【粘贴】（或按 Ctrl+V 键）。

8.3.5 删除路径

要想删除子路径，可在选择子路径后，按 Del 键。

要想删除整个路径，可显示【路径】面板，在要删除的路径上右击，从弹出菜单中选择【删除路径】命令；或将要删除的路径直接拖移到“删除路径”按钮上。

8.3.6 在图像中显示与隐藏路径

在【路径】面板底部的灰色空白区域单击，取消路径的选择，可以在图像窗口中隐藏路径（如图 8-32 所示）；在【路径】面板上单击选择要显示的路径，可在图像窗口中显示该路径（如图 8-33 所示）。

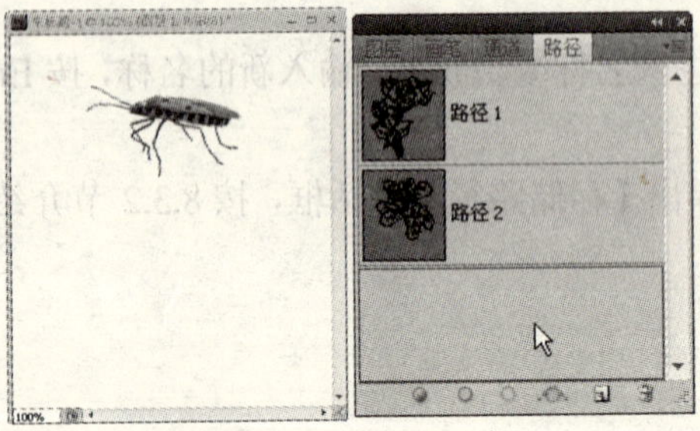

图 8-32 隐藏路径

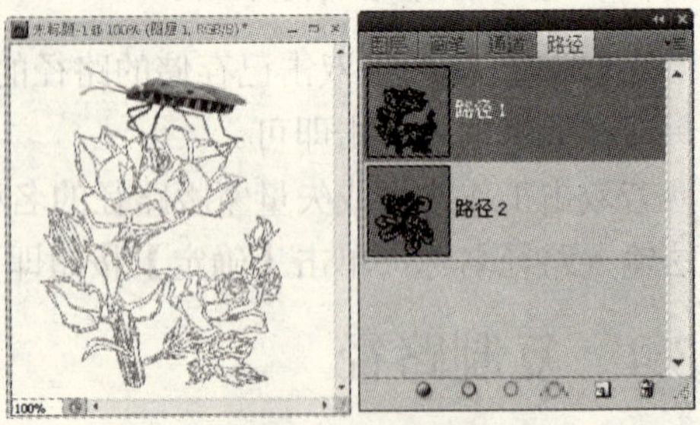

图 8-33 显示路径

另外，通过勾选或取消勾选菜单命令【视图】|【显示】|【目标路径】，可以在图像窗口中显示或隐藏路径面板中当前选中的路径。

8.3.7　填充路径

"填充路径"命令可以将指定的颜色、图案等内容填充到指定的路径区域内，方法如下。

步骤 1　在【路径】面板上选择要填充的路径，或使用"路径选择工具"在图像窗口中选择要填充的子路径。

步骤 2　选择填充场所。选择合适的图层、图层蒙版、快速蒙版或通道。

步骤 3　在【路径】面板上单击"用前景色填充路径"按钮，可使用当前前景色填充所选路径或子路径，或从【路径】面板菜单中选择【填充路径】或【填充子路径】命令，弹出相应的对话框（如图 8-34 所示），根据需要设置好参数，单击【确定】按钮。

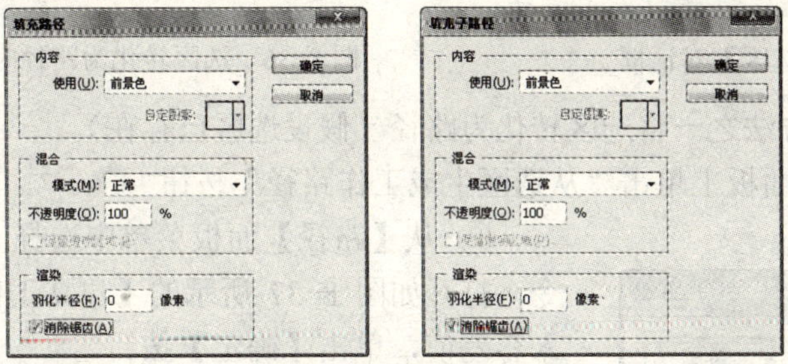

图 8-34　【填充路径】和【填充子路径】对话框

对话框中各参数的作用如下。

- 【使用】：选择填充内容。包括前景色、背景色、自定义颜色、图案等。
- 【模式】：选择填充的混合模式。
- 【不透明度】：指定填充的不透明度。
- 【保留透明区域】：勾选该项，在当前图层上禁止填充所选路径区域内的透明区域。
- 【羽化半径】：设置要填充路径区域的边缘羽化程度。
- 【消除锯齿】：在路径填充区域的边缘生成平滑的过渡效果。

8.3.8　路径转化为选区

在很多情况下，创建路径的目的是要获得同样形状的选区，以便对选区内的图像进行操作。路径转化为选区的常用方法如下。

步骤 1　在【路径】面板上选择要转化为选区的路径，或使用"路径选择工具"在图像中选择要转化为选区的子路径。

步骤 2　单击【路径】面板底部的"将路径作为选区载入"按钮（载入的选区将取代图像中的原有选区），或从【路径】面板菜单中选择【建立选区】命令，打开【建立选区】对话框（如图 8-35 所示），根据需要设置参数，单击【确定】按钮。

对话框中各参数的作用如下。

- 【羽化半径】：指定选区的羽化值。
- 【消除锯齿】：在选区边缘生成平滑的过渡效果。
- 【操作】：指定由路径转化的选区和图像中原有选区的运算关系。

上述操作完成后，图像中有时会出现选区和路径同时显示的状况，可能影响选区的正常编辑。此时，若要编辑选区内图像，应将路径隐藏起来。

8.3.9 选区转化为路径

任何选区都可以转化为路径。但是，边界平滑的选区转化为路径后往往不能保持原来的形状，如图 8-36 所示。

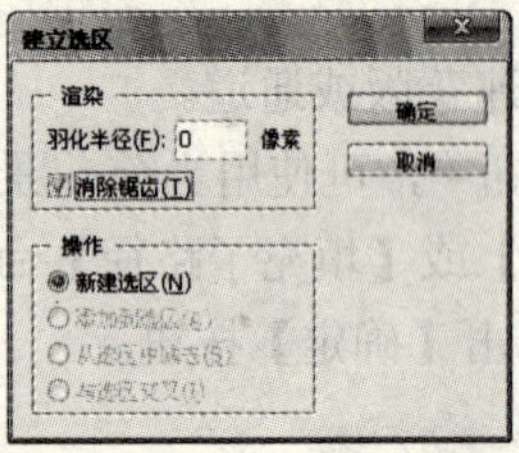

图 8-35 【建立选区】对话框

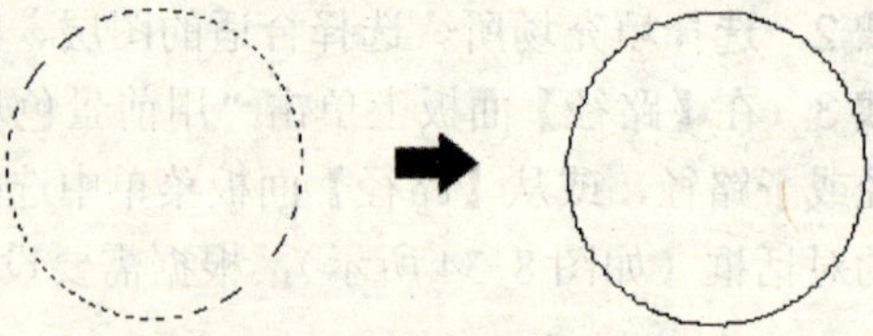

图 8-36 选区转化为路径时出现的偏差

可以采用下列方法之一将选区转化为路径（假设选区已存在）。

① 在【路径】面板上单击“从选区生成工作路径”按钮 。

② 从【路径】面板菜单中选择【建立工作路径】命令，打开如图 8-37 所示的【建立工作路径】对话框。输入容差值，单击【确定】按钮。

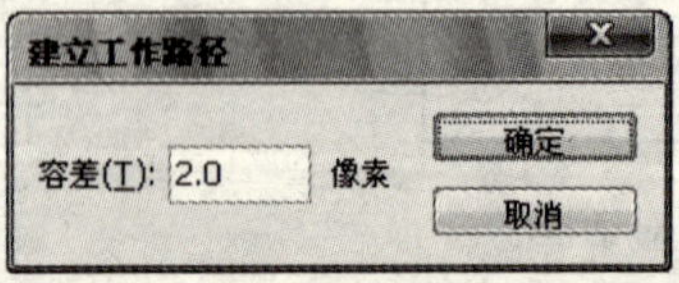

图 8-37 【建立工作路径】对话框

【容差】：用于设置选区转化为路径时 Photoshop 对选区形状微小变化的敏感程度。取值范围为 0.5～10 像素。取值越高，转化后的路径上锚点越少，路径也越平滑。

值得注意的是，不论采用上述哪一种方法，选区转化为路径后都无法保留原有选区的羽化效果。

8.3.10 描边路径

“描边路径”命令可以使用 Photoshop 基本工具的当前设置，沿任意路径创建绘画描边效果。操作方法如下。

步骤 1 选择路径。在【路径】面板上选择要描边的路径，或使用“路径选择工具” 在图像窗口中选择要描边的子路径。

步骤 2 选择并设置描边工具。在工具箱上选择描边工具，并对工具的颜色、画笔大小、画笔间距等参数进行必要的设置。

步骤 3 选择描边场所。选择合适的图层、图层蒙版、快速蒙版或通道。

步骤 4 描边路径。在【路径】面板上单击“描边路径”按钮，可使用当前工具对路径或子路径进行描边。也可以从【路径】面板菜单中选择【描边路径】或【描边子路径】命令，弹出相应的【描边路径】对话框（如图 8-38 所示），在对话框的下拉列表中选择描边工具（默认为当前工具），单击【确定】按钮。

上述操作中，步骤 1、步骤 2 和步骤 3 的顺序可以打乱。

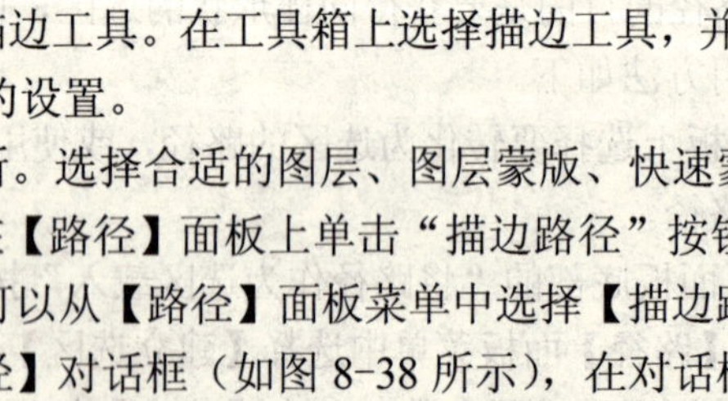

图 8-38 【描边路径】对话框

8.3.11 连接和闭合路径

连接和闭合路径在路径的实际应用中有着特殊的意义，它可以使两个或多个子路径变成一个子路径。

1．连接子路径

连接子路径的方法如下。

步骤 1 显示路径。将钢笔工具定位到一条开放子路径的端点锚点，光标变成形状（如图 8-39 所示），单击。

步骤 2 将钢笔工具定位到另一条开放子路径的端点锚点，光标仍然呈形状，单击。此时两条开放子路径连接起来，变成一个开放子路径。

步骤 3 按上述方法连接第三条子路径，第四条子路径……

2．闭合子路径

闭合子路径的方法如下。

步骤 1 显示路径。将钢笔工具定位到开放子路径的一个端点锚点，光标变成形状，单击。

步骤 2 将钢笔工具定位到开放子路径的另一个端点锚点，光标变成形状，单击。

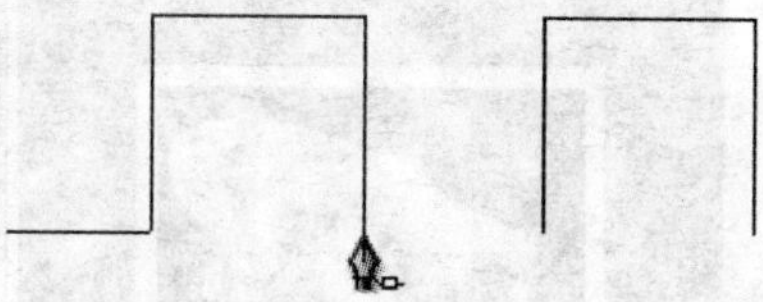

图 8-39 连接子路径

8.4 路径的使用综合例

8.4.1 路径描边制作邮票

主要技术看点：选区转化为路径，路径描边，显示与隐藏路径，图层蒙版，载入蒙版选区，增大画笔间距等。

步骤 1 打开素材图像“实例 08 \邮票制作素材.psd”（如图 8-40 所示）。

图 8-40 素材图像

步骤 2 使用矩形选框工具创建如图 8-41 所示的选区（羽化值为 0）。

步骤 3 选择“邮票边界”层。单击【图层】面板底部的“添加图层蒙版”按钮，为该图层添加显示选区的图层蒙版，如图 8-42 所示。

图 8-41 创建选区

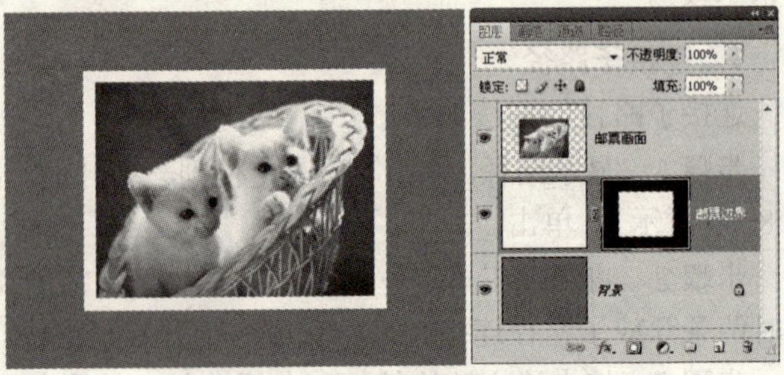

图 8-42 添加图层蒙版

步骤 4 按 Ctrl 键在【图层】面板上单击图层蒙版的缩览图，载入蒙版选区，如图 8-43 所示。

步骤 5 在【路径】面板上单击“从选区生成工作路径”按钮，将选区转为路径，如图 8-44 所示。

图 8-43 载入蒙版选区

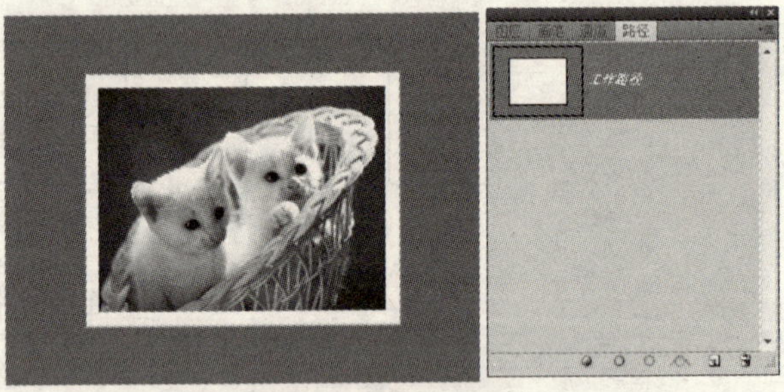

图 8-44 选区转化为路径

步骤 6 选择“画笔工具”。设置画笔大小为 5 像素、硬度为 100%，不透明度为 100%，间距为 132%。

步骤 7 将前景色设置为黑色。确保“邮票边界”层为当前层，并处于蒙版编辑状态。在【路径】面板上单击“描边路径”按钮。隐藏工作路径，如图 8-45 所示。

步骤 8 在邮票上书写“中国人民邮政”和“8 分”的字样，最终效果如图 8-46 所示。

步骤 9 保存文件。

图 8-45 描边路径

图 8-46 书写文字

8.4.2　使用路径选择边界光滑的对象

主要技术看点：创建与编辑路径，路径转化为选区，复制与粘贴图像，缩放图像等。

步骤 1　选择“钢笔工具”，选项栏设置如图 8-47 所示。

图 8-47　设置钢笔工具参数

步骤 2　打开素材图像“实例 08\热气球.jpg”，如图 8-48 所示。

步骤 3　沿最大的热气球的边界创建一个封闭的多边形路径，并使用直接选择工具在路径上单击，让所有锚点都显示出来，如图 8-49 所示。

图 8-48　素材图像“热气球”

图 8-49　创建多边形路径

注意：上述封闭路径中每两个锚点之间的对象边缘线条应是一条直线段、抛物线或者 S 形曲线（即双弧曲线）。若两个锚点间的边缘线条是比 S 形曲线更复杂的多弧曲线或者是由直线段与曲线段连接而成的复合线条，就不能通过调整两端的锚点使路径与该段对象边缘准确地吻合。锚点的确立是否适当，是能否准确选择对象的关键所在。另外，并不是说锚点越多越好；锚点过多的话，不但增加了路径调整的难度，而且也很难把对象选择得准确。

步骤 4　通过放大图像局部，观察每一个锚点是否在待选对象的边缘上，位置是否合适；若不合适，可使用直接选择工具调整其位置，如图 8-50 所示。

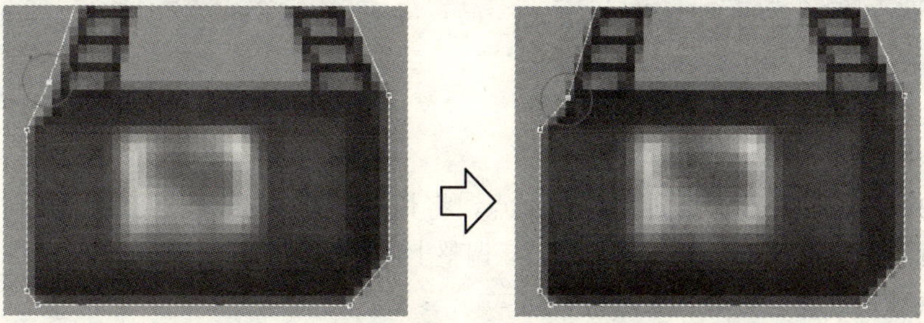

图 8-50　调整锚点的位置

步骤 5　放大图像观察时，结果发现某两个锚点之间的对象边缘线条实际上比预想的要复杂。此时可通过增加锚点工具（或钢笔工具）在路径的适当位置添加新锚点，再使用直接选择工具调整其位置，如图 8-51 所示。而对于路径上多余的锚点可使用删除锚点工具（或钢笔工具）进行删除。

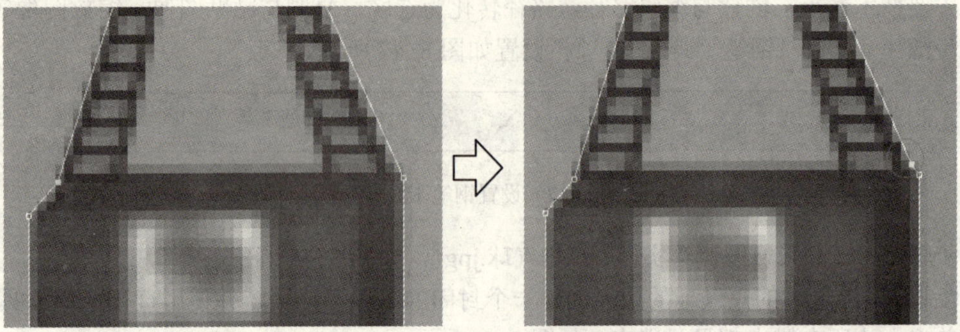

图 8-51　在必要的位置增加锚点

步骤 6　热气球底部箱子和吊带的选择只需要用直线段路径即可，但图 8-62 中增加的锚点却包含方向线，致使对象的折线边界无法准确选择。此时可使用转换点工具在该锚点上单击，去除方向线。

步骤 7　使用转换点工具将热气球部分（底部箱子和吊带除外）的所有锚点转化为平滑点（即首先把各个锚点的方向线拖出来）。再使用该工具或直接选择工具通过改变各方向线的长度与方向使各段路径与对象边缘吻合，如图 8-52 所示（图中，A、B 两点暂不调整）。

注意：若通过锚点的对象边缘是平滑的，则调整该锚点的方向线时最好使用直接选择工具，原因就是它不会改变锚点的性质。若使用转换点工具进行调整，应尽量使该锚点两侧的方向线保持在同一方向上，而不宜偏离太远。

步骤 8　按住 Alt 键同时使用转换点工具拖移 B 点，将其上侧的方向线拖移出来。调整方向线的长度与方向使 B 点上侧的局部路径与热气球边缘吻合，如图 8-53 所示。

图 8-52　调整路径

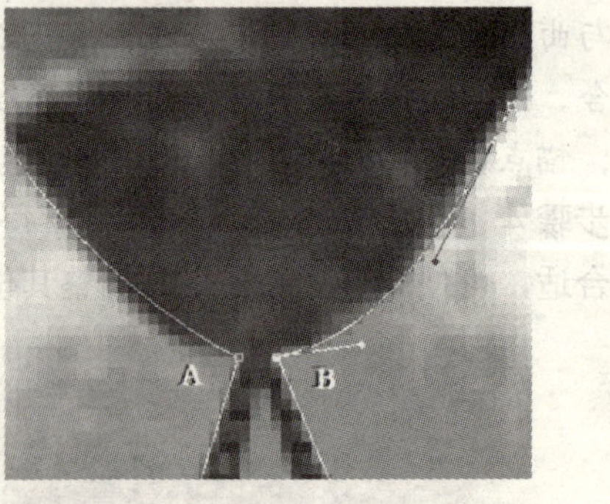

图 8-53　调整 B 点处的路径

步骤 9　使用转换点工具向右拖移 A 点，将其两侧的方向线拖移出来。按住 Alt 键使用转换点工具单击 A 点，清除其下侧方向线。调整上侧方向线的长度与方向使 A 点上侧的局部路径与热气球边缘吻合，如图 8-54 所示。

步骤 10　选择“钢笔工具”，在选项栏上选择“重叠路径区域除外”按钮（其他设置与步骤 1 相同）。依次在吊带中间的空白三角形区域的三个顶点上单击，创建三角形封闭路径（目的是将该区域从原路径区域中排除），如图 8-55 所示。

步骤 11　确认【路径】面板上已经选择了刚才创建的工作路径。单击【路径】面板底部的“路径转为选区”按钮 ◌，将路径转化为选区。按 Ctrl + C 键，复制选区内图像。

步骤 12 打开素材图像“实例 08\蓝天.jpg”。

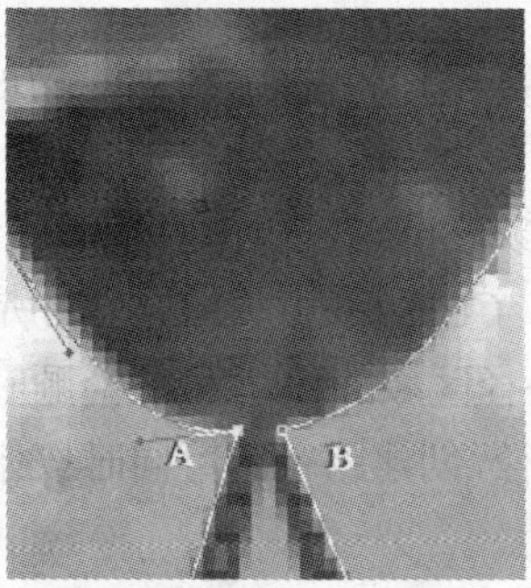

图 8-54 调整 A 点处的路径

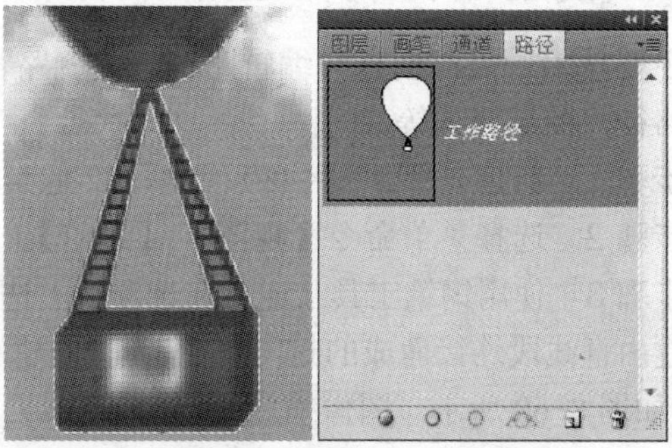

图 8-55 排除三角空白区域

步骤 13 按 Ctrl + V 键，将刚才复制的图像粘贴到“蓝天”图像中。适当缩小并移动热气球的位置，如图 8-56 所示。

步骤 14 再次按 Ctrl + V 键粘贴图像，缩小并调整第二只热气球的位置，如图 8-57 所示。

图 8-56 粘贴“热气球”

图 8-57 粘贴第二只“热气球”

步骤 15 对素材图像“实例 08 \热气球.jpg”中的红色热气球做类似处理（路径选择→路径转选区→复制粘贴图像→缩放并调整热气球位置）。最终合成如图 8-58 所示的图像。

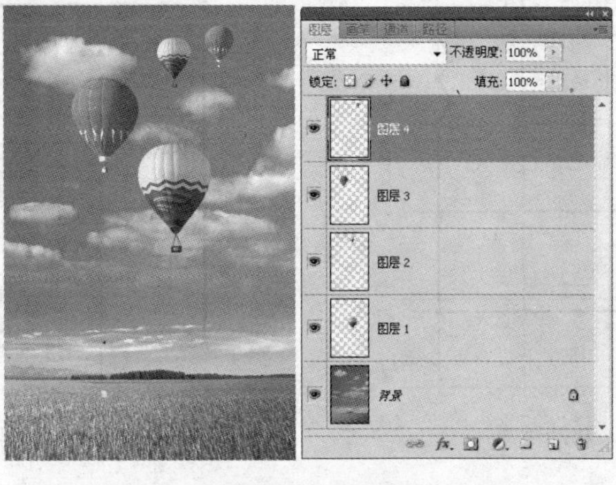

图 8-58 图像最终合成效果

步骤 16 保存图像。

8.4.3 使用路径制作老照片效果

主要技术看点：创建与编辑路径，复制路径，组合路径，路径转化为选区，变换路径，存储路径，图层样式等。

步骤 1 新建一个 375×480 像素，72 像素/英寸，RGB 颜色模式，白色背景的图像。

步骤 2 选择菜单命令【视图】|【显示】|【网格】（或按 Ctrl+'键）。如图 8-59 所示。

步骤 3 使用钢笔工具（注意在选项栏上选择“添加到路径区域”按钮）沿顺时针方向创建由直线段连接而成的封闭路径（为了创建水平或竖直路径，创建路径时可同时按住 Shift 键），如图 8-60 所示（图像缩放比例为 400%）。

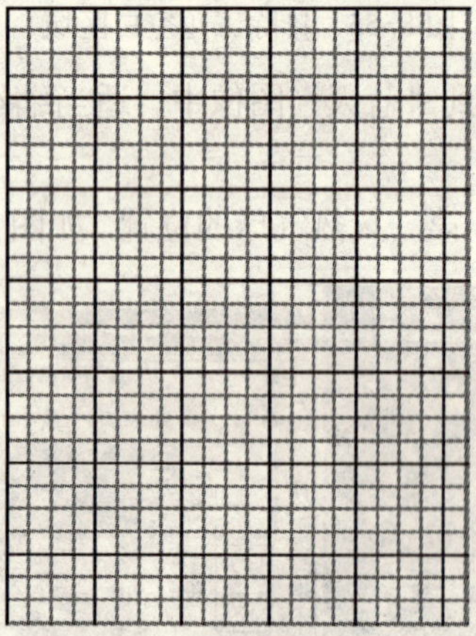

图 8-59 显示网格

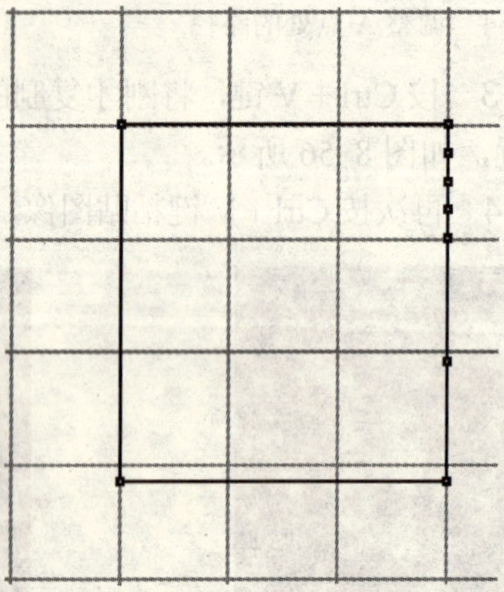

图 8-60 创建路径

步骤 4 使用直接选择工具调整右上角其中两个锚点的位置，如图 8-61 所示。

步骤 5 使用转换点工具在竖直方向拖移④号与⑤号锚点，将其两侧的方向线拖移出来；使用直接选择工具上下拖移方向点，调整方向线的长度（为了使方向线保持在竖直方向，操作时可同时按住 Shift 键），如图 8-62 所示。

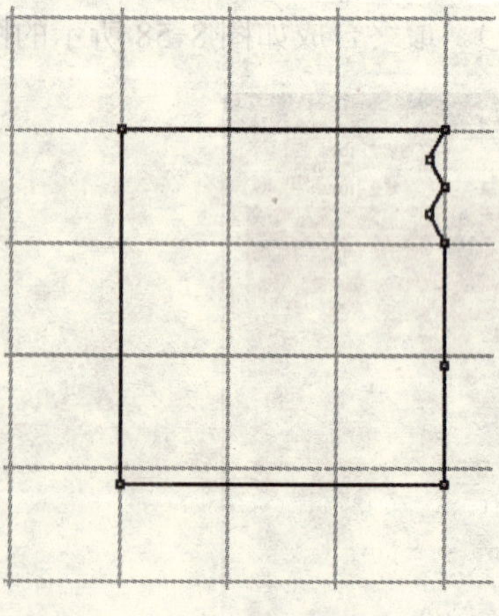

图 8-61 移动锚点

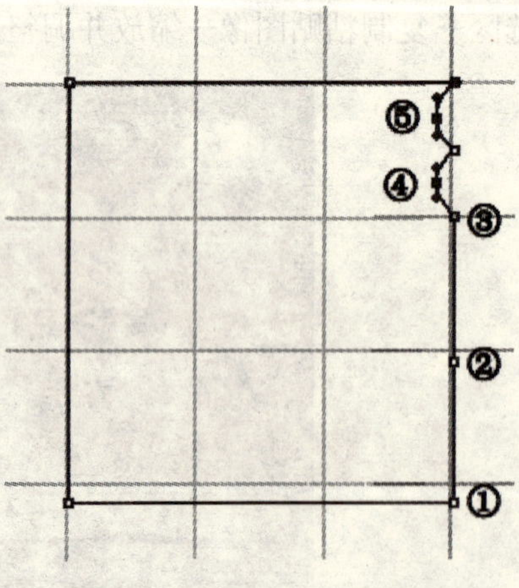

图 8-62 编辑④号与⑤号锚点

步骤 6 使用转换点工具拖移②号锚点，将其两侧的方向线拖移出来（此时②号点为平滑锚点）；继续拖移两侧的方向点，使②号锚点转化为尖突点，如图 8-63 所示。

步骤 7 按住 Alt 键同时使用转换点工具拖移③号锚点，将其下侧的方向线拖移出来，如图 8-64 所示。

步骤 8 使用转换点工具拖移①号锚点，将其两侧的方向线拖移出来。按住 Alt 键使用转换点工具单击①号锚点，清除其下侧方向线，如图 8-65 所示。

步骤 9 使用直接选择工具对③、④、⑤号锚点分别进行如下调整：单击锚点显示方向线，拖移方向点，调整方向线的长度与方向。若锚点位置不合适，也可以使用直接选择工具拖移锚点，改变其位置。最终调整效果如图 8-66 所示。

步骤 10 再次选择菜单命令【视图】|【显示】|【网格】（或按 Ctrl+'键），隐藏网格线。

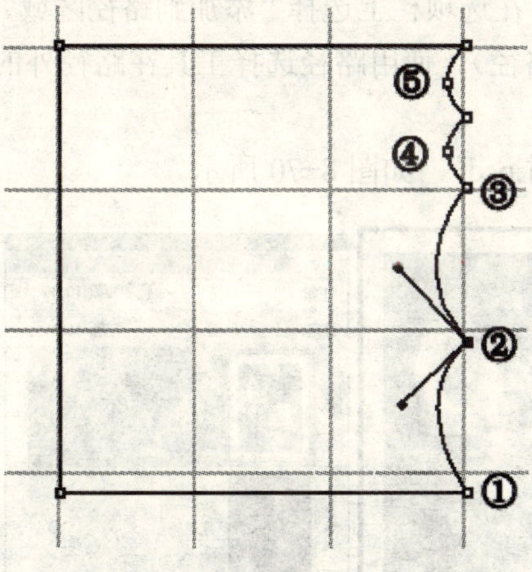

图 8-63 编辑②号锚点

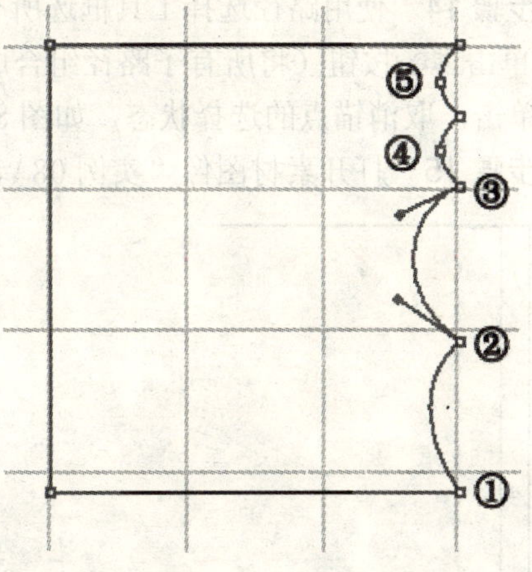

图 8-64 编辑③号锚点

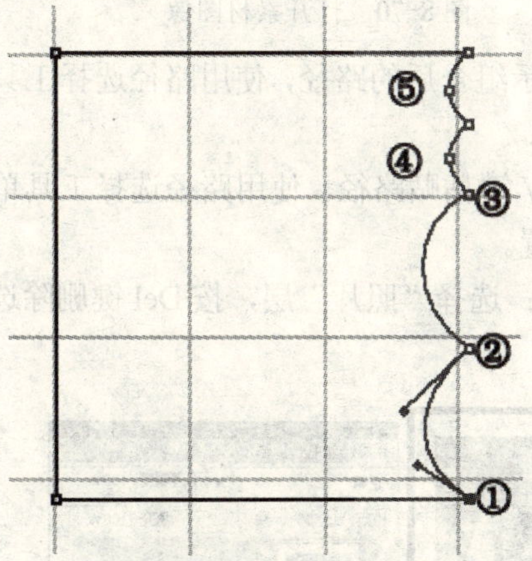

图 8-65 编辑①号锚点

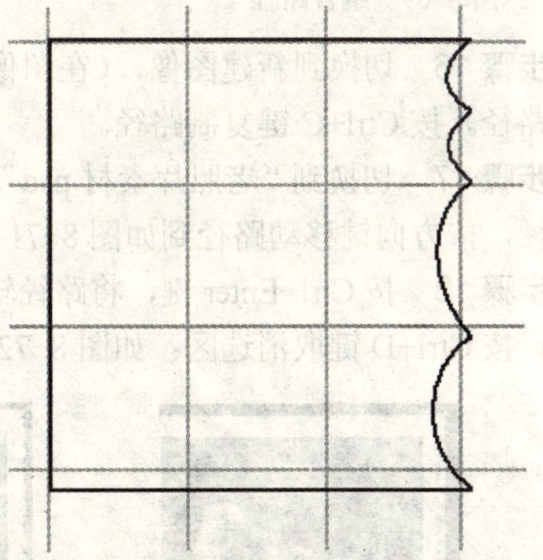

图 8-66 整体调整路径形状

步骤 11 选择“路径选择工具”，单击选择路径。使用方向键向上移动路径至图像顶部。

步骤 12 按 Ctrl+Alt+T 键，显示自由变换和复制控制框。使用方向键竖直向下移动复制子路径至如图 8-67 所示的位置（顶边与原路径的底边重合）。按 Enter 键确认变换。

步骤 13 按 Ctrl+Alt+Shift+T 键 6 次，继续复制出 6 个子路径，如图 8-68 所示。

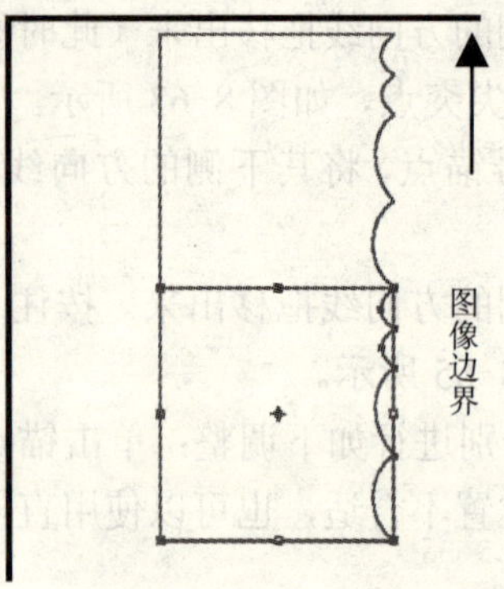

图 8-67 复制子路径

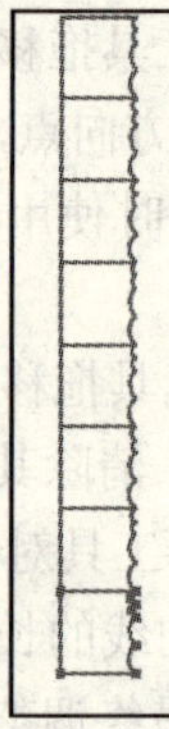

图 8-68 继续复制子路径

步骤 14 使用路径选择工具框选所有子路径，在选项栏上选择“添加到路径区域”按钮，单击组合按钮（将所有子路径组合成一个子路径）。使用路径选择工具在路径外的空白区域单击，取消锚点的选择状态，如图 8-69 所示。

步骤 15 打开素材图像“实例 08\老照片素材.psd”，如图 8-70 所示。

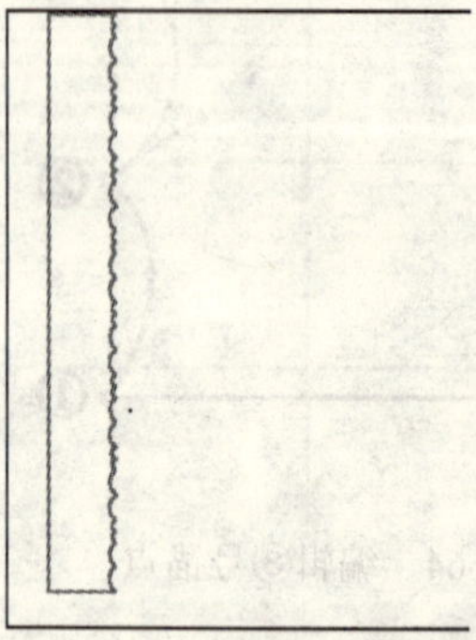

图 8-69 组合路径

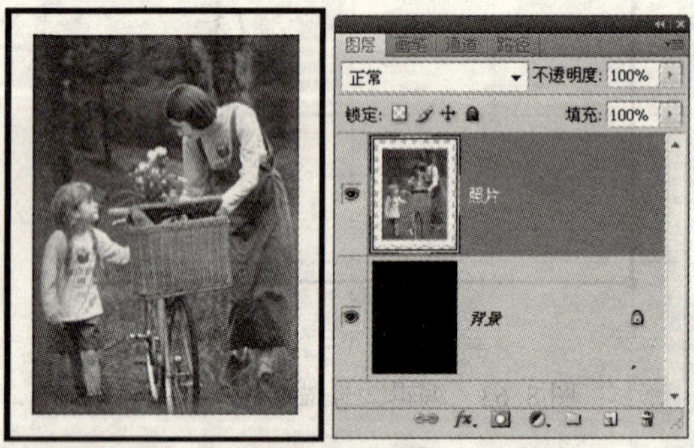

图 8-70 打开素材图像

步骤 16 切换到新建图像，（在图像窗口）显示组合后的路径，使用路径选择工具单击选择路径。按 Ctrl+C 键复制路径。

步骤 17 切换到“老照片素材.psd”，按 Ctrl+V 键粘贴路径。使用路径选择工具单击选择路径，按方向键移动路径到如图 8-71 所示的位置。

步骤 18 按 Ctrl+Enter 键，将路径转换为选区；选择“照片”层，按 Del 键删除选区内像素；按 Ctrl+D 键取消选区；如图 8-72 所示。

图 8-71 粘贴并移动路径

图 8-72 制作左侧相片边界

步骤 19　显示路径。选择菜单命令【编辑】|【变换路径】|【水平翻转】。使用路径选择工具单击选择路径，按向右方向键移动路径到如图 8-73 所示的位置。

步骤 20　采用与步骤 18 相同的方法删除相片右侧边界。

图 8-73　水平翻转并移动路径

图 8-74　制作右侧相片边界

步骤 21　显示路径。选择菜单命令【编辑】|【变换路径】|【旋转 90 度(逆时针)】。使用路径选择工具单击选择路径，按方向键移动路径到如图 8-75 所示的位置。

步骤 22　采用与步骤 18 相同的方法删除相片顶部边界。

步骤 23　显示路径。选择菜单命令【编辑】|【变换路径】|【垂直翻转】。使用路径选择工具单击选择路径，按向右方向键移动路径到如图 8-76 所示的位置。

步骤 24　采用与步骤 18 相同的方法删除相片右侧边界。

图 8-75　旋转并移动路径

图 8-76　制作顶部相片边界

步骤 25　四周边界制作完成后的相片效果如图 8-77 所示。

步骤 26　将背景层填充白色。为“相片”添加“投影”样式，适当设置参数。相片最终效果如图 8-78 所示。

图 8-77　四周边界完成后的相片

图 8-78　相片最终效果

步骤 27　在【路径】面板上双击工作路径的缩览图，打开【存储路径】对话框。输入路径名称“相片边界”，单击【确定】按钮（存储工作路径以备后用）。

步骤 28　存储图像。

8.4.4　使用形状图层制作折扇效果

主要技术看点：创建与编辑形状层，创建与编辑路径，复制与变换图层，创建与编辑图层组，创建与编辑图案填充层，盖印图层，图层样式，文字变形等。

步骤 1　新建一个 840×500 像素，72 像素/英寸，RGB 颜色模式，白色背景的图像。为背景层填充颜色#cfceb0。

步骤 2　选择菜单命令【视图】|【标尺】（或按 Ctrl+R 键），显示标尺。分别从水平和竖直标尺上拖移参考线放在如图 8-79 所示的位置。

注意：选择【移动工具】，光标定位于参考线上（此时光标显示为✛或✛形状），拖移鼠标可以调整参考线的位置。

图 8-79　设置参考线

步骤 3　将前景色设置为白色。使用钢笔工具（注意在选项栏上选择“形状图层”按钮□）按图 8-80 标出的序号（①→②→③→①）创建由直线段连接的封闭形状（创建竖直线段时，可同时按住 Shift 键）。

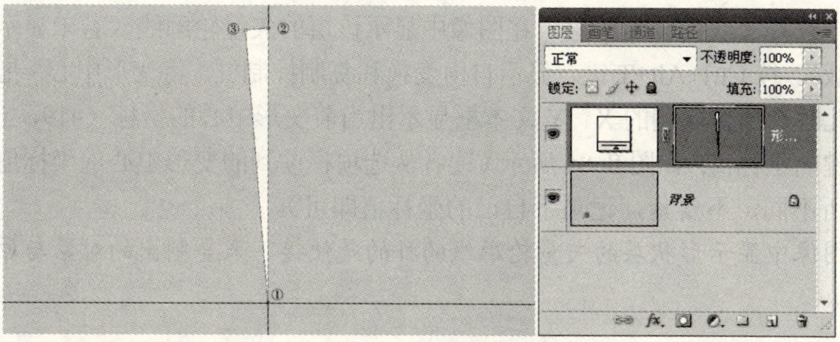

图 8-80 创建三角形封闭形状

步骤 4 将形状 1 层更名为“白色扇面”。在图像中显示形状层的三角形矢量轮廓线（若未显示，可单击“白色扇面”层的矢量蒙版）。使用直接选择工具单击矢量轮廓线显示锚点。

步骤 5 使用钢笔工具在如图 8-81 所示的位置添加两个锚点。使用转换点工具分别在添加的两个锚点上单击，清除锚点的方向线。

步骤 6 使用删除锚点工具单击三角形底部的锚点，将其删除，如图 8-82 所示。

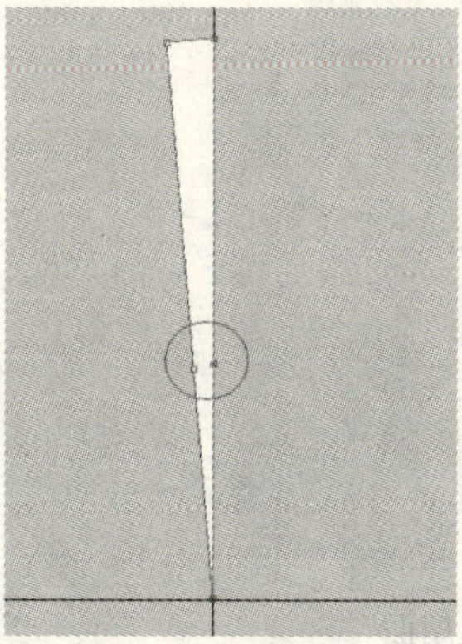

图 8-81 增加锚点

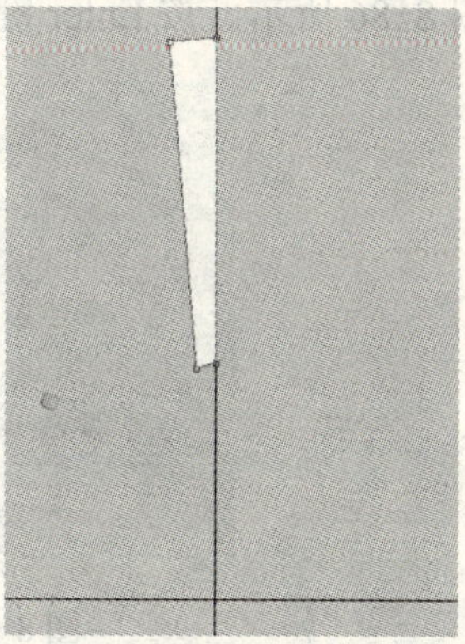

图 8-82 删除锚点

步骤 7 在【图层】面板上复制“白色扇面”层，将复制得到的形状层更名为“灰色扇面”。双击“灰色扇面”层的图层缩览图，打开拾色器（不要选择其中的“只有 Web 颜色”选项），选择灰色# f0f1f4。

步骤 8 选择菜单命令【编辑】|【变换路径】|【水平翻转】。使用移动工具向右移动灰色扇面到如图 8-83 所示的位置（与白色扇面邻接，不重叠，无间隙）。

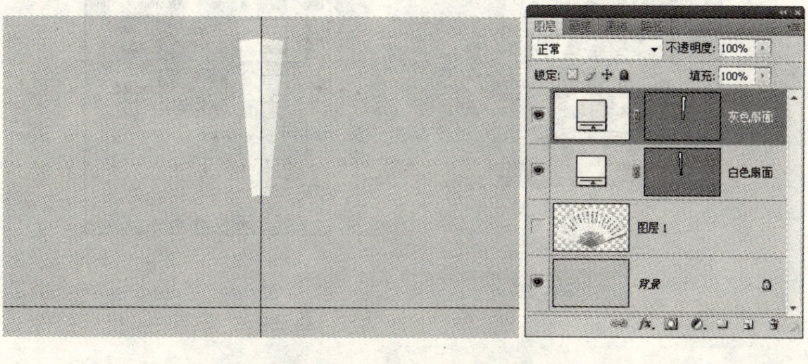

图 8-83 复制并移动图层

步骤 9 选择“灰色扇面”层，在图像中显示该层的矢量轮廓线（若未显示，可单击该层的矢量蒙版）。按 Ctrl+Alt+T 键，显示自由变换和复制控制框。将变形中心✧拖移到参考线的交点上。此时选项栏左侧的 X、Y 文本框显示出当前变形中心的坐标（419，451.5），记下这个非常关键的坐标值，如图 8-84 所示（读者从选项栏读到的变形中心的坐标值与这里的坐标值可能有所不同，不要紧，记录下自己的坐标值即可）。

注意： 图像中显示形状层的矢量轮廓线的目的是使接下来复制出的对象与原对象位于同一图层内。

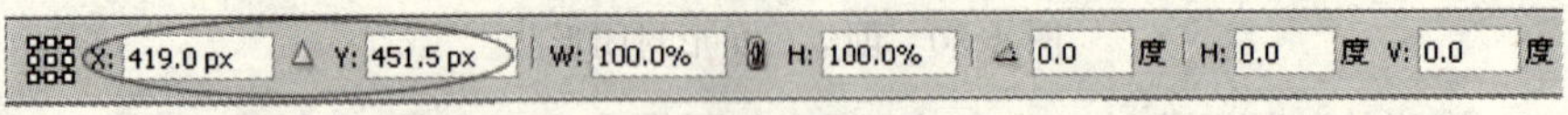

图 8-84 记录变形中心坐标

步骤 10 将光标定位于自由变换控制框的外部，沿逆时针方向旋转灰色扇面到如图 8-85 所示的位置（与白色扇面邻接，不重叠，无间隙）。观察选项栏，记录旋转角度（-9.8 度）这个非常关键的数值（读者记录的角度值与这里的数值可能有所不同，不要紧，记下自己的数值即可），如图 8-86 所示。按 Enter 键确认。

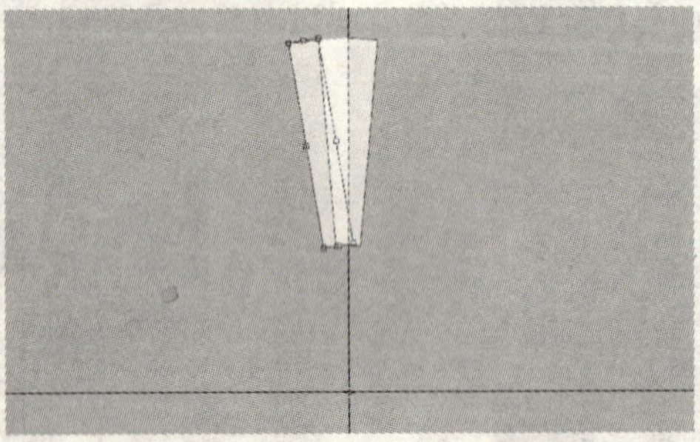

图 8-85 旋转复制灰色扇面

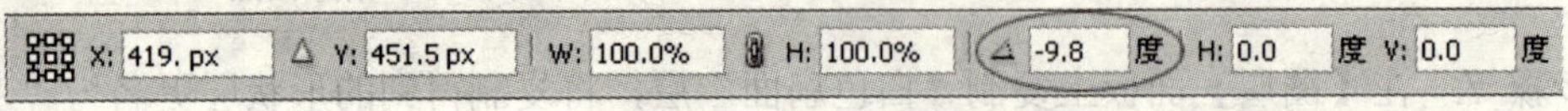

图 8-86 记录旋转角度

步骤 11 按 Ctrl+Alt+Shift+T 键 14 次，继续复制出 14 个灰色扇面，如图 8-87 所示。

图 8-87 继续旋转复制灰色扇面

步骤 12　仿照步骤 9～步骤 11 的操作方法，复制白色扇面，使白色扇面的总数达到 15 个。如图 8-88 所示（注意操作时的变形中心坐标，旋转角度一定要和前面相同）。

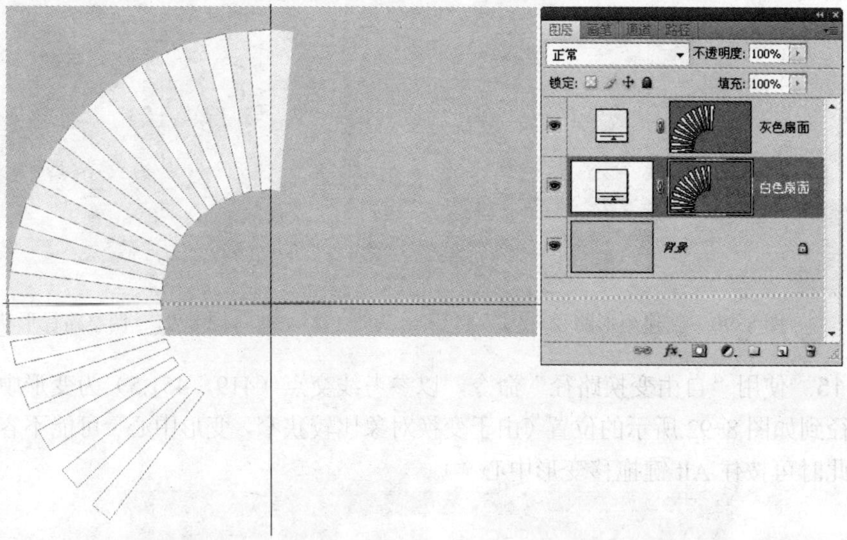

图 8-88　复制白色扇面

步骤 13　同时选中“白色扇面”层与“灰色扇面”层。按 Ctrl+T 键，显示自由变换控制框。将变形中心✧拖移到参考线的交点上，再在选项栏上将变形中心坐标调整为（419，451.5）。将光标定位于自由变换控制框的外部，沿顺时针方向拖移鼠标，旋转全部灰色扇面和白色扇面到如图 8-89 所示的位置。按 Enter 键确认。

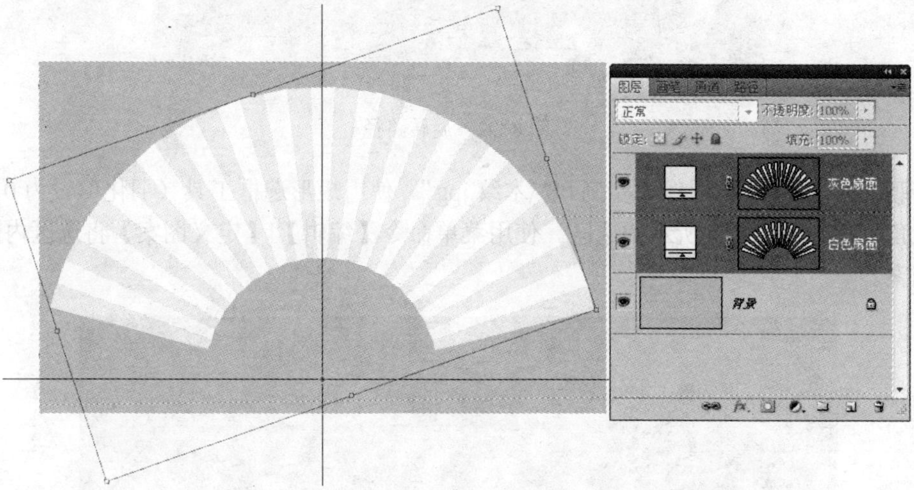

图 8-89　旋转整个扇面

步骤 14　使用形状工具组中的矩形工具创建如图 8-90 所示的路径（关于竖直参考线左右对称）。使用直接选择工具在路径上单击显示锚点。使用钢笔工具在路径的底边中间单击添加锚点。使用直接选择工具竖直向下拖移锚点，并在水平方向适当调整方向线的长度，如图 8-91 所示。

图 8-90 创建矩形路径

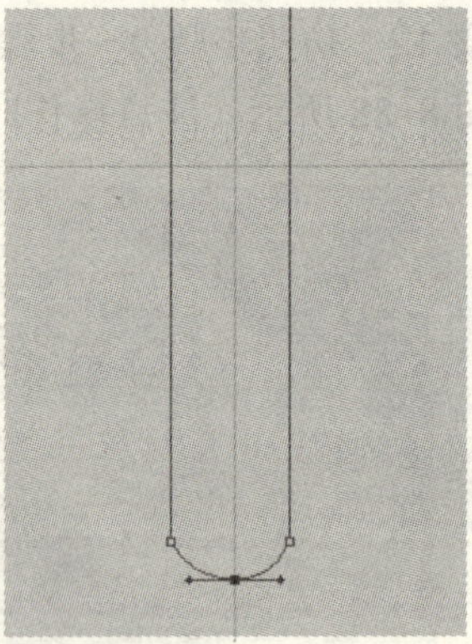

图 8-91 调整路径形状

步骤 15 使用“自由变换路径”命令，以参考线交点（419，451.5）为变形中心，逆时针旋转路径到如图 8-92 所示的位置（由于变换对象比较狭窄，变形中心✧可能不容易使用鼠标移动。此时可按住 Alt 键拖移变形中心✧）。

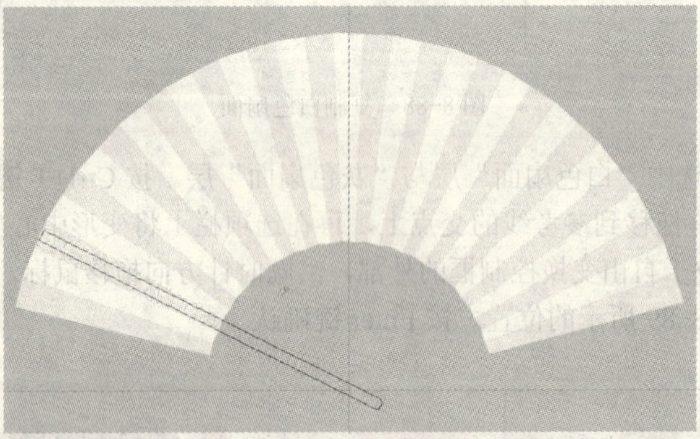

图 8-92 旋转路径

步骤 16 打开素材图像“实例 08 \木纹.jpg”。使用矩形选框工具（羽化值设为 0）在图像左上角创建如图 8-93 所示的选区。使用菜单命令【编辑】|【定义图案】将选区内图像定义为图案。

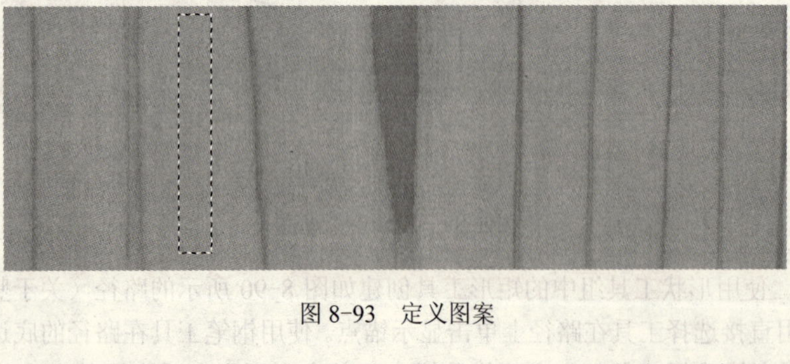

图 8-93 定义图案

步骤 17 切换到折扇图像。在背景层上面新建图层组，更名为“扇柄”。

步骤 18 显示【路径】面板，选择矩形工作路径。切换到【图层】面板，选择“扇柄”

图层组。使用菜单命令【图层】|【新建填充图层】|【图案】在“扇柄”图层组中创建填充层，所用图案就选择上面定义的木纹图案，如图 8-94 所示。

步骤 19　为“图案填充 1”层添加“斜面和浮雕”样式。参数设置如图 8-95 所示。

步骤 20　选择“图案填充 1”层，通过单击该层的矢量蒙版缩览图在图像中隐藏矢量轮廓线。按 Ctrl+Alt+T 键，显示自由变换和复制控制框。将变形中心✧拖移到参考线的交点上。再在选项栏上将变形中心坐标调整为（419，451.5），将旋转角度设置为 9.8 度。按 Enter 键确认，如图 8-96 所示。

注意：图像中隐藏形状层的矢量轮廓线的目的是使接下来复制出的对象与原对象位于不同图层内。

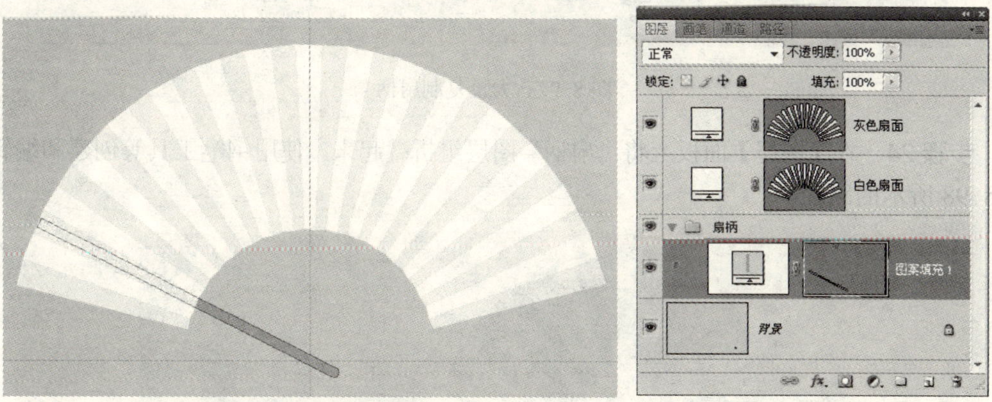

图 8-94　基于路径创建图案填充层

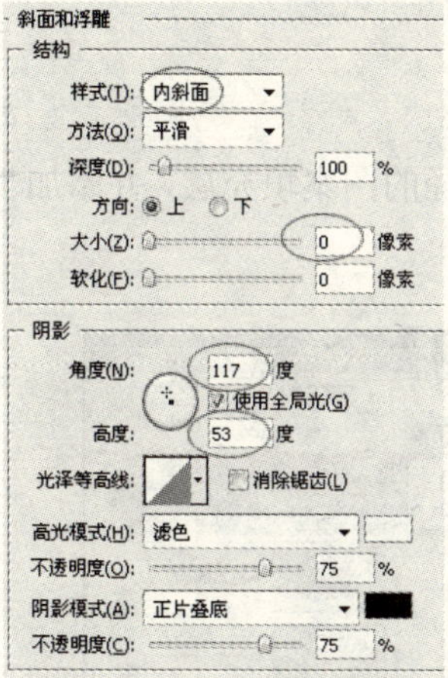

图 8-95　设置图层样式参数

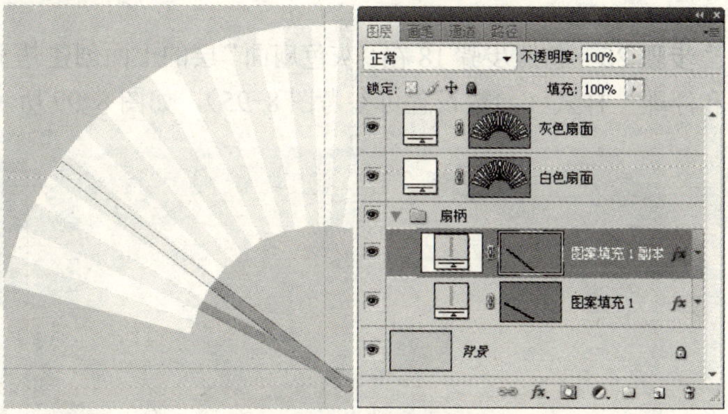

图 8-96　复制扇柄层

步骤 21　此时选择的是“图案填充 1 副本”层，且该层的矢量轮廓线处于显示状态。

步骤 22　隐藏“图案填充 1 副本”层的矢量轮廓线。按 Ctrl+Alt+Shift+T 键 1 次，复制出“图案填充 1 副本 2”层。

步骤 23　隐藏“图案填充 2 副本”层的矢量轮廓线。按 Ctrl+Alt+Shift+T 键 1 次，复制出“图案填充 1 副本 3”层。依此类推，一直到复制出“图案填充 1 副本 13”层，如图 8-97 所示。

图 8-97 大量复制扇柄

步骤 24 在【图层】面板上将“扇柄”图层组折叠起来。使用钢笔工具等创建和编辑如图 8-98 所示的路径。

图 8-98 创建并编辑路径

步骤 25 仿照步骤 18 在“灰色扇面”层的上面创建基于路径的图案填充层，并添加“斜面和浮雕”样式（参数设置可参考图 8-95），如图 8-99 所示。

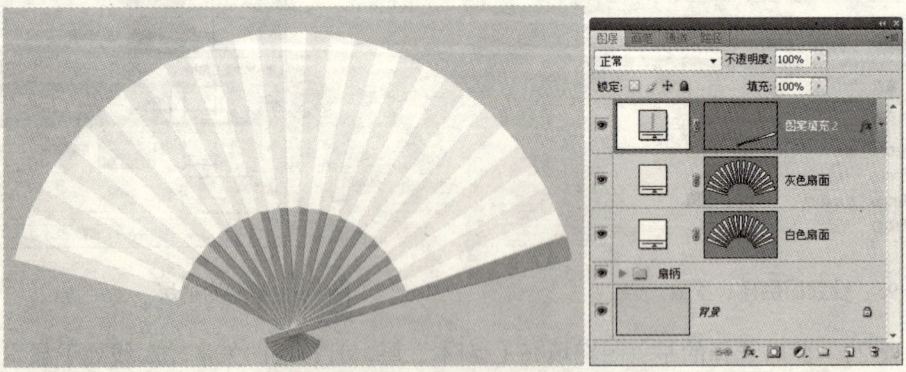

图 8-99 创建并编辑“图案填充 2”层

步骤 26 复制“图案填充 2”层，得到“图案填充 2 副本”层，放置在背景层的上面。使用“自由变换”命令，以参考线交点（419，451.5）为中心，将该层的扇柄逆时针旋转到如图 8-100 所示的位置。

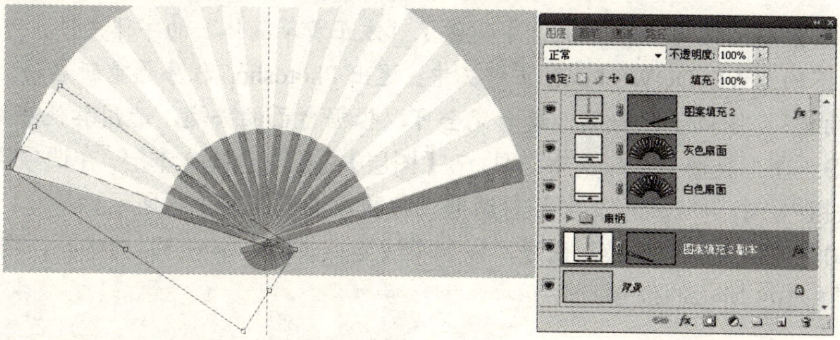

图 8-100 复制“图案填充 2”层

步骤 27 将前景色设置为黑色。使用形状工具组中的椭圆工具，配合 Shift+Alt 键，以参考线的交点为中心，在所有图层的上面创建如图 8-101 所示的圆形形状。并为该形状层添加“斜面和浮雕”样式，参数设置如图 8-102 所示。

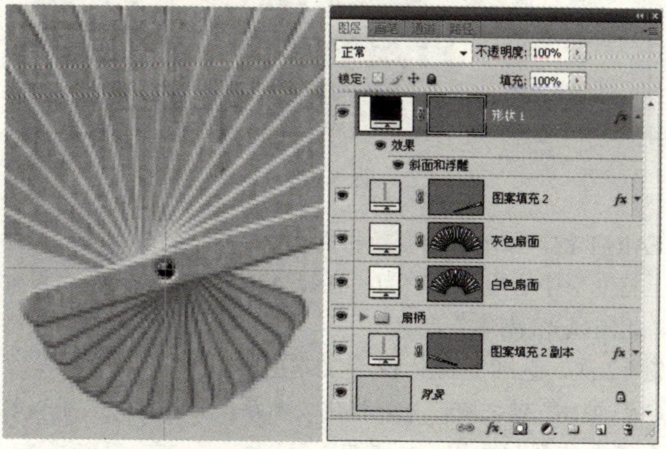

图 8-101 创建形状层

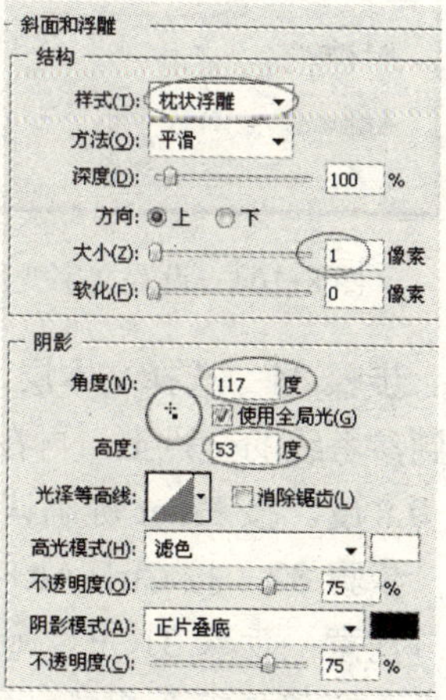

图 8-102 设置枕状浮雕参数

步骤 28 在所有图层的上面新建图层组，更名为“书法”。使用直排文字工具在“书法”图层组中创建文本层，字体“方正黄草简体”，字号 36，黑色，文字内容为“北国风光”，如图 8-103 所示。

图 8-103 创建直排文本

注意：在素材文件夹“实例 08”中提供了“方正黄草简体”的字体文件。可将该文件复制到系统盘下的…WINDOWS\Fonts 文件夹中。退出 Photoshop 程序再重新启动，就可以使用“方正黄草简体” 字体了。当然，读者完全可以根据自己的兴趣，选用其他字体。

步骤 29 在工具箱上选择文字工具，在【图层】面板上选择文本层。在选项栏上单击“变形文字”按钮，打开【变形文字】对话框，参数设置如图 8-104 所示。

步骤 30 使用“自由变换”命令，以参考线交点（419，451.5）为中心，将文字顺时针旋转到如图 8-105 所示的位置。

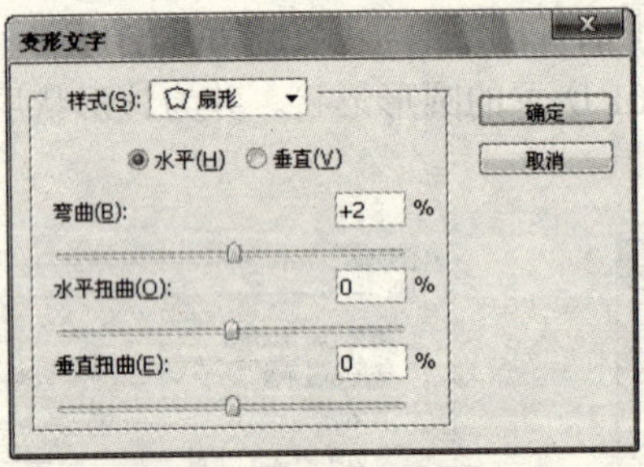

图 8-104 设置文字变形参数

图 8-105 旋转文字

步骤 31 选择文本层，按 Ctrl+Alt+T 键，显示自由变换和复制控制框。将变形中心拖移到参考线的交点上，再在选项栏上将变形中心坐标调整为（419，451.5），将旋转角度设置为-9.8 度。按 Enter 键确认。得到“北国风光 副本”层。

步骤 32 按 Ctrl+Alt+Shift+T 键 12 次，继续复制出 12 个文本层，如图 8-106 所示。

注意：步骤 31 中，如果在按 Ctrl+Alt+T 键之前，先栅格化文本层，并载入“文字”的选区，可使接下来复制出的“文字”与原文字位于同一图层内。

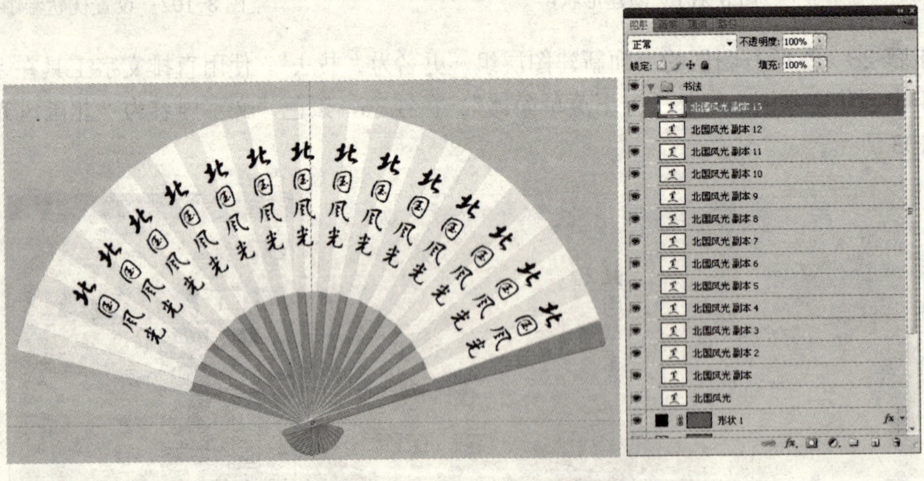

图 8-106 旋转复制文本层

步骤 33 依次修改各个文本层的文字内容，得到如图 8-107 所示的效果（若文字排列效果不太满意，可适当调整部分文字的大小等属性）。将“书法”图层组折叠起来。

步骤 34　将素材图像“实例 08\签名.gif”中的文字图像复制过来，经缩放、旋转、移动等操作放置在如图 8-108 所示的位置。

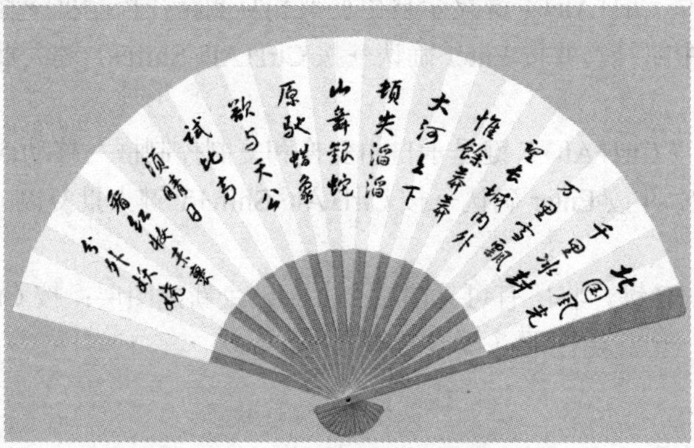

图 8-107　修改文本层内容

图 8-108　复制签名文字图像

步骤 35　在【图层】面板上隐藏背景层，选择最上面的图层。按 Ctrl+Shift+Alt+E 键执行盖印操作，得到折扇的拼合图层。为该图层添加“投影”样式，如图 8-109 所示。

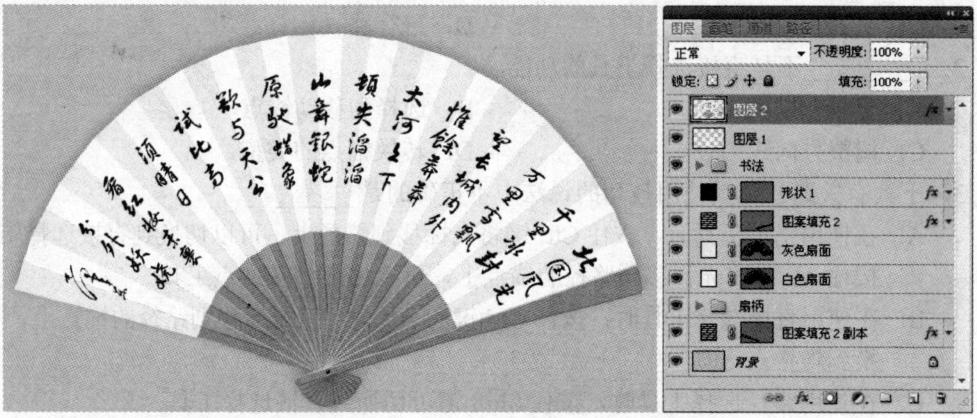

图 8-109　在盖印图层上添加“投影”样式

步骤 36　存储图像。

8.5　小结

本章主要讲述了以下内容。

- 路径基本概念。路径是由钢笔工具、自由钢笔工具或形状工具创建的直线段或曲线段。路径是矢量图形，它不依附于任何图层。
- 路径基本操作。包括创建路径、显示与隐藏锚点、转换锚点、选择与移动锚点、添加与删除锚点、选择与移动路径、存储路径、删除路径、显示与隐藏路径、重命名路径、复制路径、描边路径、填充路径、路径与选区的相互转化、路径组合、连接与闭合路径等。
- 路径应用实例。主要反映了路径的描边、选择对象、创建矢量图形等实际应用。案例的设计由浅入深，讲解细致，对掌握路径工具具有非常重要的作用。

本章理论部分未提及或超出本章理论范围的知识点有：

（1）路径的大规模有规律复制：按 Ctrl+Alt+T 键显示自由变换和复制路径控制框→移动或变换（缩放、旋转等）控制框及其中路径，并按 Enter 确认→按 Ctrl+Alt+Shift+T 键大批复制（要求掌握）。

（2）图层的大规模有规律复制：按 Ctrl+Alt+T 键显示自由变换和复制控制框→移动或变换（缩放、旋转等）控制框及其中图像，并按 Enter 确认→按 Ctrl+Alt+Shift+T 键大批复制（要求掌握）。

（3）盖印图层：按 Ctrl+Alt+Shift+E 键，将所有可见图层合并到一个新建图层；按 Ctrl+Alt+E 键，将所有选中的图层合并到一个新建图层（要求掌握）。

8.6 习题

一、选择题

1. ________是路径选择工具所特有的功能。

A．选择路径　　B．移动路径

C．对齐和分布路径　　D．进行路径运算

2. ________不是直接选择工具的功能。

A．显示和隐藏锚点　　B．选择和移动锚点

C．调整方向线　　D．转换锚点的类型

3. 下列有关路径工具使用技巧的说法中不正确的是______。

A．在使用钢笔工具时，按住 Ctrl 键将光标移到路径上，可以切换到直接选择工具；按住 Alt 键将光标移到路径的锚点上，可以切换到转换点工具

B．在使用直接选择工具时，按住 Ctrl 键和 Alt 键，将光标移到路径的锚点上，可切换到转换点工具

C．在使用路径选择工具时，按住 Shift 键可切换到直接选择工具

D．在使用转换点工具时，将光标移到路径上，可切换到直接选择工具；当光标在锚点上时，可按住 Ctrl 键切换到直接选择工具

二、填充题

1．在 Photoshop 中，由钢笔工具和自由钢笔工具等创建的一个或多个直线段或曲线段称为__________，它是__________（填位图或矢量图）。

2．连接路径上各线段的点叫作__________。它分为两类：__________和__________（或称拐点、尖突点）。

3．在使用钢笔工具绘制路径时，要结束开放路径，可按住__________键在路径外单击。要创建封闭的路径，只要将钢笔工具定位在第一个锚点上单击即可。

4．要使用钢笔工具在已绘制的路径上添加或删除锚点，可以选择其选项栏上的__________选项。

5．在使用转换点工具时，将光标移到有双侧方向线的锚点上，按住__________键单击，可去除锚点的单侧方向线。

三、操作题

打开素材图像“练习\花瓶.jpg”（如图 8-110（a）所示）。利用路径工具选择图中的花瓶，制作如图 8-121（b）所示的效果。

（a）　（b）

图 8-110　路径抠图

第9章 动　　作

9.1 动作概述

动作是一系列操作的集合。利用动作可以将一些连续的操作记录下来；当需要再次执行相同的操作时，只需播放相应的动作即可。这样可以避免许多重复劳动，提高工作效率。

通常，为了便于动作的组织管理，同类的动作应放在同一个动作组中。动作的录制、编辑和播放都是在【动作】面板中进行的，如图 9-1 所示。

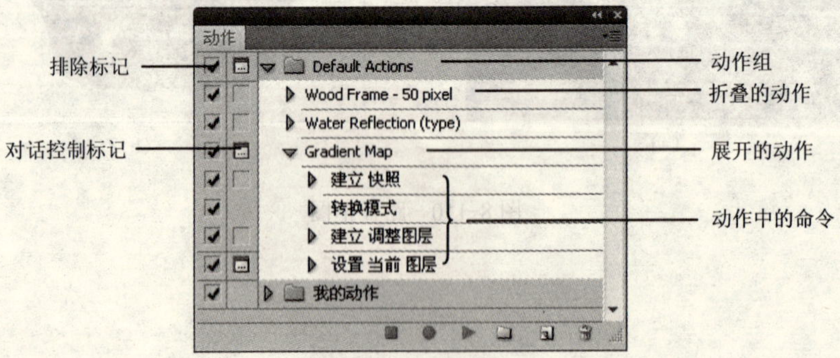

图 9-1 【动作】面板

【动作】面板有两种显示模式：列表模式（如图 9-1 所示）和按扭模式。通过勾选和取消勾选【动作】面板菜单中的【按扭模式】命令，可以在上述两种模式之间切换。按扭模式比较直观，单击就可以播放，但不能对动作进行编辑。本章基于列表模式介绍动作的基本操作和应用的。

9.2 动作基本操作

9.2.1 新建动作组

在【动作】面板上单击“创建新组”按钮，或在【动作】面板菜单中选择【新建组】命令，弹出【新建组】对话框，输入动作组的名称，单击【确定】按钮。

9.2.2 新建和录制动作

在动作面板上单击“创建新动作”按钮，或在【动作】面板菜单中选择【新建动作】命令，打开【新建动作】对话框，如图 9-2 所示。

在对话框中输入新动作名称，选择动作所在的组，单击【记录】按钮。此时【动作】面板上的“开始记录”按钮●被激活而呈现红色，表示进入动作录制状态。此后执行的命令将依次记录在相应的动作中。直到单击【动作】面板上的“停止记录”按钮■，或在【动作】面板菜单中选择【停止记录】命令为止。

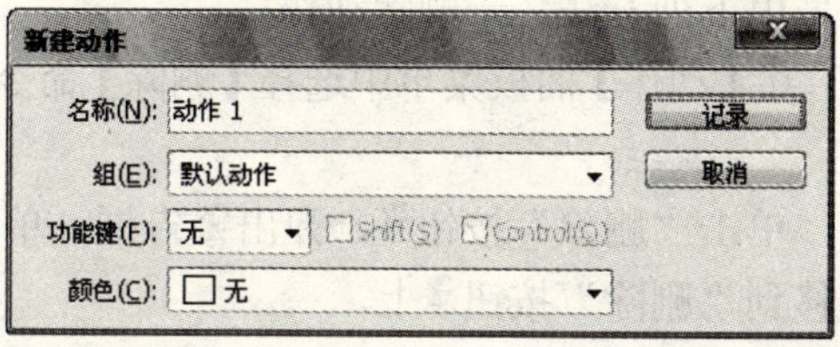

图 9-2 【新建动作】对话框

9.2.3　播放动作

打开目标图像，在【动作】面板上选择要播放的动作，单击“播放”按钮▶，即可播放选定的动作。若播放前选择的是动作中的单个命令，则单击▶按钮后，从所选的命令开始播放动作。

在播放动作之前，最好在【历史记录】面板上建立当前图像的一个快照。这样，动作播放后，若想撤销动作，只需在【历史记录】面板上选择所创建的快照即可；否则，动作中包含的命令一般很多，撤销起来非常麻烦，甚至无法恢复到动作播放前的图像状态。

9.2.4　设置回放选项

当一个长的、复杂的动作不能够正确播放，又找不出问题的出处时，可以通过【回放选项】命令设置动作的播放速度，找出问题的症结所在。操作如下。

步骤 1　选择要播放的动作，在【动作】面板菜单中选择【回放选项】命令，打开【回放选项】对话框（如图 9-3 所示），对动作的播放速度进行设置。

↘【加速】：以正常的速度进行播放，该选项为默认选项。

↘【逐步】：逐步执行动作中的单个命令，播放速度较慢。

↘【暂停】：可以设置动作中每个命令执行后的停顿时间。

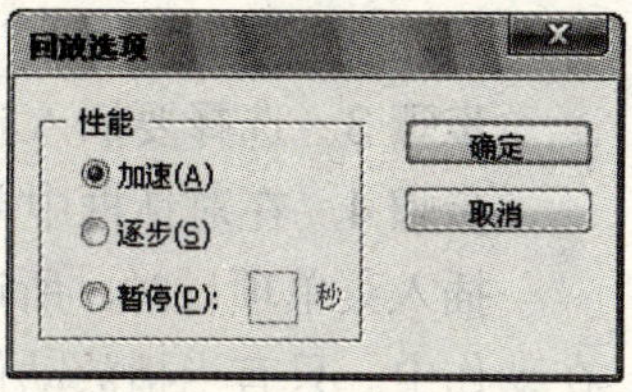

图 9-3 【回放选项】对话框

步骤 2　参数设置完成后，单击【确定】按钮。

9.2.5　在动作中插入新命令

在动作中插入新命令的操作步骤如下。

步骤 1　选择动作中的某个命令（新命令将添加在所选命令的下面）。

步骤 2　单击●按钮或在【动作】面板菜单中选择【开始记录】命令。

步骤 3　执行要添加的命令或操作。

步骤 4　单击“停止记录”按钮■或在【动作】面板菜单中选择【停止记录】命令。

若插入命令前选择的是整个动作，则插入的命令或操作将被记录在该动作的最后。

9.2.6　复制动作

在动作面板上，可以采用下列方法之一复制动作。

↘选择要复制的动作，在动作面板菜单中选择【复制】命令。

- 将要复制的动作拖移到“创建新动作”按钮上。

9.2.7 删除动作

在动作面板上，可以采用下列方法之一删除动作。

- 选择要删除的动作，在【动作】面板菜单中选择【删除】命令，弹出警告框，单击【确定】按钮。
- 选择要删除的动作，单击“删除”按钮，弹出警告框，单击【确定】按钮。
- 将要删除的动作拖移到“删除”按钮上。

也可以使用类似的方法删除动作组和动作中的单个命令。

9.2.8 在动作中插入菜单项目

在录制动作时，有些菜单命令（如【视图】、【窗口】菜单中的绝大多数命令）是无法记录的。但是，在动作录制完成后，可以使用【插入菜单项目】命令，将这些不能被记录的菜单命令插入到动作的相应位置，具体操作如下。

步骤 1 选择动作中的某个命令（要插入的菜单命令将被记录在所选命令的下面）。

步骤 2 在【动作】面板菜单中选择【插入菜单项目】命令，打开【插入菜单项目】对话框，如图 9-4 所示。

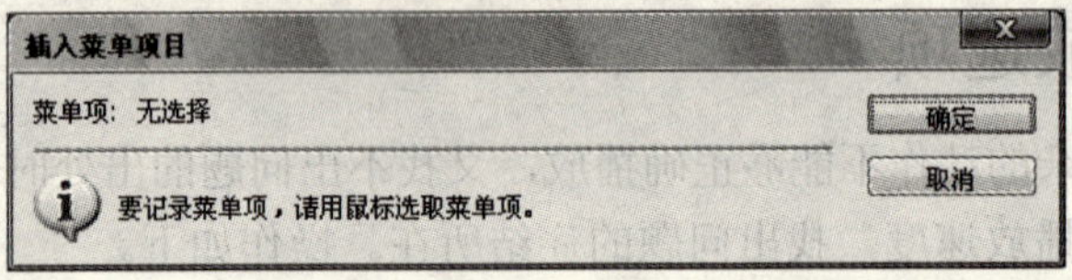

图 9-4 【插入菜单项目】对话框

步骤 3 选择要插入到动作中去的菜单命令。

步骤 4 在对话框中单击【确定】按钮。

插入菜单项目时，所选择的菜单命令当时并不会被执行，命令的任何参数也不会被记录在动作中。只有当播放动作时，插入的命令才被执行。也就是说，如果插入的菜单命令包含对话框，插入菜单项目时对话框并不会打开。只有当播放动作时，对话框才弹出来，同时动作暂停播放，直到设置好对话框参数，并确认对话框时，才继续执行插入的命令和动作中后续的一些命令。

另外，也可以在动作录制过程中，使用“插入菜单项目”命令插入不能被记录的命令。

9.2.9 在动作中插入“停止”命令

在录制动作时，除了一些菜单命令不能记录之外，还有一些操作（如绘画与填充工具的使用等）同样无法记录。不过，在动作录制完成后，可以使用“插入停止”命令解决这个问题，操作步骤如下。

步骤 1 选择动作中的某个命令（“停止”命令将被记录在所选命令的下面）。

步骤 2 在【动作】面板菜单中选择【插入停止】命令，打开【记录停止】对话框（如图 9-5 所示）。在【信息】文本框内输入动作停止时的提示信息。

步骤 3 单击【确定】按钮，“停止”命令插入完毕。

播放动作，当执行到插入的“停止”命令时，将弹出【信息】对话框（如图9-6所示），单击【停止】按钮，可暂停动作的执行，按提示以手动方式执行不能被记录的操作；然后单击【动作】面板的▶按钮，继续执行动作的后续的命令。如果在上述步骤2的【记录停止】对话框中勾选了【允许继续】选项，则【信息】对话框中除了【停止】按钮外，还包含【继续】按钮，如图9-6所示。单击【继续】按钮，动作将继续执行。也就是说，动作在执行到插入的“停止”命令时，用户也可以不插入任何操作而继续执行动作。

图9-5 【记录停止】对话框

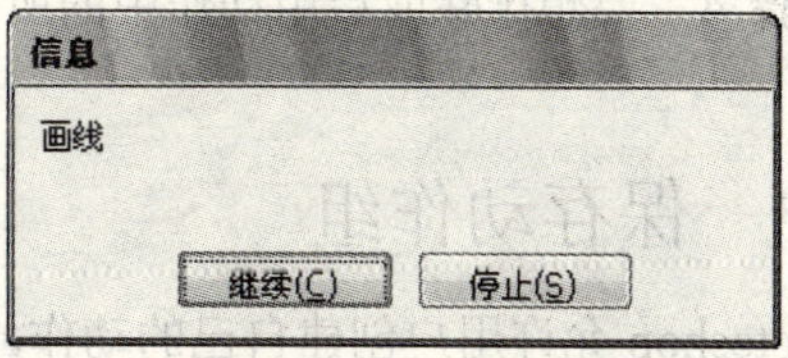

图9-6 【信息】对话框

同样，也可以在动作录制过程中，使用“插入停止”命令在动作的相应位置插入“停止”命令。

9.2.10　设置对话控制

如果在动作中的某条命令上启用了对话控制，则播放动作到该命令时，动作将暂停执行，并打开对话框，供用户重新设置对话框参数；或者在图像中出现编辑区，供用户以不同的方式重新修改图像。如果不使用对话控制，则动作的每条命令只能以录制时设置的参数执行，无法进行修改。启用对话控制的操作步骤如下。

步骤1　在【动作】面板上展开要设置对话控制的动作。

步骤2　在允许设置对话控制的某条命令前单击“对话控制”标记▢，出现▣图标，表示启用对话控制（不允许设置对话控制的动作命令前无“对话控制”标记▢）。

步骤3　若在▣图标上再次单击，可撤销对话控制，如图9-7所示。

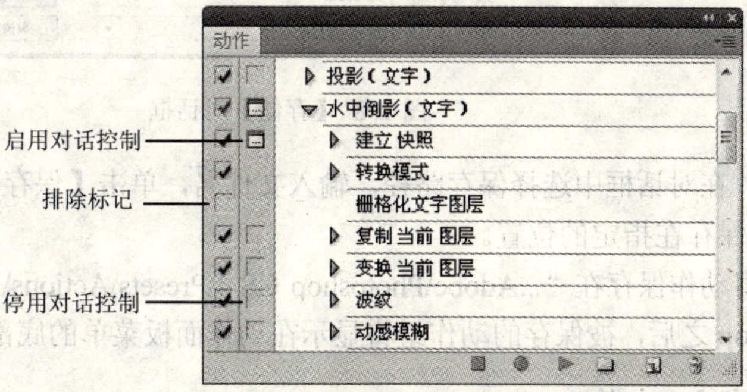

图9-7　启用对话控制

9.2.11　更改动作名称

在【动作】面板上，双击动作的名称，进入名称编辑状态，输入新的名称，按Enter键或在名称编辑框外单击即可。使用同样的方式可以更改动作组的名称。

9.2.12 有选择地使用动作中的命令

如果不想执行动作中的某些命令，可以把这些命令排除在外。操作步骤如下。

步骤 1 在【动作】面板上展开要编辑的动作。

步骤 2 在要排除的命令左边的标记上单击，取消勾选。

步骤 3 若想重新启用动作中已经排除的命令，可单击勾选其左边的标记。

步骤 4 要想排除或启用动作中的所有命令，只需在动作名称左边的或标记上单击即可。

9.2.13 保存动作组

Photoshop 允许用户创建自己的动作，并分类存储到各动作组中。一般情况下，只要不删除，这些自定义的动作和动作组将一直保留在动作面板上。然而，大量的动作为查看和选取动作带来了诸多不便，应该将不常使用的动作组保存到文件中，然后将这些动作组从动作面板上删除，在需要时再将它们重新载入。保存动作组的方法如下。

步骤 1 在【动作】面板上单击选择要保存的动作组。

步骤 2 在【动作】面板菜单中选择【存储动作】，弹出【存储】对话框，如图 9-8 所示。

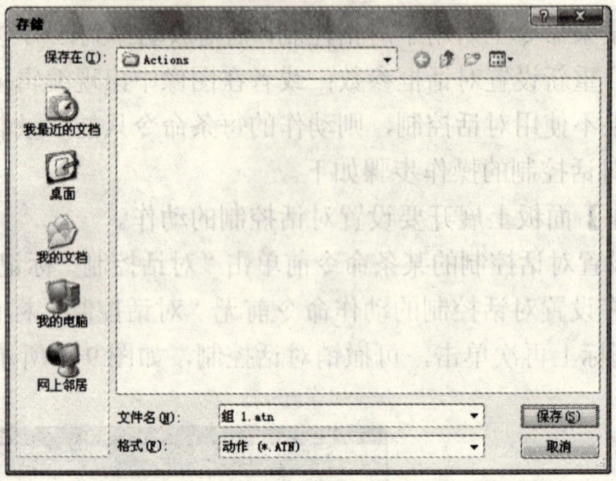

图 9-8 【存储】对话框

步骤 3 在对话框中选择保存路径，输入文件名，单击【保存】按钮，即可将该动作组以 ATN 格式保存在指定的位置。

一般可将动作保存在“...Adobe\Photoshop CS 4\Presets\Actions\”文件夹下。这样，重新启动 Photoshop 之后，被保存的动作组将显示在动作面板菜单的底部，必要时即可选择载入。

9.2.14 载入动作

使用“载入动作”命令可以将用户保存的动作以及 Photoshop 的预置动作载入到动作面板中，必要时进行播放。载入动作的操作方法如下。

步骤 1 在【动作】面板菜单中选择【载入动作】命令，弹出【载入】对话框，如图 9-9 所示。

步骤 2 在对话框中选择动作组文件，单击【载入】按钮。

步骤 3 对于位于“...Adobe\Photoshop CS 4\Presets\Actions\”下的动作组文件，直接从【动作】面板菜单的底部选择即可载入。

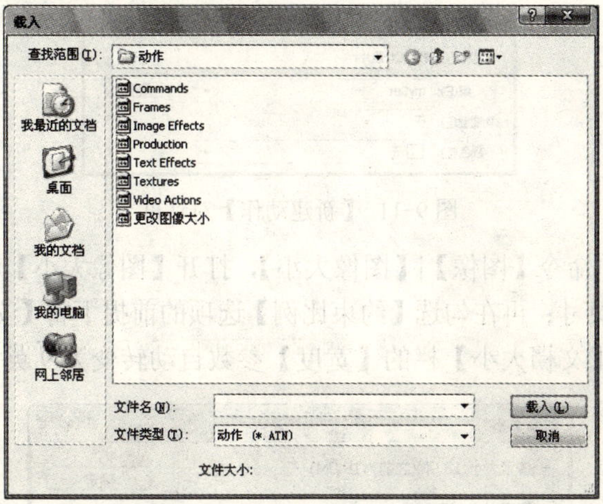

图 9-9 【载入】对话框

9.3 动作应用案例——印前裁剪照片

很多时候，拿去照片冲印店的原始图片和需要打印的尺寸往往不成比例。打印前，照片冲印店都要对照片进行统一地裁剪；这种裁剪一般很难令客户满意。所以，最好使用 Photoshop 将照片裁剪好之后再送冲印店打印。以下将 8 寸照片（8×6 英寸）的裁剪过程录制成动作，以便批量处理更多的照片。

主要技术看点：录制动作，编辑动作，播放动作和存储动作等。

首先使用 Photoshop 打开一张用来录制动作的照片（为防止操作意外，最好在动作录制前先对这张照片做一下备份）。本例打开素材图像“实例 09\原始照片\IMG_6204.JPG”（该照片的比例为 3×2），如图 9-10 所示。

图 9-10 素材图片

1. 录制动作

步骤 1 显示【动作】面板，新建动作组 mySet。

步骤 2 在【动作】面板上单击“新建动作”按钮，打开【新建动作】对话框。输入动作名称“裁剪 8 寸照片”，选择该动作所属的动作组 mySet（如图 9-11 所示），单击【记录】按钮，开始录制动作。

图 9-11 【新建动作】对话框

步骤 3 选择菜单命令【图像】|【图像大小】，打开【图像大小】对话框。首先将【分辨率】修改成 300 像素/英寸；再在勾选【约束比例】选项的前提下将【文档大小】栏的【高度】设置为 6 英寸，此时【文档大小】栏的【宽度】参数自动转变为 9 英寸，如图 9-12 所示。

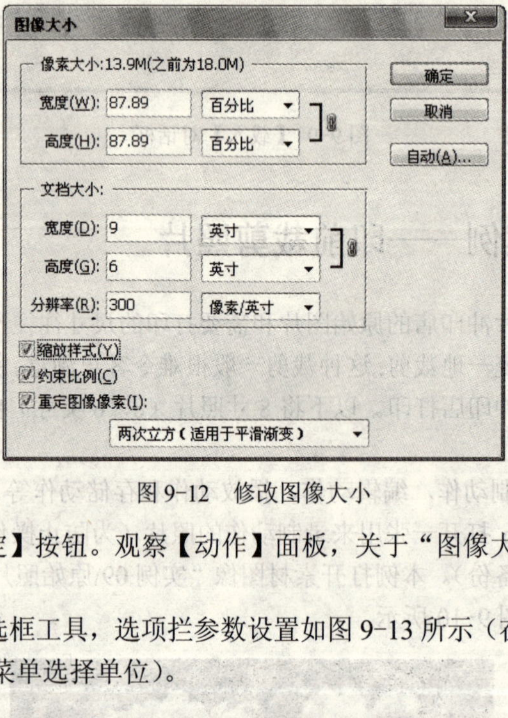

图 9-12 修改图像大小

步骤 4 单击【确定】按钮。观察【动作】面板，关于“图像大小”的操作已经被录制下来了。

步骤 5 选择矩形选框工具，选项栏参数设置如图 9-13 所示（在【宽度】与【高度】文本框内右击可打开右键菜单选择单位）。

图 9-13 设置选项栏参数

图 9-14 创建并调整选区

步骤 6 在图像窗口中单击创建 8×6 英寸的选区。将选区调整到如图 9-14 所示的位置。

步骤 7 选择菜单命令【图像】|【裁剪】。按 Ctrl+D 键取消选区。

步骤 8 选择菜单命令【文件】|【存储为】，打开【存储为】对话框。在对话框中仅将存储位置设置为“实例 09\处理后的照片”（此类文件夹应事先在计算机硬盘上创建好），其他参数不变。单击【保存】按钮，打开【JPEG 选项】窗口，参数设置如图 9-15 所示。

步骤 9　单击【确定】按钮存储图像，并关闭图像窗口。

步骤 10　在【动作】面板上单击■按钮，停止动作的录制。在“裁剪 8 寸照片”动作中录制的所有命令如图 9-16 所示。

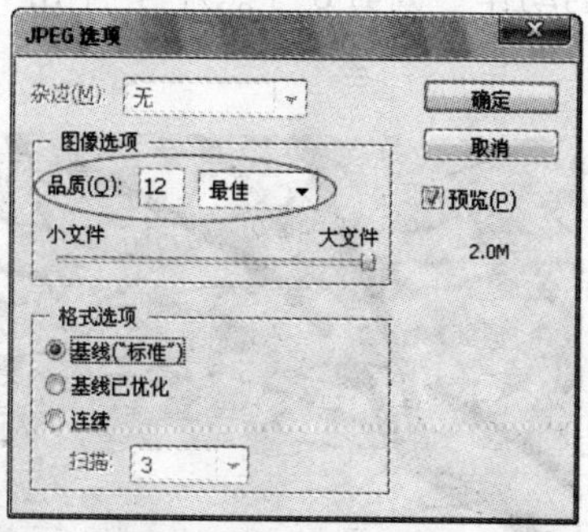

图 9-15　选择图像质量

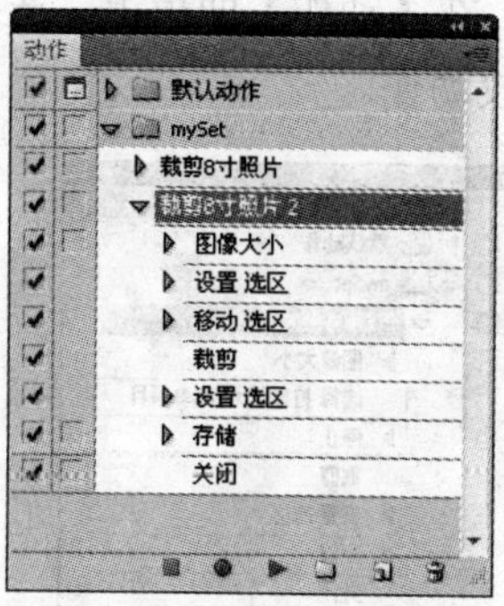

图 9-16　完成后的整个动作

2. 编辑动作

步骤 1　在【动作】面板上，选择“裁剪 8 寸照片”动作的第一个命令“图像大小”。

步骤 2　在【动作】面板菜单中选择【插入菜单项目】命令，打开【插入菜单项目】对话框。

步骤 3　选择主菜单命令【视图】|【打印尺寸】。单击【确定】按钮，关闭【插入菜单项目】对话框。此时就在“图像大小”的后面插入“选择 打印尺寸 菜单项目”命令，如图 9-17 所示。

步骤 4　删除动作中有关创建和移动选区的命令“设置 选区”和“移动 选区”（在“裁剪”命令的上面）。

步骤 5　选择动作中的 “选择 打印尺寸 菜单项目”命令。

步骤 6　在【动作】面板菜单中选择【插入停止】命令，打开【记录停止】对话框。参数设置如图 9-18 所示。单击【确定】按钮，关闭对话框。这样就在“选择 打印尺寸 菜单项目”的下面插入了“停止”命令。

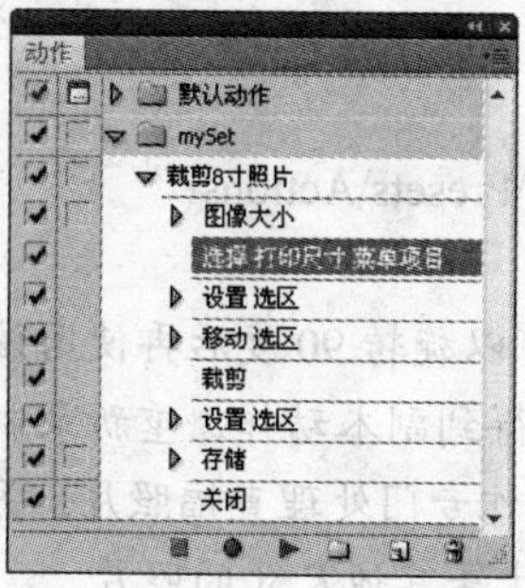

图 9-17　插入菜单项目

图 9-18　设置【记录停止】对话框

提示：由于不同图像的内容不同，构图也就不同。在动作中删除“设置 选区”和“移动选区”命令，并插入停止命令，可以在动作回放时暂停动作的执行，根据图像的内容创建选区，确定要保留的内容。

至此，动作的编辑完成。修改后的“裁剪 8 寸照片”动作如图 9-19 所示。图中标出了所有改动的地方。

3．播放动作

步骤 1 打开素材图像“实例 09\原始照片\IMG_4314.JPG”（该照片的比例为 3×2）。如图 9-20 所示。

步骤 2 在【动作】面板上，选择已修改过的动作“裁剪 8 寸照片”，单击“播放”按钮▶，开始播放动作。

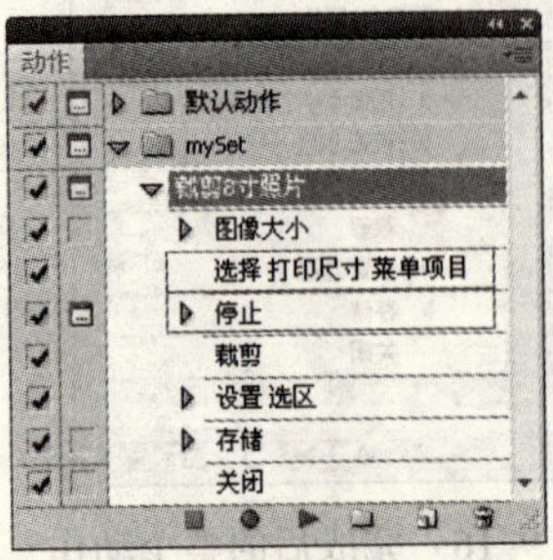

图 9-19 修改后的动作

图 9-20 素材图像

步骤 3 当动作播放到“停止”命令时，弹出【信息】对话框，如图 9-21 所示。

步骤 4 单击【停止】按钮，关闭信息框。选择矩形选框工具，选项栏设置如图 9-13 所示。在图像中创建并调整选区，如图 9-22 所示。

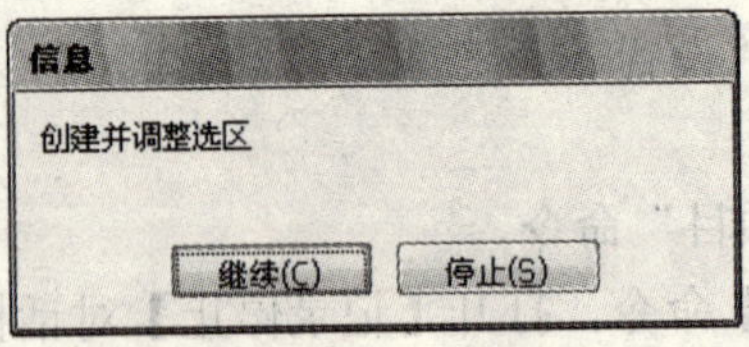

图 9-21 【信息】对话框

图 9-22 构图

步骤 5 单击“播放”按钮▶，继续播放动作，直到播放完毕（图像被裁剪并保存在“实例 09\处理后的照片”文件夹下）。

4．保存动作

将动作组 mySet 保存在“...Adobe\Photoshop CS4\Presets\Actions\”下，文件名为“mySet.atn”。

提示：上述动作只能裁剪横幅照片。对于直幅照片，可以旋转 90 度后再使用该动作进行处理。也可以在动作面板上复制“裁剪 8 寸照片”动作，得到副本动作。重新录制“图像大小”命令（先删除原来的，再录制新的），然后使用副本动作专门处理直幅照片。另外，通过重新录制“图像大小”命令，也可以裁剪 5 寸、6 寸、7 寸等其他尺寸的照片。

9.4 小结

本章主要讲述了以下内容：

- 动作的基本操作。主要包括动作的录制、编辑、播放、保存与载入等操作。
- 动作的应用案例。将 8 寸照片的裁剪操作录制成动作，并对动作进行编辑修改、播放和保存，以帮助读者更好地掌握本章内容。

9.5　习题

一、选择题

1．将动作组存储后所得到的文件的扩展名为＿＿＿＿＿＿。

A．ATN　　B．ATG　　C．CAN　　D．ACT

2．以下＿＿＿＿＿＿操作一定能被直接录制到动作中。

A．选择工具箱中的某个工具　　B．改变画笔工具的不透明度

C．设置橡皮擦工具的笔刷大小　　D．使用钢笔工具绘制路径

二、填空题

1．在 Photoshop 中，可以将进行图像处理的一系列命令和操作记录下来，组成一个＿＿＿＿＿＿。

2．如果在动作的某个命令上启用了＿＿＿＿＿＿，则动作播放时执行到该命令时，动作将暂停执行，同时打开对话框，用户可以重新设置对话框参数。

3．对于动作录制时不能被记录的命令（如【视图】、【窗口】菜单中的绝大多数命令），可以在动作录制完毕后，在动作的相应位置使用插入【＿＿＿＿＿＿】命令解决问题。

4．对于动作录制时不能被记录的操作（比如使用绘画工具等），可以在动作录制完毕后，在动作的相应位置插入＿＿＿＿＿＿命令。

三、操作题

利用素材图像“练习\IMG_6201.JPG”录制一个制作邮票的动作。录制的动作如图 9-23 所示，邮票效果如图 9-24 所示。利用该动作将“练习\IMG_6203.JPG”制作成邮票。

制作邮票的步骤如下。

（1）利用“图像大小”命令将素材图像的像素大小设置为 300×200 像素。

（2）将图像以实际像素大小显示（该操作应使用“插入菜单项目”命令录入动作）。

（3）利用“画布大小”命令扩展图像，形成 10 像素宽度的白色边界。

（4）将背景色设置为黑色。

（5）选择橡皮擦工具，设置画笔大小 6 像素。

（6）设置画笔硬度 100%，间距 130%。

（7）使用橡皮擦工具配合 Shift 键擦除白色边界，形成锯齿效果（步骤（6）与（7）的操作无法录入动作，应在动作最后插入停止命令，手动完成）。

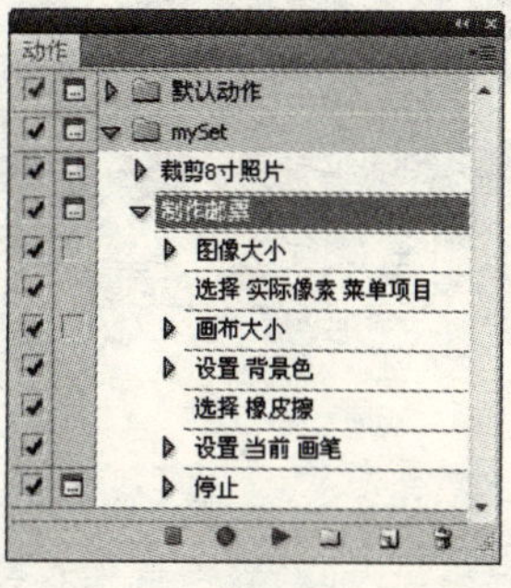

图 9-23　制作邮票的动作

图 9-24　邮票效果

习题答案

第1章

一、选择题

1. D　2. A　3. A　4. C　5. A

二、填空题

1. 图像分辨率　2. 位分辨率　3. PSD　4. 网络安全色

三、简答题

略。

四、操作题

略。

第2章

一、选择题

1. B　2. B　3. C　4. D　5. G　6. F　7. F　8. D

二、填空题

1. Ctrl+D　2. Ctrl+T　3. 径向，对称

4. 灰白交错的方格　5. 画笔，铅笔

三、操作题

略。

第3章

一、选择题

1. D　2. A

二、填空题

1. 背景层　2. 图层组　3. 混合模式

三、操作题

略。

第4章

一、选择题

1. D　2. D　3. A　4. C

二、填空题

1. 有彩色，无彩色

/2. 红，绿，蓝；红，黄，蓝

3．色相，饱和度，亮度

4．亮度，色相，饱和度，面积，冷暖

5．灰度　　6．GIF，PNG；GIF，PNG

三、操作题

略。

第 5 章

一、选择题

1．A　2．D　3．C　4．B　5．C　6．A　7．B

二、填空题

1．像素　2．栅格　3．位图，索引

三、操作题

略。

第 6 章

一、选择题

1．D　2．A　3．C　4．B

二、填空题

1．快速蒙版，剪贴蒙版，图层蒙版　2．黑色，白色，半透明

3．图层，蒙版　4．颜色

5．纯色，渐变色，图案　6．矢量蒙版，填充

三、操作题

略。

第 7 章

一、选择题

1．B　2．C　3．B　4．D

二、填空题

1．颜色，Alpha，颜色，选区　2．红色、绿色、蓝色

3．应用图像　4．计算

5．存储选区

第 8 章

一、选择题

1．C　2．D　3．C

二、填空题

1．路径，矢量图　2．锚点，平滑锚点，角点　3．Ctrl

4．自动添加/删除　5．Alt

三、操作题

略。

第 9 章

一、选择题

1．A　2．C

二、填空题

1．动作　2．对话框控制　3．菜单项目　4．停止

三、操作题

略。